国家自然科学基金(NO:51509257、11672330),
国防科技项目基金(NO. 2201059)资助出版

Water-gas Migration and Mechanical Deformation Characteristics of Self-weight Collapse Loess

自重湿陷性黄土的水气运移及力学变形特征

姚志华　陈正汉　黄雪峰　著

人民交通出版社股份有限公司
China Communications Press Co.,Ltd.

内 容 提 要

本书以黄土力学、非饱和土力学及弹塑性损伤理论为基础，依托于黄土地区的大型工程实践，通过现场浸水试验、室内非饱和土试验、理论建模和数值模拟等手段，着力认识自重湿陷性黄土场地的水气运移和力学变形特征。书中详细介绍了自重湿陷性黄土场地的大型浸水试验以及挤密桩处理后的自重湿陷性黄土场地深层浸水试验；通过大量的非饱和土试验，初步掌握非饱和 Q_3 原状黄土及其重塑土的渗水/渗气特性、变形、强度、屈服和水量变化等差异，并从细观角度认识加载过程中非饱和 Q_3 原状黄土的结构演化特征；提出一个非饱和原状黄土弹塑性损伤本构模型并建立考虑结构性的非饱和原状黄土弹塑性损伤流固耦合模型，编写适宜于湿陷性黄土地基的有限元计算程序，对自重湿陷性黄土的大型浸水试验开展多场耦合计算，以期明晰湿陷变形、水气运移、结构损伤等因素的相互耦合机制及其影响机理。研究成果为自重湿陷性黄土地区的工程建设可提供一定参考，也可为规范修订提供一定借鉴。

本书可供土建、水利、交通等部门从事科研、设计、施工和勘察等领域的工作者使用，也可作为高等院校岩土工程专业研究生进行黄土力学方面研究的参考书。

图书在版编目(CIP)数据

自重湿陷性黄土的水气运移及力学变形特征 / 姚志华，陈正汉，黄雪峰著. — 北京 ：人民交通出版社股份有限公司，2018.5

ISBN 978-7-114-14685-5

Ⅰ.①自… Ⅱ.①姚… ②陈… ③黄… Ⅲ.①湿陷性黄土—研究 Ⅳ.①P642.13

中国版本图书馆 CIP 数据核字(2018)第 091188 号

书　　名：自重湿陷性黄土的水气运移及力学变形特征
著 作 者：姚志华　陈正汉　黄雪峰
责任编辑：李　喆
责任校对：刘　芹
责任印制：张　凯
出版发行：人民交通出版社股份有限公司
地　　址：(100011)北京市朝阳区安定门外外馆斜街 3 号
网　　址：http://www.ccpress.com.cn
销售电话：(010)59757973
总 经 销：人民交通出版社股份有限公司发行部
经　　销：各地新华书店
印　　刷：北京鑫正大印刷有限公司
开　　本：787×1092　1/16
印　　张：17.75
字　　数：425 千
版　　次：2018 年 6 月　第 1 版
印　　次：2018 年 6 月　第 1 次印刷
书　　号：ISBN 978-7-114-14685-5
定　　价：60.00 元
(有印刷、装订质量问题的图书，由本公司负责调换)

前　　言

黄土覆盖着10%的地球陆地表面,是分布较为广泛的区域性特殊土。我国黄土总面积达到了64万km^2,约占国土面积的6.3%,主要集中在黄河流域。一些黄土具有显著的湿陷变形特性,这类黄土也被称为湿陷性黄土。湿陷性黄土在一定压力下受水浸湿时,其结构会迅速破坏并产生显著附加下沉,这也是区别于其他特殊土的重要特征。湿陷性黄土又可分为自重湿陷性黄土和非自重湿陷性黄土,其中自重湿陷性黄土在上覆土自重压力下受水浸湿时会发生显著的附加下沉,这种特殊的力学变形特征给工程建设带来了极大危害,也往往带来较大的经济损失。

随着我国国民经济的迅速发展,中西部黄土地区的建设项目日益增多,规模越来越大,建设场地由低阶地向高阶地发展,遇到的自重湿陷性黄土层厚度也在增大,特别是大厚度自重湿陷性黄土场地。然而,以往人们对于自重湿陷性黄土的诸多关键问题还存在一些疑惑,如:水气运移特征,关键力学响应,湿陷变形规律等,这些问题也是研究人员和工程界关心的重点和难点。本书以典型自重湿陷性黄土为研究对象,通过大型现场原位浸水试验、室内非饱和土试验、理论建模和数值模拟,对其水气运移、力学特征及地基湿陷变形规律等问题展开了较为系统的研究,以期为认识复杂的黄土力学变形问题起到一定的抛砖引玉作用。

全书共分为8章。第1章,概述,主要介绍了关于黄土若干关键问题的研究进展,并提出全书的研究框架和主要内容。

第2章,兰州地区自重湿陷性黄土场地浸水试验综合观测研究。在甘肃省兰州市和平镇一自重湿陷性黄土厚度为36.5 m的场地上进行了不设注水孔的大型原位浸水试验,对场地的湿陷变形特征和水分运移规律进行实时综合观测研究。

第3章,自重湿陷性黄土场地剩余湿陷量和湿陷性评价的探讨。对灰(素)土挤密处理后的自重湿陷性黄土场地进行深层浸水试验,提出了自重湿陷性黄土场地的湿陷临界深度的概念;通过引入深度修正系数、扩大湿陷系数阈值及湿陷临界深度的方法,计算自重湿陷量和湿陷量,得到了一些自重湿陷性黄土湿陷性评价的新认识。

第4章,非饱和Q_3黄土的水气运移特征。研制设计一套大尺寸原状黄土试样取样设备,对大尺寸黄土试样展开非饱和渗透试验研究。同时又以改进的三轴渗气仪为手段,进行了一系列考虑干密度、含水率和各向异性等因素影响的渗气试验,得到了非饱和原状黄土及其重塑土的渗气规律。

第5章,非饱和Q_3黄土的力学特性。利用非饱和土多功能土工三轴仪、四联直剪仪以及压力板仪等设备,进行了一系列非饱和土力学特性试验,研究和比较了非饱和Q_3原状黄土及其重塑土的变形、强度、水量变化及其差异。

第 6 章,非饱和原状黄土的细观结构动态演化特征。对非饱和 Q_3 原状黄土进行控制吸力为常数的各向等压加载试验,借助 CT(Computed Tomography)技术,对加载稳定后的试样进行实时动态扫描,从细观上认识原状黄土的力学变形响应,并建立加载过程中的细观结构演化方程。

第 7 章,考虑细观结构演化的非饱和原状黄土弹塑性损伤本构模型。以修正 Barcelona 非饱和土弹塑性本构模型为基础,以结构性损伤为切入点,提出了考虑结构性影响的非饱和 Q_3 原状黄土的弹塑性损伤本构模型(Elastoplastic Damage Model,EDM)。模型包括土骨架变形与水量变化两个方面,对加载过程和加载—湿陷过程分别进行描述。

第 8 章,非饱和原状黄土的弹塑性损伤流固耦合模型及其有限元应用。将建立的 EDM 模型引入到非饱和土流固耦合理论中,结合非饱和原状黄土水气运移规律,建立考虑结构性的非饱和原状黄土弹塑性损伤流固耦合模型(Elastoplastic Damage Seepage-Consolidation Coupled Model,EDSCM)。编写多场耦合有限元程序(Unsaturated Loess Elastoplastic Damage Seepage Consolidation,ULEDSC),对自重湿陷性黄土场地浸水和停水过程进行多场耦合计算,得到不同阶段的水分场、孔压场、位移场以及损伤场等变化特征,以初步揭示自重湿陷黄土地基浸水变形过程中的多场耦合响应。

本书是近些年作者们研究非饱和黄土的一些总结。依托于黄土地区的大型工程实践,着眼于探究自重湿陷性黄土地区工程建设中的一些难点问题,着力于认识自重湿陷性黄土场地的水气运移规律和力学变形特征,以期为自重湿陷性黄土地区的同类工程建设以及《湿陷性黄土地区建筑规范》(GB 50025—2004)的修订提供一定的参考,书中一些观点已被纳入新版规范中,并得到同行专家的认可。但限于作者理论水平和实践经验,书中还有诸多问题需要进一步深入研究和探讨,某些认识和结果难免存在不妥或者不足,敬请同行专家及读者见谅并不吝赐教。

国家自然科学基金青年基金项目(No. 51509257)、国家自然科学基金面上项目(No. 11672330)、国防科技项目基金(No. 2201059)和国家电网公司科学技术项目(No. SGKJJSKF[2008]656)等对本书撰写提供了资助;中国人民解放军陆军勤务学院军事土木工程系(原解放军后勤工程学院)及中国人民解放军空军工程大学机场建筑工程系为本书撰写提供了大力支持,笔者们借此特表示感谢。另外,本书也是在卢再华教授、黄海高级工程师、方祥位教授、朱元青高级工程师、李加贵博士、苗强强博士等人前期大量研究工作基础上的继续深入,在此向他们表示真诚感谢。

姚志华　陈正汉　黄雪峰

2017 年 9 月

目　录

第1章 概　　述

黄土覆盖着10 %的地球陆地表面[1]，是分布较广的区域性特殊土。我国黄土总面积达到了64万km^2，约占国土面积的6.3%，以黄河流域分布为主，厚度从几十米至400多米不等[2-4]。在一定压力下受水浸湿，结构会迅速破坏并产生显著的附加下沉的黄土，称为湿陷性黄土[5,6]，湿陷变形也是黄土区别于其他土的重要特征。众所周知，黄土的湿陷性给工程建设和使用带来较大的影响，湿陷造成的建筑物破坏事故不胜枚举，往往给国家和人民带来较大的经济损失[7,8]。

随着国家经济的发展和西部大开发战略的实施，黄土地区陆续建设了一大批国家级重点工程，如宁夏扶贫扬黄灌溉工程、郑西高速铁路、天宝高速公路、宝兰客运专线、兰渝铁路等特大项目。黄土地区的民用建设项目也日益增多，规模越来越大，突出表现在建设场地由低阶地向高阶地发展，湿陷性黄土层厚度增大，特别是工程建设所遇到的自重湿陷性黄土越来越多，而厚度较大的自重湿陷性黄土往往给工程建设带来极大困难。

自重湿陷性黄土是指在上覆土的自重压力下受水浸湿，发生显著附加下沉的湿陷性黄土。汪国烈先生指出[9]，针对我国目前黄土地基处理现状，采用挤密（复合）桩等方法处理深度达到15m时，剩余湿陷量仍然达不到《湿陷性黄土地区建筑规范》（GB 50025—2004）[10]（以下简称《黄土规范》）的规定和要求，当桩端持力层很深，采用桩基技术经济性不合理时，这种自重湿陷性黄土场地，可称为大厚度自重湿陷性黄土场地。宝鸡第二电厂场地的自重湿陷性黄土层厚度为23m；宁夏扶贫扬黄灌溉工程项目的10号、11号及南城拐子泵站场地的自重湿陷性黄土层的厚度分别是24～25m、30～35m和15～20m；兰州西固区张家台330kV变电所场地的自重湿陷性黄土层的最大厚度为29.5m（平均25m）。以往工程建设很少遇到这一类自重湿陷性黄土场地，工程人员具备的工程经验也不够丰富，因此，在这些地区进行工程建设首先要掌握其湿陷变形特征，这一问题也是科研人员和工程界急需解决的关键科学技术问题，具有较高的学术价值和实用价值。只有掌握自重湿陷性黄土的湿陷变形规律，才能更好地指导工程建设。

了解自重湿陷性黄土场地的湿陷变形规律，不能绕开自重湿陷性黄土地基的力学特征研究，这也是黄土地区工程建设者面临的难点问题。自重湿陷性黄土场地的变形问题与渗水、渗气密切相关，相互联系，因此水气运移规律的研究也是急需解决的关键问题。原状黄土的湿陷伴随着结构的破坏及损伤的产生，建立黄土的本构模型就必须考虑黄土加载和湿陷过程中结构性的演化特征，故而，建立一个考虑结构性的弹塑性本构模型更加符合黄土的力学变形特征。浸水过程中的自重湿陷性黄土地基涉及湿陷变形、水气运移和损伤演化等多场耦合，建立一个适宜于自重湿陷性黄土场地的非饱和流固耦合模型，并开发相应的计算程序显得尤为迫切。以上这些问题的研究和解决无疑为自重湿陷性黄土地区的工程建设提供试验依据和理论指导，也可以丰富和发展黄土力学。

基于此，本书通过原位试验、室内试验、理论建模和数值模拟，结合前人研究成果，寻求以往研究的不足和空白，进而对自重湿陷性黄土水气运移、力学特性及地基湿陷变形规律等关键问题展开研究。

1.1 湿陷性黄土的基本特征

1.1.1 分类和地质特征

《黄土规范》[10]把我国湿陷性黄土分为7个区，包括陇西地区、陇东—陕北—晋西地区、关中地区、山西—冀北地区、河南地区、冀鲁地区和边缘地区。黄土分类方法有多种，工程地质分类法[3]是以黄土的地层、年代和成因为分类依据；土力学和水工建筑学[11]以土的颗粒组成进行分类；《建筑地基基础设计规范》(GB 50007—2011)[12]以黄土的塑性指数为基础进行分类定名；《黄土规范》[10]则以湿陷系数(δ_s)为主要指标，以0.015为界限进行划分，湿陷系数小于0.015时，为非湿陷性黄土，湿陷系数大于0.015时则划分为湿陷性黄土。

黄土按地层可分为Q_1(午城黄土)、Q_2(离石黄土)、Q_3(马兰黄土)和Q_4(黄土状土)黄土。由于各地的地理环境不同，造成黄土的地层特征及物理力学性质差异较大，一般具有肉眼可看到的大孔隙(孔隙比一般为0.8~1.2)、低含水率、灰黄色或黄色、粒度成分均一、以粉砂颗粒为主、垂直节理发育等显著特征[5]。

1.1.2 湿陷变形机理

黄土的湿陷原因既有内在因素也有外在因素。内因主要与黄土本身的物质成分和结构特征有关，包括颗粒组成、矿物和化学成分的影响；而外因则由水和外部荷载共同作用导致[13,14]。

黄土湿陷机理的研究主要有：毛细假说[15]、溶盐假说[2]、胶体不足说[16]、水膜楔入说[2,3]、欠压密理论[17]、结构学说[18]、微结构不平衡吸力成因论[19]。

毛细假说认为，表面张力存在于相邻土颗粒孔隙中水和空气交界处，当水浸入土中后，表面张力立即消失，黄土发生湿陷。溶盐假说认为，黄土在较低含水率状态时，易溶盐呈现微结晶状态；当黄土浸湿时，易溶盐溶解，从而产生湿陷。胶体不足说认为，湿陷性黄土其粒径小于0.05mm的颗粒含量小于总体颗粒的10%。由于缺少这一部分胶体物质，黄土浸湿时颗粒不能产生膨胀来防止湿陷。水膜楔入说认为，水浸入黄土后，结合水膜变厚，从而分开原有连接的土颗粒，减弱土粒之间的引力，降低了凝聚强度，因而产生湿陷。欠压密理论认为，黄土上覆土层厚度增加而带来的压力增大不足以克服土中形成的加固内聚力，当水侵入黄土后加固内聚力消失，从而产生湿陷。结构学说主要通过对黄土的微观结构的研究来说明湿陷现象。微结构不平衡吸力成因论认为，湿陷过程就是水的楔入导致小孔隙广义吸力的逐渐丧失和大孔隙湿吸力的逐渐增大引起的微结构重建动力与重建阻力间的动态对抗过程。

黄土的湿陷现象较为复杂，用一种假说来解释黄土的湿陷显得较为牵强，每种假说都有其合理和不足的一面，因此黄土湿陷机理的研究仍待继续深入。

1.1.3 湿陷变形特征

黄土的湿陷变形主要由水和力的共同作用而产生。其湿陷变形特征主要有以下几个方面[20]:①突变性。黄土承受外部荷载时,水和力的共同作用使之产生突变,引起较大的变形。②非连续性。通过微观试验发现,原有土骨架结构破坏和土颗粒之间的胶结作用减弱共同引发湿陷。③不可逆性。湿陷变形是土的天然结构发生破坏引起的,是不可逆的,属于塑性变形。④湿陷变形过程中软硬化效应伴生。一方面,天然结构破坏,原有强度丧失,这是软化效应;另一方面,体积压缩,形成新的结构,产生新的强度,这是硬化效应。⑤敏感性[21],即湿陷难易及快慢。由含水率变化引起增湿变形量变化的快慢来反映湿陷敏感性具有更大的合理性。⑥湿陷变形与压缩变形相互转换。土的初始含水率高低决定土体的压缩变形与湿陷变形特点。初始含水率低,在一定压力下的压缩变形小,湿陷变形大;当初始含水率高时,压缩变形大,湿陷变形小。当压力超过黄土的结构强度时,压缩变形大而湿陷变形小。⑦湿陷峰值,湿陷变形随着应力的增加有峰值出现。初始含水率越高的试样,湿陷峰值对应的应力越小。⑧球应力和剪应力都能导致黄土结构的破坏和湿陷,且它们对湿陷体应变和湿陷偏应变有交叉影响。

黄土的湿陷变形特征主要通过室内和现场原位试验而进行,许多研究人员就此展开了许多有益的工作,以下主要通过室内外试验研究进行简要叙述。

1)室内试验定量研究黄土湿陷性

室内试验研究黄土湿陷变形特征受到研究人员的青睐,一方面由于试验方便快捷、试验周期短,能够定量地得到湿陷变形、湿陷系数等一系列结果;另一方面、室内湿陷试验还可以较好地反映初始含水率、初始干密度、应力状态、压实系数、细粒土含量、结构性、浸湿程度、浸湿历史和矿物成分等因素对黄土湿陷性的影响[3],因此,许多学者就此展开了大量的工作。刘明振[22]、孙建中[23]、张茂花[24]等对黄土的增湿、减湿、间歇性浸水、多级湿陷特性进行了大量研究工作,这些研究将狭义湿陷变形发展到广义湿陷变形,狭义的充分浸水饱和后的湿陷变形只是广义湿陷变形的一种特殊情况。

陈正汉等[20]通过试验研究认为,湿陷性黄土的本构关系还与湿度(含水率和饱和度)的变化有关,湿陷变形的大小和应力状态与含水率密切相关。张苏民等[25]对黄土减湿和增湿的湿陷性状进行了压缩试验研究,认为湿陷性黄土预先增湿后会使湿陷变形转化为加荷变形,并提出湿陷终止压力的概念。张原丁[26]进行了不同含水率不同压力下的黄土湿陷性试验研究。认为随着含水率的增加,湿陷量减小,且压力大时,湿陷量减小得多。胡再强[27]对原状黄土、人工制备结构性黄土进行了不同应力水平下三轴浸水试验研究,揭示了非饱和结构性黄土的湿陷机理、显微结构与黄土湿陷性的关系。

蒲毅彬等[28]利用CT技术(Computed Tomography),研究了陇东黄土湿陷过程中细观结构的变化规律;雷胜友等[29]采用应变式三轴仪,对原状黄土三轴条件下浸水湿陷进行了CT扫描研究,分析了湿陷过程中的细观结构;朱元青等[30]研制了一套可以控制吸力的非饱和土湿陷三轴仪,进行了净围压相同吸力不同和吸力相同净围压不同的双线法三轴湿陷试验,首次实现了应力控制状态下黄土湿陷试验并进行了湿陷过程的动态CT扫描;李加贵等[31]利用CT-三轴仪对Q_3黄土进行了均压浸水试验和侧向卸荷浸水试验,研究Q_3原状黄土的浸水湿陷特性。

CT 技术的应用,无疑为认识黄土湿陷变形规律提供了有力工具。

黄土的湿陷从一维发展到三维、从宏观感知到细观认识、从不考虑吸力的湿陷发展到考虑吸力的湿陷等,这些成果不断加深工程人员对黄土湿陷特性的认识。

2)室外浸水试验研究黄土湿陷变形规律

现场浸水试验耗费较多的人力、物力以及时间,然而通过现场预浸水试验可以更好地把握黄土的湿陷变形规律,因此现场浸水试验也受到研究人员的高度重视。自我国引入预浸水法处理湿陷性黄土后,在认识黄土湿陷变形规律和处理黄土地基方面已经取得了诸多成果。

自 20 世纪 60 年代以来,国内学者已在陕、甘、宁、青、豫、晋等省(自治区)做了大量的现场浸水试验,《黄土规范》[10]和文献[32]系统地总结了浸水试验方法。《黄土规范》[10]指出:对于甲、乙类重要建筑,为了较准确地判定场地湿陷类型,应采用现场试坑浸水试验,并提出试验要求。近年来,随着工程场地黄土层厚度的增大,试坑尺寸和浸水历时也逐渐增加。

汪国烈等[33]在兰州市东岗镇黄河南岸Ⅱ级阶地上,进行了 7 个浸水试验,对该地区自重湿陷性黄土的湿陷变形特征有了初步的认识。涂光祉等[34,35]针对在陕西省焦化厂和渭北张桥湿陷性黄土场地进行了浸水试验,探讨了关中地区的湿陷性黄土的湿陷变化规律。李大展等[36]在陕西蒲城电厂进行了直径为 40m 的浸水试验,研究了 Q_2 黄土场地的湿陷变形特性。该场地实测总湿陷量仅有 6.5cm,室内外试验湿陷量的对比差异性较大,被判定为非自重湿陷性黄土地基。罗宇生[37]在宝鸡第二发电厂进行了自重湿陷性黄土厚23m 的浸水试验,所测自重湿陷量较小,得到的自重湿陷变形规律与既有成果相似。

钱鸿缙等[38]在河津地区布置了三个浸水试验坑,通过原位试验结果判定了该场地的湿陷类型。黄雪峰[39,40]在宁夏固原一自重湿陷性黄土厚度大于 35m 的场地上,进行了面积为 110m × 70m 的大型现场浸水试验,揭示了大厚度自重湿陷性黄土的湿陷变形具有与中小厚度(小于 15m)自重湿陷性黄土的湿陷变形不同的特征。之后,黄雪峰等[41,42]又针对兰州兰工坪高边坡进行了现场浸水试验,研究了水分入渗规律以及入渗对原状黄土高边坡土压力的影响,并对水分在高边坡中的入渗形态有了新的认识。

许多研究人员也在现场浸水试验确定黄土的湿陷变形规律方面做了许多类似的工作,如:李辉山等[43]对兰州连城铝厂车间进行了浸水处理;杨庆义[44]对晋东某国家重点大型工程进行了现场浸水试验。此外,还有一些工程人员,如:曾保刚等[45]、任海波[46]、马侃彦等[47]、陈克峰[48]、陈雯龙[49]也针对预浸水处理黄土湿陷问题进行了系列研究,并取得了一些有益成果。然而,以往现场浸水试验研究中,Ⅰ类和Ⅱ类地区的自重湿陷性黄土地基上的现场浸水试验中水分运移和地基湿陷变形规律尚不清楚,这还需要学术界和工程界的共同努力,使之更加完善。

1.1.4 非饱和黄土的力学特征

以往土的力学特性研究主要集中在饱和土,这方面的试验和理论较为成熟。随着非饱和土与特殊土力学等热点问题的兴起,关于非饱和土力学特性的研究才逐渐展开,但总体发展速度较为缓慢,主要原因在于非饱和土试验测试技术的发展滞后。只有非饱和土试验测试技术和设备的不断发展,才能为认清非饱和土的力学特性提供有力工具,进而促进非饱和土力学与特殊土力学理论的进一步提升。

非饱和土与特殊土的测试技术和试验装备均取得了较大的进展，陈正汉[50]在非饱和土试验仪器开发方面做了很多工作，先后研制出了非饱和土 CT-三轴仪[51]、非饱和土固结仪和直剪仪[52]、升级的压力板仪[53]、多功能土工三轴仪[54]、湿陷—湿胀三轴仪[55]等先进非饱和土试验设备，为非饱和黄土的土—水特征曲线、强度、变形（包括湿陷变形）等深入研究提供了有力保障。

许多研究人员在非饱和黄土的力学特性这一领域中取得了诸多成果。骆亚生[56]通过改进扭剪仪，研究了陕西杨凌非饱和黄土的动力特性，尤其是非饱和黄土在动荷载作用下的孔隙压力变化规律。陈正汉等[57]以重塑非饱和黄土为研究对象，较为系统地研究了重塑非饱和黄土的变形、强度、屈服和含水率的变化特性。邢义川等[58]以改进的真三轴仪为手段，对陕西杨凌非饱和黄土进行了试验研究，提出了非饱和土中任一点的有效应力表达式及三维应力状态下有效应力参数的确定方法。方祥位等[59]研究了净平均压力和剪应力对重塑非饱和黄土的土—水特征曲线的影响，建立了含水率—吸力—净平均应力—偏应力形式的广义土—水特征曲线方程。李保雄等[60]根据室内和原位测试结果，研究了不同沉积时代与含水状态下黄土抗剪强度的水敏感性特征及应力变形关系。刘海松等[61]将非饱和黄土的结构强度研究与黄土湿陷性结合起来，提出了一些湿陷系数与黄土结构强度之间关系的有益结论。此外，张炜等[62]、胡再强[27]、郭敏霞等[63]也先后在这一领域展开了大量试验研究，并取得了诸多有益的试验成果。

非饱和 Q_3 原状黄土具有天然的结构性，而重塑黄土不具有这一特性。由于结构性的原因导致 Q_3 原状黄土及其重塑土的力学特性存在较大的差异，目前这方面的研究工作还较少。弄清 Q_3 原状黄土及其重塑土的力学特性差异，也是进一步掌握 Q_3 黄土本构模型的基础，因此，有必要研究结构性对非饱和黄土力学特征的影响，这一领域亟待进一步深入研究。

1.2 湿陷性评价方法

正确认识和评价黄土的湿陷性，能有效地避免工程事故的发生，该问题也在世界各国得到了认可。由于黄土分布和特征的差异，世界各国的评价方法也存在着差异。罗马尼亚采用 300kPa 压力下浸水相对湿陷量、1.0m×1.0m 荷载板下土体在饱和与天然状态下的沉降量比值以及沉降差等来判定黄土的湿陷性；美国先后提出用干重度、液限含水率、湿陷比、湿陷势来评价黄土的湿陷性；苏联采用相对湿陷系数 δ_{np} 计算可能湿陷量；阿根廷以双线法为基础来评价黄土的湿陷性；我国总结所取得的成果和实践经验，先后制定了 1966 年、1978 年、1990 年、2004 年版《湿陷性黄土地区建筑规范》，新版规范也即将出版[64]，其根据湿陷系数和自重湿陷系数计算相应的湿陷量和自重湿陷量来划分场地的湿陷性，进而判断地基的湿陷等级。

1.2.1 黄土湿陷性的测定

黄土的湿陷性是在一定应力（即上覆土的饱和自重应力或上覆土的饱和自重应力与附加应力）作用下受水浸湿后，结构迅速破坏，发生显著附加下沉的特性。由于受荷载条件的不同，湿陷变形又可分为自重湿陷变形（仅在上覆土的饱和自重应力作用下）和外荷湿陷变形（在土的饱和自重应力与附加应力共同作用下）。黄土可根据湿陷性分为自重湿陷性黄土和非自重湿陷性黄土。黄土有无湿陷性，可按室内压缩试验在一定压力下测定的湿陷系数 δ_s 来判定。δ_s 的表达式为：

$$\delta_s = \frac{h_p - h'_p}{h_0} \tag{1.1}$$

式中：h_p——保持天然湿度和结构的土样，加压至一定压力时，下沉稳定后的高度（mm）；

h'_p——上述加压稳定后土样，在浸水（饱和）作用下下沉稳定后的高度（mm）；

h_0——土样的原始高度（mm）。

当 $\delta_s < 0.015$ 时，应定为非湿陷性黄土；$\delta_s \geq 0.015$ 时，应定为湿陷性黄土。《黄土规范》[10]规定，测定湿陷系数的压力自基础底面下算起（初勘时自地面下 1.5m 起算）；深度小于 10m，压力为 200kPa，基底压力大于 300kPa 时，用实际压力；对压缩性大的新近堆积土，基底下 5m 用 100～150kPa 压力；基底下 5～10m 以至到非湿陷性土层顶面，压力为 200kPa，若基底压力大于 200kPa，以上覆土饱和自重压力为试验压力。

在上覆土饱和自重压力下，有些黄土会产生附加下沉，下沉的大小可用自重湿陷性系数 δ_{zs}表示，按下式计算：

$$\delta_{zs} = \frac{h_z - h'_z}{h_0} \tag{1.2}$$

式中：h_z——保持天然湿度和结构的土样，加压至该试样上覆土的饱和自重压力时，下沉稳定后的高度（mm），计算饱和自重压力时，饱和度取 85%；

h'_z——上述加压稳定后土样，在浸水（饱和）作用下，附加下沉稳定后的高度（mm）；

h_0——土样的原始高度（mm）。

通过室内压缩试验获得湿陷性系数和自重湿陷性系数，通常采用单线法和双线法，单线法复杂，双线法相对简单。单线法物理意义更为明确，符合实际工况，对试验结果进行修正时，以单线法为准修正饱和试样各级压力下的稳定高度；双线法试样中天然湿度试样在最后一级压力下的下沉稳定高度通常不一致，需要进一步修正。然而，室内压缩试验加载方式、边界条件与现场存在较大差异，这也是室内外试验结果不一致的重要原因。

1.2.2 黄土场地的湿陷类型和等级

由于湿陷性黄土的特殊性，关于湿陷性评价的方法不能完全符合实际，研究人员应不断追求探索新的方法。根据大量的试验资料和工程实践可知，西部黄土湿陷性高，计算自重湿陷量一般较大，却低于实际的室外现场试验实测值；中部地区自重湿陷量实测值与室内试验相当；而东部地区自重湿陷量往往较小，但高于实际的室外现场试验实测值。因此，通过计算自重湿陷量来划分场地湿陷类型，也常常给工程人员带来诸多困扰。

《黄土规范》[10]规定，对自重湿陷黄土自重湿陷量的计算值 Δ_{zs}可按下式计算：

$$\Delta_{zs} = \beta_0 \sum_{i=1}^{n} \delta_{zsi} h_i \tag{1.3}$$

式中：δ_{zsi}——第 i 层土的自重湿陷系数；

h_i——第 i 层土的厚度（cm）；

β_0——因地区而异的土质修正系数，对陇西地区可取 1.50，对陇东、陕北、晋西地区可取 1.20，对关中地区可取 0.90，对其他地区可取 0.50。

自重湿陷量Δ_{zs}的累计计算，自天然地面（当挖、填方的厚度和面积较大时，自设计地面）算起，至其下全部湿陷性黄土层的底面为止，其中$\delta_{zs}<0.015$的土层不累计。自重湿陷性黄土场地的湿陷类型，按实测自重湿陷量或自重湿陷量的计算值（以下简称自重湿陷量）判定。实测自重湿陷量应根据现场试坑浸水试验确定，当实测或计算自重湿陷量≤70mm时，应定为非自重湿陷性黄土场地；当实测或计算自重湿陷量>70mm时，应定为自重湿陷性黄土场地。

受水浸湿饱和至下沉稳定为止的湿陷量的计算值Δ_s，可按下式计算：

$$\Delta_s = \sum_{i=1}^{n}\beta\delta_{si}h_i \tag{1.4}$$

式中：δ_{si}——第i层土的湿陷系数；

h_i——第i层土的厚度（mm）；

β——考虑地基土的侧向挤出和浸水概率等因素的修正系数，基底下0～5m（或压缩层）深度内可取1.5，5～10m深度可取1.0，10m以下取工程所在地区的β_0值。

需要注意，10m以下湿陷系数δ_s取自重湿陷系数δ_{zs}，目的是为了解决10m以下饱和自重压力与300kPa测定的δ_s不一致的矛盾。系数β是根据各地实测湿陷量与计算湿陷量的比值确定的。主要是因室内外试验方法不同而引起的，因为室内试验有侧限，起到约束作用，没有侧向挤出，而野外荷载试验及大面积浸水试验是在半无限地基上进行，侧向挤出较明显。

湿陷性黄土地基的湿陷等级，应根据基底下各土地层累计的总湿陷量和计算自然自重湿陷量的大小等因素加以判定。湿陷性黄土地基的湿陷等级越高，地基浸水后可能产生的湿陷量越大，对建筑物的危害性也越大，因此设计措施的要求也越高。为此，新版《黄土规范》[64]在进行湿陷量计算时，增加了一个浸水概率系数，一定程度上解决了湿陷量计算值和实测值不匹配的现象。对特殊要求的建筑物，应在原位进行试坑浸水试验，用实测自重湿陷量来判定湿陷类型。建筑实践证明，按实测自重湿陷量划分场地湿陷类型，比按计算自重湿陷量划分准确可靠[65]。然而，为获得实测值却需要花费很大的人力、物力、财力。

在黄土湿陷性评价方面，新版《黄土规范》[64]对湿陷系数、自重湿陷系数及湿陷起始压力的测定，以及实测或计算自重湿陷量、总湿陷量的计算、建筑场地和地基的评价等方面均做了详细而严密的规定。但在规范的使用上，各地的具体状况不同，而且针对隧道、公路、地铁等湿陷性评价仍需要进一步补充与完善。

1.3 非饱和黄土的渗水特性

在以往的研究中，饱和土的渗透系数研究已比较成熟，岩土、公路和水利等各类规范对其做了详细的介绍；而非饱和土由于基质吸力的存在，不能用常规的饱和土试验方法确定其渗透系数，使得非饱和土渗透系数的研究存在一定的难度，这也是研究非饱和土渗透特性及渗流特征难度较大的主要原因之一[66]。非饱和土渗透系数一般采用试验直接测定和间接计算获得。

1.3.1 试验直接测定非饱和土渗透系数

获取非饱和土渗透系数需进行现场原位试验或室内试验。两种试验方法各有所长，现场试验与实际工况吻合较好，因而受到广泛青睐，然而该方法现场边界条件复杂且试验设备要求高,也是研究人员回避的一个问题。室内试验结果较为可靠、方法简单,因此,许多研究人员通过该途径来测定非饱和土的渗透系数。

现场和室内试验研究方法主要基于稳态法[67]、瞬态剖面法[68]、零通量平面法[69]等。采用较为广泛的应属稳态法和瞬态剖面法。徐永福等[70](2005 年)采用稳态法,对黏土的非饱和土渗透系数进行了测定,试验结果较为理想。Cui 等[71]应用瞬态法对 3 个不同含水率条件下的膨润土加砂混合材料的非饱和土渗透系数进行了测定。

室内试验还有一些试验方法也广为采用,如:长柱法[72]、水平土柱实验法[73]和蒸发试验法[74]等。王文焰等[75]、陈正汉等[76]、张建丰[77]、马娟娟等[78],采用水平土柱试验方法,利用 γ 射线透射获得含水率,系统地研究了非饱和黄土的水分运移参数。Mbonimpa 等[79]、苗强强等[80]利用垂直和水平土柱进行非饱和土渗水系数的测定。

戴经梁等[81]通过室内一维土柱入渗试验,得到不同压实度下黄土的积水入渗规律;高永宝等[82]用水—气运动联合测试仪对一定含水率不同干密度的黄土做了大量的试验,研究了干密度对渗水系数的影响;刘奉银等[83]使用自研的非饱和土水气联合测定仪,提出了 3 种渗水稳定时间判定方法及 3 种渗水驱动势的计算方法。这些有益的工作无疑对非饱和土渗透系数的研究起到了一定的推动作用。

1.3.2 理论公式计算获得非饱和土渗透系数

直接测量非饱和土渗透系数通常较为困难,因此许多研究人员试图从非饱和土的渗透系数与体积含水率之间的关系,通过土—水特征曲线或者分形理论把非饱和土的渗透系数转化为基质吸力的函数,或者建立非饱和土的渗透系数与分形函数的联系,从而较为简单地研究非饱和土的渗透系数[84]。

Van Genuchtten[85]、Khaleel[86]和 Wagner[87]等人直接将非饱和土渗透系数与土—水特征曲线联系起来,建立经验公式,直接应用这些公式计算非饱和土的渗透系数。Gardner[88]应用稳态法进行非饱和土的入渗试验,提出了非饱和土渗透系数与吸力之间的计算公式,即:

$$K = K_{sat} \cdot \exp(\alpha\psi) \tag{1.5}$$

Arbhabhirama 等[89]建立了非饱和土渗透系数 k_w 与饱和土渗透系数 k_s 及基质吸力 ψ 的函数关系式如下:

$$k_w = \frac{k_s}{\left[1 + \left(\frac{s}{s_0}\right)\right]^a} \tag{1.6}$$

Shouse 等[90]和 Leong E C 等[91]根据试验建立了与式(1.6)相似的非饱和渗透系数计算公式,分别如式(1.7)和式(1.8)所示。

$$K(h) = \frac{K_{sat}}{\left[1 + \left(\frac{h}{h_c}\right)^n\right]} \tag{1.7}$$

$$k_w = \frac{k_s}{\left\{\ln\left[e + \left(\frac{s}{A}\right)^B\right]\right\}^C} \tag{1.8}$$

Zhuang 等[92]将单参数 Brooks 和 Corey 模型[93]代入 Miyazaki[94]基于 NSMC 概念(Non-Similar Media Concept)提出的饱和土渗透系数计算模型中,从而得到一个非饱和土渗透系数 $K_{us}(\theta)$ 的计算方法,即:

$$K_{us}(\theta) = K_s\left[\frac{(\tau\rho_s/\rho_{ub})^{1/3}-1}{(\tau\rho_s/\rho_b)^{1/3}-1}\right]^2\left(\frac{\theta}{\theta_s}\right)^{2b} \tag{1.9}$$

刘海宁等[95]根据土—水特征曲线与渗透函数的关系,推导出 Mualem 渗透方程的具体形式,即:

$$k = k_s \cdot \sqrt{\frac{\theta_w}{\theta_s}} \cdot \left(\frac{\theta_w-\theta_{umax}}{\theta_{umin}-\theta_{umax}}\right)^2 \tag{1.10}$$

Li 等[96]自研了一套能够用湿润锋运动计算非饱和土渗水系数的仪器,根据湿润锋运动速度、某一段土样含水率变化和吸力变化数值来确定出非饱和土的渗水系数,并提出相应的计算方法,即:

$$k_{ave} = \frac{[\theta(h_B,t_1)+\theta(h_B,t_2)-2\theta_i]\gamma_w v^2(t_2-t_1)}{2[\psi(h_B,t_1)-\psi(h_B,t_2)-\gamma_w v(t_2-t_1)]} \tag{1.11}$$

Salloom[97]利用土—水特征曲线中 VG 模型[85]、Brooks 和 Corey 模型[93]与 Mualem[98]和 Burdine[99]孔隙大小分布模型互相组合,研究了裂隙黏质壤土的非饱和土渗透系数。Assouline 等[100]提出了一个双参数土—水特征曲线,通过试验得到了非饱和土渗透系数计算公式,即:

$$K_r(S_e) = \sqrt{S_e}\left[\frac{\xi^{-\frac{1}{\eta}}\eta^{-1}\gamma(\eta^{-1},\xi a)-|\psi^{-1}|e^{-\xi a}+|\psi_L^{-1}|}{\xi^{-\frac{1}{\eta}}\eta^{-1}\Gamma(\eta^{-1})+|\psi_L^{-1}|}\right]^2 \tag{1.12}$$

从试验数据拟合结果来看,要优于 Brooks、Corey 模型和 VG 计算模型,但该模型形式极为复杂,推广应用较为困难。

还有一些研究人员,如:Dexter[101]、Poulsen[102]、Eching[103]、Li [104]和 Fujimaki[105]等均在这一领域展开了诸多有益工作。利用土—水特征曲线研究非饱和土的渗透系数已经较为成熟,是较为流行的间接计算非饱和土渗透系数的有效方法。

分形理论也是计算非饱和土渗透系数的常用方法,Rieu 等[106]建立一个基于分形理论的非饱和土渗透系数计算公式(1.13),很好地预测了非饱和沙土的渗透系数。

$$k_w = \frac{\rho_w g}{12\mu}(\beta_r\sum_{i=1}^{n-1}P_j^2G^j) \tag{1.13}$$

Crawford 等[107]在 Rieu 等的模型中[106]引入了一个分形维数,得到另外一个基于分形理论的非饱和土渗透系数计算公式,即:

$$k_w = \theta_w{}^{(R-1)\left[3+2\left(\frac{D_m}{d_s}\right)-D_m\right]\left[\frac{1}{D_m}-3\right]} \tag{1.14}$$

Xu 等[108]利用土体孔隙的分形模型研究了非饱和土的渗透系数计算公式,即:

$$k_r = \left(\frac{\psi}{\psi_b}\right)^{3D-11} \tag{1.15}$$

并与 VG 模型的土—水特征曲线预测数据进行了对比,证实了该模型的可靠性。还有一些研究人员,如:Millington 等[109]、Marshall 等[110]、Toledo 等[111]、孙大松等[112]、张学礼[113]等基于分形理论研究了非饱和土渗透系数的分形模型。然而分形理论还处于半经验状态,导致该种算法具有一定的不确定性,这还需要研究人员今后的努力,使其较为成熟。此外,除以上两种预测办法外,还有人用统计模型来预测非饱和土的渗透系数,如:Fredlund[114]、Asus[115]、叶为民[116]等在该领域做了一定的尝试。然而,这些理论公式是否适宜于多孔隙、竖向节理发育的原状黄土,还需要进一步深入探讨。

1.4 非饱和黄土的渗气特性

渗气系数表示气体在土中运移的能力,也是土结构和水分运移规律的客观反映。渗气系数在固体废物填埋、饱和土和非饱和土渗流等多方面、多领域中得到了广泛应用。渗气特性是土结构孔隙分布特征一项重要判断依据,气体在土中运移首先占据较大孔隙和孔洞。渗气系数可以反映土结构及其变化、孔隙尺寸、饱和土渗水系数等[117]。

Corey[118]认为饱和度降低到85 %左右或更低时,气相变成连续的,非饱和土中空气流动从该点开始。Mayas[119]通过试验得到当饱和度大于90%左右时,气相变成封闭的,空气流动变成通过孔隙水扩散的过程。压实方法同样影响实测透气性系数[67],同一密度动力压实透气性系数要比静力压实的高。在接近最优含水率时,透气性系数急剧降低。在最优含水率以上,气相变成封闭的,同时空气通过水扩散而发生流动。

渗气系数受众多因素制约,许多学者在这一领域做了很多工作。Juca 等[120]、Sanchez-Giron 等[121]、Moldrup 等[122]、Samingan 等[123]、Kamiya 等[124]、Dexter 等[125,126]分别研究了饱和度、含水率、充气孔隙度、基质吸力、干湿循环过程、有机碳含量等因素对渗气系数的影响。Moon 等[127]认为,最小渗气系数与最优含水率存在一一对应关系。

1.4.1 试验实测渗气系数

室内试验获取渗气系数,可以采取不同的试验方法。Li 等[128]采用变水头方法取得了沥青的渗气系数;Springer 等[129]采用常水头试验方法获得渗气系数。常水头法操作方便,方法简单易行,而变水头法在渗气系数测定上不经常使用,主要由于其操作较为复杂。

Stonestrom 等[130]认为,渗气系数不仅与饱和度有关,而且与饱和度历史状况有关。同样的饱和度增湿和干燥土样,增湿土样的渗气系数要大于干燥土样。王永胜等[131]讨论了干重度与含水率各单因素在较大范围内变化时非饱和土渗气系数的变化规律,分析了干重度较小时渗气系数出现的逆反现象的原因,并认为 Darcy 定律与 Fick 定律同时能够描述非饱和土中气体的渗流运动,但 Darcy 定律更方便。

陈正汉等[76]对陕西关中压实黄土进行渗气试验,得到平均渗气系数与孔隙率之间的关系如下:

$$\lg\bar{k}_{a} = 3.2234 + 15.3755\lg n \tag{1.16}$$

同时也证实了非饱和压实土的渗气规律完全可用达西定律描述,土的密度对渗气性有显著影响,而湿度对渗气性的影响不大。

Olson 等[132]用室内、室外试验以及模型计算等三种方法测得非饱和原状土的渗气系数,且三种方法结论差异很小;分析了含水率以及原状土各向异性对渗气系数的影响。Bouazza 等[133]自研设备对土工合成黏土进行了渗气试验,并采用利用气体流量计计算气体体积的试验方法,试验主要侧重含水率对渗气规律的影响,同时也发现预水化养护过程也对渗气系数造成影响。

王卫华等[134]研究陕西杨凌小麦试验田土样导水率和导气率随含水率的变化特征，证实土结构及孔隙特征对水和气的传输有巨大影响。而对长陕西武地区[135]黄土进行渗气试验发现，含水率接近田间持水率时的土壤导气率和饱和土导水率之间存在对数线性关系。王勇等[136]利用自制的渗气性量测装置对杭州砂土进行了渗气试验研究，试验表明，饱和度较低时，含水率的增加对砂土的渗气性影响很小；随着饱和度的增加，气渗透性逐渐减弱，在饱和度大于80%后，渗气系数急剧减小直至完全不透气；饱和度的变化相对于干密度对储气砂土的渗气性影响更为显著。

1.4.2 经验公式计算渗气系数

模型预测渗气系数也是当前国际上流行的研究方法，如 Kamitani 等[137]也是通过测定土—水特征曲线做了类似工作。Moldrup 利用 Millington 和 Quirk[138]、Campbell[139]土壤孔隙分布模型计算土壤渗气系数也取得了一些进展。

由于室外试验边界条件难于控制，许多学者提出了形状系数 ζ，对原位渗气系数的测量进行修正，因此形状系数为室外试验获取渗气系数准确性的关键。Grover[140]提出一个形状系数 ζ 的经验公式，即：

$$\frac{\zeta}{d} = 0.7576\frac{d}{h} - 0.1569\left(\frac{d}{h}\right)^2 + 0.0140 \tag{1.17}$$

此外，Boedicker 等[141]、Liang 等[142]、Iversen 等[143]、Jalbert 等[144]和 Kawamoto 等[145]也提出形状系数的经验公式。

Parker 等[146]建议了一个确定储气砂土中的气相渗透系数的经验公式，即：

$$k_{ra} = \sqrt{1 - S_e}\left(1 - S_e^{\frac{1}{2}}\right)^{2m} \tag{1.18}$$

张丙印等[147]认为，干土的渗气系数与饱和土的渗水系数之间满足以下公式：

$$k_d = \frac{\rho_a u_w}{\rho_d u_a} \times k_0 \tag{1.19}$$

1.4.3 渗气系数与渗透系数的联系

渗透系数和渗气系数两者密切相关，渗气系数可以预测渗透系数[148,149]。室内外试验测定渗透系数较难，相反测定渗气系数较为方便，而且气体流通时不改变土样原有的结构特征、孔隙几何特征，通过研究渗气系数达到测量渗透系数的目的，无疑给该领域增加新的研究方向。Blackwell 等[150]、Loll 等[151]通过试验证实渗透和渗气系数两者密切相关，可以渗气系数来预测渗透系数。Seyfried 等[152]利用渗气系数来测定冻土的渗透系数，如果直接量测冻土的渗透系数，水流会破坏冻土结构，利用渗气系数在不损坏冻土残留冰及结构的前提下得到渗透系数，不失为一种较好的研究方法。

刘奉银等[153]利用改进的非饱和土水气运动联合测定仪对重塑非饱和黄土试样进行不同增湿级数和初始干密度条件下的渗透试验，建立湿度和密度双变化条件下的渗气渗透函数。Schjønning[154]对 405 个试样在 −100cm 水头对应的基质吸力下进行试验发现，渗透系数和渗气系数两者呈指数函数关系。Neyshabouri 等[155]对 5 种地质分类的 22 种土样进行研究表明，

非饱和土渗透系数 $K(\theta)$ 和渗气系数 K_a 满足 $\lg K(\theta)=a+b\lg K_a$ 的关系，然而该试验条件基质吸力为0~10kPa，严重制约了试验结果的推广应用。

1.5 非饱和土的本构模型

非饱和土由于其特殊组成，不能简单地用饱和土的应力应变关系描述其力学行为。对非饱和土力学行为的认识逐渐清晰后，逐步定义了状态面的概念[156,157]，表征了净应力 σ' 和吸力 s 之间的关系，非饱和土本构模型的研究才真正引起了研究人员的关注。

Matays 等[158]（1967 年）最早提出 e-σ'-s 曲面；而 Fredlund[159,160] 则首次给出状态面的数学表达式，即：

$$e=e_0-C_t\cdot\lg\sigma'-C_m\cdot\lg s \tag{1.20}$$

式中：e_0——初始孔隙比；

C_t、C_m——考虑了土的净应力、吸力影响的压缩系数。

此后经过许多学者的尝试，才建立了考虑 2 个或者多个变量的非饱和土本构方程，主要包括弹性模型、弹塑性模型、结构性模型以及考虑热效应的模型等。

1.5.1 非饱和土的弹性本构模型

Lloret 和 Alonso[161] 给出一个改进后的状态面表达式，即：

$$e=e_0-a\cdot\ln\sigma'-b\cdot\ln s+c\cdot\ln\sigma'\cdot\ln s \tag{1.21}$$

利用式(1.21)，Lloret[162] 给出一个模型能够反映土样在受湿状态的膨胀和湿陷。在三轴应力状态下，体应变和偏应变分别等于：

$$\dot{\varepsilon}_v=\frac{\dot{p}}{K}+\frac{\dot{s}}{F};\dot{\varepsilon}_q=\frac{\dot{q}}{3G} \tag{1.22}$$

Fredlund 等[163,164] 提出以下弹性关系：

$$\mathrm{d}\varepsilon_1=\frac{\mathrm{d}\sigma_1^*}{E}-\frac{\nu\mathrm{d}\sigma_2^*}{E}-\frac{\nu\mathrm{d}\sigma_3^*}{E}+\frac{\mathrm{d}s}{H} \tag{1.23}$$

$$\mathrm{d}\theta_w=\frac{\mathrm{d}p}{K_w}+\frac{\mathrm{d}s}{H_w} \tag{1.24}$$

陈正汉等[165] 提出的非线性弹性模型，可看作是饱和土邓肯—张模型的推广：

$$\mathrm{d}\varepsilon_{ij}=\frac{1+\mu_t}{E_t}\mathrm{d}(\sigma_{ij}-u_a\delta_{ij})-\frac{3\mu_t}{E_t}\mathrm{d}p+\frac{\delta_{ij}}{H_t}\mathrm{d}s \tag{1.25}$$

$$\mathrm{d}\varepsilon_w=\frac{\mathrm{d}p}{K_{wt}}+\frac{\mathrm{d}s}{H_{wt}} \tag{1.26}$$

模型包括 13 个参数，都具有明确的物理意义和几何意义，可用两种非饱和土三轴试验测定。

杨代泉等[166] 和 Devillers 等[167] 也先后提出非饱和土的非线性模型，并得到较好应用。非饱和土的弹性本构模型形式简单，获取参数方法便捷，因此受到研究人员的广泛关注。然而土的变形已经超过了弹性范围，即非饱和土的弹性本构模型不能真实反映应力应变关系，即使如此，非饱和土的弹性模型仍然是非饱和土本构模型中的一项重要内容。

1.5.2 非饱和土弹塑性本构模型

非饱和土的弹塑性模型基本上能反映土的非饱和土力学特性，故受到广泛地关注，通过众多学者多年的努力，将其发展成非饱和土本构模型中比较成熟的一种。

1）考虑应力和吸力影响因素的模型

Alonso 等[168]首次给出了非饱和土的弹塑性本构模型的定量表达式，之后通过改进和补充，使之形成完整的本构模型，这个模型受到广泛的应用，被称之为 Barcelona 模型[169]。Barcelona 模型在吸力等于 0 的情况下，可以退化至修正剑桥模型。模型通过引入湿陷—加载屈服面（LC 屈服面）得到。这个模型将湿陷变形作为非饱和土变形的一个部分[170]。模型的屈服面包括 LC 和 SI 屈服面方程。

Kohgo 等[171]通过研究提出了与 Barcelona 模型相似的屈服面，但与吸力相关的压缩系数 $\lambda(s)$ 两者不同，其表达式为：

$$\lambda(s) = \frac{\lambda(0)}{1 + \left(\frac{s - s_e}{a}\right)^p} \tag{1.27}$$

Wheeler 和 Sivakumar[172]通过试验研究提出新的破坏包线：

$$q = M_s(p - u_a) + \mu_s \tag{1.28}$$

并使用相关流动法则，提出新的 LC 屈服线，确立了临界状态线与吸力之间的关系，即：

$$[\lambda(s) - \kappa]\ln\left(\frac{p_0}{p_{at}}\right) = [\lambda(0) - \kappa]\ln\left(\frac{p_0^*}{p_{at}}\right) + N(s) - N(0) + \kappa_s\ln\left(\frac{s + p_{at}}{p_{at}}\right) \tag{1.29}$$

Bolzon[173]基于应力变量 p' 和吸力 s[式(1.30)]，拓展了 Pastor 等[174]提出的饱和土本构模型，建立了非饱和土弹塑性本构模型。

$$p' = \bar{p} + S_r s \tag{1.30}$$

陈正汉[57]根据试验资料，修正了 Barcelona 模型中的吸力增加屈服条件。黄海等[175]通过 7 个不同应力路径的三轴固结排水试验，得出 p-s 应力平面上的初始屈服线是一条光滑曲线的结论，其方程为：

$$p_0 = p_0^* + ms + n[e^{\frac{\eta s}{p_{at}}} - 1] \tag{1.31}$$

将式(1.31)代入 Barcelona 模型，就得到改进的空间屈服面，表达式为：

$$F = f(p,q,s,p_0^*) = q^2 + M^2(p + p_s)[p - p_0^* - ms - n(e^{\frac{\eta s}{p_{at}}} - 1)] \tag{1.32}$$

Chiu 等[176]提出了既可描述饱和土也可描述非饱和土的弹塑性本构模型。模型考虑了饱和度的影响，也考虑了应力水平、应力比、密度和吸力对于剪胀性的影响。模型共有 22 个参数，在 p-q 平面上的剪切屈服面为双屈服面。Kohler 等[177]将饱和土的盖帽模型推广到非饱和土，模型屈服面由剪切破坏面和硬化“帽子”组成非关联流动法则的塑性势和硬化准则统一考虑吸力的影响；另外，将偏应力的影响也融入屈服面中。

胡再强等[178]对非饱和黄土进行等应力比压缩试验和常规三轴试验，由试验结果直接确定屈服函数，根据德鲁克公设，选择合适的硬化参数，建立了非饱和黄土的弹塑性本构模型。

该模型能够较好地模拟非饱和黄土与固结应力有关的应变软化现象。李广信等[179]直接将含水率引入清华模型的硬化参数中,建立非饱和土的清华弹塑性模型,避开吸力的研究。该模型对天然风干状态增湿到其他含水率的应力—应变全过程的计算结果也与试验结果相符。刘新荣等[180]通过三轴试验,结合弹塑性力学理论,推导出 Q_2原状黄土的屈服函数和以塑性功为硬化参数的硬化规律,并建立了相应的弹塑性本构模型。姚仰平等[181]将 Barcelona 模型与超固结土 UH 本构模型[182]相结合,使 Barcelona 模型适用于超固结非饱和土。新模型在吸力等于0的时候就退化成饱和土的 UH 本构模型;在吸力不为 0 且无超固结的情况下,就退化成 Barcelona 模型。

2)考虑水—力因素影响的模型

许多学者对水力滞后效应进行了深入的研究,在此基础上建立非饱和土的弹塑性本构模型。如:Vaunat[183]拓展了 Barcelona 模型,用于描述孔隙比对土—水特征曲线的影响。Wheeler[184]考虑了饱和度对于非饱和土应力—应变特性的影响,提出了一个新的弹塑性模型。模型采用单应力变量,应力变量 σ_{ij}^* 表达式为:

$$\sigma_{ij}^* = \sigma_{ij} - [S_r u_w + (1 - S_r) u_a]\delta_{ij} \tag{1.33}$$

式中:S_r、u_w——饱和度和孔隙水压力。

Geiser 等[185]考虑外部荷载作用以及由于吸力变化的水力作用,提出各自的屈服面以及塑性势函数,并引入了扰动状态(DSC)概念模拟低饱和度和低净围压下土的软化特性。

Jommi[186]建立骨架净应力 $\hat{p}$ 与吸力 s 和饱和度 S_r 的关系如下:

$$\hat{p} = (p - u_a) + S_r \cdot s \tag{1.34}$$

将其应用到修正剑桥模型中,形成新的破坏线,并与 Barcelona 非饱和土弹塑性本构模型进行了比较,得到如下关系:

$$q = M[(p - u_a) + S_r \cdot s] = M\hat{p} \tag{1.35}$$

Gallipoli[187]基于单应力变量,给出了如下关系:

$$\sigma'_{hk} = \sigma_{hk} - \delta_{hk}[u_a - S_r(u_a - u_w)] \tag{1.36}$$

定义变量 ξ 与饱和度存在如下比例关系:

$$\xi = f(s)(1 - S_r) \tag{1.37}$$

综合考虑吸力和饱和度的影响,研究了 LC 屈服面演化特征,提出了模拟水力滞后效应的非饱和土弹塑性本构模型。

Georgiadis 等[188]通过拓展 Lagiois 等[189]饱和土本构关系得到湿陷—加载屈服面,并提出一个非饱和土本构模型。将本构关系用于有限元计算,研究了非饱和土对于桩性能的影响。

Tamagnini[190]提出适应于非饱和土的剑桥模型,考虑水力滞后效应的影响,认为模型与水相饱和度有关,采用单应力变量:

$$q = \sigma_1 - \sigma_3 \tag{1.38}$$

$$p' = (p - u_a) + S_r(u_a - u_w) \tag{1.39}$$

Sheng 等[191]将土—水特征曲线的滞后特性引入弹塑性本构模型,建立了一个水—力耦合的非饱和土弹塑性本构模型。

Wang 等[192]通过非饱和粉土三轴试验确立了偏应力 q、比容 v 以及水相比容 v_w 与净平均应力 p 之间的临界状态方程,并与 Alonso 等人建立的模型计算结果进行了对比,新的临界状态方程计算结果可靠。

1.5.3 非饱和土的热—水—力耦合模型

在高放射性废物地下埋置、城市垃圾填埋场建设等实际工程中,温度对土壤的水力和力学特征的影响问题显得尤为突出,研究人员尝试建立适用于非饱和土的热—水力—力学耦合模型。

Hueckel 等[193]在总结大量实验的基础上,在 Cam-Clay 模型中引入了热塑性效应并建立了一个饱和土的热—水力—力学本构模型。Hutter 等[194]以混合物理论为基础,研究了温度对饱和和非饱和土力学特性的影响,建立一个多场耦合本构模型。Romero[195]和谢云[196]分别建立了适应于非饱和膨胀土的热—水—力耦合模型,并解决一定的工程问题。Sheng 等[197]建立了一个热—水—力效应的非饱和土多场耦合本构模型,能充分考虑非饱和土水力滞后效应以及干湿循环过程中的不可逆变形,并利用显示积分算法进行有限元计算。Jussila[198]研究了非饱和膨润土的热水力耦合特性,并建立了温度—渗流—变形耦合的耗散势函数。Chen 等[199]建立了一个适应于非饱和材料的热—水—力耦合本构模型,对隧道开挖过程进行了有限元模拟。Li[200]分别针对非饱和土的热动力特性进行分析,并对弹塑性变形给出相应的耗散势函数的具体形式。

另外还有一些研究人员,如 Thomas 等[201]、Navarro[202]、武文华等[203]、张玉军[204]分别对非饱和土的热—水力—力学本构模型研究做了一定的有益尝试。这些研究均对非饱和土热水力耦合作用的认识起到了一定的推动作用。然而非饱和土的热—水—力耦合模型较为复杂,现有大多数模型还停留在理论层面上,推广应用方面还有待做进一步的工作。

1.5.4 非饱和土结构性及损伤本构模型

自然界中许多非饱和原状土具有较强的结构性,结构性对非饱和土的力学和变形特征产生较大的影响。沈珠江[205]指出:21 世纪土力学的核心问题是土体结构性的数学模型。土的结构性与损伤是密不可分的。许多学者以损伤理论为基础,对非饱和土结构性进行了系统的研究,定义了结构演化方程,建立非饱和土的结构性和损伤模型。

Desai[206,207]提出了扰动状态模型。这个模型的基本思想是一种材料的响应可由两种参考状态材料的响应通过加权平均得到。两种参考状态分别是:相对无扰动状态(RI)和完全扰动状态(FA)。扰动函数作为权,其定义为:

$$D = \frac{V^{c}}{V} = \frac{A^{c}}{A} \tag{1.40}$$

式中:V^{c}、A^{c}——完全扰动部分的体积、面积;

V、A——土体单元的总体积、总面积。

虽然扰动状态概念具有很多优点,但是由于模型中包含两种参考状态材料的参数,难以克服参数较多的缺点,使其在实际应用中受到一定的限制。

沈珠江等[208]提出一个非饱和土的损伤力学模型,认为原状土为线弹性体,重塑土为完全损伤体,原状土向扰动土转化过程可以表示为:

$$\{\sigma\} = (1-\bar{\omega})[D]_{i}\{\varepsilon\} + \bar{\omega}[D]_{s}\{\varepsilon\} \tag{1.41}$$

卢再华[209]在 G-A 模型[210]基础上,不区分微观、宏观变形;考虑干湿循环和剪切过程中的结构损伤,建立了原状膨胀土的弹塑性损伤本构模型。胡再强等[211]建立了适宜于黄土的砌石模型。用增量形式表达的土体应力应变关系为:

$$\{\Delta\varepsilon\} = [C]\{\Delta\sigma'\} + A_{\mathrm{p}}\left\{\frac{\partial f}{\partial\sigma'}\right\}\cdot\Delta f + A_{\mathrm{d}}\left\{\frac{\partial g}{\partial\sigma'}\right\}\cdot\Delta g \tag{1.42}$$

朱元青[55]在修正 Barcelona 模型基础上,结合 Q_3 原状黄土加载和湿陷过程的结构演化规律,建立了原状湿陷性黄土的非饱和弹塑性本构模型。方祥位[212]以修正 Barcelona 非饱和土弹塑性本构模型和陈正汉等人[165]提出的非饱和土增量非线性弹性模型为基础,基于扰动状态概念建立了非饱和 Q_2 原状黄土结构性本构模型。姚志华等[213]利用 CT 扫描技术,定义了结构参数,提出了损伤对膨胀土屈服特性影响的计算公式,将其代入 Barcelona 膨胀土模型中,以形成膨胀土的损伤本构模型。另外一些研究人员建立了考虑结构性的微结构本构模型,如:Wang[214]基于微观结构提出的黄土湿陷模型,苗天德[215]提出的黄土突变失稳本构模型。

1.6 土的固结耦合理论

1.6.1 饱和土固结理论

在荷载的作用下,非饱和土中产生超孔隙水压力和孔隙气压力;随着时间不断推移,超孔隙压力逐步消散,最终回到加荷之前的数值。这一孔隙水压力逐渐消散、土体体积减小和强度增大的过程称为固结。太沙基固结理论和有效应力原理的建立,标志着土力学这门学科的正式建立,这也说明可固结理论的重要性。Terzaghi 在一系列的假定基础上建立了饱和土一维固结理论[216],Rendulic 将其推广到三维情况,得到 Terzaghi-Rendulic 固结理论。Biot[217]从连续介质基本方程建立了著名的 Biot 固结理论,通过推导认为 Terzaghi-Rendulic 固结理论可视为 Biot 固结理论的一种特殊情况。

Terzaghi 和 Biot 固结理论假定水的渗流服从达西定律,土体变形是弹性和小变形。由于土体的复杂性,研究人员开始尝试着脱离 Terzaghi 和 Biot 固结理论的束缚,建立更为完善的固结理论。相当多的土木工程实际工况中,变形都远远超过小变形的假设,渗流也不服从达西定律,一些研究人员试图建立大变形固结理论以及非达西定律固结理论。Mikasa[218]和 Gibson[219]致力于把小变形固结理论推广到更普遍的大变形固结理论,Cater 等[220]最早在大变形有限元分析上进行了研究,谢永利[221]也在大变形固结理论上进行了有益的工作。Nie[222]和 Teh 等[223]对软质黏土的非达西渗流对固结方程的影响进行了研究,并建立基于非达西定律的饱和土固结方程;谢海澜[224]、鄂建[225]、刘忠玉[226]等一些国内研究人员也相继对非达西定律条件下的固结问题做了许多有益的尝试。

在许多实际工程中(如垃圾场地等)必须考虑温度因素对固结的影响,因此许多学者在这一领域展开了研究。考虑温度因素影响的热固结理论起源于 Biot[227]的研究,推导了饱和多孔介质热水力耦合固结过程的控制方程。Cheng 等[228]、Senjuntichai[229]等研究人员将 Biot 的热固结理论进一步推广。吴瑞潜[230]建立了饱和土热固结问题的总控制方程,由此给出了一维、二维和三维形式的热固结方程。以上几种固结理论均是针对饱和土,而实际工程大多处于非饱和状态,因此有必要进行非饱和土固结理论的研究。

1.6.2 非饱和土固结理论

非饱和土中含有气和水,固结过程中气体能够压缩并能溶于水,水相的渗透又与吸力等密切相关,因此较难建立较为完善的气相和水相的连续平衡方程,进而影响非饱和固结理论的研究进展。然而,即使非饱和土固结理论的研究困难重重,但该领域仍然取得了许多成果。

Biot 固结理论[217]已将总应力和孔隙水压力区分,这为非饱和土固结理论的建立指明方向。早期,Blight[231]、Scott[232]、Barden[233]、Fredlund[234]等一些学者对非饱和土一维固结理论进行了许多有益的工作。Fredlund 的一维固结理论对后期影响较大,其通过若干假定,分别得到出一维条件下孔隙气压力和孔隙水压力的控制方程。

之后,Dakshanamurthy 等[235]将和 Fredlund 一维非饱和土固结理论扩展至三维情况。与此同时 Lloret[236]利用状态面、连续性方程和达西定律建立了一个非饱和土固结方程组,并求解了非饱和土一维固结问题;Chang[237]推导了考虑弹塑性问题的非饱和土固结方程。

杨代泉[238]用归纳法和 Fredlund 的双应力状态变量建立了包含热效应的非饱和土固结理论,该理论适应于水气连通的非饱和土,视饱和土固结理论为其一个特例。之后,杨代泉[239]又根据力平衡原理、质量守恒定律,采用一系列假设,并补充土体吸力状态方程作为独立方程,建立了孔隙水压力、气压力、饱和度和 2 个位移分量共计 5 个未知量的平面非线性广义固结理论。

混合物理论给固结理论的发展带来新的活力。陈正汉等[240,241]基于混合物理论,应用非饱和土公理化体系,建立了非饱和土的固结控制方程,编制了程序对二维平面问题进行了有限元求解。Loret[242]结合混合物理论建立了一个非饱和土三维本构模型,能够反映非饱和土诸多固结特性。张引科等[243]以混合物理论为基础,应用非饱和土线弹性场方程,在 Laplace 变换域中用边界积分方法处理非饱和土固结问题,给出了非饱和土轴对称固结问题在 Laplace 变换域中的解析解。

Wong 等[244]以 Biot 固结理论[217]和 Dakshanamurthy 非饱和固结理论[235]为基础,引入非饱和土力学参数,建立新的非饱和土固结模型,并对非饱和试样进行有限元分析,认为新的固结模型能够抑制曼德尔效应,而且通过计算发现土—水特征曲线对非饱和土固结产生较大影响。

陈正汉等[245]以非饱和土非线性模型和弹塑性模型为基础,建立了相应的非饱和土的非线性固结模型和弹塑性固结模型控制方程组,并编制了相应的有限元程序,对多场耦合问题进行了数值计算。黄海[246]修正了弹塑性本构模型中 LC 和 SI 屈服线,据此建立了非饱和土弹塑性固结模型。卢再华[209]提出了非饱和膨胀土弹塑性损伤本构模型,据此建立非饱和弹塑性损伤固结模型,对膨胀土边坡进行了二维有限元分析。

Conte[247]以 Fredlund 非饱和固结理论为基础,推导了非饱和耦合和非耦合固结问题的微分方程,通过场方程傅里叶变化,对平面应变和轴对称非饱和固结问题进行有限元求解。周桂云等[248]将非饱和固结理论与有限元强度折减法结合,分析饱和—非饱和入渗问题。Qin 等[249]在 Fredlund 一维固结理论的基础上,根据达西定律及 Fick 定律,得到自由排水井非饱和固结的半解析解。Zhou 等[250]以 Fredlund 一维固结理论为框架,研究了非饱和土的径向固结问题,利用差分求积法求解了不同半径上得水相、气相和超净孔隙水压力的分布。

还有一些研究人员研究考虑温度的非饱和土固结理论。Zhang[251]以非饱和力学和热力学原理为基础,建立考虑一维非饱和土的热固结耦合模型,对非饱和膨胀土考虑热效应的固结问题进行数值模拟。另外一些研究将固结和化学耦合问题相互结合,如 Liu 等[252]利用非饱和土固结理论结合化学耦合分析,对垃圾填埋场的非饱和固结特性进行分析。

非饱和土固结理论非常复杂,就一维问题牵扯多个方程、多个未知量,因此许多学者着力研究如何简化非饱和土固结理论。杨代泉等[253]假定固结以气体排除为主,水相被弱化;沈珠江[254]只考虑水压作用,仅对水相建立连续性方程。魏海云等[255]、殷宗泽等[256]和曹雪山[257]建立固结方程时将水相和气相看成混合流而进行简化;苏万鑫[258]将土—水特征曲线假定为线性,建立了一维非饱和土固结简化方程。简化后的非饱和土固结方程,省去了许多未知数和控制方程,然而简化后的模型不能真实反映非饱和土的固结特性,因此众多简化算法还需进一步研究。

近几十年来,非饱和土固结理论研究已经取得诸多进展,然而针对非饱和黄土的固结理论仍鲜有报道,预浸水法处理黄土地基是伴随着湿陷变形、水气运动等因素的多场耦合问题,因此有必要基于结构性模型建立适宜于黄土的弹塑性流固模型。

1.7 主要研究内容

综上所述,尽管国内外在黄土的湿陷变形特征、力学特性、水气运移规律、本构模型和固结理论等方面均已取得了大量成果,但对自重湿陷性黄土,尤其是大厚度自重湿陷性黄土的湿陷变形特征、原状黄土及其重塑土的力学特性、水气运移规律的差异和非饱和原状黄土结构性模型的研究成果还较少,适应于黄土场地的多场流固理论更是鲜有报道。这些问题亟待解决,需要进一步的深入研究和探讨。

本书以黄土力学、非饱和土力学及弹塑性损伤理论为基础,依托于黄土地区的大型工程实践,通过现场浸水试验、室内非饱和土试验、理论建模和数值模拟等手段,着力于认识自重湿陷性黄土场地的水气运移、力学特征及地基湿陷性变形规律,主要内容包括:

(1)对兰州和平镇自重湿陷性黄土场地进行不设注水孔、埋设水分计和热传导吸力探头的浸水试验。综合监测不同部位和深度的沉降、体积含水率和基质吸力变化;认识自重湿陷性黄土的湿陷变形特征和水分入渗规律。

(2)对挤密处理后的自重湿陷性黄土场地进行深层浸水试验,结合现场浸水试验及前人研究成果,针对自重湿陷性黄土地区的湿陷性评价和剩余湿陷量合理控制等问题提出若干新思考,达到减小自重湿陷性黄土地基的处理深度,降低工程造价的目的。

(3)研究非饱和原状黄土及其重塑土渗水特性,设计一套大尺寸原状黄土试样取样设备,进行非饱和渗透系数试验,分析各向异性对黄土渗透系数的影响,并与同一试验条件下的重塑土渗透特性进行全面的对比;研究原状黄土(横向和水平向)及其重塑土渗气系数之间的差异,分析非饱和原状黄土渗气系数与干密度和充气度之间的关系;建立非饱和原状黄土渗透和渗气系数表达式,为展开黄土地基多场耦合提供重要基础。

(4)通过大量非饱和土试验,分析和比较原状黄土及其重塑土的变形、强度、屈服和水量变化等差异,明晰结构性对原状黄土力学变形特性的影响;在试验基础上,获取非饱和原状黄土的弹塑性本构模型基本参数。

(5)通过CT实时扫描各向等压加载过程中的原状黄土试样,认识加载过程中结构性对其屈服特性和持水特征的影响;将加载过程中宏观力学参数与扫描过程中细观结构参数联系,以明晰非饱和原状黄土在各向等压加载过程中结构演化规律。

(6)以修正非饱和土Barcelona本构模型为基础,引入非饱和原状黄土加载和湿陷过程中损伤演化方程,充分考虑结构损伤对非饱和原状黄土力学变形特性的影响,建立考虑结构性的非饱和原状黄土的弹塑性本构模型,通过试验数据对模型进行初步比较验证。

(7)根据已建非饱和原状黄土的弹塑性本构模型,建立考虑非饱和原状黄土结构演化特性的弹塑性损伤流固耦合模型,并编写相应的有限元计算程序,对自重湿陷性黄土场地上的浸水试验进行数值模拟,以揭示自重湿陷性黄土场地浸水过程中的多场耦合响应机制。

第 2 章　兰州地区自重湿陷性黄土场地浸水试验综合观测研究

伴随着“一带一路”国家战略的实施，中西部地区的大型工程建设项目越来越多，遇到的自重湿陷性黄土场地也日益增多。自重湿陷性黄土场地湿陷变形问题是工程建设中的难点问题（尤其是建设在大厚度自重湿陷性黄土场地上），也是工程建设中必须解决的关键问题。大厚度自重湿陷性黄土突出表现在湿陷性如何评价、地基如何处理等问题上，解决这些问题的根源，在于认识外力和水作用下的湿陷变形规律，其中关键是要明晰水分在黄土场地中的运移规律。

国内许多学者（如罗宇生[259]、汪国烈[33]、钱鸿缙[38]、李大展[36]、黄雪峰[39]、马闫[260]、武小鹏[261]、王小军[262]等）在黄土地区进行了大量的浸水试验。这些大型浸水试验有益推动了（大厚度）自重湿陷性黄土湿陷变形规律的认识。现场原位试验由于先前科研手段的滞后，限制了水分运移方面的研究。农田水利工程中许多学者尝试着进行了一些小型水分入渗试验。王文焰等[263]、孙西欢[264]等人对黄土田间土壤渗透特性做了一系列研究；李明思[265]等、汪志荣等[266]、赵伟霞等[267]对点源入渗规律做了一定研究；张振华等[268]对地表积水条件下滴灌进行了研究。但这种试验规模较小只能了解水分在浅层土壤中的运移，无法及时掌握深层土壤中的水分入渗规律，与实际存在一定区别。

前人在进行现场大型浸水试验后，对水分浸润形态的研究大多采用洛阳铲和取样机等设备，勘探取样后进行含水率测定。由于缺乏良好的试验设备和探测仪器，对水分入渗规律的一些认识目前还存在一定的争议。真正了解水分运移和入渗规律离不开先进设备的应用，黄土浸水试验场地中埋设 TDR 水分计无疑是一种实时动态了解水分运移形态的较好方法。黄雪峰等[269]利用 TDR 水分计测量浸水试验中体积含水率的时空变化，并用体积含水率变化曲线判定黄土是否发生湿陷变形，以及湿陷敏感性和湿陷系数随深度的变化规律，但没有给出水分场运移形态以及扩散系数的变化规律。刘保健等[270]在黄土场地进行了直径 15m 的浸水试验，但其所采用的 TDR 水分计最大埋深仅 2.5m，不能了解水分在较深土层中的运移规律，较深土层中的水分运动还是依靠洛阳铲取样方法。马闫等[260]在山西晋中榆次进行了埋设水分计的浸水试验，得到水分从上、下 2 个方向向中间运移的结论，但该试验在试验坑中预先打设渗水孔。目前未有文献深入了解（大厚度）自重湿陷性黄土场地在未设注水孔情况下的水分运移规律，对这一问题有待进一步研究。

为克服以往研究工作的不足，本次试验场地布置在甘肃省兰州市一典型大厚度自重湿陷性黄土场地上，不设注水孔、埋设 TDR 水分计和热传导吸力探头，对大厚度自重湿陷性黄土土层湿陷变形规律、水分运移、吸力变化及裂缝开展等问题进行了深入的研究[271]。分析 TDR 水分计实时记录的体积含水率变化规律，以达到动态了解整个入渗场地水分运移的目的，进而为

认识大厚度自重湿陷性黄土场地湿陷变形规律和建立合适的黄土入渗模型提供一定的试验基础,并为黄土地区的工程建设提供科学依据。

2.1 试验概况

2.1.1 试验场地的地质条件

兰州市位于黄土高原的西缘,受青藏高原上升的影响,形成六级黄土阶地[272]。兰州马兰黄土孔隙和垂直节理发育,细粒土含量较高,以粉土为主,含多种易溶盐,土体各向异性明显,水敏感性强,是典型的风积黄土[273]。兰州地区黄土最大沉积厚度逾300m,马兰黄土厚度逾30m,地层层序齐全,综合反映了黄土高原的环境变化特征[274]。

试验场地位于兰州市和平镇,北临兰天高速公路,东、南临金川科技园。场地地势较平坦。试验前期对场地周边进行了地质勘探,查明场地各地层结构、地基土的物理力学性质等。从勘探点揭露结果来看,场地中粉质黏土分布均匀,无其他夹层土存在,试验场地内及其附近无影响试验的不良地质,试坑周边无杂填土及人类先期活动遗留的痕迹。场地各土层及主要物理指标参见表2.1。

浸水试验现场的地层特征及物理指标 表2.1

The character of loess layers and physical parameters of test site Table 2.1

土层名称	埋深(m)	平均厚度(m)	干密度(g/cm^3)	含水率(%)
耕表土(Q_3^{ml})	0~0.5	0.5	1.2~1.24	6.0~7.2
粉土(Q_3^{fl})	0.50~9.00	4.50	1.23~1.33	6.0~11.8
粉质黏土(Q_3^{fl})	1.50~36.00	31.50	1.32~1.57	9.2~22.3
卵石	38.00以下			

试验场地地貌单元属黄河南岸阶地,地貌单元单一。勘探点深度内主要的地层结构包括:①层耕表土(Q_3^{ml})、②层粉土(Q_3^{fl})、③层粉质黏土(Q_3^{fl})、④层卵石场地黄土。场地土层均为Q_3黄土,场地湿陷程度强烈,湿陷土层厚度为36.5m。试验场地在勘探深度范围内,未发现地下水,另据当地居民生活所用地下水井可知,该场地地下水深度大于100m。在该场地进行选址进而研究自重湿陷性黄土的湿陷变形和水分运移具有典型的代表意义。

根据场地总平面图,选择6个合理的探井布置点进行场地勘察(从T1至T6命名),每个探井深度36.00~36.8m、直径约1m,均采用人工挖掘,总进尺约255m,组成5条剖面线,如图2.1所示。取样方法采用井壁刻槽取块法,采取Ⅰ级(不扰动土)试样,如图2.2所示。T1至T6探井共取试样216个,在室内进行了土工压缩试验测定湿陷系数等。

根据试样湿陷、自重湿陷试验结果(详见附录"湿陷性判定计算表"),按照《黄土规范》[10]对本次试验场地的湿陷性黄土进行分级与评价,其统计结果见表2.2。综合分析上表可知,该试验场地为Ⅳ(很严重)自重湿陷性场地,湿陷程度强烈,最大湿陷深度36m。该场地适宜进行大厚度自重湿陷性黄土湿陷变形、地基处理试验。

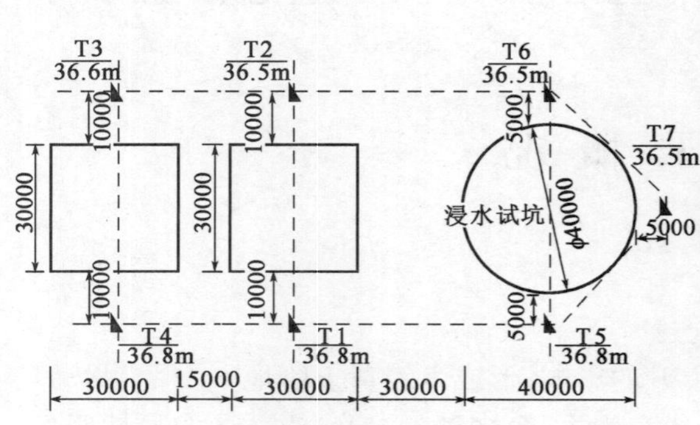

图 2.1　勘探探井位置示意图(单位:mm)

Fig. 2.1　Sketch map of exploring shafts(unit: mm)

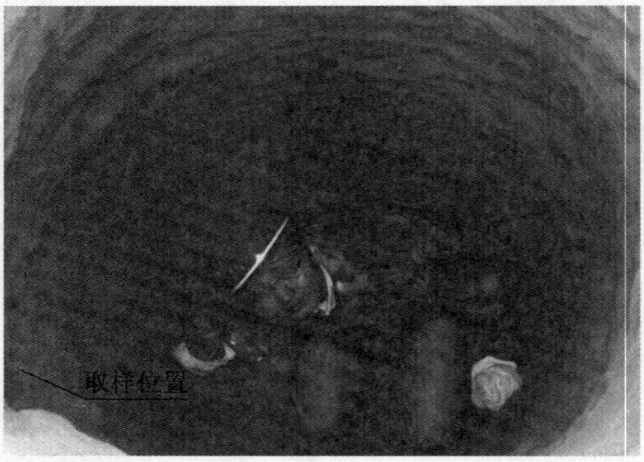

图 2.2　井壁刻槽取原状试样

Fig. 2.2　Underground operation for sampling undisturbed loess

浸水场地湿陷性统计表　　表 2.2

Statistical table of collapsibility of soaking site　　Table 2.2

探井编号	湿陷量计算值(mm)	自重湿陷量计算值(mm)	湿陷系数	湿陷程度	场地湿陷类型	湿陷等级	湿陷深度(m)
T1	1824.25	1740.50	0.015 ~ 0.093	强烈	自重	Ⅳ(很严重)	34.00
T2	1452.00	1216.50	0.015 ~ 0.125	强烈	自重	Ⅳ(很严重)	26.00
T3	1656.00	1577.25	0.015 ~ 0.171	强烈	自重	Ⅳ(很严重)	33.00
T4	1738.00	1506.75	0.015 ~ 0.199	强烈	自重	Ⅳ(很严重)	31.00
T5	2233.50	2048.25	0.015 ~ 0.148	强烈	自重	Ⅳ(很严重)	36.00
T6	2233.50	1996.50	0.015 ~ 0.157	强烈	自重	Ⅳ(很严重)	31.00

2.1.2　试坑及观测点布置

试验场除了进行浸水试验外还有两个地基处理区域,3 个试验方案分为 3 个区域,如图 2.1 所示。其中,预浸水法场地范围为直径 40m 的圆形基坑,其余两个方案为 30m × 30m 的正方形。施工前将场地范围内的杂草、垃圾、有机物残渣清除,地表耕植土按整场 300mm 挖除并清除植物根系。挖除后的土过筛去除植物根系后,可用于地基处理。场地按照高程要求进行平整,将挖方土择地放置,尽量减少场区土方倒运的数量和距离。总体的布置如下文所述所示,试验场地之间相距范围较大,试验过程中 2 个地基处理区域与浸水区域不会相互影响。

40m 直径的圆坑,最小深度控制为 0.5m。试坑现场外部特征见图 2.3。试坑中及试坑外设置地表沉降观测点和深层沉降观测点,进行湿陷变形规律的研究,如图 2.4 和图 2.5 所示。地面沉降观测点共 25 个(图 2.4),坑内 13 个,坑外 12 个,设置高精度沉降观测标尺(图 2.6)。沉降观测点底部用混凝土盘稳定,起到沉降过程中不会倾覆的作用。过试坑圆心设置 3 个轴线,将地面 25 个沉降观测点平均布置在三个轴上,观测点的编号见图 2.7。在轴 1、轴 2 和轴 3

上沉降观测点编号依次为 A1-1 ~ A1-9、A2-2 ~ A2-9、A3-2 ~ A3-9。地表沉降观测点构造见图 2.8a)。

图 2.3　浸水试坑现场实景图

Fig. 2.3　The photo of soaking test site

图 2.4　浸水试验坑中地表观测点

Fig. 2.4　Surface settlement observation points

图 2.5　浸水试坑中深层观测点

Fig. 2.5　Deep settlement observation points

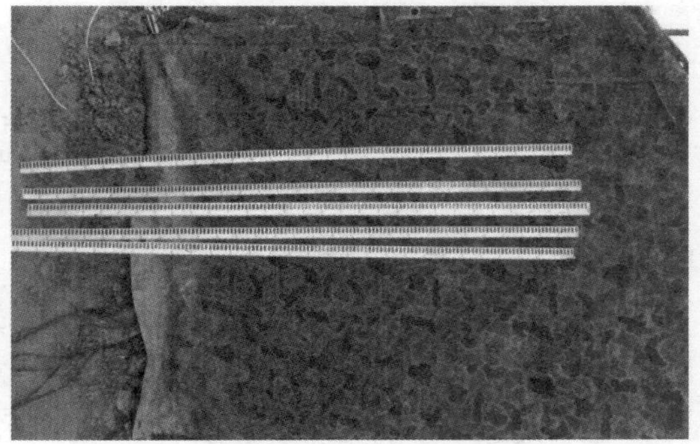

图 2.6　沉降观测标尺

Fig. 2.6　Settlement observation scales

深层沉降观测点共 11 个(图 2.5),其编号分别是 S-5、S-8、S-11、S-14、S-17、S-20、S-22、S-24、S-26、S-28、S-30。如 S-5 代表深度为 5m 的沉降观测点,其余依次类推。深层沉降观测点首先用机械设备钻直径为 15cm 的孔;然后按照深层沉降观测的深度放置直径 10cm 的 PVC 管,其长度达到孔洞底部;再放置沉降观测用的铁管,长度超过深层沉降深度约 2m(图 2.5),沉降观测标尺参见图 2.6。对钻孔与 PVC 管之间进行土体回填处理;另外使用塑料薄膜对孔进行包裹,再用水泥浇筑周围,以防止水沿 PVC 管道和管口流入深层土中,图 2.8b)为深层沉降观测点构造示意图。

采用型号为 SETL(ATO-28ATO-32)的水准仪对沉降观测点进行观测。间隔 24h 进行观测一次(早 9:00 定时观测),从水准仪右侧观察到左侧,记录所有观测点数据,列于项目数据报告中。试坑从浸水再到停水一直持续观测(2009 年 9 月 14 日—2010 年 6 月 2 日)。在浸水过程中,对试坑地面裂缝出现以及发展情况做细致的监测,并对裂缝距离以及离试坑的距离做详尽记录。

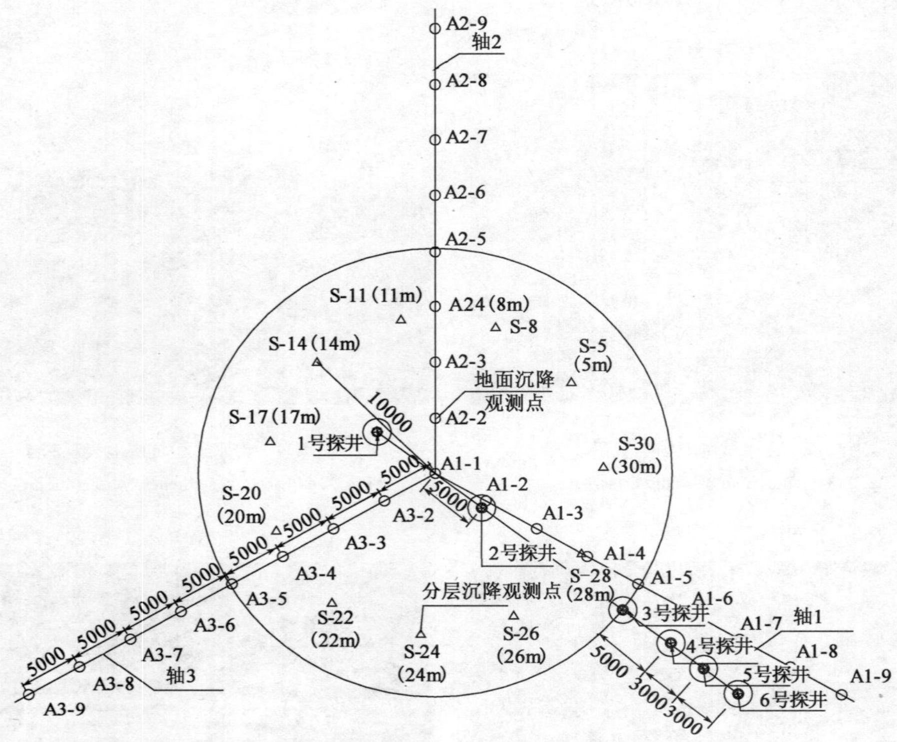

图 2.7　试坑沉降观测点和探井编号图(单位：mm)

Fig. 2.7　Numbering plan of observing point and exploratory excavations(unit：mm)

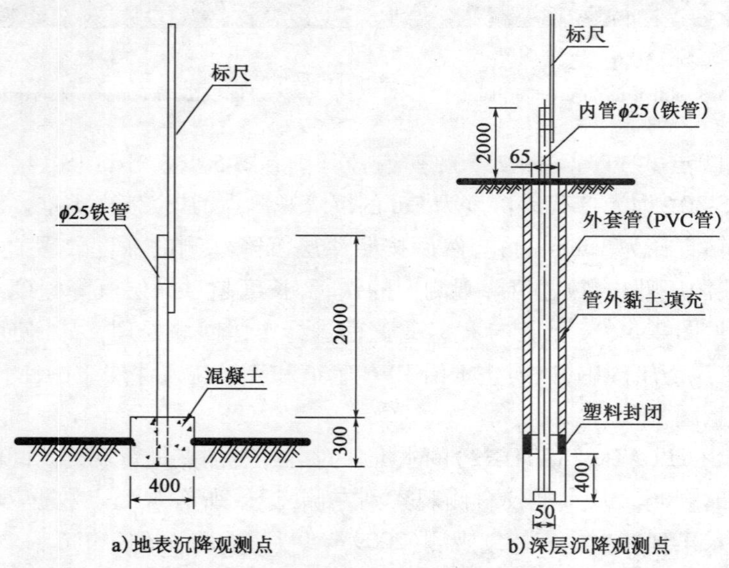

图 2.8　地表和深层沉降观测点构造示意图(单位：mm)

Fig. 2.8　Constructional drawing of surface and deep settlement points (unit：mm)

2.1.3　水分计和热传导吸力探头埋设

TDR 土壤水分传感器直接测得体积含水率,体积含水率是水分所占体积与土的总体积之比。本次试验采用锦州阳光科技有限公司 TDR-3 型水分计[图 2.9a)]。吸力量测选用 GCTS 制造的热传导吸力传感器。该传感器的热传导吸力探头[图 2.9b)、图 2.9c)]是一个非饱和土传感器,测试精度控制在 5 % 以内。水分计和热传导吸力探头使用前必须进行标定,记录其与标准试样测试之间的误差,以便在后续数据处理中排除这部分干扰。

a) TDR-3型水分计

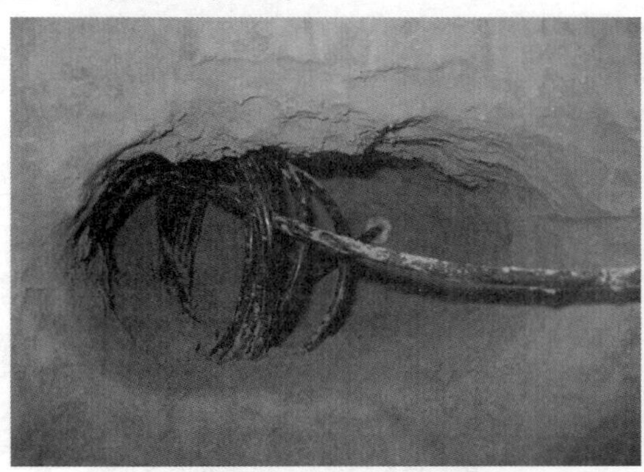

b) 热传导吸力探头

c) 埋设好的热传导吸力探头

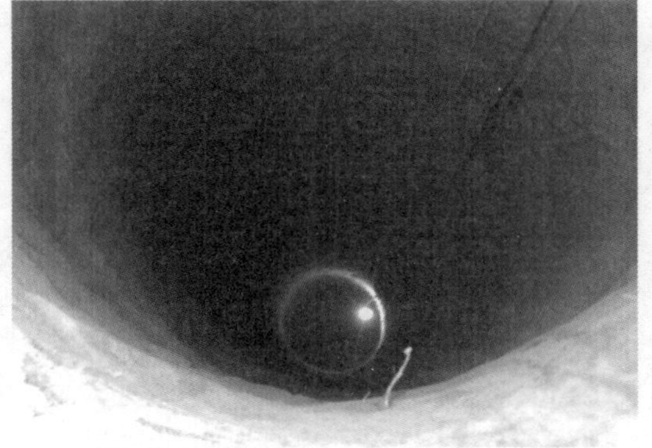

d) 探井中人工埋设探头

图 2.9　TDR 水分计和热传导吸力探头实物图

Fig. 2.9　The photos of TDR moisture meters and heat conduction suction probes

试验场地布置 6 个探井埋设水分计,其中试坑内 3 个(1 号、2 号和 3 号),试坑外 3 个(4 号、5 号和 6 号)。6 个探井之间的距离如图 2.7 所示。6 个探井共计埋设 50 个水分计,具体埋设间距如图 2.10 所示。试坑外 3 号、4 号和 5 号探井埋设了热传导吸力探头,并与水分计合埋在一起。探井均采用人工开挖[图 2.9d)],1 号和 2 号探井挖至持力层,深度 35m;3 号、4 号、5 号和 6 号探井的深度分别是 9m、29m、25m 和 25m。

TDR 水分计和热传导吸力探头埋设中,要在设定的位置用洛阳铲横向打进一个空间[图 2.11a)],并预留 2m 额外线长,保证黄土湿陷后仪器线缆不被拉断。水分计和热传导吸力探头同时合埋在一起,进而获取渗水过程中的土—水特征曲线,并观测两者之间变化协调关系。探井中自上而下按一定距离埋设 TDR 水分计，每个探井中的水分计都按此方法进行埋设，但水分计之间的距离可视探井所处的位置而定：探井位于试坑中水分计之间距离加密；探井位于试坑边缘或试坑外水分计之间距离可适当加大。水分计和热传导吸力探头要安放在探井垂直方向的探槽（长度 1000mm、直径 500mm）尽头，即埋设在原状黄土中。必须注意，水分计的探针必须与探井垂线呈 45°角，其目的是为了减少土壤不良特性对体积含水率监测造成的影响，见图 2.11b）。每埋设一个水分计和热传导吸力探头要对探井回填土进行必要的夯实，并且夯实的密度要大于原有探井中的原状土，以避免重塑土湿化现象的产生。

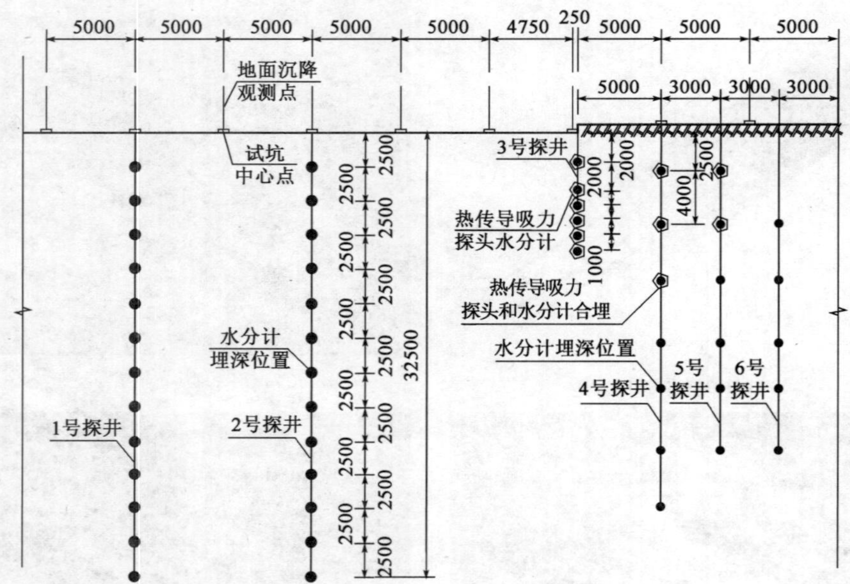

图 2.10　水分计和吸力量测装置埋设剖面图（单位：mm）

Fig. 2.10　Schematic plan of moisture meters and heat conduction suction probes in test site (unit: mm)

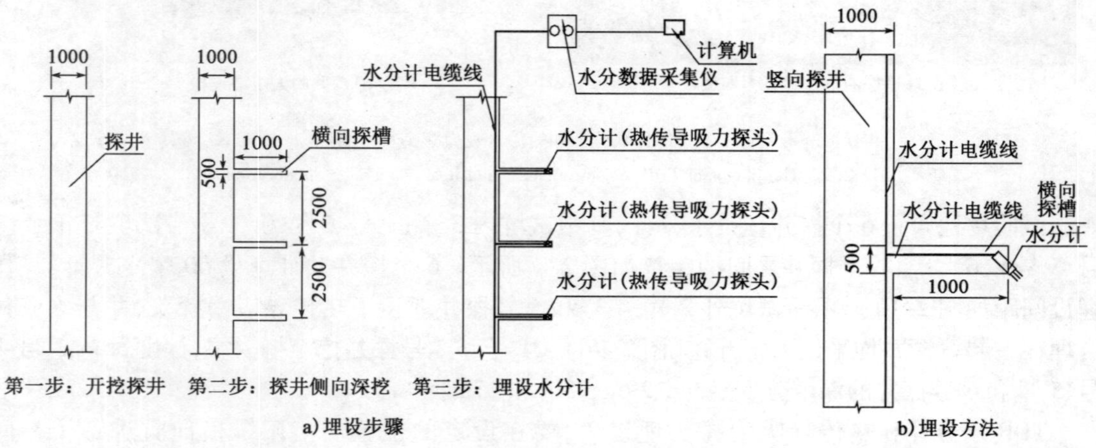

图 2.11　水分计和热传导吸力探头埋设步骤及方法示意图（单位：mm）

Fig. 2.11　Buried procedures and methods of TDR moisture meters and heat conduction suction probes (unit: mm)

TDR 水分计埋设前先对其进行校核，插入多个含水率以及干密度为 1.35g/cm^3 的重塑黄土标定试样中，检验 TDR 水分计量测的体积含水率与实际值之间的差异，将测量值校核至与实际情况相吻合。土壤体积含水率和质量含水率存在对应关系，见下式：

$$\theta_w = \frac{\rho_d}{\rho_w} w \tag{2.1}$$

式中：θ_w——体积含水率(%)；

ρ_d——土的干密度(g/cm^3)；

ρ_w——水的密度(g/cm^3)；

w——含水率(%)。

通过一系列试验，得到实际的体积含水率 $\theta_{w实}$ 与 TDR 测量得到的体积含水率 $\theta_{w测}$ 之间的标定曲线，如图 2.12 所示，两者基本满足线性关系，通过最小二乘法拟合得到两者表达式：

$$\theta_{w实} = 1.12\theta_{w测} - 3.64 \tag{2.2}$$

式中，1.12 和 3.64 均为拟合系数。

通过拟合，式(2.2)的相关系数 $R^2 = 0.98$，可以用式(2.2)校核本书中的通过 TDR 水分计实测的体积含水率，误差基本控制在 ±3% 以内。

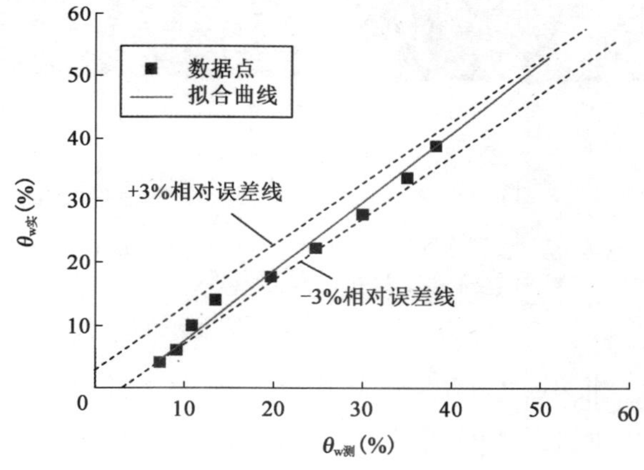

图 2.12　TDR-3 型水分计标定曲线

Fig. 2.12　Calibration curves of TDR-3 moisture meters

2.1.4　试验历时过程

浸水试验总计历时接近一年，分为五个阶段：第一阶段，选址，试验人员进驻场地并勘探取样，历时 2 个月；第二阶段：试坑前期准备开挖填平，历时 30d；第三阶段：浸水期记录观测，历时 140d(2009 年 9 月 14 日—2010 年 2 月 1 日)；第四阶段：停水后记录观测，历时 157d(2010 年 2 月 2 日—2010 年 6 月 2 日)；第五阶段，停水后检验。

在浸水阶段，试坑中水位最浅处保持在 50cm 以上。图 2.13 记录浸水不同时期浸水坑形态。水分计数据每小时采集一次，当水分计采集系统中显示的体积含水率连续长时间没有变化时，终止量测系统(共计 188d)。当热传导吸力系统显示各点位吸力变为 0.1kPa 以及长时间不变时，停止记录相应的探头量测(共 69d)。

a)浸水初期　b)浸水中期　c)浸水后期　d)停水后

图 2.13　不同阶段的浸水试坑记录

Fig. 2.13　The full views of testing site in different soaking stages

由于水源离试验场地较远,添置长度为 200m,直径为 100mm 的塑料管将水源引至试坑;用大功率水泵抽水,最大出水量达到 $25m^3/h$。水泵前端法兰口接水表一个,每天记录出水量直至停水为止,其值列于附录。本次浸水试验水源地距离试坑 200m,而且水源由多个工厂供给,试验浸水前 4d 浸水量很小,之后添置大功率抽水泵,每天最大有 $500m^3$ 自来水的供给量,但不能保证每天都能达到此值。2010 年 1 月 31 日停止浸水,历时 142d,总用水量 $25292m^3$。

图 2.14 是单日耗水量与浸水时间关系曲线,图中 10 月 31 日出现单日浸水量只有 $12m^3$

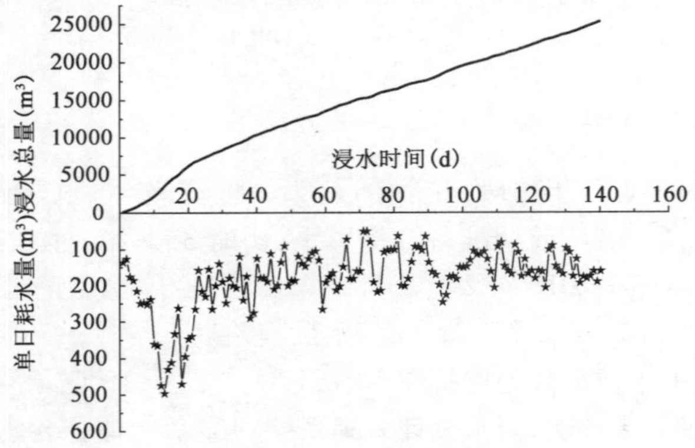

图 2.14　试坑浸水时总耗水量与单日耗水量示意图

Fig. 2.14　Sketch map of total water consumption and diurnal water consumption

情况，这是由于整个试验周边停水导致。总体来看该图基本呈现"大→缓→稳"的变化规律，即开始 20d 耗水量很大，最大可达 495m³/d；以后日耗水量逐渐减少，约 1 个月后日耗水量趋于平稳，平均 180m³/d 左右。

2.2　湿陷变形分析

图 2.15、图 2.16 是 A1-1、A1-2 的湿陷量与湿陷速率变化曲线。试坑中其余点位呈现类似变化规律，此处不再列出，详见附录。

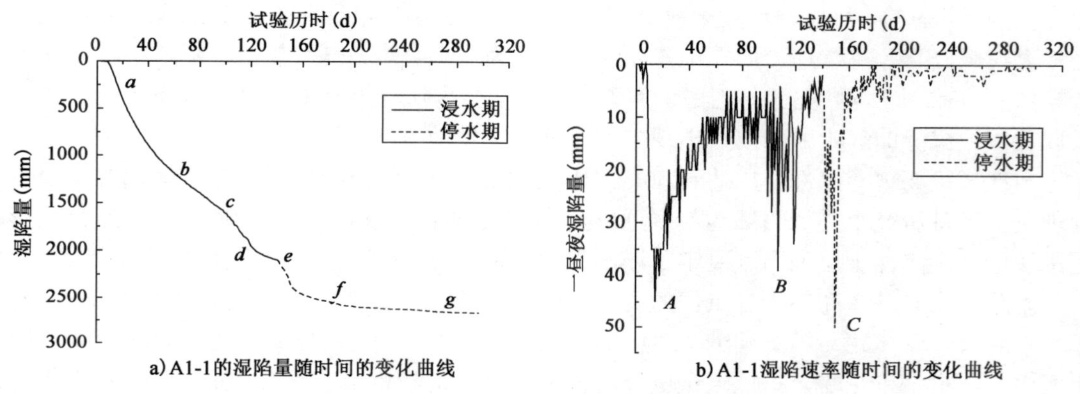

a) A1-1的湿陷量随时间的变化曲线　　b) A1-1湿陷速率随时间的变化曲线

图 2.15　A1-1 湿陷量与湿陷速率随时间的变化曲线

Fig. 2.15　Curves of total collapse and collapse rate of the serial number A1-1

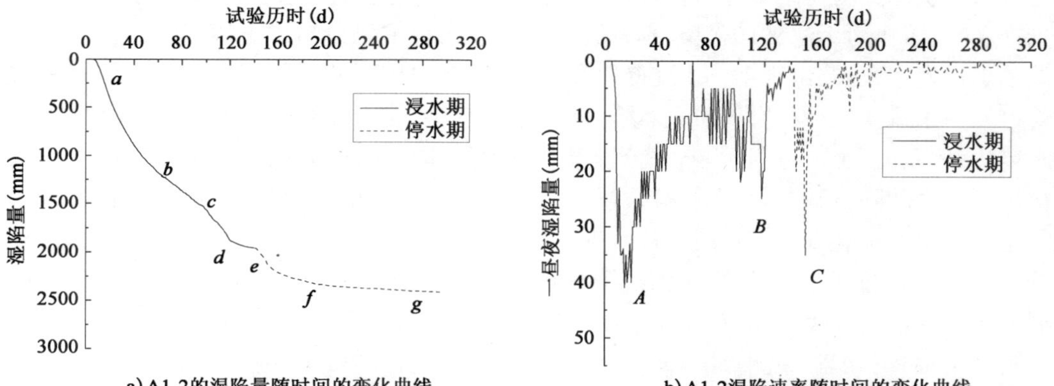

a) A1-2的湿陷量随时间的变化曲线　　b) A1-2湿陷速率随时间的变化曲线

图 2.16　A1-2 湿陷量与湿陷速率随时间的变化曲线

Fig. 2.16　Curves of total collapse and collapse rate of the serial number A1-2

2.2.1　地表沉降观测

图 2.15a) 和图 2.16a) 为轴 1 上的 A1-1 和 A1-2 总沉降量变化曲线。从这两个图可见湿陷量变化曲线可细分为 6 个阶段：①先期快速下降 *ab* 段，该段与饱和自重压力作用下，土体结构迅速破坏，地表沉降发生突然有关；②平稳缓降 *bc* 段，该阶段水分入渗缓慢，逐渐由浅入深，分层土体湿陷发生缓慢，曲线表现平稳缓降；③快速沉降 *cd* 段，该阶段持续时间较短，与黄土

多次湿陷有关；④平稳 de 段，该阶段沉降逐渐稳定，缓慢趋近《黄土规范》[10]稳定标准；⑤停水后迅速沉降 ef 段，这与固结沉降有关；⑥接着进入平稳发展 fg 段，该阶段沉降趋于稳定。

图 2.15b）和图 2.16b）是 A1-1 和 A1-2 测点的沉降速率在浸水期和停水期中的变化情况。沉降速率变化曲线基本上存在 3 个峰值点：浸水阶段 2 个（A 和 B）、停水阶段 1 个（C）。湿陷速率首先增大，再减小，并逐渐平缓；接着再次增大，后又减小；停水后又迅速增大至峰值，接着再次进入平稳减小阶段。

图 2.15a）和图 2.16a）中三个快速沉降阶段与图 2.15b）和图 2.16b）中三个峰值点有较好的对应关系。快速沉降 ab 段与峰值点 A 的出现，与饱和自重压力作用下土体结构迅速破坏产生较大规模沉降有关；随着水分逐渐向下入渗以及上部结构自重的越来越大，原有结构无法承受较大荷载，出现 2 次湿陷，即在沉降曲线中表现为一个突增 cd 段，使得沉降速率再次达到一个峰值点 B；停水后迅速沉降 ef 段使得湿陷速率再次达到峰值点 C。地表沉降曲线中的陡降段以及深层沉降曲线中的峰值点出现与大厚度黄土场地多次湿陷有关。

本次试验场地湿陷性土层达到 36m，湿陷性土层一直延伸至持力层，这在国内外预浸水法处理黄土地基研究中类似的场地不多见，这也决定了本次试验浸水后场地湿陷变形较大、影响范围较广。湿陷性土层的厚度决定了浸水影响范围，湿陷等级越高，浸水影响范围越大。

附录中列有轴 2 和轴 3 各点位的沉降观测变化曲线。轴 2 的湿陷变化规律与轴 1 相似。轴 3 各点沉降变化相对轴 1 和轴 2 对应的点位沉降要小一些，这与试坑北面裂缝影响范围大于南面的观察结果相吻合。位于试坑外的轴 1 和轴 2 对应的点位相比，沉降变化并不完全符合轴 1 和轴 2 各点变化规律，这可能与湿陷量较小有关。

浸水期沉降分为初期平稳阶段、两个陡降段、两个平稳发展阶段。浸水初期浅层土壤没有达到饱和，自重压力无法破坏土壤原有结构，只有饱和自重压力超过土体承受的荷载，土体自重湿陷迅速发生，随之出现第一个陡降阶段，这与后文中提到的湿陷速率达到峰值是一致的。接着进入一个短期的平稳发展阶段，该阶段沉降量减小，趋于缓和，造成这种现象的原因是上部土体达到饱和且土体体积压密，水分较难入渗到下部土层，引起的湿陷量随着减小；而沉降再次出现一个陡降段，原因在于水分缓慢入渗引起的二次湿陷；沉降再次进入平稳阶段，该阶段是土体湿陷逐渐达到稳定造成。停水期沉降可以分为两个阶段：一是停水后的较短时间的陡降段，二是稳定阶段。两个阶段的沉降仅占总沉降量的 20% 左右，第一个阶段沉降可能与深层黄土浸水继续发生湿陷有关；第二阶段则是湿陷基本消除以及缓慢固结沉降造成。

附录中轴 2 各沉降观测点沉降速率变化曲线变化规律与轴 1 一样，试坑中观测点昼夜沉降量大，像轴 2-3 达到 60mm；试坑外沉降则小许多。试坑外沉降点的速率不像试坑中出现很高的峰值，而是维持在某个值，见轴 2-6，其图形呈现“W”形。轴 3 沉降量小于轴 1 和轴 2，这与自身的地质构造有关，轴 1 刚好位于推平的土坎下方，土壤结构比较坚硬，湿陷系数稍小一点。轴 3-3 最大单日湿陷量仅 45mm。轴 3-8 和轴 3-9，其停水后的湿陷量反而比浸水时的湿陷量大，这与浸水分到达到轴 3 末端时需要的时间较长有关。

图 2.17 是地面沉降点三个轴根据沉降观测数据所得到的湿陷前后对照图，沉降观测数据见附录。从图中可知湿陷最大的地方发生在试坑中央，达到 2667mm，湿陷量随着观测点向试坑外移动逐渐减小。轴 1 和轴 2 方向沉降较大，这与试坑圆心向东北方向偏离，以及裂缝正东和正北方向较大相一致。湿陷量自中心向四周逐渐减小，形成同心圆状的等下沉量曲线。

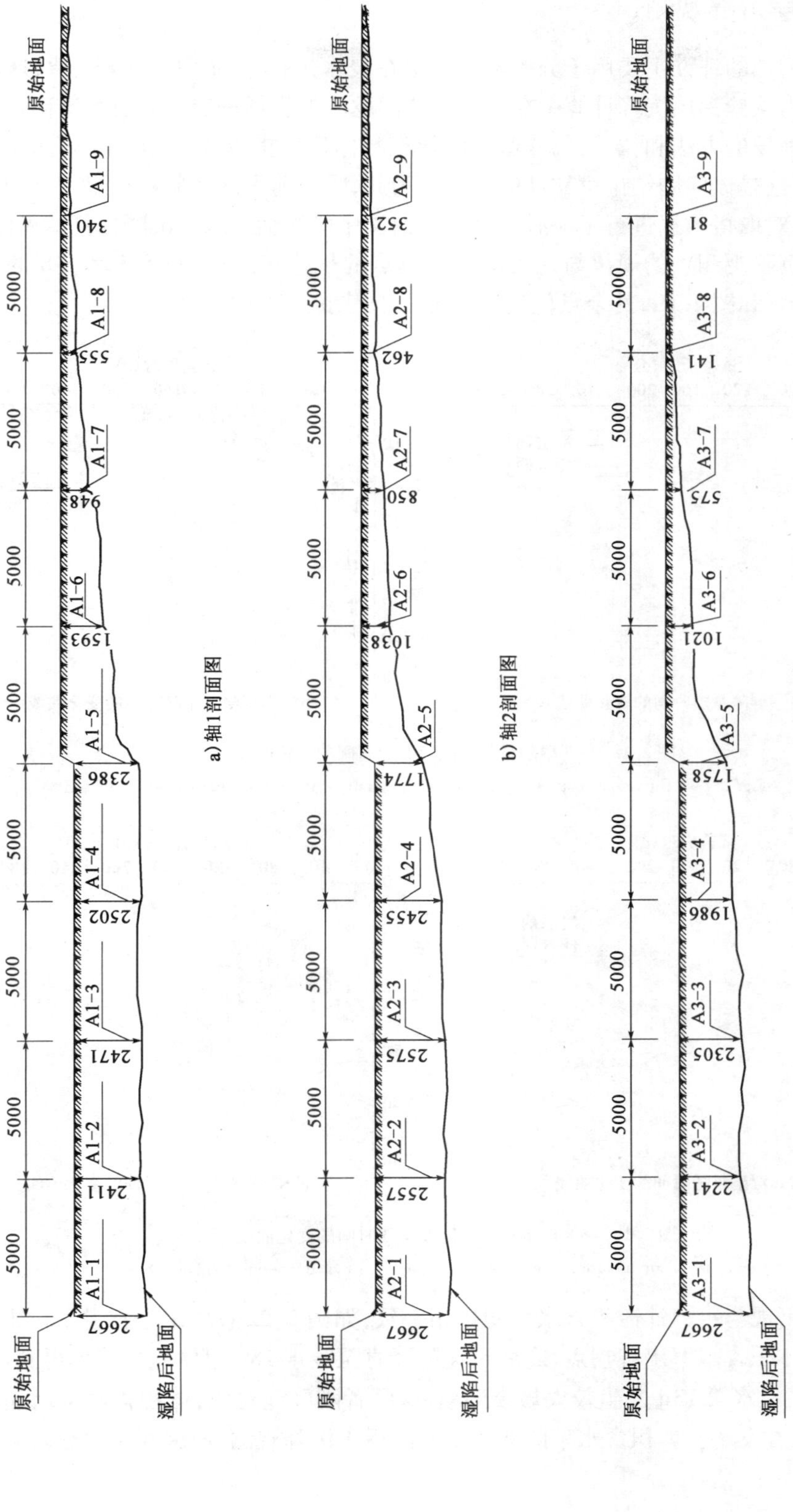

a) 轴1剖面图

b) 轴2剖面图

c) 轴3剖面图

图2.17　地面沉降点各轴湿陷前后对照图(单位：mm)

Fig.2.17　Comparison charts of surface settement points before and after collapsing(unit: mm)

2.2.2 深层沉降观测

深层沉降观测点的埋设主要用于分析不同土层在浸水过程中的沉降变化规律，这部分的研究可以弥补室内试验深层沉降计算中存在的误差问题。但现场深层沉降研究准确性主要局限于沉降观测点埋设的方法和技巧，怎样避免沉降观测标杆自重以及土体下沉对标尺的下拉作用引起的沉降，这是该问题结论可靠性的前提。为此，吸取前人的经验和成果较好地设置了深层沉降观测点，对取得数据进行了应有的修正。前文中已详细介绍了沉降标杆的做法，此处不再详述。深层沉降观测点的规律与地表沉降观测点的规律接近，仅将 S-5 和 S-8 的湿陷变化情况列于图 2.18 和图 2.19，其余点位观测数据列于附录。

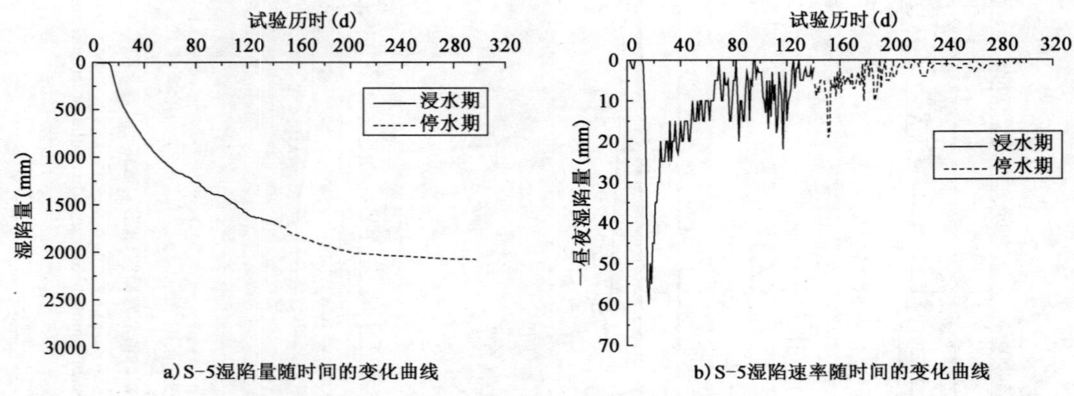

图 2.18 S-5 湿陷量与湿陷速率随时间的变化曲线

Fig. 2.18 Curves of total collapse and collapse rate of the serial number S-5

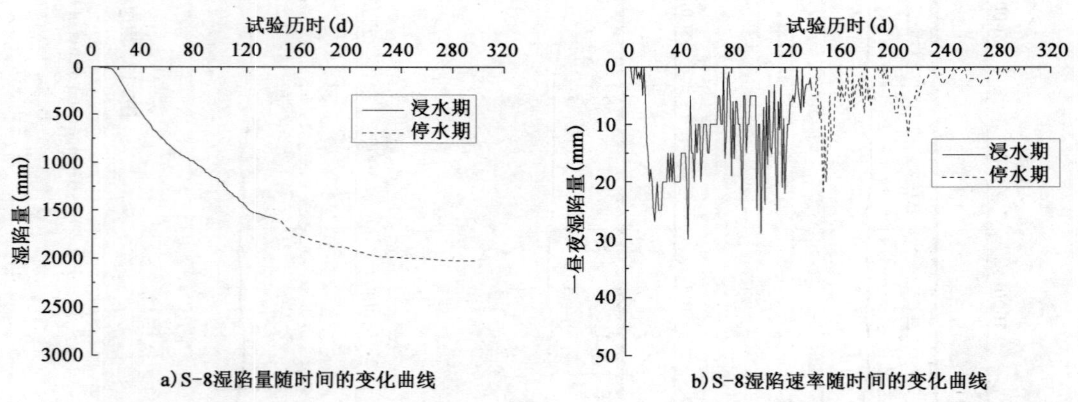

图 2.19 S-8 湿陷量与湿陷速率随时间的变化曲线

Fig. 2.19 Curves of total collapse and collapse rate of the serial number S-8

深层沉降的出现与水分计体积含水率变化相一致，如图 2.22b) 中 1 号探井 5m 处水分计变化，浸水第 6d 体积含水率出现拐点，之后迅速陡降直至浸水 18d 时体积含水率得到峰值；而深层沉降 5m 处是浸水第 13d 发生较大规模湿陷，这两者刚好能对应，体积含水率增加峰值的同时，湿陷也伴随着发生。体积含水率的变化要稍滞后于沉降观测，原因在于水分入渗由浅入

深的过程，即使同一个点位，水分计上部土层已经开始湿陷，而水分还没有入渗到观测点位。

深层沉降观测点5m处最大沉降达到2070mm，深层沉降观测点8m最大沉降达到2021mm。随着深层沉降观测点埋深的逐渐增加，沉降观测值随之减小，而且沉降量随着深度的增加，衰减量大幅增加。22m的沉降观测点累计沉降191mm，该点以下的观测点沉降基本维持在200mm左右，也就是说22m以下的深层沉降很难再发生湿陷。这与前文中水分计出现拐点的规律接近，25m以后体积含水率曲线很难再出现拐点，发生湿陷，这也验证了两者结论的相同性。

深层沉降观测点湿陷变化曲线与前文中地表沉降观测点湿陷规律相似，前期由于水分未达到土层，没有引起湿陷。水分一旦到达埋设观测点的土层时，湿陷量变化曲线会出现一次较大的陡降；陡降之后即进入一个缓慢的增加阶段，该阶段比较短暂；随即又一次出现了下降，之后进入平稳阶段，该平稳阶段即为湿陷稳定阶段；停水后土体再次出现的湿陷，表现在曲线上为陡降，随着水分没有外在的补充以及原有水分的消散，土体沉降也进入了一个长期的稳定阶段。

深层沉降速率也存在峰值点和低谷点。沉降速率峰值点随着深度的增加而逐渐减小，如S-5峰值点达到60mm，S-8则为32mm，其余依次逐渐减小。11m以上沉降速率基本存在3个峰值点，即浸水阶段2个、停水阶段1个。而11m以下图形基本只有2个峰值点，即浸水阶段1个、停水阶段1个，呈现“W”形。湿陷速率首先增大，再减小，并逐渐平缓；接着再次增大，后又减小；停水后又迅速增大至峰值，接着再次进入平稳减小阶段。

图2.20为11个深层沉降观测点最终湿陷量随深度变化曲线。深层沉降观测点5m处最大沉降达到2308mm，深层沉降观测点8m最大沉降达到1894mm。随着深层沉降观测点埋深的逐渐增加，沉降观测值随之减小，而且沉降量随着深度的增加，衰减量大幅增加。20m处沉降434mm，而25m以下的观测点沉降基本维持在200mm左右。从以上分析来看深层土体湿陷量越来越小，也反映了深层土体湿陷更加困难。

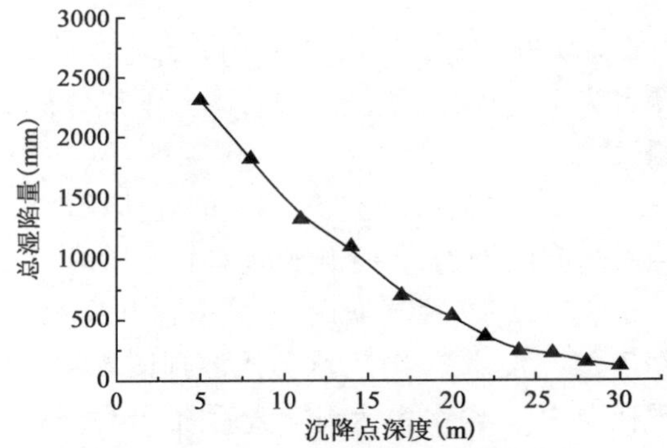

图2.20　各深层沉降观测点总湿陷量变化曲线

Fig. 2.20　Curve of total collapse of deep level observing point

2.2.3　水平位移记录

试坑周边没有设置水平位移记录仪器和设备，该内容没有翔实数据，但试验过程中观测了距离试坑边缘5m的4号探井井壁变化情况，如图2.21所示。该探井未完全回填，回填土离地面尚有2.5m距离。图2.21a)在浸水30d时，首先出现靠近试坑一侧的探井壁黄土脱落，图2.21b)浸水70d时出现远离试坑一侧探井壁错裂分开。由以上分析可知，浸水过程中探井向试坑方向倾斜，发生超试坑中心方向的位移，致使探井壁黄土脱落；浸水中期探井底部无法继续承受朝试坑方向的水平推力时，探井底部出现水平错裂的现象。探井壁的变化与试坑周边裂缝变化规律相同，均出现内弯现象，产生向试坑方向的水平位移。涂光祉等[35]在渭北张桥利用玻璃球测得浸水试坑中水平位移朝试坑方向，本文试验结果也进一步验证了该观点。

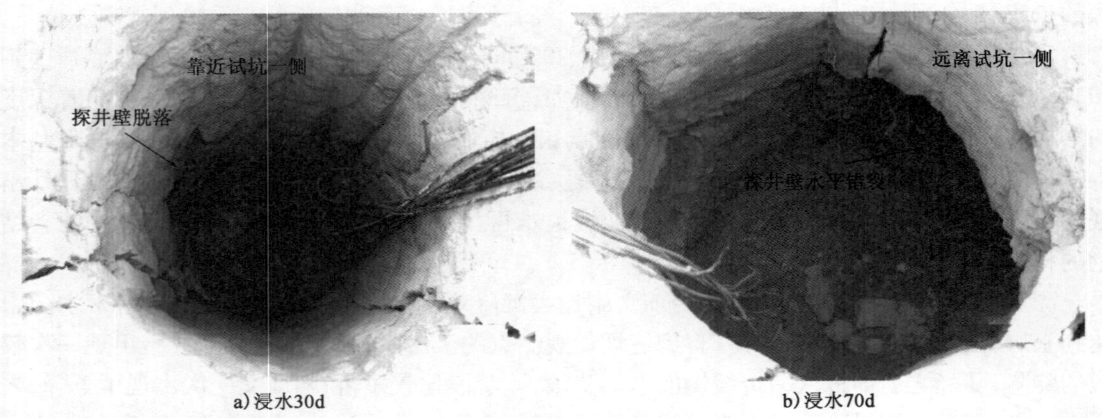

图 2.21　现场试验 4 号探井井壁随浸水变化情况
Fig. 2.21　The change of exploratory excavation NO. 4 during soaking test

2.3　湿陷过程中的水分变化分析

2.3.1　探井水分变化分析

1 号探井与 2 号探井均距离试坑中心 5m，开挖深度以及水分计埋设距离和数量都相同，两者为平行探井。限于篇幅，本文中仅分析 2 号探井的数据，其余探井各水分计变化情况参见附录。

图 2.22a）是 2 号探井 2.5m 处体积含水率变化曲线。从图中可以发现，体积含水率随着浸水时间的增长，其变化大致有 6 个阶段：3 个平稳段（*ab*、*de* 和 *fh*）、两个陡降阶段（*cd* 和 *ef*）、一个急速增加阶段（*bc*）。水分未达到观测点 2.5m，该点 *ab* 段体积含水率保持初始体积含水率 7.3%；浸水第 4d 时水分入渗到该点使得含水率突增到 37.7%，第 11d 达到峰值 44.2%，表现在 *bc* 段。含水率达到峰值后曲线开始进入陡降阶段，即 *cd* 段；之后一段时间均处于平稳渐减 *de* 阶段；浸水 103d 时体积含水率又从 35.9% 陡降到 29.8%，表现在 *ef* 段，随后再次进入到平稳渐减 *fh* 段。

5 ~ 12.5m 以上观测点所得结果与 2.5m 相似，如图 2.22b）~ 图 2.22e）所示。从以上几个图来看，浅层观测点的体积含水率曲线出现两个陡降段，随着深度的增加第一个陡降段发生不太明显。两个陡降段的出现与土体湿陷密切相关。湿陷造成黄土中结构破坏，原有孔隙被压密，体积含水率减小。出现两个陡降段说明浅层土体在自重及上部承压水作用下发生了两次湿陷。随着土体深度的增加第一次湿陷将越来越不明显，第一次湿陷的发生将向后推迟。

12.5 ~ 20m 之间图形可以由 5 段组成，没有缓降阶段，另外突增和陡降不是很明显，这也说明深层黄土湿陷与浅层黄土湿陷有着较大的差异。深度为 22.5m、25m 和 32.5m 体积含水率变化曲线，从浸水开始再到浸水结束，没有出现前文叙述的陡降以及突增，曲线变化都比较平滑，大致可以由三个渐增阶段组成。第一阶段 *ab*：浸水初期水分还没有渗透到该层，造成体积含水率变化不大，近乎一条直线；第二阶段 bc：浸水中期以及停水初期，体积含水率平稳增加阶段，该阶段含水率增量明显增大；第三个阶段为停水后期含水率稳定 cd 段，该段含水率有所增大，由于上部水分逐渐渗入的缘故。

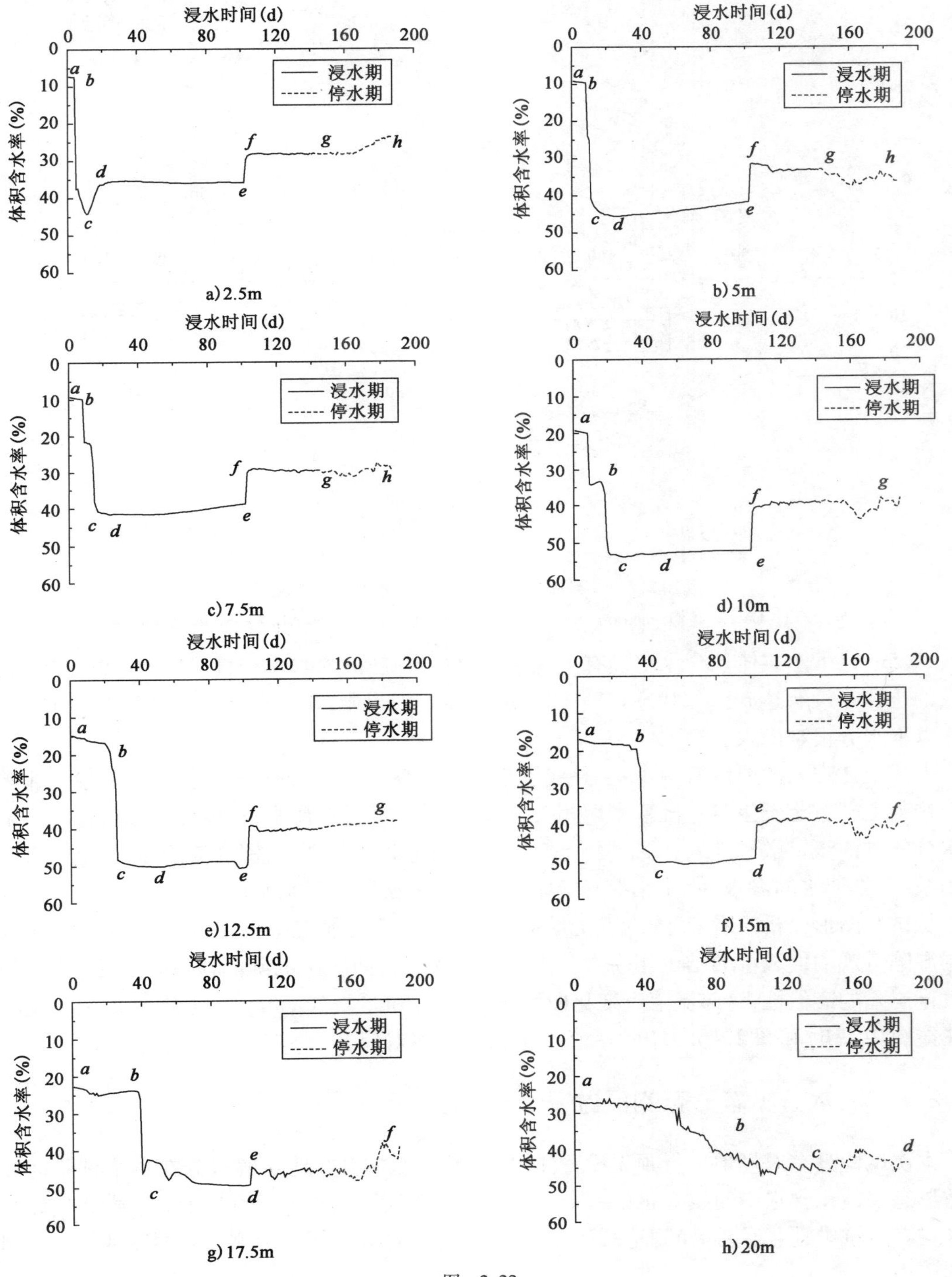

图　2.22

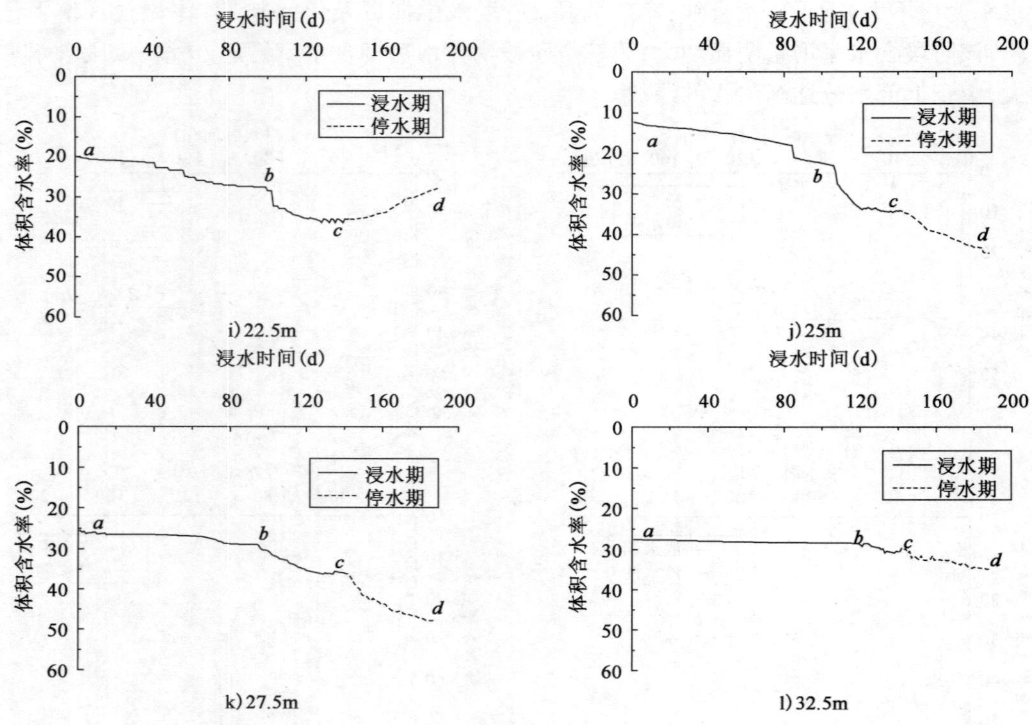

图 2.22　2 号探井不同深度体积含水率变化曲线

Fig. 2.22　Curves of volumetric water content in exploratory excavation NO. 2 in different position

22.5m 以下土层体积含水率没有出现突增也没有陡降,含水率一直保持渐增的趋势,说明该点的土体还没有达到饱和状态。整个试坑以 25m 为界限,25m 以上土层水分容易渗入,而 25m 以下水分很难渗入。

形成上述现象的原因有两个:一是浅层土体水分渗入较快,较深的土体中水分渗入非常缓慢。这与上部黄土发生自重湿陷密切相关,湿陷导致上部土层压密,孔隙变小这也进一步阻滞了水分的进一步扩散和渗入;二是浸水试验过程中,随时间的推移,深度的增加,黄土内部变成封闭系统,先期水的渗入,使孔隙中的气体压力增大势必阻止后来水的渗入。

从试验图形分析来看,25m 以下土层湿陷量较小,这与前文中深层沉降观测点 25m 以下深层湿陷量观测值较小的结论相一致。体积含水率变化曲线中的陡降段(*cd* 段或 *ef* 段)预示着黄土湿陷的突然性,这与湿陷量变化曲线图 2.15a)和图 2.16a)中 *ab* 段或 *cd* 段以及湿陷速率曲线图 2.15b)和图 2.16b)中的峰值点 *A* 和 *B* 一致对应。

2.3.2　水分扩散形态的探讨

本次试验没有对场地进行预先设置注水孔,因此可以更好地了解水分在整个试验区域的扩散形态。体积含水率曲线变化第一个拐点预示着湿润锋到达埋设点位置。1 号、2 号和 3 号探井均在试坑中,因此湿润锋到达观测点时几乎一致,将 6 个探井观测点湿润锋到达时间列于表 2.3 中。

湿润锋到达观测点各水分计所需时间　　表2.3

Time of wetting front reaching TDR soil moisture meters　　Table 2.3

试坑中探井(1号、2号、3号)		4号探井		5号探井		6号探井	
深度(m)	时间(d)	深度(m)	时间(d)	深度(m)	时间(d)	深度(m)	时间(d)
2.5	4	2.5	48	2.5	63	6.5	113
5	9	6.5	34	6.5	59	10.5	80
7.5	15	10.5	30	10.5	52	14.5	88
10	22	14.5	46	14.5	59	18.5	93
12.5	29	18.5	63	18.5	76	22.5	113
15	37	22.5	87	22.5	100		
17.5	45	26.5	115				
20	56						
22.5	68						
25	79						
27.5	93						
30	105						
32.5	121						

由表2.3可知,湿润锋运移并不是完全遵循自上而下的规律,4号探井湿润锋到达6.5m和10.5m分别用时34d和30d;5号探井中10.5m湿润锋快于6.5m和14.5m,将50个TDR水分计测得的湿润锋运移时间和距离关系汇总于图2.23a)中,可见湿润锋径向推移是一个椭圆形形状,长轴位于水平方向。

停止采集水分计数据后对探井剖面钻孔取样,共钻3个深度均为35m的钻孔,钻孔之间的尺寸详见图2.23b)。在钻孔中每延米取样进行酒精燃烧法测定含水率,并将原勘察探井数据一并列于图2.24中。由该图可知,离6号探井较近的1号钻孔含水率曲线变化最大;2号钻孔在15~30m区间内与原勘察探井含水率变化较大外,其余土层含水率相差不大;而3号钻孔(距离试坑20m)含水率变化与原勘察探井相比变化较小,中间部位含水率稍有异常。1号钻孔8~30m以及2号钻孔15~30m湿润锋肯定到达,而3号钻孔中间部位含水率稍大于原有探井,这与气体运移有关,较湿润的气体在水分运移排挤下,孔隙中的气体也在向外扩散,气态水使得3号钻孔中间部位含水率有所增加。通过6个探井中水分计变化规律以及3个钻孔中含水率的分析来看,整个浸水区域探井剖面应类似于图2.23b)中的最终形态,呈现"南瓜状"(图中只画出对称的一半)。

从以上分析来看,大厚度自重湿陷性黄土地区水分运移规律先期基本呈椭圆状入渗形态,后期逐渐变成一个类似椭圆形的"南瓜状"形态。随着浸水时长增加,整个椭圆状浸润区离心率变小,椭圆更扁。这种水分扩散形态与以往研究不同,可能与本次试验没有预先设置注水孔有关。另外,水分的扩散并不是沿着某一固定的浸润角向下入渗。早期浸润线基本上是直线入渗,但随即变为椭圆状入渗,竖向渗透要快于径向渗透,这与黄土的竖向节理结构有着密切

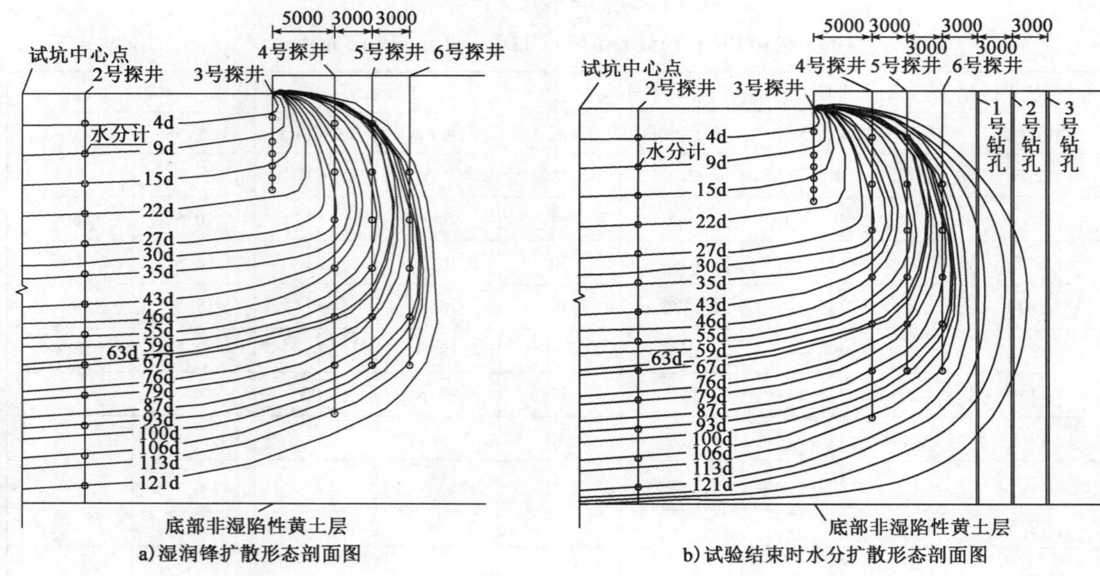

图2.23 湿润锋扩散形态剖面图以及试验结束时水分扩散形态剖面图(单位:mm)

Fig. 2.23 Sectional drawings of water diffusion configuration after stopping moisture meter and sectional drawing of diffusion configuration of wetting front(unit: mm)

联系。当水分运移至埋深较大的土层时,此时径向渗透作用加大,竖向渗透会变缓。水分的扩散并不是沿着某一固定的浸润角向下入渗,早期浸润线基本上是直线入渗,但随即变为椭圆状入渗。竖向渗透要快于径向渗透,这与黄土的竖向节理结构有着密切联系。当水分运移至埋深较大的土层时,此时径向渗透作用加大,竖向渗透会变缓。

至此,可以将浸水试坑比为一个广义的点源入渗试验。现场大型原位浸水试坑其水分最终形态与点源入渗试验(汪志荣等[266]、张振华等[268])有较好的相似性,室内点源入渗浸润土体呈现椭圆形。但现场原位试验与点源入渗试验最大的区别是边界条件和入渗条件不同。大面积浸水条件下水分扩散不是无止境的,土壤中水分运移受到基质势、初始含水率、重力势和压力势等共同作用。水分扩散不是永无止境的,而是此消彼长,相互平衡过程中使得水分运动和停止。重力、吸力和上部水压作用水分竖向和径向扩散、吸力作用使得水分扩散是三维运动,每个方向都会受到吸力作用,重力作用使得水分主要向下入渗,上部压力使得水分沿径向和竖向运动。另外,上部土体的湿陷,导致土体密实,水分向下入渗变得困难,此时水分水平向扩散则加强。

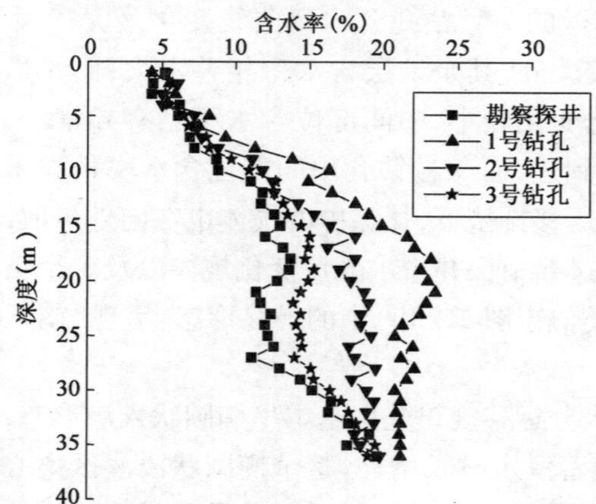

图2.24 钻孔中每延米含水率分布曲线图

Fig. 2.24 Curve of water content per meter in drilling hole

土壤具有一定的持水能力,离试坑较远的黄土地基其含水率较低,孔隙比较大,大量孔隙的存在使得水分占据本来空气占用的空间；埋深较大的地基土中空气来不及排除，使得水分和空气在孔隙中相互共存，空气的气压力大于水压时，水分的运移将会逐渐变缓直至停止。因此，出现类似“南瓜”状椭圆形的入渗形态。

以往关于水分浸润形态存在一定的争论，由于缺乏良好的试验设备和探测仪器，对该问题的处理仅靠洛阳铲和取样机等设备进行，难免会出现一定的误差。汪国烈等[33]认为当浸水平面范围呈圆形时，上部一般近似正圆台形，整个土体浸湿范围一般呈“梨”形分布；马闫等[260]认为浸湿形态最终呈倒扣碗形。这些结论是在浸水试坑预先打设注水孔的基础上得到，本文结论与前人研究结果有些不同。黄雪峰等[269]通过边坡浸水试验，并在试验结束后对边坡场地进行开挖，发现水分在整个土层浸润形态类似“梨”形，本文研究结论与其较为相似。从以上分析可知，浸水试坑中预先打设注水孔会影响水分运移形态，但该结论需要更多试验案例进一步验证。

另外，由图2.23b)可知，兰州和平镇浸水试验水平方向水分运移最大距离（从试坑边缘算起）约为19m，该值是在浸水140d，停水观测157d基础上观测得来，离试坑边缘19m范围内应是工程建设重点关注区域，容易受到外在水源浸入。

2.3.3　饱和区域的形态特征

由前文图2.22体积含水率变化曲线所示，22.5m以上点位，从体积含水率变化曲线来看都有一个陡降阶段，该阶段预示着土体发生湿陷，只有发生湿陷后土体变得密实，体积含水率才发生减小。22.5m以下点位并未发生较大湿陷，因此根据试验结束时最终的体积含水率算的饱和度，发现25.0m和27.5m点位达到饱和状态，而30.0m和32.5m并未达到饱和，这个过程已经历时168d。

利用式(2.2)将土壤体积含水率换算为质量含水率。由TDR水分计可以测量得到的最大体积含水率θ_{wmax}，并通过相应点位干密度可求得饱和度。由体积含水率变化曲线可以得到所有位置点最大体积含水率值，体积含水率在没有降低前认为埋设点土体没有发生湿陷，土体结构未发生变化，利用与先期勘探探井相同位置处的干密度、相对密度等物理力学指标以及实测到的体积含水率，可以得到最大体积含水率对应的饱和度。

1号、2号和3号探井均在试坑中，其饱和度变化几乎同步，故仅将1号探井饱和度列于图2.25a)中，4号、5号和6号探井饱和度分别列于图2.25b)～图2.25d)。TDR水分计可以定性地了解黄土湿陷情况（见图2.22中体积含水率减小阶段），但较难定量量测湿陷大小[275]。因此，最大体积含水率发生后的饱和度将无法准确了解到。然而，通过图2.25可知，试坑中26.5m和29.0m处最大体积含水率发生时也达到饱和。29.0m以上土体长期在水的浸泡下，且自身也发生了大量湿陷，可以断定29.0m以上均达到饱和。

4号探井中，8m和24m处到达最大体积含水率时土体已达到饱和，也可以推断中间土体达到饱和，而4m和28m土体没有发生湿陷，最大体积含水率对应的就是最大饱和度。由图2.25c)和图2.25d)可知，5号、6号探井中最深处土体饱和度没有达到饱和。图2.26为饱和与非饱和区域示意图。饱和区域也类似于椭圆体。在大面积浸水条件下，饱和区域也在有限的范围中，而不是类似刘保健等[270]得到的饱和区域沿浸润角方向向下扩散的结论。

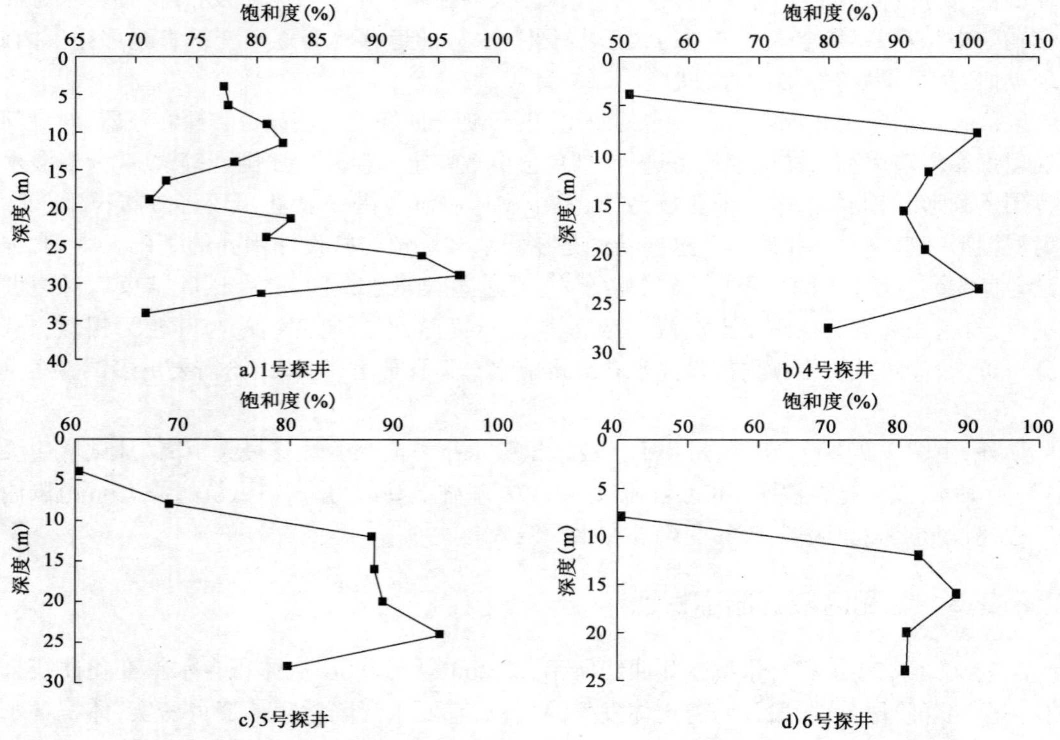

图 2.25　探井中最大体积含水率对应的饱和度

Fig. 2.25　Saturation degree translated by maximum volumetric water content in exploratory shaft

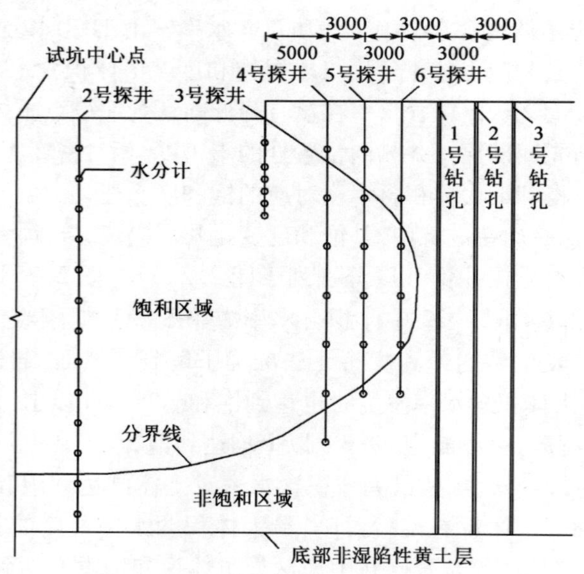

图 2.26　饱和区域与非饱和区域示意图

Fig. 2.26　Schematic diagram of saturation and unsaturated regions

2.3.4　竖向与径向湿润锋运移特征

通过TDR水分计可知湿润锋的运移距离,湿润锋竖向距离为试坑底中心点距湿润锋的距离,而径向距离定义为试坑底中心的垂线距水平向湿润锋的最大距离。湿润锋竖向距离与径向距离的比值定义为湿润锋的竖径比。竖向湿润锋能够从体积含水率变化曲线得知;而径向湿润锋可以通过一部分水分计得知,另一部分通过图2.23间接得知。径向湿润锋最大值即为湿润锋径向运移距离。竖向和径向距离在特定时间段时其值列于表2.4中,可以求得竖向和径向之比。

湿润锋竖向与径向之比　　表2.4

Vertical-horizontal ration of wetting front　　Table 2.4

时间(d)	竖向距离(mm)	径向距离(mm)	竖径之比
4	2500	308	8.12
9	5000	865	5.78
15	7500	1519	4.94
22	10000	2800	3.57
29	12500	4006	3.12
37	15000	5870	2.56
45	17500	6548	2.67
56	20000	8375	2.39
68	22500	10076	2.23
79	25000	10566	2.37
93	27500	11715	2.35
105	30000	12348	2.43
121	32500	13239	2.45

竖径比随时间的变化曲线如图2.27所示。从表2.4和图2.23可知,竖径比在浸水开始时较大,随着浸水时间的增加,竖径比会迅速下降,浸水时间达到37d,即入渗锋到达15m(表2.3)之后,竖径比减小趋于缓和,说明竖向以及径向入渗困难加大;当入渗锋达到22.5m后,竖径比有一个较小幅度的提升,这与径向入渗几乎停滞不前有关。

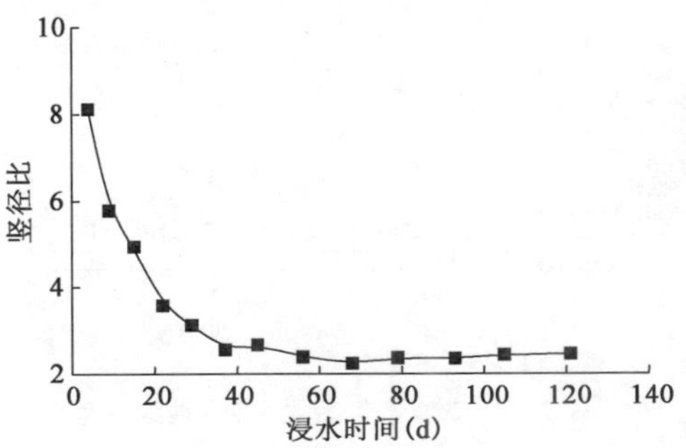

图2.27　竖径比随浸水时间的变化曲线

Fig.2.27　Curve of vertical-horizontal distance ration and soaking time

扩散系数较好地反映了水分在黄土中的扩散机制。扩散系数可以用湿润锋的距离与浸水时间的比值表示,该值代表了湿润锋平均运移速度,计算公式为:

$$\nu = \frac{h_i}{t_i} \tag{2.3}$$

式中:ν——扩散速率;

h_i——湿润锋渗入距离；

t_i——湿润锋运移到记录点所需时间。

根据式(2.3)以及表2.4即可计算竖向扩散系数。图2.28为竖向扩散系数随浸水时间变化曲线。通过拟合图2.28中的数据发现，竖向扩散系数随时间变化关系符合幂函数形式，如下式所示：

$$\nu_v = a + bx^c \tag{2.4}$$

式中：ν_v——竖向扩散系数；

x——浸水时间；

a、b、c——试验系数。通过拟合得到 $a=0.00189$，$b=-0.00103$，$c=0.0896$。

图2.28曲线变化表示扩散系数随浸水时间的增加逐渐减小，70d之前其变化减小趋势较大，而70d之后扩散系数减小趋于平缓。一方面，随着土层深度的增加，含水率梯度势、重力势和基质势等因素均在减小，直接导致了水分扩散速率的减缓；另一方面，上部黄土发生较大的自重湿陷，孔隙率减小，形成较为密实的土层，进一步阻碍了水分向下迁移。

黄雪峰等[269]在兰州对某边坡浸水18d，通过开挖发现水分垂直入渗最大为8.2m，可以计算得到该场地的平均渗透系数为5.27×10^{-4}cm/s。刘保健等[270]在甘肃定西用现场原位试验测得2.5m范围内渗透系数为4.0×10^{-4}cm/s。显然本次试验扩散系数浅层范围内均大于以上2次试验。黄雪峰等[269]试验浸水坑仅为10m×1.5m，而刘保健等[270]试坑直径为15m，本次试验规模和水头势能均大于上述两者，水分在场地中的运移速率相对较快。

由表2.4可算得水分径向运移的扩散系数，将其绘于图2.29中。由该图可知，径向扩散系数基本呈现"小—大—小"的变化规律。浸水试验开始时径向扩散系数很小，说明水分在初始运移中先是在重力作用下向下入渗，随着压力势的增大、重力势的减小以及吸力势的作用，使得水平扩散加快，而竖向运动受阻，进而使得径向扩散系数逐渐增大。当水分扩散至较深土体部位时，吸力势作用将会进一步降低，同时压力势以及重力势同时减小，使得水平向运动受到更大限制，因此径向扩散系数也急剧降低。

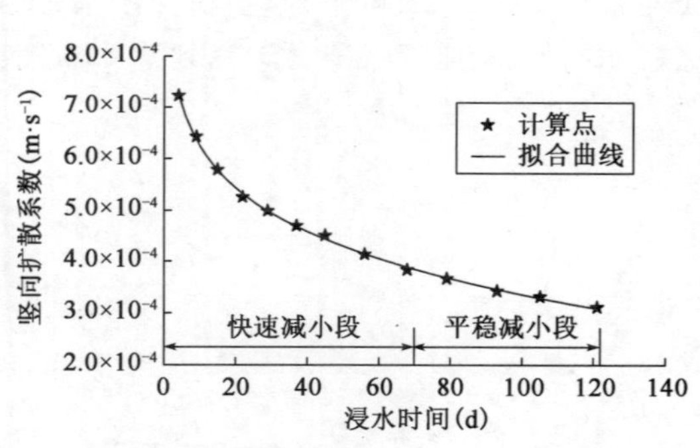

图2.28 竖向扩散系数的变化曲线示意图

Fig. 2.28 Relationship between the vertical diffusion coefficient and soaking time

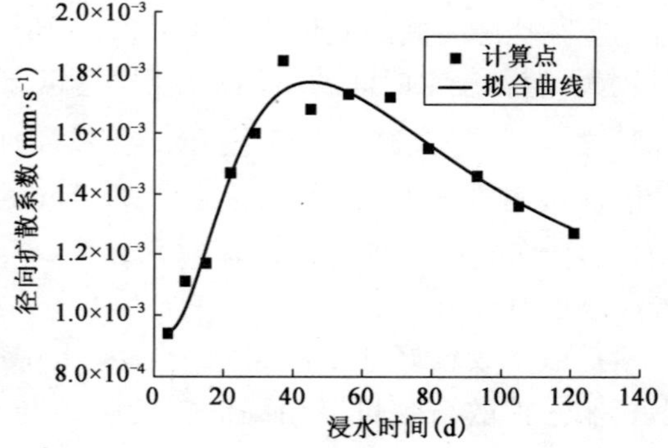

图2.29 径向扩散系数随浸水时间的变化曲线

Fig. 2.29 Relationship between the radial diffusion coefficient and soaking time

通过拟合发现径向扩散系数较好满足：

$$\left.\begin{aligned} v_h &= v_{h0} & (H < 2.5\text{m}) \\ v_h &= v_{h0} + \frac{A}{\sqrt{2\pi}Bt} e^{\frac{-\left(\ln\frac{t}{C}\right)^2}{2B^2}} & (H \geq 2.5\text{m}) \end{aligned}\right\} \tag{2.5}$$

式中：v_h——径向扩散系数；

H——场地的深度，自试坑地面算起；

A、B、C——试验参数；

v_{h0}——初始径向扩散系数，为一常数，该值等于 0.00097mm/s，本次试验 3 个参数分别为 0.083、0.710、75.040。

试验前期首先对场地四周进行勘探，在其中 2 个深度达 36m 的勘探探井中每延米径向和水平方向取样，共计进行了 144 个常水头渗透试验，获得不同深度的水平和竖向的饱和渗透系数。将 2 个探井同一深度和同一方向的饱和渗透系数进行平均，其均值作为每延米深度的饱和渗透系数，如图 2.30 所示。

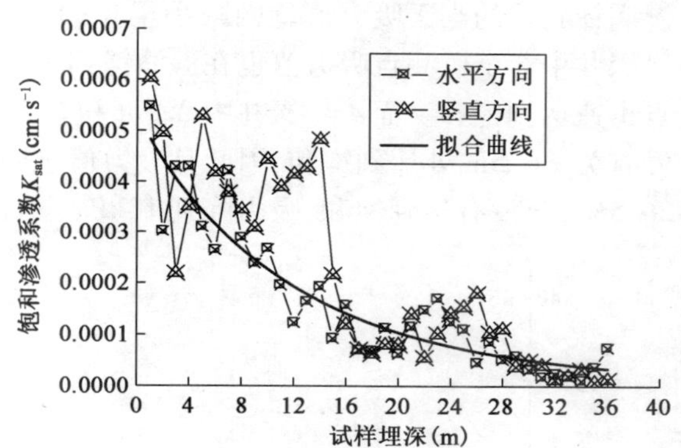

图 2.30 不同位置及不同方向的饱和渗透系数

Fig. 2.30 Saturated permeability of different depths and direction

由图 2.30 可知，随着试样埋深的增大，饱和渗透系数逐渐减小，且深度 20m 之前这种趋势越加明显，该深度以下饱和渗透系数趋于稳定，这种现象应与 20m 之前试样干密度直接相关。另外，图 2.30 中 20m 之前竖直试样的饱和渗透系数基本上大于水平试样，5 ~ 15m 范围内这种现象更为明显，这与黄土竖向和水平向结构差异有关。通过最小二乘法拟合发现，大厚度自重湿陷性黄土场地的饱和渗透系数 K_{sat} 与场地深度也呈幂函数减小，见下式：

$$K_{sat} = (A + Bx)^{-\frac{1}{C}} \tag{2.6}$$

式中：x——试样埋深(m)；

A、B、C——常数，对于水平方向，$A = 0.00717$、$B = -0.00043$、$C = -0.065$；对于竖直方向，$A = 2.16$、$B = 0.019$、$C = 0.10$。

2.3.5 浸润角的变化

以往研究认为水分是按照一定的角度往下入渗，这个角度应该是 45°；李大展等[36]测得陕西渭北黄土浸润边界的扩散角为 40°；刘保健等[270]测得甘肃陇西黄土浸润角略大于 30°。如果是 45°，那么水分首先到达 6.5m 水分计；如果略大于 30°，水分到达肯定在 8.7m 以上。

从图 2.23 和表 2.3 分析来看，水分的扩散并不是沿着某一固定的浸润角向下入渗，湿润锋会逐渐变为椭圆状入渗。竖向渗透要快于径向渗透，当水分扩散到较深土层时，竖向渗透会变缓而径向渗透作用会加大。

浸润角边线以上土体永远不会饱和。通过对所测得的体积含水率以及钻孔中含水率分析，2 号探井 30m 和 32.5m、4 号探井 2.5m 和 26.5m、5 号探井 2.5m 和 22.5m 以及 6 号探井 6.5m 和 22.5m 均未达到饱和，将饱和与非饱和区域界线画于图 2.26 中，由此可知该试验场地浸润角最大约为 55°，我们认为浸润角应该在 0° ~ 55°之间由小至大逐渐变化。

2.3.6 吸力随深度变化规律

本次试验采用热传导吸力探头测得最大吸力值位于 4 号探井 2.5m 处，达到 201.3kPa。根据 3 号和 4 号探井中水分计和热传导吸力探头所得数据，绘出土—水特征曲线，如图 2.31 所示。

图 2.32 为 4 号探井 3 个监测点的吸力随时间变化曲线。曲线第一个拐点即为水分运移到监测点吸力开始减小，这与前文中表 2.3 湿润锋运移时间一致。10.5m 处吸力减小最快，在湿润锋到达的当天吸力值急剧减小至 0.1kPa，这与 10.5m 处遇到向下入渗的主水流有关，3 号探井中 6 个监测点吸力值也在湿润锋到达的当天减小至 0kPa（文中未罗列），说明这些监测点迅速达到饱和。而 4 号探井中 2.5m 和 6.5m 处吸力值减小比较缓慢，与水分向外侧入渗缓慢有关。6.5m 处达到饱和，因此其吸力值也降至 0.1kPa，而 2.5m 处体积含水率最大值仅为 26.5%，土没有达到饱和，吸力降到 18kPa 左右时处于一个稳定阶段。

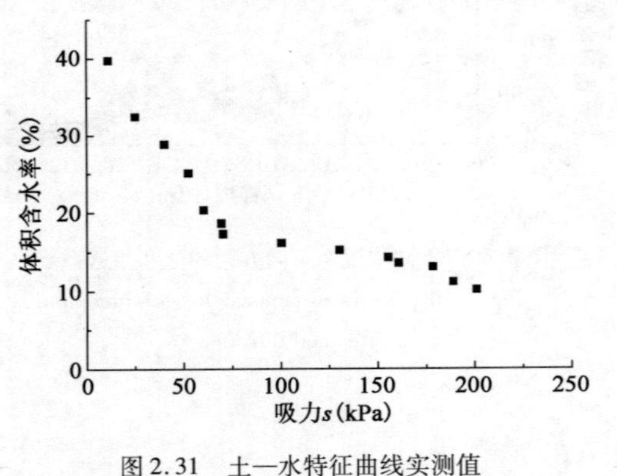

图 2.31 土—水特征曲线实测值

Fig. 2.31 Soil-water characteristic curve of test site in Heping town

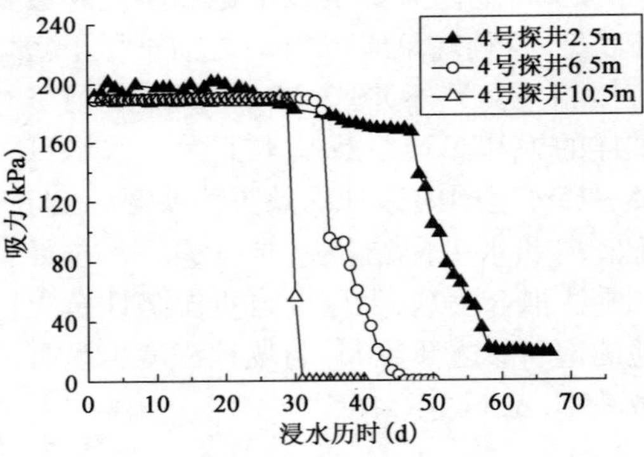

图 2.32 4 号探井监测点吸力随时间变化曲线

Fig. 2.32 Curve of matric suction with different periods in drilling hole of No. 4

虽然此次试验监测到吸力随着浸水过程的变化规律，但是 GCTS 热传导吸力探头工作稳定时间大约在 6h，然而这个时间段水分已经发生剧烈变化，因此吸力现场实测还存在一定的不足，这也是今后需要进一步研究的方向。

2.4 场地裂缝发展规律

2.4.1 裂缝整体发展形态

裂缝发育过程中定期收集图片资料（图 2.33），由这些资料可以看出环形裂缝一圈紧挨一圈，向外部逐渐发散。距离试坑较近的区域裂缝出现较密，而离试坑较远的区域裂缝则较为稀疏。环形裂缝之间距离最小间距为0.5m,最大间距则达到5m以上。对裂缝进行测量发现最大宽度在50cm以上;裂缝台阶之间高度差一般在5~45cm之间[图2.33a)],局部高差达到60cm[图2.33b)],该点出现在横贯试坑裂缝的朝东方向处。东西南北四个方向裂缝距离试坑边缘最大距离达到39m、35m、33m和38m,从以上4个数据来看正南方向裂缝活动范围较小,而其他方向影响范围较大,这可能与场地地质特征有关系,其特征在图2.33c)和图2.33d)中表现最为明显。

a)开裂　b)错台　c)错台　d)错台

图2.33　台阶式裂缝

Fig. 2.33　Step-like cracks

试验过程中详细记录了整个裂缝产生的时间、宽度以及距试坑的距离。本节中对裂缝产生的表面形态做了不定期的裂缝描绘平面图,以反映整个试验场地裂隙的发展过程。图2.34即为试坑浸水时及停水时的裂缝发展情况描绘图。由图可知,试坑开始浸水日期为2009年9月14日,前4 d水量补给较小,致使场地没有很快被水淹没;后期由于增加抽水泵,试坑水量补给加大,很快试坑被水淹没水头保持在30cm以上。浸水第6d场地东北方向出现第一条裂缝,距离场地浸水边缘50cm,最大宽度为2cm。浸水第10d绘制了第一张裂缝发展图,如图2.34a)所示。裂缝最大宽度达到5cm,竖向位移为10cm,裂缝距离试坑边缘最大为1.2m。9月27日(浸水13d)裂缝宽度最大15cm,竖向位移达到30cm,试坑正北方向出现一条横断试坑的裂缝,大量水从这个裂缝向下渗入,据推断此裂缝应该是天然形成,经量测该裂缝最大落差为16cm。试坑西面方向也出现了一条约15m的裂缝。这些试坑中央的裂缝可能与场地历史条件密切相关,加之长期承压水的浸泡,薄弱地层出现塌陷。

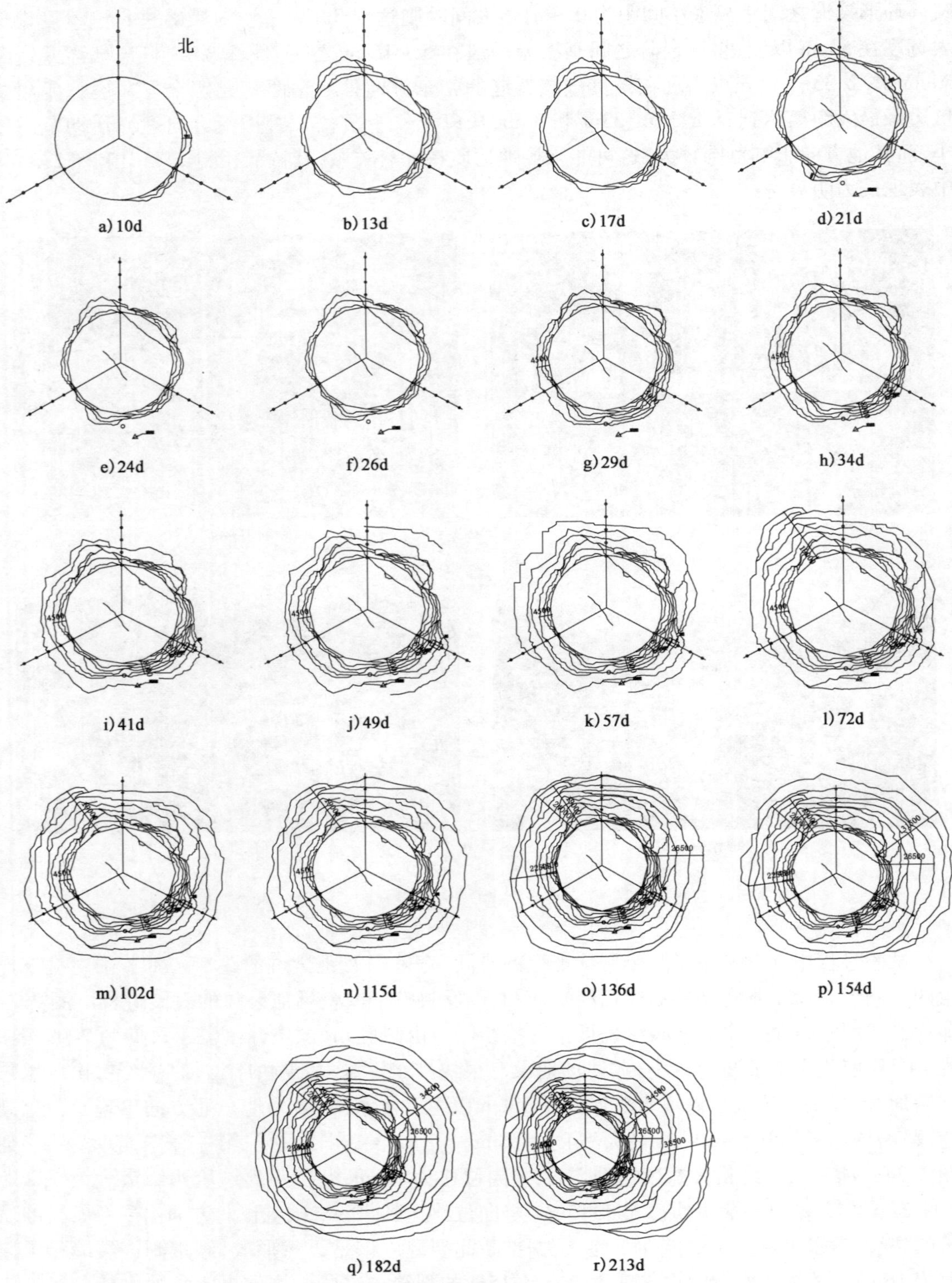

a) 10d　b) 13d　c) 17d　d) 21d

e) 24d　f) 26d　g) 29d　h) 34d

i) 41d　j) 49d　k) 57d　l) 72d

m) 102d　n) 115d　o) 136d　p) 154d

q) 182d　r) 213d

图 2.34　试坑浸水及停水时的裂缝发展情况描绘图

Fig. 2.34　Description of the development of cracks in test pit

试坑浸水第21d时[图2.34d)],试坑周围裂缝才逐渐联结形成第一道环形裂缝,这与文献[33]中试坑直径10m的试坑环形裂缝第1d浸水就出现环形裂缝有所不同,原因在于本次试坑直径40m,加之前期供水量较小造成,因此环形裂缝的出现与试坑的形态以及供水量大小有关。浸水坑裂缝的出现呈不连续、间断状;随着浸水时间的增加,裂缝逐渐增加、增多,逐渐扩展延伸相互连接,最终发展成环状,并逐渐扩大,形成阶梯状地形,这些特征在图2.33也能体现。

从图2.34可以清晰地看到,环形裂缝一圈紧挨一圈,向外部逐渐发散。离试坑较近的区域裂缝较为集中,离试坑较远的地方裂缝之间距离较大,环形裂缝经过统计多达18条之多,加之其他非环形裂缝,这在国内同类试验中实属罕见。浸水坑外地面先局部出现裂缝,且裂缝细微、不连续,后逐渐变宽、贯通,形成环形连续的地面裂缝。浸水试验297d时,最后一次记录裂缝,如图2.34所示。试坑北面[方向见图2.34a)]裂缝最远达到38m,东向最大达到39m,西向最大达到35m,而南向最大只有33m,平均约为36.25m。总体来说西南方向影响范围小,东北方向影响范围大,这些数据与本次试验的湿陷性土层厚度36m较为接近。东向和北向湿陷量较大,裂缝影响范围超过36m;而西向和南向则稍小于36m。可以说裂缝的影响范围基本上与湿陷性土层厚度一致。

在宁夏扶贫扬黄灌溉工程[39]中,裂缝影响范围平均约为30m,该工程自重湿陷性土层厚度为36.5m,两者相差也不大,该工程实际数据可以验证本书观点。《黄土规范》[10]强调浸水坑边缘至既有建筑物的距离不宜小于50m,这个规定较保守,从本文浸水结果来看,安全距离应该视湿陷性黄土层厚度确定,厚度越大,安全距离越大,而厚度较小,裂缝和沉降的影响范围则较小,安全距离适当减小。山西闻喜县自重湿陷性土层厚度为10m的场地上浸水45d,出现2条连续裂缝和1条不连续裂缝,裂缝最远处距离试坑边7.5m,没有错台现象[276]。

从裂缝统计数据来看,环形裂缝之间的距离从0.5~5m不等。较大的裂缝宽度达到40cm,局部甚至达到50cm;而裂缝上下台阶高差5~45cm,局部高差甚至达到60cm。总体而言,距坑边近的地面,裂缝一般较密,间距较小,裂缝宽度以及台阶高差较大;距坑边远的地面,裂缝一般较疏,数量变少,裂缝之间的距离变大,宽度和台阶高差较小,甚至较远的地方裂缝没有高差变化,仅有水平开裂。

从以上分析来看,伴随浸水累计量不断增加,整个浸水试坑发生了剧烈的变化。首先从裂隙发展来看场地内外地形变化情况。随着试坑浸水和自重湿陷的产生发展,浸水坑周围地面陆续出现环形裂缝和阶梯状地形。环形裂缝的出现并不是一蹴而就,而是一个缓慢发展过程。随着浸水日期的增多,裂缝局部产生,并逐渐扩大,由这些局部产生的裂缝才缓慢构成整个环形裂缝。环形裂缝之间相互交错,相互之间的距离大小不等,基本呈现距离试坑较近的地方环形裂缝间距较小,离试坑较远的地方环形裂缝间距较大。

以上试验述及的裂缝宽度和高差以及影响范围,在国内相关研究中均较为罕见,比兰州东岗钢厂[33]、富平张桥[35]和连城铝厂[277]述及的裂缝都要大,这几个浸水试验试坑尺寸和浸水时间均小于本书,这些原因可能造成了本文所述的裂缝活动程度要大于以上文献。宁夏扶贫扬黄灌溉工程的试坑长宽为110m×70m,是目前国内最大的浸水坑试验[39],其裂缝范围一般在坑边外24~36m,平均30m左右。本书试验试坑直径仅有40m,裂缝活动范围却超过宁夏扶贫扬黄灌溉工程[39],一般情况下宁夏地区黄土湿陷性要小于陇西地区,这可能是造成宁夏裂缝活动范围小于本书所述范围的原因。所以说试坑周边裂缝演化剧烈程度很大程度上与黄土湿陷程度、敏感性、浸水试坑的大小以及浸水试验历时的长短密切相关。

2.4.2 单个裂缝发展情况分析

试验过程中详细记录多条裂缝演化过程,本节中只罗列了2条裂隙演化过程情况(裂缝1和裂缝2),如图2.35所示。裂缝从刚开始形成时,仅仅是一条很窄的裂隙,之后的记录发现每天都在变化,裂隙逐渐变宽。当裂缝变宽到一定程度时,其宽度进入一个稳定发展阶段,此

a)浸水13d

b)浸水15d

c)浸水17d

d)浸水19d

e)浸水21d

f)浸水25d

图2.35 试坑周边裂缝演化过程记录

Fig. 2.35 Recordings of cracks evolution rule around soaking test site

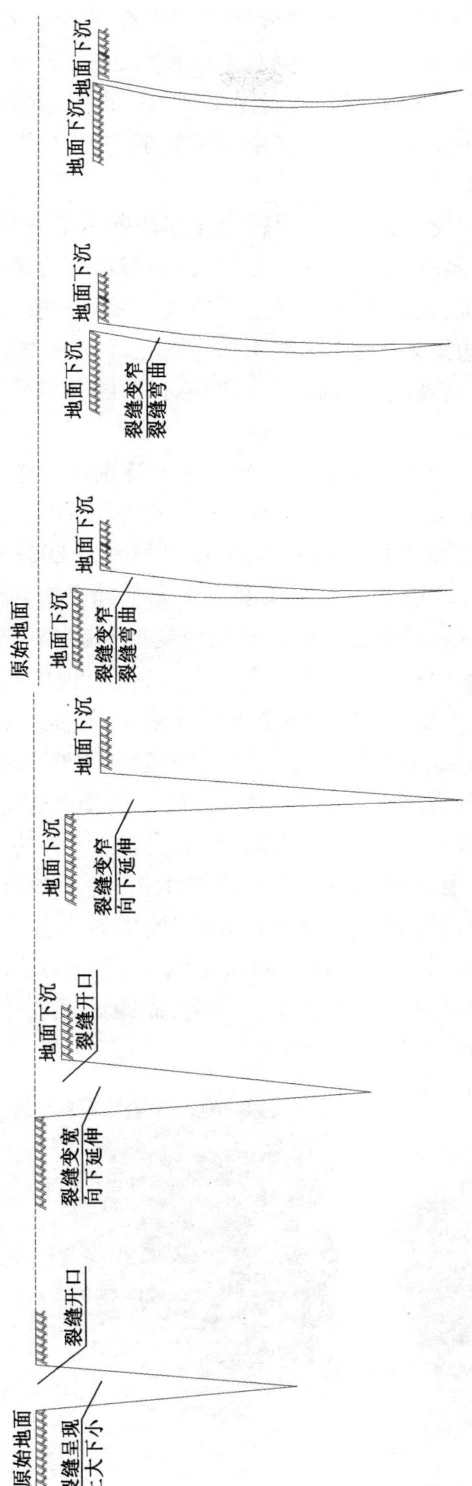

图2.36　裂缝演化示意图

Fig.2.36　Schematic diagrams of cracks evolution

时裂缝的高差开始出现。伴随着裂缝高差的变大,裂缝的宽度也在逐渐增大。裂缝的高差和宽度达到峰值后,宽度和高差逐渐变小,直至在较外侧新生成的裂缝挤压下,原有裂缝宽度趋于闭合,但高差最终则维持在某一定值基本不变。随着浸水试验的进行,原有裂缝高差则再次进入一个缓慢增长过程,随即变为一个定值,此高差在随后的试验过程中基本保持不变,即保持台阶状态。

图 2.36 为裂缝开展闭合过程的演化示意图,该图较为详细地展示了裂缝发展和闭合的全过程。从图中可知,由于拉力的作用,地面先出现较细的裂纹;随着水分持续向周边扩散,裂缝宽度变大,裂缝靠近试坑的土体先下沉,此时裂缝宽度达到最大;裂缝外侧的土体后下沉,宽度开始减小;随着水分的继续向试坑周边渗入,裂缝两侧土体下沉已不太明显,伴随远离试坑周边的裂缝产生,原有裂缝开始受弯变形,宽度继续减小;后期原有裂缝受弯变形较大,且裂缝上端基本闭合,但中部没有闭合。

由于底部土体湿陷,裂缝高差的出现滞后于宽度出现。水分逐渐向外渗入,土体也是由内向外逐渐湿陷。当较外侧的土体湿陷引起裂缝再次出现时,离试坑较近的裂缝则逐渐闭合,这个闭合不是纯粹意义上的闭合,从多个裂缝的剖面来看,先期裂缝在后期裂缝的挤压下,裂缝表层看似闭合,其实下部并没有闭合,而是呈现一定弧度。涂光祉等在陕西焦化厂试验[34]和渭北张桥试验[35]中用玻璃球和石灰柱来研究湿陷性黄土侧向变形问题,研究结果都表明石灰柱以及玻璃球有内弯现象。本次试验裂缝的发展也符合这个规律,出现内弯现象。这主要原因在于试坑中间以及试坑边缘湿陷下沉量大,而较外侧土层湿陷小,造成下沉不匹配,土体被拉裂;随着外侧土层湿陷量加大从而造成相互挤压,内侧环形裂缝宽度被压缩变小。

试坑周边挖设若干探井,一方面可观测水分扩散,另一方面记录垂直裂缝的发展状况。从几个裂缝断面(图 2.37)来看裂缝先水平开裂,再垂直展开,后弯曲闭合。裂缝两侧土体湿陷不均匀,导致裂缝垂直展开;由于较远土体湿陷对先期土体产生挤压,导致弯曲闭合。以前许多研究人员认为裂缝的出现与水的渗入密切相关,然而本次试验中对水分计埋设剖面进行钻井取样,发现该剖面距离试坑边缘 20m 以外,没有任何水渗入土层,而该剖面裂缝最远达到 38m,所以说裂缝先期产生是由于水分渗入下层土体引发湿陷,而距离试坑较远部位裂缝的产生则是由于先期裂缝不断变化的长期影响作用引起的。

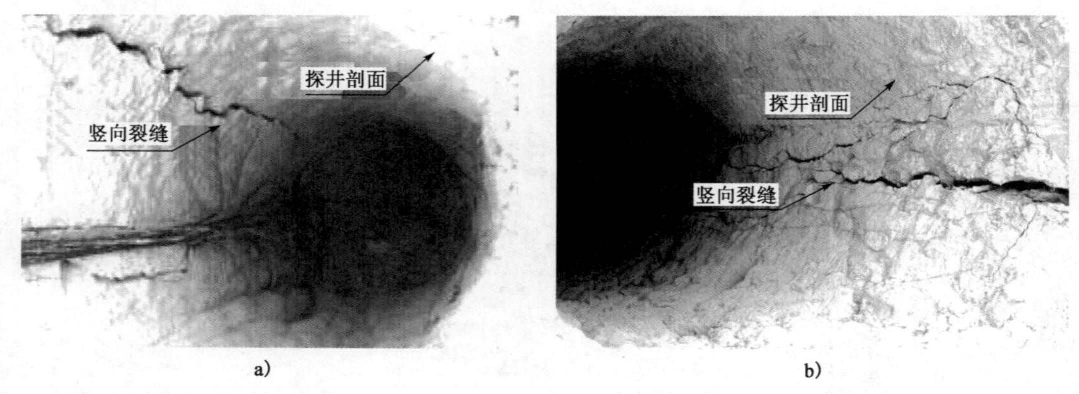

图 2.37 探井中竖向裂缝断面演化图

Fig. 2.37 The photos of vertical cracks in exploratory shaft

从以上分析来看，裂缝的开展不仅与浸水试坑大小、浸水时间有关，而且与试验所在地区有关，湿陷的敏感性以及场地区域划分共同决定着浸水试坑地表形态的发展。试坑中沉降量最大，试坑外则较小，离试坑越远地表变形量越小。对于裂缝发展，总结起来可以概括为：发展先局部，后整体；先近后远，先密后疏，逐步扩展；先水平开裂，再垂直展开，后弯曲闭合。

2.5　本章小结

对兰州地区大厚度自重湿陷性黄土场地进行了不设注水孔，埋设水分计和热传导吸力探头的浸水试验综合观测研究。试坑直径为40m，试验历时共297d。监测了场地不同部位和深度的沉降、体积含水率和基质吸力变化。主要结论有：

(1)大厚度自重湿陷性黄土场地中的地表和深层湿陷量变化曲线由6段组成，湿陷速率曲线出现3个峰值点；25m以上土层湿陷较大，25m以下土层湿陷量较小；体积含水率在不同深度土层中呈现不同的变化规律：10m以上基本由6段组成，10～22.5m之间由5段组成，而22.5m以下则由3段组成。

(2)大厚度黄土场地的不同深度土层均会出现多次湿陷，随着土层深度的增加湿陷次数将会减少，且达到一定深度范围后发生多次湿陷将较困难；25m范围内水分入渗较为容易，25m以下土层由于上部土体发生湿陷压密，以及孔隙中的气体压力增大，导致水分入渗缓慢。

(3)大厚度自重湿陷性黄土场地水分运移基本呈现椭圆状形态入渗(长轴位于水平向)，后期整个椭圆状湿润区离心率越来越小，椭圆更扁；水分扩散形态类似点源入渗试验水分扩散最终形态，浸水饱和区域最终形态类似椭圆状；该形态可能与浸水坑未设置预浸水孔等因素有关。

(4)浸润角并不是一个固定常数，而是随着外部水源不断供给逐渐扩大，本次试验浸润角在0°～55°范围逐渐增大；浸润线先期基本上是平行入渗，但随即变为椭圆状入渗。

(5)大厚度黄土场地中水分平均入渗率以及每延米的饱和渗透系数均随场地土层的增大而呈现幂函数减小趋势；竖向渗透要快于径向渗透；当水分运移至较深土层时，径向渗透作用会加大，竖向渗透会变缓。湿润锋的竖径比在浸水开始时较大，随着浸水时间的增加，竖径比会迅速下降；入渗锋到达15m以下，竖径比减小趋于缓和；当入渗锋达到22.5m后，竖径比有一个较小幅度的提升。湿润锋竖向扩散系数基本呈现指数函数减小形态，而径向扩散系数呈现“小—大—小”的变化规律。得到竖向和径向扩散系数的拟合方程。

(6)浸水试坑周边裂缝产生并不全是水分入渗到土层下方引起湿陷而造成，较远裂缝的产生是由于距离试坑较近裂缝剧烈活动引起的。从裂缝剖面来看，裂缝先垂直生成，之后则缓慢弯曲闭合。

研究成果对认识大厚度自重湿陷性黄土的湿陷变形规律、水分运移特征和建立合理的水分入渗模型，可提供一定的参考，并为自重湿陷性黄土场地的工程建设提供一定的科学借鉴。

第3章　自重湿陷性黄土场地剩余湿陷量和湿陷性评价的探讨

在自重湿陷性黄土场地上建设乙类和丙类等建筑时，特别是大厚度自重湿陷性黄土场地，所需地基处理费用较大，施工工期也较长，突出的问题表现在如何合理控制剩余湿陷量，这对工程安全和造价起到重要作用，同时也对湿陷性评价、处理方法、处理深度等问题起到了制约作用。在湿陷性黄土地区，能否准确反映场地的剩余湿陷量，也将直接影响地基处理方案的选用。

常见的湿陷性黄土地基处理方法有其局限性，一般仅能处理15m深度以内，处理后的复合地基承载力特征值一般不超过250kPa。这只能满足一般建筑物对地基的要求，但对于厚层湿陷性黄土场地上的荷重大、安全等级高的建筑物，其地基处理深度较大，地基承载力特征值要求较高，采用人为影响因素较大的地基处理方法往往得不到较好的效果，所以工程中采用桩基础。而对于乙类和丙类建筑则造成工期加长、地基处理费用过高等问题，因此，正确认识（大厚度）自重湿陷性黄土的剩余湿陷量具有重要的工程实际意义。

对于自重湿陷性黄土，尤其是大厚度自重湿陷性黄土，是否一定要消除其全部湿陷性，目前仍未形成统一意见，在自重湿陷性黄土场地上，仅用剩余湿陷量（乙类建筑不应大于150mm、丙类建筑不应大于200mm）控制地基处理深度还不尽合理。对于某些在大厚度自重湿陷性黄土场地上建设的乙类、丙类建筑，即使地基处理深度达到15m，甚至20m，其用剩余湿陷量也无法控制在150mm、200mm的要求之内，地基处理深度再加大，则无法体现其技术和经济的合理性[278]。

挤密桩在处理黄土地基取得了很好的应用，许多相关著作、报告研究了挤密桩处理黄土地基的效果[32,279]。然而关于挤密桩处理大厚度自重湿陷性黄土场地地基后的深层浸水试验研究至今未见报道。深层浸水试验可以有效观测未处理深度范围内的剩余湿陷对上部地基和构筑物的影响，也可对大厚度自重湿陷性黄土的湿陷变形、湿陷性评价等问题的深入研究提供借鉴。

罗宇生等[280]研究表明，在土性基本相同的场地，剩余湿陷量的大小与地基处理厚度有关；张豫川等[281]通过数值模拟研究了大厚度黄土场地地基剩余湿陷量与地基处理合理深度的关系。以上研究均未对剩余湿陷量的合理控制问题进行有效的现场试验研究，缺少有力的论证。在过去大量的工程实际应用中[282]，很多建筑物基础以下处理深度剩余湿陷量还较大，不满足规范要求，然而使用多年，也未发现地基湿陷问题。大厚度黄土地区乙、丙类建筑一味地遵循《黄土规范》[10]进行地基处理，也不符合经济指标。

黄土地区湿陷性评价对于合理进行工程建设有着很大帮助。然而，自重湿陷性黄土场地工程建设中，使用《黄土规范》[10]规定往往带来了一些困扰工程人员的难题，突出表现在湿陷性评价方法以及剩余湿陷量合理控制等问题上。自重湿陷性黄土场地的自重湿陷量的计算值、湿陷量的计算值与实测值相差较大,为此《黄土规范》[10]中乘以地区修正系数 β_0 以及考虑地基土的受水浸湿可能性和侧向挤出等因素的修正系数 β,达到弥补室内外试验结果差异的目的。然而即使如此,室内外试验结果仍有一定差距。自重湿陷量和湿陷量的计算值通过室内试验较难准确获得,这也势必影响湿陷等级的合理判定。

由于现场取样的室内试验模拟浸水条件与现场试验浸水条件不同,计算自重湿陷量与现场实测自重湿陷量有较大的差异。根据室内外实测资料对比,自重湿陷性黄土地基室内试验计算的自重湿陷量,与在现场用试坑浸水试验实测的自重湿陷量往往不一致,有的甚至差异很大。这也反映了我国黄土湿陷系数的试验值存在着不等价问题。产生这种现象的原因可能是压缩浸水试验应力状态与现场浸水实际状态不符所致。很显然,上述评定湿陷类型的标准,代表了不同地区湿陷性评价的特点,因此,不同地区就无法制订出统一的划分标准,很难做出切合实际的评定。因此需要对湿陷性评价方法做进一步研究。

本章针对以上剩余湿陷量合理控制以及湿陷性评价等问题,首先采用不同深度灰(素)土桩,对兰州和平镇大厚度自重湿陷性黄土场地进行挤密处理,并对桩身以下未处理区域进行深层浸水试验,研究深层浸水情况下的湿陷对上部地基和构筑物的影响,对深层浸水引起的湿陷变形规律以及剩余湿陷量合理控制问题展开研究[283]。其次,在总结前文兰州和平镇浸水试验以及其他地区浸水试验成果的基础上,对大厚度自重湿陷性黄土湿陷性评价和剩余湿陷量合理控制等问题进行分析,力图寻求更为合理的湿陷性评价方法,并在满足《黄土规范》[10]基础上尽可能降低地基处理深度[284]。对自重湿陷性黄土的湿陷性评价和剩余湿陷量合理控制等问题进行了分析,提出若干新思考,对存在的疑问进行探讨,可为自重湿陷性黄土地区的工程建设以及下一步的《黄土规范》[10]修订提供一定的参考。

3.1 深层浸水试验概况

3.1.1 场地条件

试验场地选在兰州市和平镇金川科技园,与前文第 2 章中浸水试验在同一场地,地貌单元属黄河南岸Ⅳ级阶地,地貌单元单一。通过前文对 6 个探井的研究发现:该场地土层均为 Q_3 黄土,场地湿陷程度强烈,湿陷土层厚度为 36.5m。试验场地在勘探深度范围内,未发现地下水,另据当地居民生活所用地下水井知,该场地地下水深度大于 100m,故地下水对本次试验无影响。

3.1.2 试验方法

场地平整后,首先对场地打设注水孔,对场地含水率进行调整,使其接近最优含水率(15%)左右,以达到最佳的挤密效果。注水孔距离 1m,深度为 20m 钻探渗水井,用砂砾对渗水井进行填充,注水现场如图 3.1 所示。

a)机械钻制注水孔

b)注水孔内灌注砂石

图 3.1　场地注水现场

Fig. 3.1　Water flooding test site

注水量 Q 可由下式估算：

$$Q = 0.01(w_{0p} - w)\frac{\gamma}{1 + 0.01w}V \cdot k \tag{3.1}$$

式中：w、w_{0p}——分别为土的天然及最优含水率(%)；

γ——土的天然重度(kN/m³)；

V——每个浸水孔拟增湿的土体体积，为浸水孔代表的面积与拟消除湿陷性的土层厚度的乘积(m³)；

k——损耗系数，取 1.05 ~ 1.1。

挤密桩施工机械设备的型号为 W1001，夯实仪器的型号为 300kg 小型夯实仪。现场施工严格按照《黄土规范》[10]进行，挤密桩区域现场作业如图 3.2 所示。

a) W1001型履带式挤密桩

b) 300kg小型夯实仪

图 3.2　挤密桩区域现场作业

Fig. 3.2　Construction field of compaction pile

处理区域中心开挖，埋设面积为 4m² 钢筋混凝土承台。承台混凝土强度达到 100% 后，挖掉承台翼板下方多余的黄土[图 3.3a)]，以保证基底充分受力。采用编织袋称重施加荷载[图 3.3b)]，最终加荷量为 200kPa，相当于 20t/m²。挤密桩区域设置深层沉降观测点和地表沉降观测点,沉降观测点的做法如前文所述。处置区域按照一定距离钻注水孔,注水孔的直径为10cm,长度超过所在区域挤密桩桩长1m;深层注水孔用PVC管相互连接插入设计土层[图3.3c)],采用人工作业注水[图3.3d)]。挤密桩处理包括2个灰土区域和2个素土区域。灰土桩桩长分别是6m和12m,素土桩桩长分别是10m和15m,所有桩径均为400mm,间距均为900mm。处理区域平面布置图以及剖面图分别如图3.4和图3.5所示。

a)承台下方卸除土方

b)人工承重堆载

c)连接浸水PVC管

d)浸水孔注水

图3.3 承台、堆载及浸水现场

Fig. 3.3 Construction field of bearing plant and loading

试验地表沉降观测点共设置30个;承台中心沉降观测点4个;深层沉降观测点共7个;承台周边第1个地表观测点距离承台边缘3.5m,第2个观测点则距离第一个观测点5m,其余保持5m距离;深层沉降观测点位于东西走向第1个地表沉降观测点旁。图3.6为所有观测点的编号示意图,下文中沉降量分析都会以编号名称出现。图中CP表示挤密桩(Compacting Pile),如CP10E2表示挤密桩10m区正东方向第2个;CP10-12表示挤密桩10m区域与12m域区之间地表沉降观测点;CPSH12W表示挤密桩12m区域正西方向深层沉降观测点,其余可按照此方法依次类推。

试验从前期准备再到浸水观测总共历时8个月,其中浸水持续121d,停水后观测50d。浸水前2个月,每天对荷载台、地表及深层变形进行沉降观测;之后,每2d一次。试验期间记录整个处理区域地表及深层沉降,取得了大量试验数据。

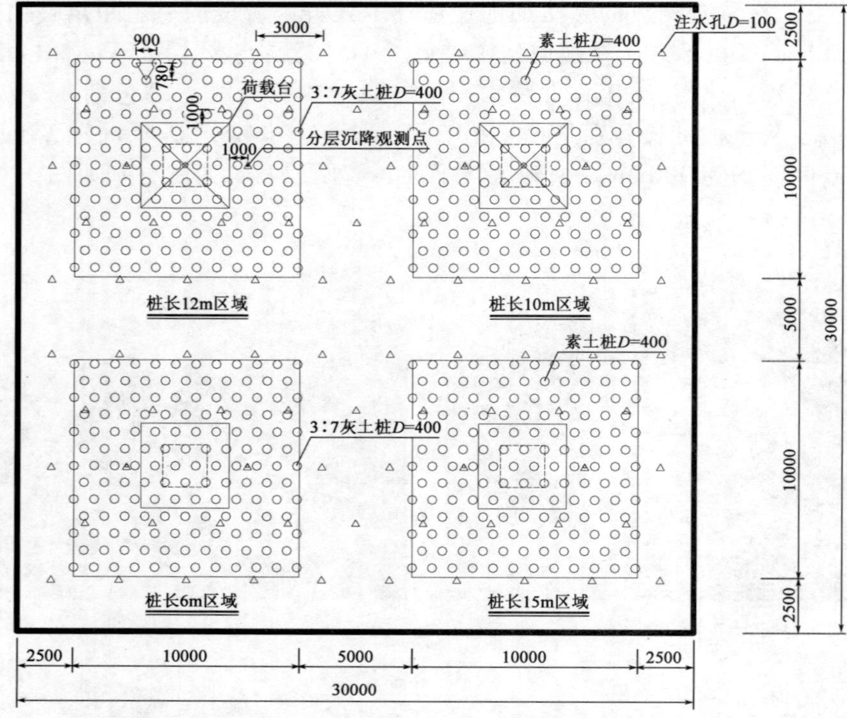

图 3.4　深层浸水试验处理区域平面布置图(单位:mm)

Fig. 3.4　Regional layout plan for deep soaking test(unit: mm)

注:□为深层沉降观测点;△为深层注水孔(原桩长加 1m)

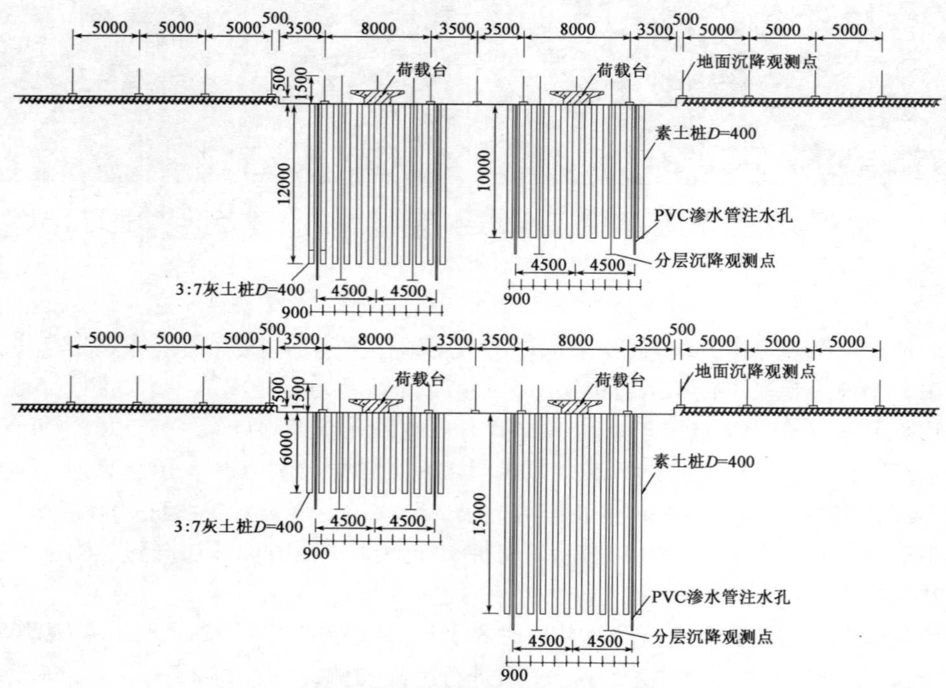

图 3.5　深层浸水试验处理区域剖面图(单位:mm)

Fig. 3.5　Sectional drawing of foundation treatment area(unit: mm)

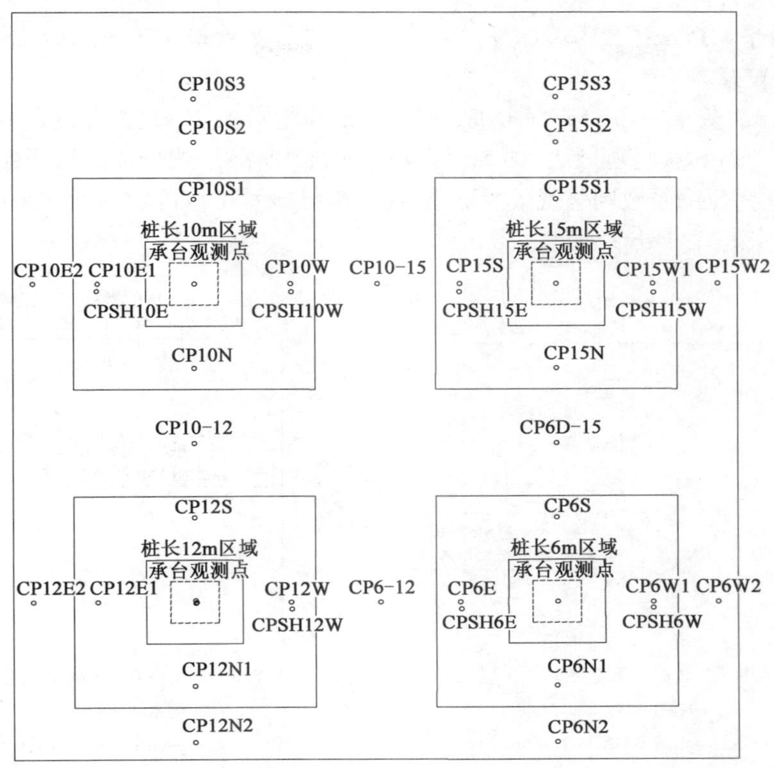

图 3.6 挤密桩区域沉降观测点编号布置图

Fig. 3.6 Numerical arrangement diagram of settlement observation points of compaction pile

3.2 深层浸水试验结果分析

本节对挤密桩处理后的地基处理效果，浸水和加载后的沉降变形规律进行了试验研究，进而对剩余湿陷量进行深入探讨。

3.2.1 挤密效果的检验

挤密桩 4 个区域施工完成后，为检验挤密效果，分别对素土桩 15m 区域和灰土桩 6m 区域进行探井开挖。2 个探井分别位于 15m 和 6m 区域西南角，沿 3 桩之间进行向下开挖，15m 区域探井深度为 10m，6m 区域探井深度为 6m，分别取得 2 桩间、3 桩间以及其他位置共计 6 个点位的试样（图 3.7）。

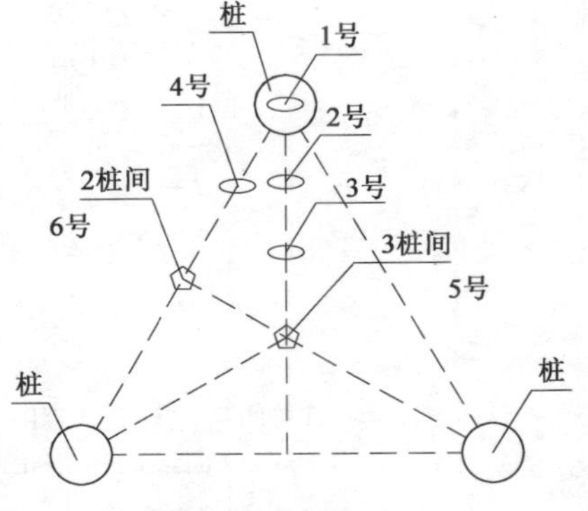

图 3.7 取样位置示意图

Fig. 3.7 Sketch of sampling point

由于挤密效果不是本书最关心的问题，因此，书中不再分别列出 6 个点位挤密效果指标，详细可参阅文献[285]。除桩身 1 号点外，对其余 5 个点位的挤密系数进行平均,得到每延米的平均挤密系数,如图 3.8 所示。由该图可知,灰土 6m 区域和素土 15m 区域平均挤密系数随着深度变化均匀,且每延米处最小挤密系数也达到 0.9 以上,说明挤密效果较好。

图 3.9 为 6m 灰土桩和 15m 素土桩 3 桩间压缩模量沿探井深度变化的曲线图。15m 区域压缩模量在 4 ~6m 深度范围较大,如 5m 深度达到 26MPa;灰土桩 6m 区域压缩模量呈现上小下大的变化趋势,压缩系数则呈现上大下小,这些趋势显示了该区域处理效果的合理性,桩底在锤击中受力最好,因此压缩模量大。

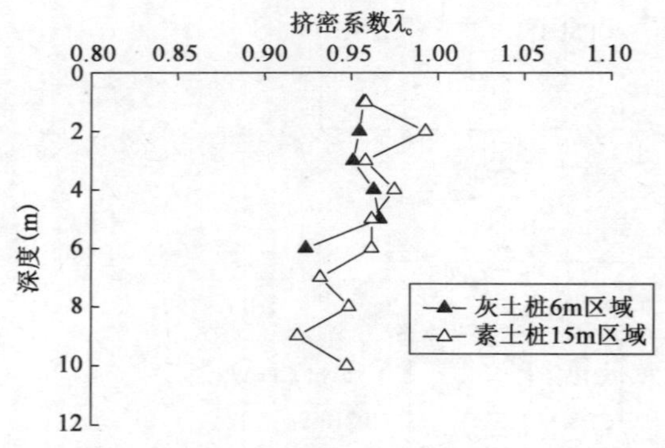

图 3.8 灰土桩 6m 区域和素土桩 15m 区域每延米平均挤密系数

Fig. 3.8 Mean compaction coefficient in 6m lime soil area and 15m pure soil area

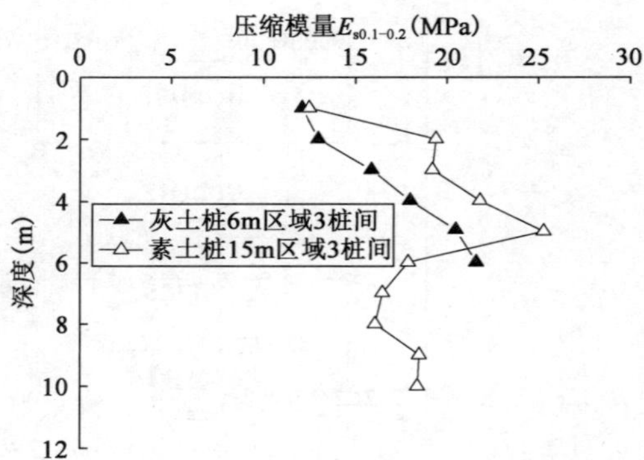

图 3.9 灰土桩 6m 区域和素土桩 15m 区域每延米 3 桩间压缩模量

Fig. 3.9 Compression modulus at the center of three piles in 6m lime soil area and 15m pure soil area

图 3.10 和图 3.11 分别为 6m 区域灰土和 15m 区域素土桩 3 桩间 0.2MPa 压力下的湿陷系数 $\delta_{s0.2}$ 和饱和自重压力下的湿陷系数 δ_{zs} 沿径向变化曲线图。$\delta_{s0.2}$ 和 δ_{zs} 在 10m 范围内远远小于 0.015 界限值,这也说明了挤密桩基本上消除 3 桩间的湿陷性。3 桩间为整个桩间土区域的最薄弱环节,其他位置桩间土的湿陷性已被消除。

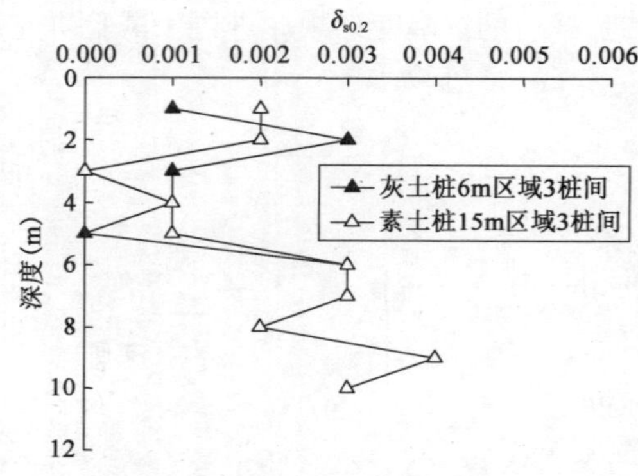

图 3.10 3 桩间 0.2MPa 压力湿陷系数

Fig. 3.10 Coefficient of collapsibility under pressure of 0.2MPa at the center of three piles in 6m lime soil area and 15m pure soil area

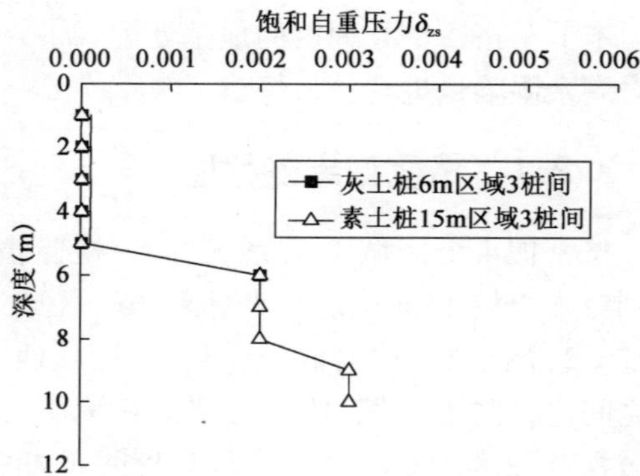

图 3.11 3 桩间饱和自重压力湿陷系数

Fig. 3.11 Coefficient of collapsibility under overburden pressure at the center of three piles in 6m lime soil area and 15m pure soil area

从上述分析来看，无论采用灰土还是素土夯实挤密孔，都达到了挤密桩间土、消除桩间土湿陷性的目的。从平均挤密系数来看，素土区与灰土区基本相同，前者为0.96，后者为0.95，也就是说在大厚度自重湿陷性黄土场地，采用素土挤密桩和灰土挤密桩均能达到较好的挤密效果，同时也消除了桩间土的湿陷性。素土桩对于消除湿陷性效果良好，而灰土桩可有效提高地基的整体强度，这些规律也符合《黄土规范》[10]的规定。

3.2.2 挤密桩区沉降观测分析

前文已叙述深层注水孔的构造，外接水源从PVC管中注入，待管体充满水后，对下一个PVC管进行灌水。深层注水共计171d，期间记录整个试验区域地表及深层沉降，取得大量试验数据，并记录了场地中地面塌陷以及地面开裂等问题。如图3.12所示，由于深层注水导致在注水孔附近产生小面积场地塌陷，桩周土脱离挤密桩而向下剧烈沉降，整个试桩暴露在外。这些现象说明整个复合地基的挤密桩和桩间土在一定程度上还不能算一个完整的整体。

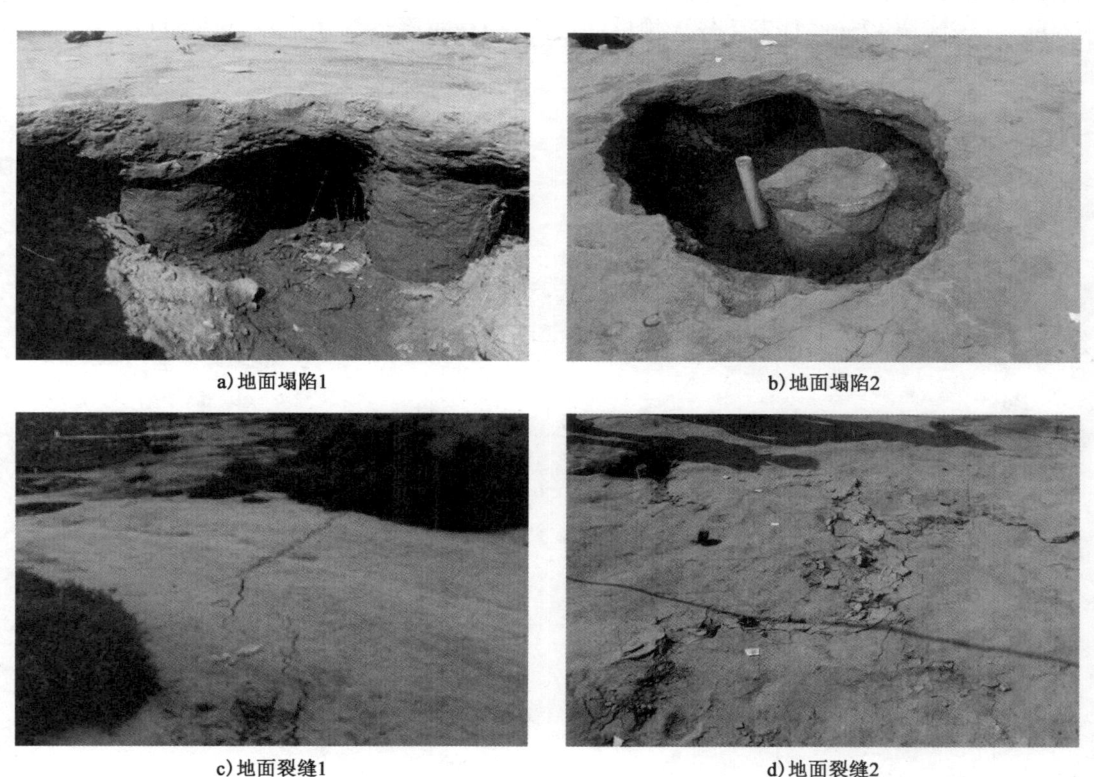

a）地面塌陷1　b）地面塌陷2

c）地面裂缝1　d）地面裂缝2

图3.12　地面塌陷及裂缝

Fig. 3.12　Ground collapse and cracks

挤密桩区域由于深层注水导致的湿陷而产生大量地表裂缝，尤其是灰土挤密桩6m区域，裂缝开展较大，最远裂缝距离承台15m。经过统计记录每个区域承台周边均不同程度地出现裂缝，处理深度越大，裂缝距承台的距离越近；处理深度越浅，裂缝距承台距离越远。需要强调一点,挤密桩6m区域的剩余湿陷量有30m,而裂缝仅有15m,这也与剩余湿陷发生的不彻底密切相关,如何寻求裂缝发育与剩余湿陷的关系还有待进一步研究。

图3.13a)是挤密桩6m区承台沉降观测曲线。在共计171d的深层注水试验中,CP6承台下沉了244mm。浸水试验前60d,整个承台下降不太明显,累计下降15mm,但在之后的111d中承台总计发生的沉降占总沉降量的90%。前期的浸水未能造成大规模的沉降在于底层黄土湿陷的缓慢性。处理过的复合地基自身的承载能力以及结构稳定性都较强,在20t/m^{2}荷载作用下,还有一定的承载能力;但随着深层注水的缓慢进行,处理区域下方土体也逐渐在水分作用下发生湿陷,从而导致上部结构的大规模下沉。

图3.13b)是挤密桩10m承台的沉降变化曲线。CP10承台171d累计沉降217mm。CP10曲线总体上有三个发展阶段,浸水前30d,整个承台发生沉降较少;浸水后期,该曲线出现一个较快的增长过程,即承台快速发生沉降,后期的沉降占总沉降量的70%以上。

图3.13c)是灰土桩12m区域CP12承台沉降观测曲线。该点累计沉降196mm。该点曲线前期比较特殊,在浸水前60d时,仅产生20mm的沉降。前后曲线发展均很平稳,可以说浸水60d后,该区域12m底部发生较大规模的沉降;随后沉降逐渐稳定,在试验111d,发生较大的一个突降。

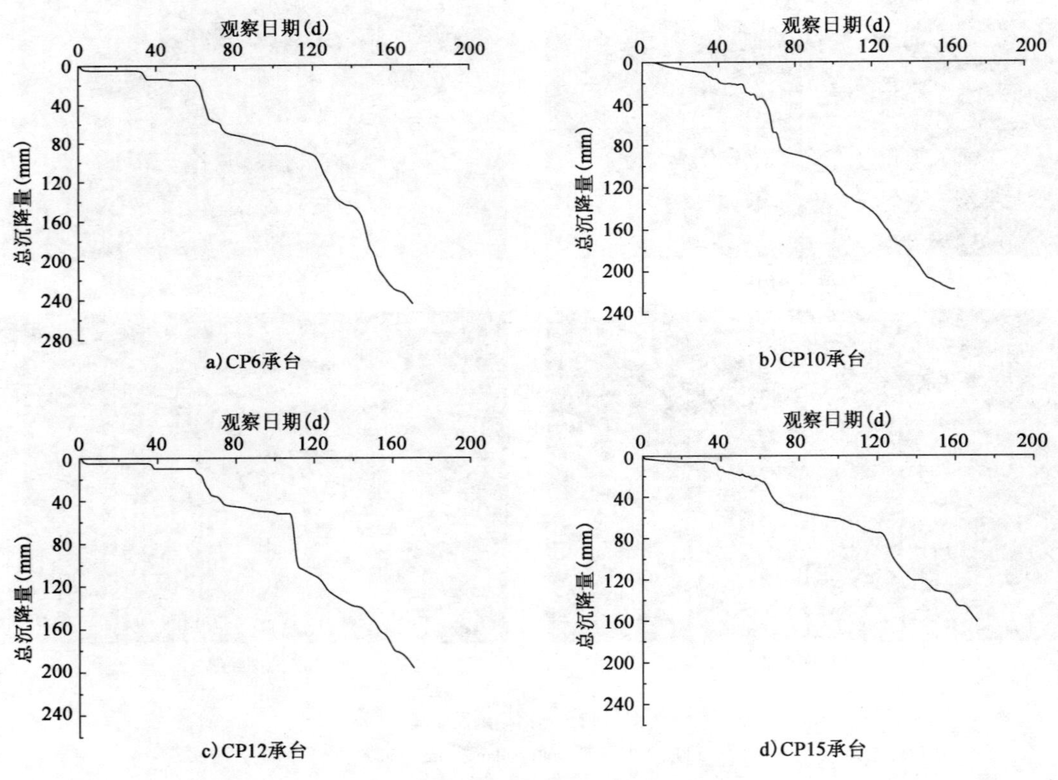

图3.13 挤密桩区域承台沉降观测曲线

Fig. 3.13 Observation curve of settlements of pile caps

图3.13d)是素土桩15m区域CP15承台沉降观测曲线。该点累计沉降162mm,CP15承

台发生沉降与 CP12 相似。浸水 60d 后有个较大的沉降过程,之后维持稳定,120d 后再次进入了突降阶段。图 3.13 中的多次突降从另一个侧面反映了剩余湿陷量的产生并不是一次性完成,也是通过多次来实现的。

总体来看,浸水试验前 60d 的,4 个承台下降均不太明显,但在之后的 111d 监测中,承台的沉降量占总沉降量的 70% ~90% 。前期的浸水未能造成大规模的沉降,在于底层土体湿陷的缓慢性。处理过的复合地基自身的承载能力以及结构稳定性都较强,在 200kPa 荷载作用下,还有一定的承载能力;但随着深层注水的逐渐进行,处理区域下方土体也逐渐在水分作用下发生湿陷,从而导致上部结构的大规模下沉。灰土桩 12m 区域 CP12 承台在试验 111d 后,发生较大的一个突降。素土桩 15m 区域 CP15 承台浸水 60d 后有个较大的沉降过程,之后维持稳定,120d 后再次进入突降阶段。CP12 和 CP15 承台的沉降过程,从另一个侧面反映了剩余湿陷量的产生也不是一次性完成,而是通过多次来实现的。该点的出现也从侧面折射了黄土湿陷的危害性,深层注水引起上部结构的塌陷发生在顷刻之间。

图 3.14a)为灰土桩 6m 区域部分地表沉降观测数据曲线(未将所有观测点罗列)。该区域正东方向地表沉降较少,如:CP6N1 仅沉降 37mm,CP6N2 仅沉降 90mm,而正西方向沉降较大。6m 区域东侧即为灰土挤密桩 12m 区域,2 个区域地基处理组成一个相互影响的复合地基,这对地基湿陷引起的沉降有牵制作用,使得灰土 6m 区东侧沉降较小;而其他 3 个方向没有受到其他处理区域的影响,在深层注水作用下地表沉降量较大。CP6-12 是 6m 区域与 12m 区域中间位置的地表沉降观测点,该点发生沉降 245mm,该区域也表明没有处理区域的危害性,虽然 2 个区域相互牵制,但在深层注水条件下,没有处理过的区域沉降较为剧烈。

图 3.14b)为 6 m 区域 EW 方向的深层沉降观测点观测曲线,东侧 CPSH6E 沉降 221mm,西侧 CPSH6W 沉降 157mm。东侧深层沉降较大与该侧 12m 处理区域的沉降有关。深层沉降变化曲线也呈现多段式发展,这也说明了埋深较大的黄土同样出现多次湿陷。

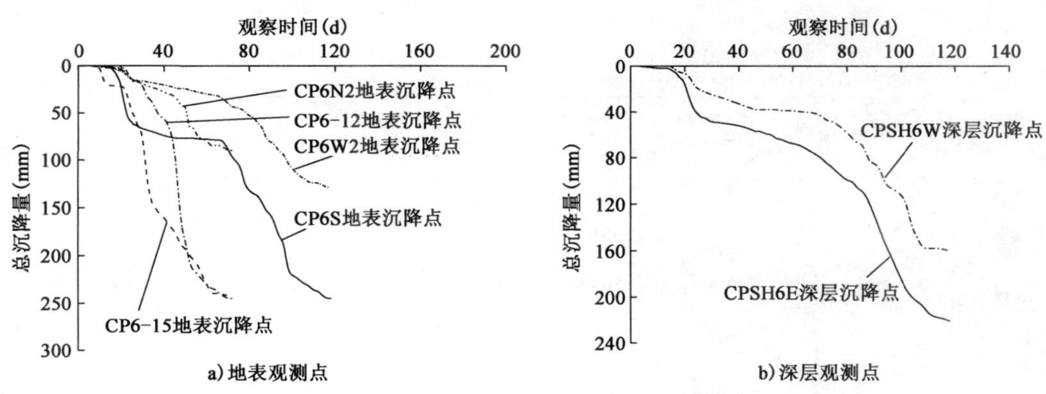

图 3.14 灰土桩 6m 区域沉降观测点沉降量变化曲线

Fig. 3.14 Variation curves of settlement curve of observation points in 6 m lime soil treatment area

图 3.15a)为素土桩 10m 区域部分地表沉降观测曲线。该区域地表沉降量总体小于 6m 灰土处理区域,这也表明了地基处理深度对地表沉降的影响。CP10S3 较 CP10S2 远离承台 5m,但前者沉降仅有 8mm,即基本上没发生沉降,而后者沉降了 77mm。在深层浸水条件下,离

承台越近,沉降量越大。该区域深层沉降观测点[图 3.15b)]CPSH10W 和 CPSH10E 累计沉降量分别为 107 和 83mm,这些值远小于 6m 区域深层沉降观测点,该现象与 10m 区域剩余湿陷量小于 6m 区域相吻合。深层沉降出现比承台沉降早,这与整片处理区域能发挥一种“拱”的作用有关。即使底部发生湿陷,上部处理区域仍是一整体,承担上部的荷载。

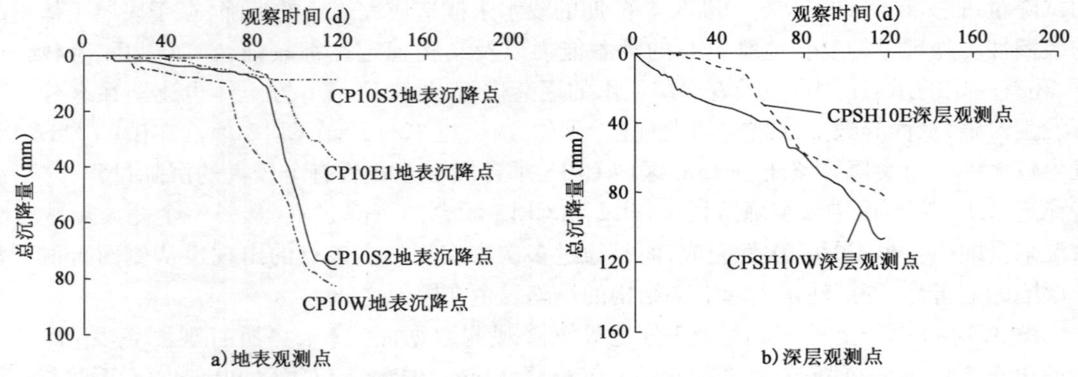

图 3.15　素土桩 10m 区域部分地表沉降观测点总沉降量变化曲线

Fig. 3.15　Variation curves of total settlement of partial surface settlement observation points in 10 m pure soil treatment area

图 3.16 是灰土挤密桩 12m 区域地表及深层沉降观测数据曲线。CP12E2 点沉降观测点在试验过程中不慎损坏,故文中没有将该点数据图罗列。该区域北侧方向沉降较小,如 CP12N1 和 CP12N2[图 3.16a)],但此两点数据只记录到试验 46d,后期由于人为破坏标尺丢失,所以此两点不具有代表性。可从以上图中发现 12m 处理区域地表沉降依然相对较小,明显与处理深度有关。该区域深层沉降观测点仅有 1 个 CPSH12W[图 3.16b)],由该沉降变化曲线可知,在 102d 记录中累计沉降仅 71mm。深层沉降变化曲线基本由两个阶段组成,前期在深层注水条件下曲线基本没有任何下降,浸水一段时间后沉降出现拐点,一直维持增大趋势。

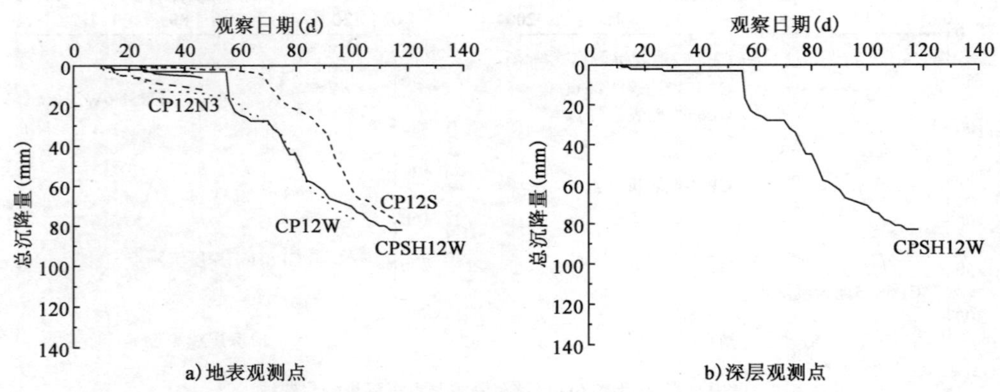

图 3.16　灰土挤密桩 12m 区域部分地表沉降观测点总沉降量变化曲线

Fig. 3.16　Variation curves of total settlement of partial surface settlement observation points in 12m pure soil treatment area

图 3.17 是素土挤密桩 15m 区域地表观测数据曲线。总体来说,以上图形在 4 个处理区域中地表总沉降量最小,可见在剩余湿陷量控制问题上 15m 的地基处理深度较为理想。

CP15S2 沉降量较大,主要原因在于深层注水条件下,该点周围发生了较大规模的塌陷,所以在图形曲线中表现为 120mm 左右的突降。深层注水条件下,地表不同区域会出现塌陷,形成较大规模的塌陷区,这在前文照片中能体现。15m 区域深层沉降观测点沉降变化曲线仅有 CPSH15W 和 CPSH15E。15m 区域剩余湿陷量控制的较严格,深层注水引起剩余湿陷量发挥效应,所以表现在图中为累计湿陷量较小。

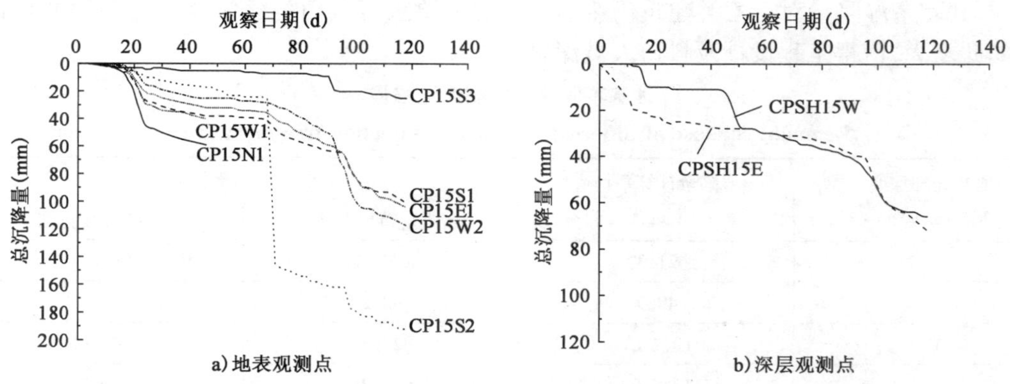

图 3.17 素土挤密桩 15m 区域部分地表沉降观测点总沉降量变化曲线

Fig. 3.17 Change curve of total settlement of partial surface subsidence observation point in 15m region

从以上承台、深层以及地表沉降规律来看,在深层注水情况下,三者沉降曲线基本呈现三段式发展规律,先期稳定,中期缓降,后期突降。先期的稳定,主要由于地基处理区域下方剩余湿陷量的发挥有一个缓慢的过程;中期的缓降只是剩余湿陷量发生的一个前期;而承台突降的发生也与长期注水极端情况下,处理区域下方土体湿陷的充分发挥有关。深层注水造成处理区域底部土体湿陷从而引发上部结构的破坏,这个过程主要发生在深层浸水试验后期,而且后期的沉降量占总沉降量的 70% 以上。

3.2.3 剩余湿陷量分析

剩余湿陷量的控制在工程建设中尤为重要,剩余湿陷量控制的多少直接关系到工程质量以及造价问题。未处理深度大,势必减少地基处理费用,但建筑物的安全性是否得到保障值得深入研究。对于大厚度自重湿陷性黄土是否一定要消除其全部湿陷性问题,很多工程设计工作者看法不一。在过去大量的工程实际应用中,很多建(构)筑物基础以下处理深度仅 10 ~ 15m,其剩余湿陷量还很大,但建(构)筑物在使用中也未出现任何问题。

《黄土规范》[10] 规定:乙类建筑,在自重湿陷性黄土场地,消除地基部分湿陷量的最小处理厚度,不应小于湿陷性土层深度的 2/3,且下部未处理湿陷性黄土层的剩余湿陷量不应大于 150mm;丙类建筑,在自重湿陷性黄土场地,地基处理厚度不应小于 2.5m,且下部未处理湿陷性黄土层的剩余湿陷量不应大于 200mm。这些要求较为严格,但也造成了一些不经济的设计施工。

对于乙、丙类建筑,涉及面较广,地基处理过严,将增加建设投资,不符合我国湿陷性黄土地区现有的技术经济水平,因此只要求消除其地基的部分湿陷量,然后根据地基处理的程度或剩余湿陷量的大小,采取相应的防水措施和结构措施是比较合理的。合理控制剩余湿陷量,可明显节约工程投资,具有直接的经济效益和社会效益。

此次试验进行前对场地周边进行了6个探井的地质勘探,通过室内试验得到6个探井湿陷量的计算值,分别为1740.5mm、1452.0mm、1656.0mm、1738.0mm、2233.0mm和2233.5mm。根据规范方法计算处理区域各深度的湿陷量计算值,列于表3.1中,由该表可知本书中4个试验区域的剩余湿陷量对乙、丙类建筑均不能达到《黄土规范》[10]的要求。另外,即使处理深度达24m,其剩余湿陷量对于乙类建筑仍然达不到规范要求,乙、丙类建筑地基处理深度是否有必要如此之大,值得工程设计及科研人员深思。

地基不同深度的剩余湿陷量 表3.1

Remnant collapse of different depths in foundation treatment area Table 3.1

地基处理深度(m)	湿陷量计算平均值(mm)	剩余湿陷量(mm)	
		《黄土规范》[10]方法	临界深度方法
6	621.33	1220.84	1094.34
10	849.92	992.25	865.75
12	1012.67	829.50	703.00
15	1245.92	596.25	469.75
20	1570.67	271.50	145.00
24	1691.92	150.20	23.25

大厚度自重湿陷性黄土地区,地基处理时,剩余湿陷量较大的原因,主要体现在湿陷下限深度较大。较深处黄土在室内试验时发生湿陷,但在实际工程中埋深较大的黄土究竟能否发生湿陷,值得深思。刘志伟等[286]在兰州市西固范家坪[属黄河右(南)岸Ⅳ级阶地]进行浸水荷载试验得到中性点在14.5m左右;郑建国等[287]在郑西高铁沿线陕西华阴、潼关和河南灵宝3个大厚度Q_3黄土场地进行了灌注桩现场浸水试验研究,得到3个地区桩基中性点深度分别为25m、16m和18m;黄雪峰等[288]在宁夏扶贫扬黄灌溉工程11号泵站进行桩基浸水试验,得到桩基中心点位置约为19m。中性点以上负摩阻力可以减小承载力,而中性点以下正摩阻力却能提高承载力。中性点与湿陷的发生密切相关,中性点意味着桩和黄土湿陷变形两者基本相同。由以上试验成果可知,虽然湿陷性黄土层厚度均大于30m,但可能发生湿陷的土层其下限深度应在中性点附近,基本在15~25m范围内。中性点深度可能与厚层黄土的湿陷下限深度有关。

本书第2章对兰州和平镇进行不设注水孔的大型浸水试验时,通过水分计观测得到水分在20~25m较难向下入渗,而且从水分计的变化情况来看深层黄土发生湿陷的可能较小。综合以上中心点的位置,以此定义"湿陷临界深度"的概念,即:大厚度自重湿陷性黄土地区可将20~25m作为湿陷的一个临界深度,在此之下黄土发生湿陷的可能较小,湿陷变形主要发生在此深度以上,且该深度以下的湿陷对上部不产生影响。

在大厚度自重湿陷性黄土地区,湿陷性土层较厚。如果以20~25m深度作为大厚度自重湿陷性黄土场地湿陷下限深度,那么剩余湿陷量将会发生较大变化。处理后的6m、10m、12m和15m以及20m剩余湿陷量分别列入表3.1所示的临界深度方法一栏。显然处理深度为20m时,足以满足乙类建筑的规范要求。如果以20m作为临界深度,处理深度为18m的乙类建筑即可以满足规范要求(未列出计算结果)。由以上分析可知,湿陷临界深度的定义可在一定程度上减小剩余湿陷量,降低黄土处理深度。

对于丙类建筑,如表3.1所示,处理深度为15m时,按规范方法和临界深度方法得到剩余湿陷量仍然较大,达不到规范最小剩余湿陷量200mm的要求。丙类建筑如果处理深度超过15m,无疑浪费过多的资源,并且导致工程造价的提高,因此,规范针对大厚度自重湿陷性黄土场地的丙类建筑,规定过严,不利于体现经济指标。

表3.2为现场深层浸水试验各处理区域深层沉降观测点沉降量汇总,深层沉降与剩余湿陷量之间密切联系,深层沉降理论上应是未处理深度范围内的剩余湿陷量。由表3.2可知,每个区域的深层沉降平均值均比较小,这与表3.1中规范方法和临界深度方法计算的剩余湿陷量相差较大。结合前文,在200kPa荷载作用及深层浸水情况下,素土桩15m区域承台仅下降162mm,深层沉降观测点沉降量也平均为69mm;10m区域承台下降217mm,深层沉降仅有95mm。深层浸水是对地表构筑物最不利的一种特殊条件,然而即使这种最不利条件,10~15m区域发生沉降却较小。剩余湿陷量室内计算值偏大,而现场试验剩余湿陷量偏小,因此,规范针对乙、丙类建筑关于剩余湿陷量的规定也显得不尽合理。大厚度自重湿陷性黄土地区乙、丙类建筑能合理的控制剩余湿陷量,可明显节约工程成本,具有直接的经济效益和社会效益,剩余湿陷量需要进一步深入研究。

挤密区域4个承台及深层沉降观测值　表3.2

Total settlement of four cushion caps and deep settlement observation points in compacted area　Table 3.2

挤密桩区域	承台沉降(mm)	深层沉降(mm)		
		正东向E	正西向W	平均值
灰土6m	244.0	157.0	244.0	200.5
素土10m	217.0	83.0	107.0	95.0
灰土12m	196.0	—	83.0	83.0
素土15m	162.0	66.0	72.0	69.0

3.3　自重湿陷量的计算值

自重湿陷量的计算值与现场自重湿陷量的实测值往往存在一定的差异。在非自重湿陷性黄土地区,自重湿陷量的实测值常小于自重湿陷量的计算值;而在自重湿陷性黄土地区,自重湿陷量的实测值要大于自重湿陷量的计算值。产生这种现象的原因可能是室内试验应力状态与现场浸水试验实际状况不符,使得同一深度处的黄土在室内外发生湿陷的形态不一,进而使计算值和实测值出现偏差。

自重湿陷量的计算值通过室内压缩试验得到,其计算公式为:

$$\Delta_{zs} = \beta_0 \sum_{i=1}^{n} \delta_{zsi} h_i \tag{3.2}$$

式中:δ_{zsi}——第i层土的自重湿陷系数;

h_i——第i层土的厚度;

β_0——因地区而异的修正系数,在缺乏资料时,可按照下列规定:陇西地区取1.50,陇东—陕北—晋西地区取1.20,关中地区取0.90,其他地区取0.50。

3.3.1 深度修正系数在陇西地区的适用性

兰州属于陇西地区范围,因此,兰州和平试验的6个探井在获取自重湿陷量计算值时,β_0取为1.50。按照规范推荐方法,6个探井自重湿陷量计算值的平均值为1710.00mm(各探井自重湿陷量计算值参见表3.6中计算一)。事实上,室内试验实际自重湿陷量仅为1140.00mm。结合现场试验自重湿陷量平均值,本次兰州和平镇试验实际的因地区而异的修正系数应该是2.03,这一数据高于黄土规范中兰州地区修正系数β_0值1.5。

然而,规范推荐方法得到6个探井自重湿陷量计算值的平均值为1710.00mm,试坑自重湿陷量实测值的平均值为2315.00mm,两者之比为1.35。可以说规范方法在获得兰州地区自重湿陷量计算值时,仍然显得偏小。

宁夏扶贫扬黄灌溉工程中11号泵站[289],湿陷下限深度为36m,试坑内累计自重湿陷量在1630~2611mm之间,自重湿陷量实测值的平均值应为2151mm。《黄土规范》[10]规定宁夏固原地区修正系数为1.2,通过浸水试坑周边2个探井的室内压缩试验发现,1号探井湿陷量计算值为1206mm,2号探井湿陷量计算值为1164mm,2个探井实际自重湿陷量计算值的平均值仅为987.5mm(已减掉地区修正系数的影响)。因此,通过室内外试验得到该地区的修正系数应该为2.18,现场实测与室内试验计算得到的自重湿陷量之比为1.82倍(表3.3中的规范方法)。

鉴于此,黄雪峰[278]建议,将该地区划到陇西地区,以提高其地区修正系数。然而即使1号和2号探井的自重湿陷量计算值自上而下统一乘以1.5的修正系数,得到2个探井的自重湿陷量计算值分别为1504.50mm和1384.50mm(表3.3计算一),显然这与实际沉降量2151mm相差仍然较大。将修正系数从1.2提高到1.5后,现场实测与室内试验计算得到的自重湿陷量之比为1.49倍。

宁夏扶贫扬黄灌溉工程自重湿陷量的计算值 表3.3

Computed collapse under overburden pressure in Guyuan, Ningxia Table 3.3

方 法 类 别	自重湿陷量计算值(mm)		均值(mm)	实测值/计算值
	1号探井	2号探井		
规范方法	1206.00	1164.00	1185.00	1.82
计算一	1504.50	1384.50	1444.50	1.49
计算二	1521.00	1527.00	1524.00	1.41
计算三	1776.00	1727.00	1751.50	1.23
计算四	1946.50	2061.00	2003.75	1.07

汪国烈等[33]1975年在兰州东岗钢厂进行了试坑直径为10m、湿陷性土层厚度为10m的浸水试验。通过规范方法得到兰州钢厂3个探井的自重湿陷量的计算值,如表3.4计算一所示。兰州钢厂10m浸水坑中地表湿陷量在832~959mm之间,试坑中平均湿陷量为897.13mm,按规范得到自重湿陷量计算值为668.50mm,若不考虑修正系数1.5的影响,实际

上室内试验仅发生了445.67mm的自重湿陷量，那么兰州钢厂实测值和计算值比值应是2.01，显然这一数值高于规范规定的$\beta_0 = 1.5$。即使按照规范乘以1.5的修正系数，现场试验实测和室内试验计算得到的自重湿陷量之比约为1.32（表3.4计算一）。

兰州钢厂自重湿陷量的计算值　表3.4

Computed collapse under overburden pressure in Lanzhou steel works　Table 3.4

方法类别	自重湿陷量计算值（mm）			均值（mm）	实测值/计算值
	1号探井	2号探井	3号探井		
计算一	688.50	745.50	571.50	668.50	1.32
计算二	805.50	888.00	689.50	794.33	1.11
计算三	937.50	1030.50	807.50	925.17	0.95

通过分析以上3个试验的室内外资料可以看出，采用规范建议的修正系数β_0以提高自重湿陷量计算值和实测值的差异方法，在大厚度自重湿陷性黄土地区β_0较难取得理想效果。因此，针对陇西和宁夏等自重湿陷性黄土地区，如何弥补自重湿陷量计算值和实测值之间的差异，值得进一步研究。

大量的试验资料已经显示，大厚度自重湿陷性黄土场地，自重湿陷系数自上而下呈现小—大—小的趋势，图3.18为兰州和平镇6个试验探井的自重湿陷系数随深度变化规律，该图中明显反映这一规律。小—大—小的规律意味着表层土和埋深较大的黄土湿陷性较小，而中间部位黄土湿陷性则较强。宁夏11号泵站试验2个探井的自重湿陷系数也呈现这样的规律[289]。需要强调一点，浅层黄土湿陷性较小与农耕灌水和降雨等因素有关，一定程度上降低了浅层土的湿陷性。

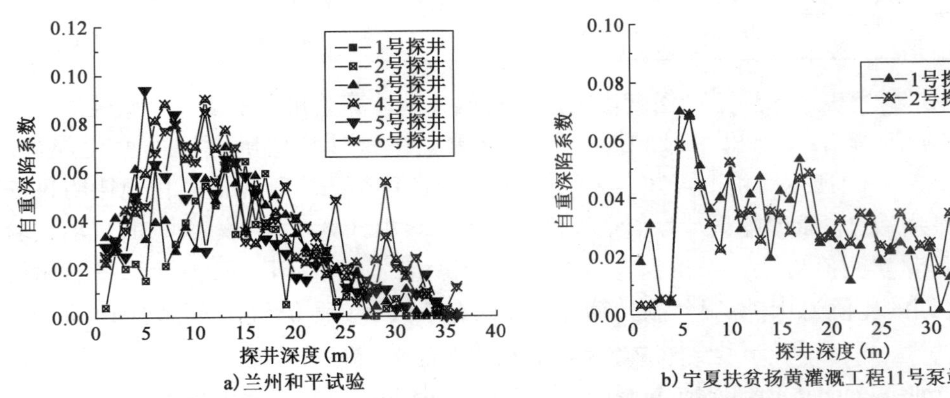

图3.18　大厚度自重湿陷性黄土地区自重湿陷湿陷系数变化

Fig. 3.18　Coefficient of collapsibility under overburden pressure in Lanzhou and Ningxia soaking test

黄雪峰等[39]建议将该地区划到陇西地区，以提高该地区修正系数。然而即使1号和2号探井的自重湿陷量计算值自上而下统一乘1.5的修正系数，得到2个探井的自重湿陷量计算值分别为1504.5mm和1384.5mm，显然这与实际沉降量2151mm相差仍然较大。将修正系数从1.2提高到1.5后，现场与室内试验得到的自重湿陷量之比为1.49（表3.3计算一）。

由兰州和平镇浸水试验可知，大厚度黄土场地中，20～25m深度以下水分较难往下渗入，而且这一深度以下黄土发生自重湿陷性的可能也降低;加之自重湿陷系数的变化规律可知,大范围黄土湿陷应发生在20~25m深度以上。规范中乘以1.5系数是为了扩大自重湿陷量计算值,显然使用规范计算时,中间部位黄土的自重湿陷量计算值扩大得不够。鉴于此,根据大厚度自重湿陷性黄土自上而下湿陷量小—大—小的规律,以及20~25m范围以下土层水分渗入和发生湿陷的概率降低的结论,对于大厚度自重湿陷性黄土场地,在获取自重湿陷量计算值时,建议增加一个因深度而异的修正系数ξ,其计算公式(3.2)变为:

$$\Delta_{zs}=\beta_0\sum_{i=1}^{n}\xi\delta_{zsi}h_i \tag{3.3}$$

深度修正系数ξ越大,表示该土层自重湿陷量越大;ξ越小,表示该土层自重湿陷量越小。表3.5给出了几种因深度而异的修正系数ξ的取值,计算一实质上就是规范方法;计算二~计算四是在不同深度的土层设置不同的值。5~25m深度范围内发生的自重湿陷量较大,因此,深度修正系数$\xi>1$,目的是为了增大这一范围内的黄土自重湿陷量;25m深度以下土层发生湿陷的可能性较低,且自重湿陷量较小,因此,$\xi<1$目的是为了减小发生湿陷的概率。另外需要说明,表3.5中深度修正系数的规定思路是一样的,只是不同深度的取值不一,也可以给出其他不同取值,本文通过比较,表3.5中计算二~计算四具有代表性。

深度修正系数ξ的规定 表3.5

Definition of depth correction factor ξ Table 3.5

方法类别	深度修正系数规定
计算一	湿陷下限深度以内,$\xi=1$
计算二	0~5m之间$\xi=1$;5~20m之间$\xi=4/3$,20m以下$\xi=2/3$
计算三	0~5m之间$\xi=1$;5~15m之间$\xi=5/3$,15~25m之间$\xi=1$;其余深度$\xi=2/3$
计算四	0~5m之间$\xi=1$;5~15m之间$\xi=5/3$,15~25m之间$\xi=4/3$;其余深度$\xi=2/3$

利用式(3.2)及表3.5中4种深度修正系数取值分别计算兰州和平镇6个试验探井的自重湿陷量计算值,本书仅列出1号和3号探井自重湿陷量计算值随深度的变化规律,如图3.19a)、图3.19b)所示。由图可知,4种规定得到的自重湿陷量计算值变化规律明显依次增大。6个探井总的自重湿陷量计算值结果均列于表3.6中计算一,由该表可知,现场试验得到的自重湿陷量实测值与计算二得到自重湿陷量计算值的比值为1.16,与计算三的比值为1.04,与计算四的比值为0.98,显然新计算方法可以有效减小实测值与计算值之间的差别。

兰州和平镇试验自重湿陷量的计算值 表3.6

Computed collapse under overburden pressure of Lanzhou soaking test in Heping town Table 3.6

方法类别	自重湿陷量的计算值(mm)						均值(mm)	实测值/计算值
	1号探井	2号探井	3号探井	4号探井	5号探井	6号探井		
计算一	1824.75	1306.50	1577.25	1506.75	2048.25	1996.50	1710.00	1.35
计算二	2156.75	1584.00	1873.75	1763.75	2341.75	2277.00	1999.50	1.16
计算三	2304.25	1773.00	2145.75	1897.75	2625.75	2607.50	2225.67	1.04
计算四	2454.25	1946.50	2308.74	2095.75	2707.75	2680.00	2365.50	0.98

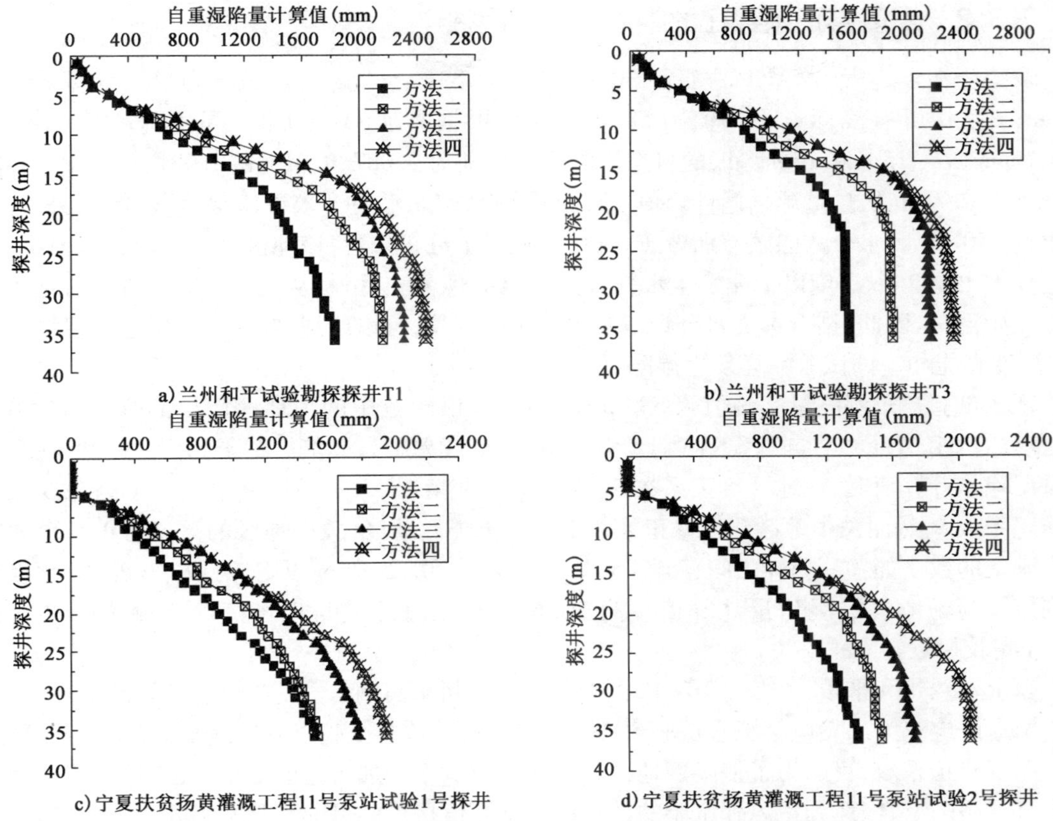

图3.19 深度修正系数对自重湿陷量计算值的影响

Fig. 3.19 Computed collapse under overburden pressure influenced by depth correction factor

同理分析宁夏扶贫扬黄灌溉工程11号泵站试验[289],即5m深度以下土层在获取自重湿陷量计算值时,增加深度修正系数。通过这些计算发现,增加深度修正系数后,自重湿陷量实测值和计算值两者差距变小。如前文表3.3所示,实测值与计算二的比值为1.41,与计算三的比值为1.23,与计算四的比值为1.07,显然计算四的修正方法最能够弥补室内外试验误差,计算三次之。兰州钢厂浸水试验通过使用计算二和计算三(表3.4),计算二得到的实测值与计算值之比为1.11,而计算三得到的两者之比为0.95,均接近1[33]。

1963年,冶金部金川冶金建筑研究所对兰州七里河区杨家桥进行了湿陷下限深度为12m,试坑尺寸为12.7m×13.0m和11.75m×12.1m的2个浸水试验,得到自重湿陷量实测值分别为635mm和567mm[277]。2个浸水坑附近的探井取样得到自重湿陷量计算值分别为510mm和408mm,而且计算中已经相乘1.5的地区修正系数,2个试坑的实测值与计算值的比值分别为1.25和1.38。分别以计算二和计算三获得自重湿陷量计算值,由计算二得到2个场地自重湿陷量计算值分别是594.5mm和467.5mm,计算三得到2个场地自重湿陷量计算值分别是679mm和562mm,显然计算二和计算三比规范推荐计算得到的自重湿陷量计算值更接近实测值,尤其是计算三,2个场地的实测值和计算值的比值分别为0.935和1.004。

3.3.2 深度修正系数在关中地区的适用性

罗宇生在宝鸡第二发电厂进行了 30m×50m 大型浸水试验[37]。试坑内最大沉降量仅为 85mm,试坑中所有浅标点平均值为 58.2mm。而根据文献[37]获得自重湿陷量计算值为 110.7mm。9m、15m 和 17m 深度的自重湿陷系数分别为 0.087、0.015 和 0.021,3 个部位共同组成了 110.7mm 的自重湿陷量计算值。该试验浸水初期水向下入渗非常缓慢,增加深、浅钻孔总计 150 个后,水分入渗才有所改善。因此,从以上分析来看,该地区水分入渗较为困难,而不是像本书中 25m 深度以下才发生水分入渗困难的现象。另外,从文献[37]来看,仅有 3 个深度发生湿陷,因此,结合本文水分计所测得的湿陷规律,可以试想,宝鸡第二发电厂现场试验 3 个深度真能如室内试验一样发生湿陷,值得怀疑。

现场试验自重湿陷量实测值为 58.2mm,该值除以规范中的因地区而异的修正系数 0.9 后,也仅有 64.67mm,与自重湿陷量计算值 110.7mm 相差接近 2 倍。鉴于此,关中地区在获得自重湿陷量计算值时,在地区修正系数 β_0 为 0.9 不变情况下,不妨给其增加一个因深度而异的修正系数 ξ,然而关中地区深度修正系数 ξ 不同于陇西地区,关中地区的深度修正系数 ξ 应是小于 1 的数。如:0~15m 之间,$\xi=0.5$;15~25m,$\xi=0.25$;25m 以下,可取 $\xi=0$。以此规律得到该试验场地自重湿陷量计算值仅为 50.63mm,该值已经与现场试验实测值的平均值 58.2mm 较接近。

以上对兰州和平镇[271,275]、宁夏 11 号泵站[39]、兰州东岗钢厂[33]、兰州七里河杨家桥[277]以及关中地区宝鸡第二发电场浸水试验[37]进行了分析,对这些试验自重湿陷量的计算值前增加一个深度修正系数,目的为了使陇西地区的中间部位黄土增加自重湿陷量,关中地区较深黄土减小自重湿陷量,以达到室内外试验的计算值和实测值接近的目的。从本书几个算例来看,深度修正系数取得较好的效果。然而本书针对陇西和关中地区的分析方法还需较多资料进行更为全面的考证。

3.4 湿陷量的计算值

湿陷量的计算值直接关系到湿陷性黄土地基湿陷等级的划分。湿陷量的计算值通过下式得到:

$$\Delta_s=\sum_{i=1}^{n}\beta\delta_{si}h_i \tag{3.4}$$

式中:δ_{si}——第 i 层土的湿陷系数。

β——考虑基底下地基土的受水浸湿可能性和侧向挤出等因素的修正系数,在缺乏资料时,可按照下列规定:基底下 0~5m 深度内,$\beta=1.50$;基底下 5~10m 深度内,$\beta=1$;基底下 10m 以下至非湿陷性黄土层顶面,在自重湿陷性黄土场地,可取工程所在地区的 β_0 值。

3.4.1 深度修正系数对湿陷量计算的影响

如前文所述,因地区土质而异的修正系数 β_0 没有改变,仅增加了一个深度修正系数 ξ 来调整自重湿陷量计算值,同理也可将深度修正系数添加至湿陷量计算值中。如果在大厚度自重湿陷性黄土地区基底以下 10m，引进深度修正系数 ξ，那么湿陷量计算值 Δ_s 也将发生改变，下文中根据增加的深度修正系数对和平镇试验的湿陷量计算值进行重新计算。

《黄土规范》[10]中叙述了湿陷量计算值 Δ_s 增加修正系数 β 是为了使湿陷量计算值与实测值接近。根据规范得到湿陷量的计算值如表 3.7 中计算一所示，6 个探井湿陷量计算值的平均值为 1834.17mm，这与现场的自重湿陷量实测值还有一定差距。因此，依照前文的其他 3 种计算，在 10m 以下范围 β 变为 β_0、ξ。表 3.7 中，计算二～计算四得到 6 个探井的湿陷量计算值依次增大，且平均值更接近于现场实测值。

深度修正系数对兰州和平镇试验湿陷量计算值的影响　　表 3.7

Computed collapse of Lanzhou soaking test site influenced by depth correction factor method　　Table 3.7

方法类别	湿陷量的计算值(mm)						均值(mm)
	1 号探井	2 号探井	3 号探井	4 号探井	5 号探井	6 号探井	
计算一	1740.50	1462.50	1665.00	1700.50	2203.00	2233.50	1834.17
计算二	1859.00	1606.00	1814.50	1868.00	2313.00	2340.00	1966.75
计算三	1914.00	1681.50	1887.00	1929.00	2477.00	2530.50	2069.83
计算四	2075.00	1857.50	2012.50	2143.00	2627.50	2616.00	2221.92

3.4.2　扩大湿陷系数阈值对湿陷量计算的影响

《黄土规范》[10]规定，湿陷系数超过 0.015 时，相应深度的湿陷量才计入总的湿陷量计算值中，这就意味着大厚度黄土发生湿陷的可能是一样的，前文已经叙述大厚度黄土地区的深层黄土发生湿陷的概率是沿深度降低的。《大厚度湿陷性黄土场地工程处理技术规程》[9]建议，自重湿陷系数界限值应随深度逐渐放大，比统一规定 0.015 较为合理，有利于切合实际地进行湿陷性评价。因此，不妨在计算总湿陷量时，将湿陷系数的阈值 0.015 沿深度提高，并与深度系数联合使用，一方面提高湿陷量的计算值，一方面降低较深土层发生湿陷的概率。

对陇西地区的不同深度湿陷系数临界阈值进行一定的改动，如：0～15m 深度仍采用规范的 0.015，15～25m 深度可采用 0.02，25m 深度以下可采用 0.03。规定只有当湿陷系数超过以上值时，试样发生湿陷。将扩大湿陷系数阈值结合深度修正系数，按此思路对兰州和平镇 6 个试验探井进行湿陷量计算值的重新计算，结果如表 3.8 所示，与表 3.7 相比，提高湿陷阈值后，湿陷量计算值相应会稍小一些，然而该思路得到的湿陷量计算值均值仍较接近实测值。

扩大湿陷系数阈值对兰州和平镇试验湿陷量计算值的影响　　表 3.8

Computed collapse of Lanzhou soaking test site computed by increasing coefficient of collapsibility method　　Table 3.8

方法类别	湿陷量的计算值(mm)						均值(mm)
	1 号探井	2 号探井	3 号探井	4 号探井	5 号探井	6 号探井	
计算一	1530.50	1402.50	1623.00	1619.50	2018.50	2136.00	1710.67
计算二	1703.00	1566.00	1792.50	1814.00	2190.00	2275.00	1890.08
计算三	1773.00	1633.50	1859.00	1867.50	2303.50	2413.00	1974.92
计算四	1894.00	1777.50	1977.50	2024.00	2504.50	2493.00	2111.75

3.5 剩余湿陷量合理控制的探讨

对于自重湿陷性黄土地基,剩余湿陷量是场地总的湿陷量计算值减去基底下拟处理土层的湿陷量。《黄土规范》中规定[10]:乙类建筑,在自重湿陷性黄土场地,地基最小处理厚度不应小于湿陷性土层深度的2/3,且剩余湿陷量不应大于150mm;丙类建筑,在自重湿陷性黄土场地,地基处理厚度不应小于2.5m,且剩余湿陷量不应大于200mm。

3.5.1 深度修正系数与扩大湿陷系数阈值对剩余湿陷量的影响

根据以上规定,可以求得不同深度修正系数对应的剩余湿陷量,如表3.9中深度修正系数一栏所示,6个探井根据不同规定而计算的剩余湿陷量平均值随深度的变化规律见图3.20a)。4种规定计算得到的浅层地基的剩余湿陷量依次会增大;而15m深度以下,4种计算剩余湿陷量各不相同,如20m深度时,按照计算四、计算一、计算三和计算二的顺序依次减小;23m深度时,按照计算一、计算四、计算三和计算二次序减小。

不同方法对兰州和平镇试验剩余湿陷量的影响　　表3.9

Remnant collapse of Lanzhou soaking test site influenced by different methods　　Table 3.9

深度(m)	深度修正系数(mm)				扩大湿陷系数阈值(mm)			
	计算一	计算二	计算三	计算四	计算一	计算二	计算三	计算四
1	1834.17	1966.75	2069.83	2221.92	1721.67	1890.08	1974.92	2111.75
5	1275.42	1408.00	1511.08	1663.17	1162.92	1331.33	1416.17	1553.00
10	984.25	1116.83	1219.92	1372.00	871.75	1040.17	1125.00	1261.83
15	588.25	588.83	559.92	712.00	475.75	512.17	465.00	601.83
20	291.75	193.50	263.42	316.67	183.25	122.17	172.50	211.83
21	245.00	162.33	216.67	254.33	136.50	91.00	125.75	149.50
22	205.00	135.67	176.67	201.00	100.25	66.83	89.50	101.17
23	166.50	110.00	138.17	149.67	66.00	44.00	55.25	55.50
24	150.25	99.17	121.92	113.00	49.75	33.17	44.00	40.50

按照乙类建筑设计要求,剩余湿陷量必须小于150mm,按照计算二,地基处理深度为22m时,剩余湿陷量为135.67mm,该值能满足要求,而其余计算不能满足。对于乙类建筑,使用计算二将地基处理深度从25m减小至22m,使用计算三和计算四可以将地基处理深度从25m降低至23m,显然新的规定可以有效减小地基处理深度。浅层黄土剩余湿陷量的增大,深层黄土剩余湿陷量的减小,意味着要更加重视浅层黄土湿陷性的危害性,而不必将深层黄土的湿陷性与浅层黄土同等对待。

将深度修正系数和扩大湿陷系数阈值方法相结合,兰州和平镇试验场地不同深度的剩余湿陷量如表3.9中扩大湿陷系数阈值一栏,剩余湿陷量平均值随深度的变化规律见图3.20b),相比表3.7深度修正系数方法和图3.20a),使用该方法可以将地基处理深度降低至20m,比深度修正系数方法一栏地基处理深度少了2m。

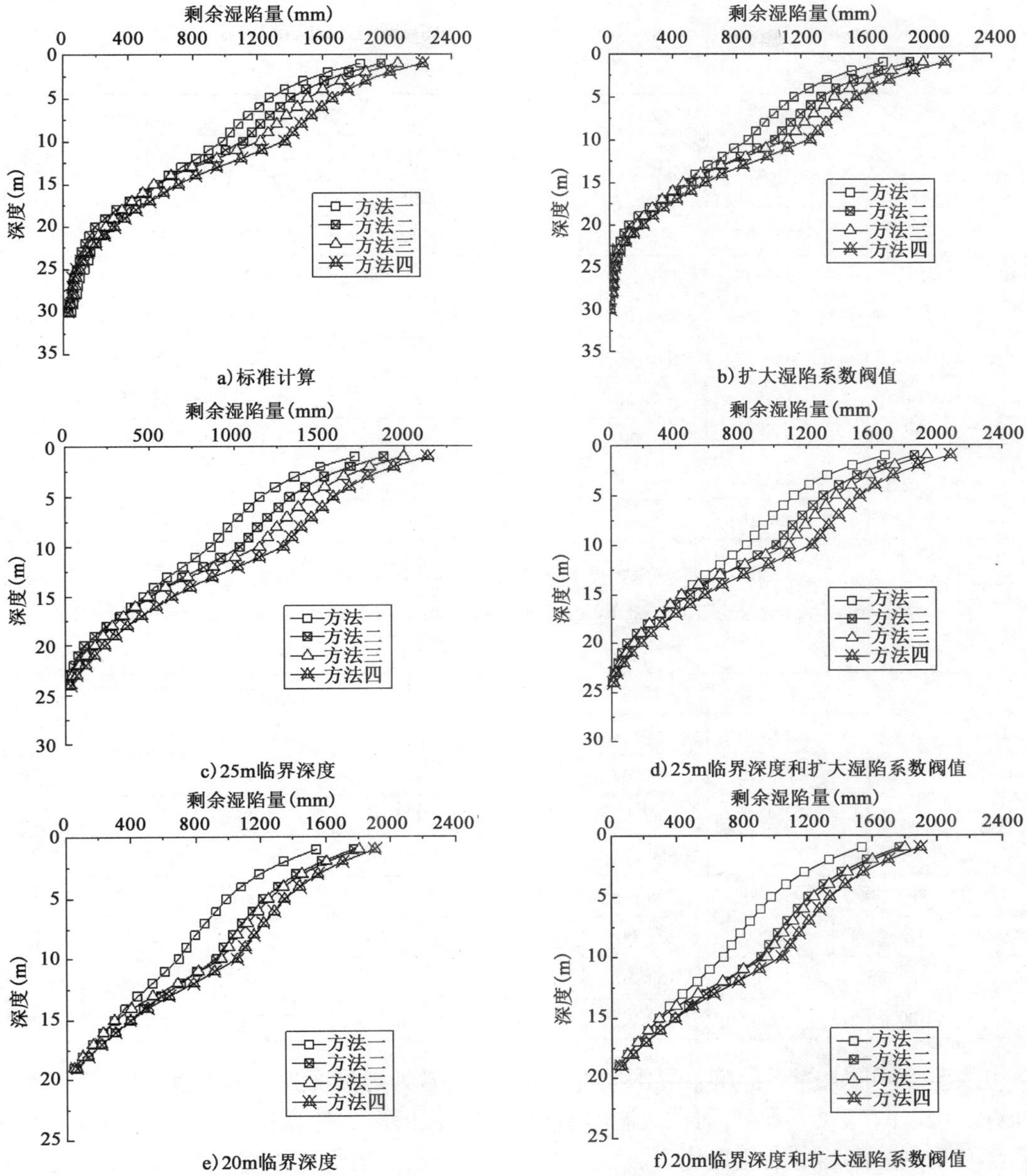

a)标准计算

b)扩大湿陷系数阀值

c)25m临界深度

d)25m临界深度和扩大湿陷系数阀值

e)20m临界深度

f)20m临界深度和扩大湿陷系数阀值

图3.20　计算方法对兰州试验场地的剩余湿陷量影响

Fig. 3.20　Remnant collapse computed by different methods of Lanzhou soaking test site

3.5.2　湿陷临界深度对剩余湿陷量的影响

如前文所述,通过水分计观测得到水分在20～25m深度较难向下入渗,而且从水分计的变化情况来看深层黄土发生湿陷的可能较小,为此定义一个“湿陷临界深度”的概念。根据这一思路,结合深度修正系数和扩大湿陷系数阈值的方法,分别设25m和20m为临界深度,对兰州和平镇试验场地的不同深度的剩余湿陷量进行重新计算,其结果分别见表3.10和表3.11。

25m临界深度对兰州和平镇试验剩余湿陷量的影响 表3.10

Remnant collapse influenced by critical depth 25m of Lanzhou soaking test site

Table 3.10

深度(m)	深度修正系数(mm)				扩大湿陷系数阈值(mm)			
	计算一	计算二	计算三	计算四	计算一	计算二	计算三	计算四
1	1707.17	1883.08	1998.00	2139.92	1682.92	1864.25	1941.92	2085.92
5	1148.42	1324.33	1439.25	1581.17	1124.17	1305.50	1383.17	1527.17
10	857.25	1033.17	1148.08	1290.00	833.00	1014.33	1092.00	1236.00
15	461.25	505.17	488.08	630.00	437.00	486.33	432.00	576.00
20	164.75	109.83	175.00	234.67	154.50	96.33	139.50	186.00
21	118.00	78.67	125.25	172.33	97.75	65.17	92.75	123.67
22	78.00	52.00	84.00	119.00	61.50	41.00	56.50	75.33
23	39.50	26.33	44.08	67.67	27.25	18.17	22.25	29.67
24	23.25	15.50	25.17	31.00	11.00	7.33	11.00	14.67

20m临界深度对兰州和平镇试验剩余湿陷量的影响 表3.11

Remnant collapse influenced by critical depth 20m of Lanzhou soaking test site

Table 3.11

深度(m)	深度修正系数(mm)				扩大湿陷系数阈值(mm)			
	计算一	计算二	计算三	计算四	计算一	计算二	计算三	计算四
1	1542.42	1773.25	1806.42	1905.25	1538.42	1767.92	1802.42	1899.92
5	983.67	1214.50	1247.67	1346.50	979.67	1209.17	1243.67	1328.17
10	692.50	923.33	956.50	1055.33	688.50	918.00	952.50	1040.42
15	296.50	395.33	296.50	395.33	292.50	390.00	292.50	374.00
16	228.00	304.00	228.00	304.00	224.00	298.67	224.00	287.33
17	162.50	216.67	162.50	216.67	158.50	211.33	158.50	198.33
18	100.25	133.67	100.25	133.67	96.25	128.33	96.25	118.33

由表3.10可知，当设湿陷临界深度为25m时，地基处理深度为20m，按照深度修正系数中的计算二可以满足规范要求；而扩大湿陷系数阈值后，计算二、计算三均能满足规范要求，其他计算没有在剩余湿陷量上体现优势。由表3.11可知，当湿陷临界深度为20m时，扩大湿陷系数阈值一栏中，按照计算二处理深度17m，乙类建筑即可满足规范要求；而处理深度为18m时，所有方法均适用。

针对乙类建筑，采用25m临界深度与深度修正系数和扩大湿陷系数阈值结合使用时，可将地基处理深度减小至20m；采用20m临界深度与深度修正系数和扩大湿陷系数阈值结合使用时，可将地基处理深度减少至17~18m之间。规定湿陷临界深度可以在一定程度上减小剩余湿陷量，在既满足规范的同时，又达到了节约工程地基处理费用的目的。

另外，对比表3.10和表3.11可知，湿陷临界值20~25m对于剩余湿陷量的影响并不是很大，前者处理深度18m，后者处理深度20m方能满足规范针对乙类建筑的要求。说明20~25m

深度的湿陷量计算值本身差异就较小，由图3.18大体可知，该范围内湿陷系数约在0.02附近，得到湿陷量计算值也偏小，不会对最终湿陷量计算值产生较大影响。

使用不同的深度修正系数可以扩大湿陷量计算值，使之与实测值更为接近。深度修正系数和湿陷系数阈值扩大方法联合使用也使湿陷量计算值接近实测值，但稍小于单独使用深度修正系数。总体上两种方法均使浅层黄土的湿陷量计算值增大，而较深处的湿陷量计算值减小，并且可以在一定程度上减小剩余湿陷量。结合中性点位置、前文中20～25m深度范围水分入渗困难及该部位以下黄土湿陷困难的结论，将该范围定义为大厚度自重湿陷性黄土场地的湿陷临界深度。依据20m和25m临界深度，分别结合深度修正系数和扩大湿陷系数阈值方法，对兰州和平镇试验场地剩余湿陷量进行计算，证实了关于深度修正系数、扩大湿陷系数阈值和湿陷临界深度的提法的正确性。

使用深度修正系数、扩大湿陷系数阈值和湿陷临界深度目的是为了将湿陷量计算值接近实测值，并减小较深土层的剩余湿陷量。在尽可能达到规范要求下，文中的定义方法可以减小地基处理深度并降低工程建设成本，有一定的推广应用价值。综合比较4种规定，在尽可能使自重湿陷量计算值和湿陷量计算值接近实测值时，计算三、计算四效果较好。在计算剩余湿陷量上，计算三在同一深度剩余湿陷量要小于计算四的计算结果。

在获得湿陷量计算值上，扩大湿陷系数阈值方法也能达到一定的效果。从计算结果来看，扩大湿陷系数阈值与湿陷临界深度有着异曲同工之处，扩大湿陷系数阈值可以将黄土较深处的一些湿陷量"剃掉"，减小了总的湿陷量计算值；而划定湿陷临界深度更是直接将较深处黄土湿陷量"减掉"。新的规定可以使湿陷量计算值与实测值更为接近，浅层黄土剩余湿陷量增大，而深层黄土剩余湿陷量减小，这样便可以使浅层地基土湿陷性受到更多的重视，深层黄土的湿陷性作用进一步降低，从而不将浅层和深层黄土的湿陷性同等看待。

在大厚度自重湿陷性黄土地区，乙、丙类建筑涉及面较广，地基处理过严，将增加建设投资，不符合经济要求。根据前文的分析，建议将大厚度自重湿陷性黄土地区的乙类建筑处理最大厚度分别规定为15～20m。前文叙述的深度修正系数、扩大湿陷系数阈值和湿陷临界深度方法联合使用，可以有效将乙类建筑的剩余湿陷量减小，而且处理深度可以控制在15～20m之间。对于丙类建筑，处理深度15m时，规范方法和湿陷临界深度得到剩余湿陷量仍然较大，达不到规范最小剩余湿陷量200mm的要求。丙类建筑如果处理深度15m以上，无疑浪费过多的资源，并且造成工程造价的提高，因此，规范针对大厚度自重湿陷性黄土场地的丙类建筑规定过严，不利于体现经济要求，建议对于丙类建筑处理最大处理厚度规定为10～15m。但关于湿陷性评价和剩余湿陷量合理控制问题的思考，有待更多的现场浸水试验相关资料加以验证。

3.6　本章小结

为研究自重湿陷性黄土地基剩余湿陷量以及湿陷性评价，对灰(素)土挤密桩处理地基进行控制剩余湿陷量的深层浸水试验，并结合前文大型现场浸水试验，对自重湿陷性黄土地区的湿陷性评价方法等问题提出若干新思考，主要结论有：

(1)在深层浸水情况下，承台、深层以及地表沉降基本呈现3段式发展规律：先期稳定，中期缓降,后期突降;由于挤密区域“拱”的作用,导致承台与深层和地表沉降不是同步发生,深层先于其他部位发生沉降;剩余湿陷量的产生是多次湿陷累积的结果。桩长6m、10m和12m在深层注水情况下以及200kPa荷载作用下,承台和场地周边发生沉降较大,而15m深度区域则沉降稍小,但其剩余湿陷量也未能满足要求。

(2)提出大厚度自重湿陷性黄土地区湿陷临界深度的概念,通过试验和相关文献初步将临界深度确定为20~25m;据此可使较深土层的剩余湿陷量在一定程度上减小,并满足规范要求,同时达到减小地基处理深度的目的。

(3)计算自重湿陷量时,引进一个因深度而异的修正系数,以弥补室内外试验自重湿陷量之间的差异,通过分析若干陇西和关中的典型浸水实例,证明该方法的可行性。

(4)针对陇西地区,将深度修正系数增加至湿陷量计算值中,采用该方法使湿陷量计算值接近实测值,并可以在一定程度上减小较深部位黄土的剩余湿陷量,达到减小地基处理深度的目的;将扩大湿陷系数阈值与深度修正系数方法联合使用,在扩大湿陷量计算值的同时,有效降低较深土层的剩余湿陷量。

(5)现行《黄土规范》[10]不能满足大厚度自重湿陷性黄土地区工程建设需要,对乙、丙类建筑地基处理要求过严,根据前期的成果以及本次试验,提出乙、丙类建筑处理最大厚度分别为15~20m和10~15m,可为同类工程建设和规范修订提供一定的参考。

本章关于自重湿陷量和湿陷量计算值的计算新思路以及剩余湿陷量合理控制问题的思考,有待更多的现场浸水试验的相关资料加以验证,研究工作可为《黄土规范》[10]修订提供一定的参考。

第4章　非饱和 Q_3 黄土的水气运移特征

非饱和土的渗透特性是非饱和土研究中的一项重要内容，渗透特性的研究包括多个水分运动参数的确定，如非饱和渗透系数、扩散率和容水率等。水分运动参数不是常数，而是随体积含水率、基质吸力等因素变化[290]，通过试验以及理论推导获得非饱和土（特别是原状土）的这些参数对认识非饱和土的水分运动规律提供重要参考。非饱和渗透系数与土的结构、物理力学指标等因素密切相关，不同土的非饱和渗透系数差别很大。前人关于非饱和土渗透系数研究大都基于重塑土样，关于研究原状土渗透系数的却较少，关于原状黄土的非饱和渗透系数更是鲜有述及，这可能与大尺寸原状土样较难获得有关。

通过兰州和平镇现场浸水试验时发现，水分竖直向下入渗，黄土从非饱和状态转变为饱和状态的过程也是水分逐渐将孔隙中的空气排出的过程，因此孔隙排气的能力也对水分入渗起到一定抑制作用[271]。黄土湿陷变形与渗水和渗气规律密切相关，因此有必要研究非饱和 Q_3 黄土渗气规律。渗气系数表征了气体在土壤中运移的能力，同时也是土壤结构和水分运移规律的客观反映。渗气系数的研究在城市固体废物填埋、农业生产和土木水利工程等多方面领域中得到广泛应用。黄土区别于其他土壤，具有很强的结构特征，如肉眼可见孔洞、竖向节理等。因此黄土的结构差异和孔隙分布特征必然影响渗气特性。

渗气特性是土结构孔隙分布特征一项重要判断依据，渗气系数可以反映土结构及其变化、孔隙尺寸、饱和土渗水系数等[117]。渗气系数受众多因素制约，如饱和度、含水率、充气孔隙度、基质吸力、干湿循环过程、最优含水率等因素。Hamamoto 等[291]认为原状土的结构性对气体流动会产生较大影响，试样孔隙大小对渗气系数起到控制作用。Tuli 等[292]对原状和重塑农土壤土进行了渗气研究，肯定了土结构以及孔隙几何特征对渗气系数的影响。王卫华等[134]曾对关中黄土考虑了横竖向差别进行渗气研究，但其偏重于表层耕地，农田表层土已经没有天然结构性。对于埋深较大且结构性较强的非饱和原状黄土，其渗气系数的研究至今未见报道；另外，重塑黄土破坏了原状黄土的结构性，渗气系数将会受到很大影响，这方面的对比工作相关文献也未见述及。Delage 等[293]认为充气孔隙度是影响渗气系数的首要因素，而充气孔隙度对非饱和原状黄土渗气系数影响的研究也至今未见报道。

基于以上考虑，首先，为实现非饱和原状黄土渗透系数的研究，设计了一套大尺寸原状黄土取样设备，对非饱和原状黄土竖直与水平方向入渗率、非饱和渗透系数等问题进行了研究；同时，为了考虑干密度对非饱和黄土渗透系数的影响，本文也进行了不同干密度条件下的重塑黄土渗透试验。其次，着力研究含水率、干密度、充气孔隙度和各向异性等因素对 Q_3 原状黄土渗气系数的影响，并比较原状土与重塑土相同条件下渗气系数的差异。根据原状黄土渗气系数试验资料，建立适应于原状黄土由于干密度和含水率等因素变化的渗气系数计算公式[294,295]，为自重湿陷性黄土地区的建设以及同类工程问题提供理论支持。

4.1 非饱和黄土渗透试验概况

试验用土取自兰州市和平镇浸水试验现场一土坎处,周边无人类先期活动遗留痕迹。揭露地表以下3m深土层,测得2~3m之间原状黄土干密度1.28g/cm^3,含水率6.2%,体积含水率7.92%,土粒相对密度2.71,液限28.7%,塑限17.6%(以上指标均为2~3m之间均值)。

4.1.1 试验方案

无论水平原状试样,还是竖直原状试样,渗透试验均采用水平土柱试验方法,以消除重力的影响。共进行了9个水平土柱渗透试验,包括2个水平原状试样、2个竖直原状试样及5个控制不同干密度的重塑试样。

4.1.2 试验设备设计和加工

设计加工了一套既能取原状垂直试样,又能取原状水平试样的装置,如图4.1所示,该装置包括钢架和土筒两部分。钢架使用钢材焊接、土筒为有机玻璃管。钢架采用5个半圆形钢环(内径20cm)支撑土筒,前端一个钢环连接支撑杆,支撑杆镶嵌于套管中;支撑杆可以在套管中自由滑动。取水平试样时有机玻璃管向前滑动,支撑杆与有机玻璃管齐头并进。钢架4条支撑腿用钢筋连接,起到稳定钢架的作用。钢架高度为40cm,支撑杆可最大伸长量为70cm。

a)有机玻璃管

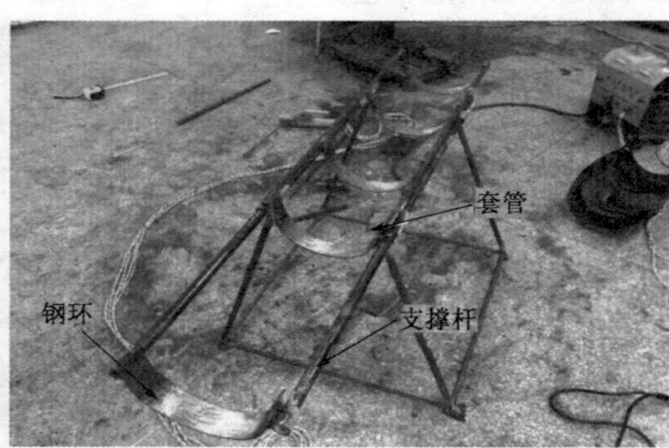

b)取土钢架

图4.1 大尺寸原状黄土取样装置

Fig.4.1 Sampling equipment for large-scale undisturbed loess

土筒采用外径200mm、内径186mm的有机玻璃管,管长为1000mm。管端头利用车床削成刃口状,起到类似环刀的作用。刃口磨损后可以打磨,玻璃管结构如图4.2所示。用亚克力板分别加工1个圆盖和1个挡板(图4.3)。圆盖留孔作为进水端;挡板上分布许多孔洞,作为渗水通道。土样装好之后,土样前端平铺1cm厚标准砂作为滤层,并将堵板压在标准砂上,将其固定;再将圆盖用黏合剂黏于有机玻璃管上(图4.3)。待渗水试验结束时,可将前端亚克力圆盖敲掉,有机玻璃管可重复利用。

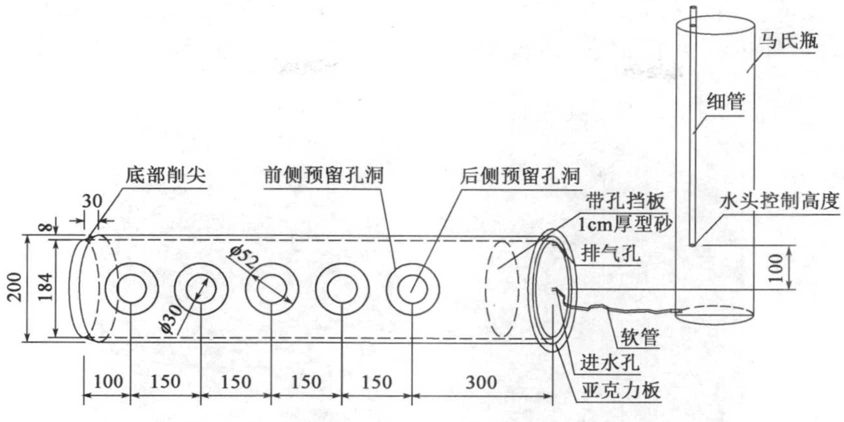

图4.2　有机玻璃管和马氏瓶加工示意图(单位:mm)

Fig. 4. 2　Construction drawing of lucite tube and Mariotte's bottle (unit: mm)

a) 有机玻璃管　　b) 马氏瓶

图4.3　有机玻璃管及马氏瓶实物图

Fig. 4. 3　Apparatus for lucite tube and Mariotte's bottle

供水装置采用有机玻璃管自行加工的马氏瓶,玻璃管内部用一较细玻璃管控制水头[图4.2和图4.3b)],本次试验水头高度控制在100mm。马氏瓶高度为2000mm,内径107.7mm,外径112.7mm,内截面面积9110mm^2。

4.1.3　原状试样和重塑试样制备

对于原状试样,当取竖直试样时,向下开挖约3m深度,在2m位置处铲出一土台,留出一垂直面。将钢架中支撑杆从套管中取出,只留4个半圆套环,有机玻璃管紧贴4个套环(图4.4),向下逐步削除玻璃管下端口处土体,用一木板覆盖玻璃管上端,使用橡皮锤轻轻敲打木板,有机玻璃管前端刃口削除多余黄土,其原理类似环刀取样,采用这种方法使得原状土与有机玻璃管管壁严丝合缝,有效防止试验过程中边壁渗漏。竖直试样共取得2个,长度均为95cm,直径18.6cm。

水平土样取样点位于地表下2.5m处(图4.5)。首先在2.5m处找平,预留40cm土台,土台两侧开挖土槽,以便于玻璃管向前时削除多余黄土。有机玻璃管前进时,支撑杆也随之前进。当支撑杆伸长量较大时,由于土样较重,可能导致水平土样断裂,将前方半圆钢环下方用木板支撑,并保证玻璃管水平。玻璃管前进,钢环下方支撑也随之前进,采取该措施可以有效保证水平土样取样过程中不断裂。取得水平试样 2 个,长度均为 95cm,直径 18.6cm。

a)开挖面　　b)削土

图 4.4　竖直试样取样现场示意图

Fig. 4.4　Sampling sites of vertical undisturbed loess

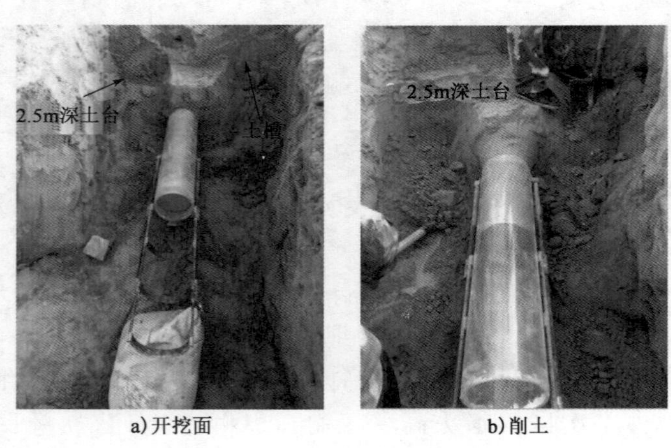

a)开挖面　　b)削土

图 4.5　水平试样取样现场示意图

Fig. 4.5　Sampling sites of horizontal undisturbed loess

制备重塑试样共计 5 个,干密度分别为 1.25g/cm^3、1.35g/cm^3、1.45g/cm^3、1.55g/cm^3 和 1.65g/cm^3。制备重塑试样所用的黄土均取自原状黄土取样位置,含水率等指标与原状试样相同。为保证重塑土含水率不产生变化,所有重塑土用塑料袋密封运输和保存。重塑试样制备时,将有机玻璃管按 5cm 等距离进行划分,每段按设计干密度装土,夯实至指定位置,两层之间打毛。重塑土样长度均为 95cm,直径 18.6cm。

4.1.4　测试仪器安装

本次试验采用国产 TDR-3 型水分计(图 4.6),其体积含水率精度在 0 ~ 50% 范围内为 ±2%。水分计埋设前先对其进行标定,标定结果可见第 2 章。吸力测量选用美国制造的

Fredlund 热传导吸力传感器[图 4.7a)和图 4.7b)]。该传感器的热传导吸力探头用来在现场测试土体吸力和温度,测试精度为 5%。吸力可以根据实测的热传导率和事先在室内标定好的热传导率与吸力的关系曲线获得,吸力标定方法具体见文献[296]和[297]。每个试样按照 15cm 距离安装了 5 个水分计和 5 个热传导吸力探头(图 4.7),可得到 5 个断面的土—水特征曲线。

a)预先钻孔

b)蜡烛密闭探头处缝隙

图 4.6 试验测试设备安装

Fig. 4.6 The installation of measuring devices

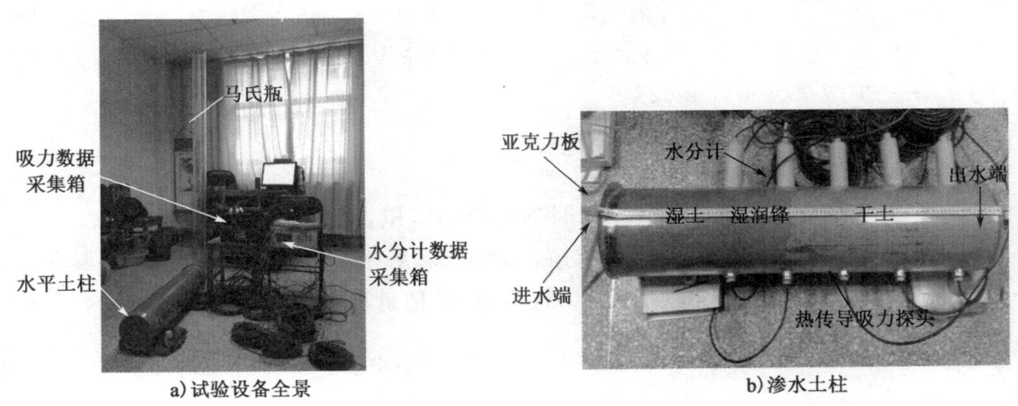

a)试验设备全景

b)渗水土柱

图 4.7 渗透试验场景图

Fig. 4.7 The photos of apparatuses for permeability test

水分计探头插入土样时,为防止对土样造成扰动、避免土样结构破坏以及裂缝的产生,安装水分计探头探针的位置用电钻预先成孔(直径 3mm);热传导探头插入土样前预先成孔,孔洞直径略小于热传导探头直径,使探头更好地与土样接触,如图 4.6a)所示。水分计和热传导探头与有机玻璃管接触处用石蜡进行密闭处理,防止水分流出,如图 4.6b)所示。所有设备安装完毕,至此渗透试验便可以进行,渗透试验场景如图 4.7 所示。

从试验中可知,无论是原状试样还是重塑试样,湿润锋始终与地面垂直,如图 4.8 所示。当湿润锋距试样进水端 90cm 时,停止供水以及记录数据,敲掉有机玻璃管前端亚克力板,将土柱缓慢从前端倒出;并将土柱切割成 3 ~ 5cm 的土饼,对每个土饼取 5 盒土,用微波炉迅速测得含水率,并取其平均值为该段土样的含水率,作为水分校核的依据。

a)靠近热传导吸力探头一侧

湿润锋

b)靠近水分计一侧

图 4.8　湿润锋形态

Fig. 4.8　The photos of wetting fronts

4.1.5　计算方法介绍

忽略重力作用下,一维水平流动微分方程和定解条件为:[290]

$$\frac{\partial\theta}{\partial t} = \frac{\partial}{\partial x}\left[D(\theta)\,\frac{\partial\theta}{\partial x}\right] \tag{4.1a}$$

$$\theta = \theta_a \qquad x > 0, t = 0 \tag{4.1b}$$

$$\theta = \theta_a \qquad x = 0, t > 0 \tag{4.1c}$$

式中:$D(\theta)$——扩散率(cm^2/min);

x——距离左端土面的距离(cm);

t——入渗时间(min);

θ_a、θ——土样起始体积含水率和 t 时刻对应的体积含水率。

方程(4.1a)为非线性偏微分方程,求解比较困难,采用 Boltzmann 变换,可将其转化为常微分方程求解(推导过程详见文献[290]),解出 $D(\theta)$ 值计算公式:

$$D(\theta) = \frac{-1}{2(\mathrm{d}\theta/\mathrm{d}\lambda)}\int_{\theta_a}^{\theta}\lambda\,\mathrm{d}\theta \tag{4.2}$$

式中:λ——Boltzmann 变换参数,$\lambda = xt^{-\frac{1}{2}}$。在 t 时刻测得土柱含水率分布,并计算各测点的 λ 值,可以绘出 $\theta \sim \lambda$ 关系曲线。一般来说,$\theta \sim \lambda$ 关系难以表达成解析式,故将式(4.2)改写成:

$$D(\theta) = -\frac{1}{2}\,\frac{\Delta\lambda}{\Delta\theta}\sum_{\theta_a}^{\theta}\lambda\,\mathrm{d}\theta \tag{4.3}$$

$\Delta\lambda$、$\Delta\theta$——两测点的 Boltzmann 变换参数和含水率之差;

θ_a、θ——土样起始含水率和 t 时刻对应的体积含水率(%)。

通过式(4.3)列表计算扩散系数 $D(\theta)$。

容水率 $C(\theta)$ 为土—水特征曲线的斜率,其计算式为:

$$C(\theta) = -\frac{\mathrm{d}\theta}{\mathrm{d}s} \tag{4.4}$$

式中：s——吸力(kPa)，此时吸力要转换为水头高度(cm)，而容水率单位为cm^{-1}。

非饱和土渗透系数$K(\theta)$，容水率$C(\theta)$和扩散率$D(\theta)$有如下关系：

$$K(\theta) = D(\theta) \cdot C(\theta) \tag{4.5}$$

求得容水率$C(\theta)$和扩散率$D(\theta)$就可以按式(4.5)计算得到渗透系数$K(\theta)$。

体积含水率θ与饱和度S_r在忽略变形情况下两者相互转换，如式(4.6)所示。

$$S_r = \frac{\theta \cdot d_s \cdot \rho_w}{\rho_d \cdot e} \tag{4.6}$$

式中：d_s——土粒相对密度；

e——孔隙比。

4.2　非饱和黄土的入渗特征

4.2.1　裂缝方向对水分入渗的影响

原状土样中存在天然裂隙以及能肉眼可见的节理孔隙；水分计探头探针长度约7cm，及时预先钻孔，水分计插入土样时难免造成若干横向裂缝的出现，如图4.9所示。

通过试验发现横向裂缝与水流方向垂直则阻碍水分运移；如果裂缝与水流方向平行，则对水分运移影响不明显，图4.9可清楚发现这一规律。裂缝之间存在气体，水分如果突破裂缝，必须将多余的气体排出，以及裂缝周围水分逐步扩散至该裂缝另一侧，自然引起水分运移速度的降低。

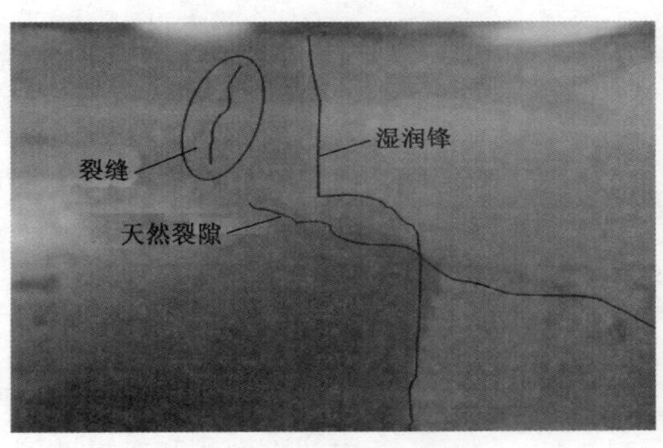

图4.9　裂缝影响湿润锋前进示意图

Fig.4.9　The sketch map of wetting front advancing

文献[298]认为垂直节理、大孔隙在水分入渗过程中起到阻水作用。然而通过本次渗透试验发现，阻水作用还与裂缝或者裂隙的走向有关。垂直节理与水流入渗方向一致，则对湿润锋前进影响不大；如果垂直节理与水流入渗方向垂直，湿润锋则势必受到制约。应当指出本文出现裂缝阻碍水分运移，可能由于裂缝太窄，水以活塞式推进。若裂缝较宽，则不存在阻碍现象，而是出现水沿裂缝优先运移。

4.2.2　原状和重塑黄土入渗量和平均入渗率

1)累计入渗量分析

累计入渗量反映了试验过程中耗水量的多少，其算法如下式：

$$I = (h_i - h_0)A_1 \tag{4.7}$$

式中：I——累计入渗量；

h_i——某一时刻对应马氏瓶高度；

h_0——初始马氏瓶读数；

A_1——马氏瓶内截面面积(cm^2)。

图4.10a)、图4.10b)分别是本次试验中原状试样和重塑试样累计入渗量随时间的变化曲线。由该图可知，对于原状试验同样时间内竖直试样耗水量大于水平试样；对于重塑试样密度越小，同等时间内耗水量越大，反之则越小。由于原状和重塑试样两者起始含水率相同，又属于同一试坑黄土，可见土体结构的差异对入渗量影响较大。

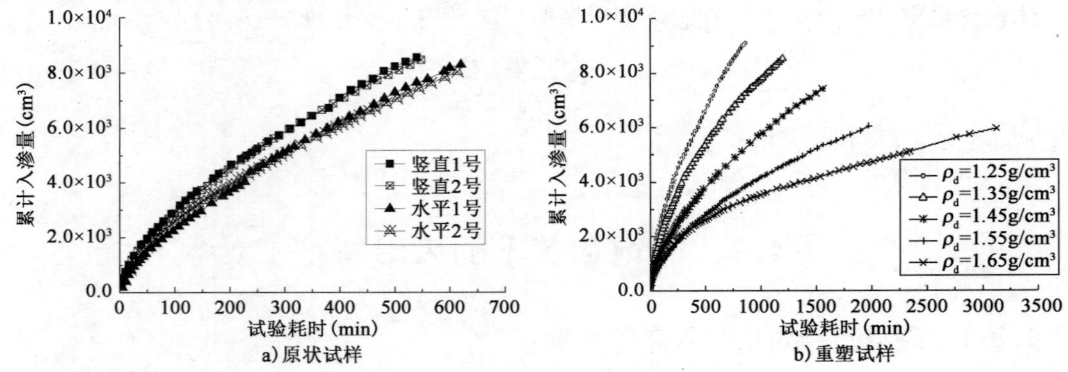

图4.10　原状和重塑黄土试样累计入渗量曲线图

Fig.4.10　Accumulative infiltration flows of undisturbed and remolded loess

2)平均入渗率分析

平均入渗率即为入渗界面处水分运动通量，算法如下：

$$\nu_i = \frac{(h_i - h_{i-1}) \cdot A_1}{A_2 \cdot \Delta t_i} \tag{4.8}$$

式中：ν_i——i时刻入渗率；

h_i、h_{i-1}——t_i和t_{i-1}时刻对应的马氏瓶高度；

A_1、A_2——马氏瓶内截面面积和有机玻璃管内截面面积；

Δt_i——t_i和t_{i-1}两时刻之差。

试验中记录湿润锋前进的距离、马氏瓶水面高度变化以及距离和高度变化花费的时间，利用式(4.8)计算得到入渗率变化。图4.11a)是原状黄土4个试样入渗率变化曲线，由该图可知：大致以距离入渗端50cm(耗时100min)处的截面为分界面，该断面之前，竖直试样入渗率大于水平试样入渗率；该断面之后，竖直试样的入渗率与水平试样的入渗率几乎相同。这可能与竖直土样和水平土样结构差异有关。

图4.11b)为考虑不同干密度重塑黄土入渗率变化曲线。由该图可知，入渗率随干密度增大而减小。干密度越小，入渗率增幅越大；干密度越大，入渗率增幅越小。图4.11a)、图4.11b)均呈现幂函数减小趋势，可拟合得到入渗率与入渗距离之间的关系表达式：

$$\nu_i = a \cdot x^b \tag{4.9}$$

式中：x——湿润锋离边界的距离(cm)；

a、b——试验参数，a为浸水初期单位长度单位时间内的入渗率，浸水初期土样界面应处于饱和状态，因此a也是饱和状态土样的入渗率。

从表4.1原状竖直和水平试样参数来看，竖直样与水平样入渗率主要表现在参数a的差异；对于参数b，竖直试样均值为1.07，而水平试样均值为1.02，两者差异不大。

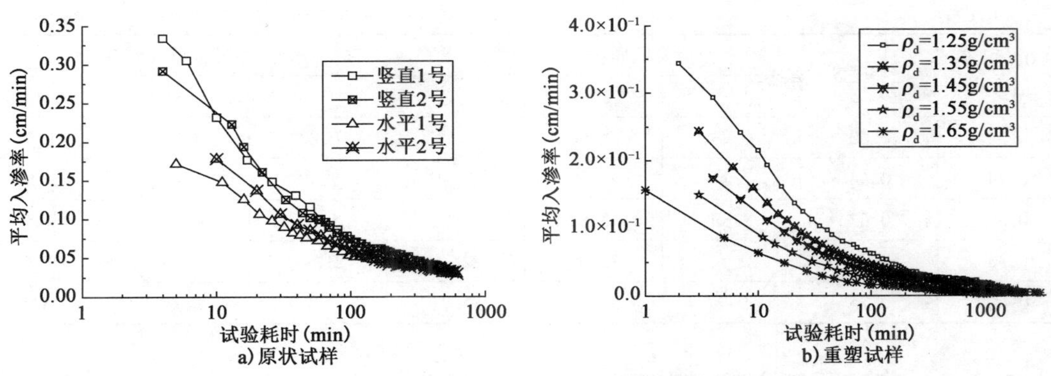

图 4.11 Q_3 原状和重塑黄土入渗率随时间变化曲线

Fig. 4.11 Infiltration velocity of undisturbed and remolded Q_3 loess

各试样试验参数值 表 4.1

The values of test parameters of samples Table 4.1

试验参数	原状试样				
	竖直1号	竖直2号	水平1号	水平2号	—
a	3.92	3.44	2.48	2.36	—
b	-1.1	-1.03	-1.03	-1.01	—
试验参数	重塑试样(干密度)				
	1.25	1.35	1.45	1.55	1.65
a	1.15	0.96	0.73	0.52	0.33
b	-0.87	-0.95	-1.01	-1.03	-1.05

对于重塑试样,参数 a 随着干密度的增加逐渐减小。干密度越大,单位长度单位时间内的入渗率自然越小,这是符合一般规律的。干密度对参数 b 影响主要表现在低密度试样中,较大密度试样参数 b 降低不太明显。原状试样扩散率计算列表见表 4.2。

原状试样扩散率计算列表 表 4.2

The computed values of diffusion coefficient of undisturbed loess samples Table 4.2

体积含水率 θ_w	饱和度 S_r	竖直试样扩散率 $D(\theta)$			水平试样扩散率 $D(\theta)$		
		1号	2号	均值	1号	2号	均值
0.12	0.22	0.07	0.05	0.06	0.02	0.02	0.02
0.14	0.26	0.08	0.07	0.07	0.04	0.04	0.04
0.16	0.30	0.09	0.10	0.10	0.05	0.05	0.05
0.18	0.34	0.13	0.16	0.14	0.06	0.07	0.07
0.20	0.37	0.20	0.28	0.24	0.11	0.09	0.10
0.22	0.41	0.25	0.30	0.28	0.16	0.16	0.16
0.24	0.45	0.28	0.47	0.37	0.24	0.25	0.25
0.26	0.49	0.43	0.49	0.46	0.33	0.34	0.33
0.28	0.52	0.52	0.65	0.59	0.43	0.47	0.45
0.30	0.56	0.58	1.00	0.79	0.46	0.71	0.59

续上表

体积含水率 θ_w	饱和度 S_r	竖直试样扩散率 $D(\theta)$			水平试样扩散率 $D(\theta)$		
		1号	2号	均值	1号	2号	均值
0.32	0.60	0.93	2.23	1.58	0.83	1.91	1.37
0.34	0.64	2.24	4.43	3.34	2.40	4.80	3.60
0.36	0.67	8.80	12.82	10.81	5.09	14.50	9.79
0.38	0.71	21.67	23.09	22.38	21.13	25.50	23.31
0.40	0.75	59.72	53.69	56.71	34.74	42.39	38.56

4.2.3 非饱和黄土的扩散率

1)原状黄土扩散率分析

图4.12是4个原状竖向和水平土样的体积含水率实测曲线。原状土水平和竖直土样靠近水源端体积含水率先增大,后减小,再增大。远离水源端体积含水率先增大而后又减小。体积含水率的突然增大是由于水分到达该点所致;逐渐减小,则由于土体的湿化引起孔隙减小导致水分被挤出,引起体积含水率的减小;试验后期体积含水率再次出现增大,则由于外在水源不断供给导致饱和状态。

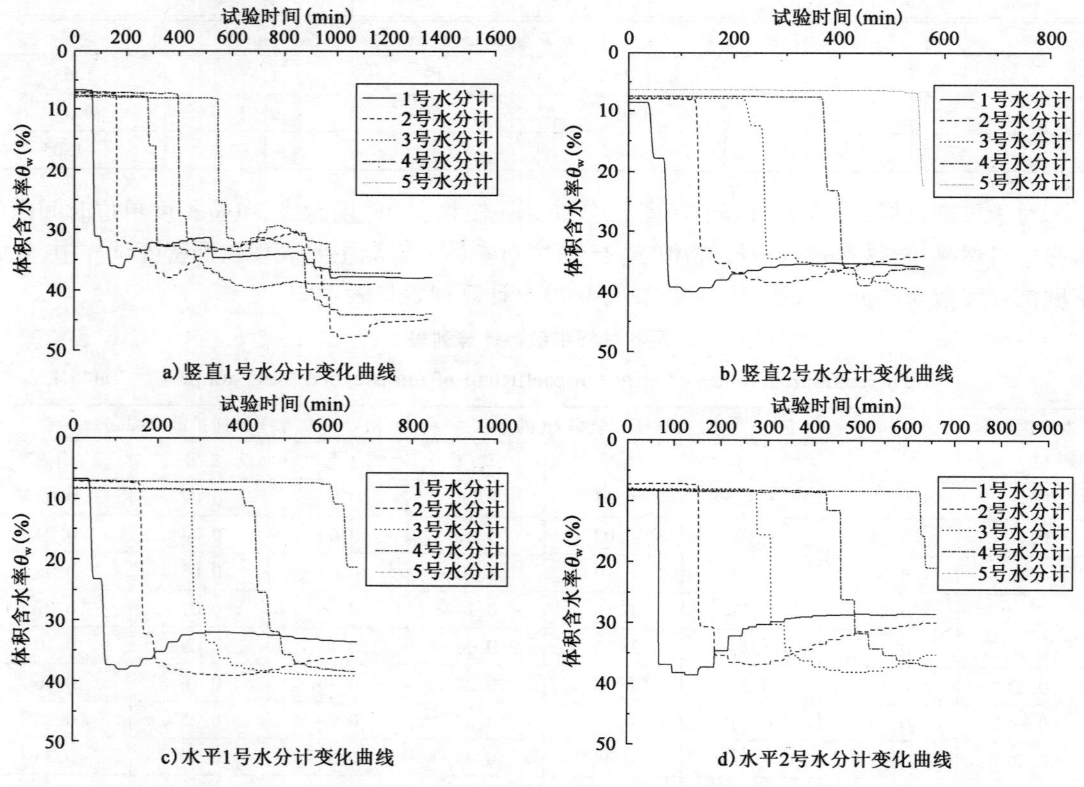

图4.12 原状黄土4个试样水分计变化曲线

Fig.4.12 The changes of volumetric water content of four undisturbed loess samples

测得土柱体积含水率分布后，将体积含水率 θ 与 λ 之间关系绘于图 4.13，并将实测曲线平滑处理。在曲线上取点利用式(4.3)列表计算得到扩散率 $D(\theta)$。竖直试样和水平试样扩散率 $D(\theta)$ 与饱和度 S_r 之间关系曲线如图 4.14 所示。

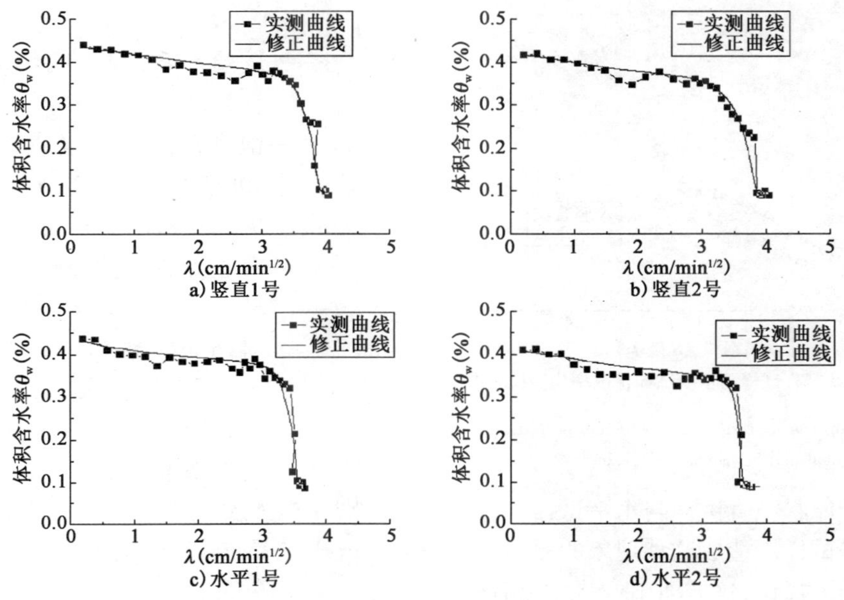

图 4.13　原状黄土 θ 与 λ 关系曲线

Fig. 4.13　The curve of volumetric water content θ and λ for the undisturbed loess

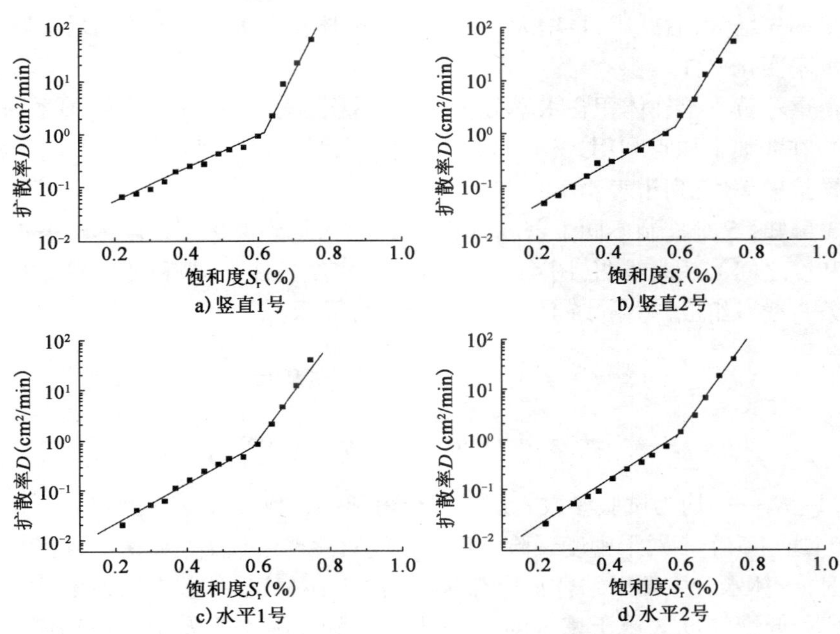

图 4.14　原状黄土扩散率 $D(\theta)$ 与饱和度 S_r 之间关系曲线

Fig. 4.14　The relationships between diffusion coefficient of undisturbed loess and saturation ratio

图4.15是原状竖直试样和水平试样扩散率均值与饱和度之间关系。在半对数曲线中,竖直试样与水平试样低饱和度区域扩散率相差较大,而饱和度高于60%以上,两者扩散率 D 相差较小。竖直试样与水平试样扩散率在饱和度60%左右,可近似由两条直线组成:

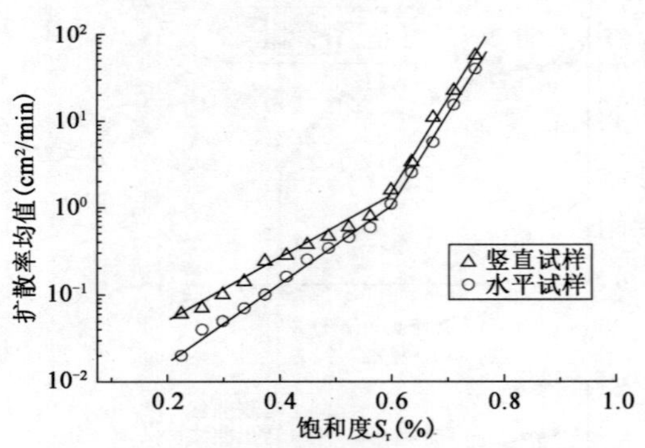

图4.15 原状竖直试样与水平试样扩散率均值比较图

Fig.4.15 Comparison of diffusion coefficient of undisturbed vertical and horizontal loess samples

$$\lg D = \alpha + \beta S_r \tag{4.10}$$

式中:α、β——试验参数,与土的物理力学指标有关;

S_r——饱和度。对于竖直试样,当 $S_r \leq 60\%$ 时,$\alpha = -2.06$,$\beta = 3.64$;当 $S_r > 60\%$ 时,$\alpha = -6.22$,$\beta = 10.67$;对于水平试样,当 $S_r \leq 60\%$ 时,$\alpha = -2.62$,$\beta = 4.38$;当 $S_r > 60\%$ 时,$\alpha = -6.43$,$\beta = 10.72$。从以上拟合参数来看,饱和度低于60%时,竖直与水平试样主要差别在斜率上。

非饱和原状竖直试样与水平试样扩散率主要差别在饱和度低于0.6的区域,而且竖直试样大于水平试样。造成这种现象的原因还在于竖直试样与水平试样的结构差异。该现象也可从细观结构上探讨,这方面工作将在以后研究。

2)重塑黄土扩散率分析

图4.16是5个不同干密度重塑黄土试样不同断面体积含水率实测曲线。靠近水源端的断面体积含水率先增大,后减小,再增大。远离水源端体积含水率先增大而后又减小。这与原状土体积含水率变化一样。

同样测得重塑黄土土柱体积含水率分布后,将体积含水率 θ 与 λ 之间关系修正光滑(文中不再列出),在曲线上取点利用式(4.3)列表计算得到扩散率 $D(\theta)$,5个不同干密度影响的重塑黄土试样扩散率值,列于表4.3。

由表4.3可知,5个控制不同干密度重塑黄土试样,得到考虑干密度影响下重塑黄土试样扩散率与饱和度之间关系曲线图(图4.17)。不同干密度条件下,饱和度达到0.65左右时,扩散率近似两条直线段组成,可由式(4.11)和式(4.12)表示:

$$\lg D = A_1 + B_1 S_r \qquad S_r \leq 0.65 \tag{4.11}$$

$$\lg D = A_2 + B_2 S_r \qquad S_r > 0.65 \tag{4.12}$$

式中:A_1、B_1、A_2、B_2——均为试验参数。通过拟合得到各参数值,列于表4.4。

文献[76]通过5个不同干密度试验发现干密度对渗透系数影响很大。文献[299]认为当含水率较小时,土体水分主要以结合水形态存在,干密度对黄土扩散率几乎无影响。本次试验(图4.17)表明,低饱和度区域干密度对重塑黄土扩散率影响要大于高饱和度区域,这与文献[76]结论不一致,而与文献[299]结论相符合。干密度和饱和度越小,水分扩散自然较快,反之水分扩散较慢。

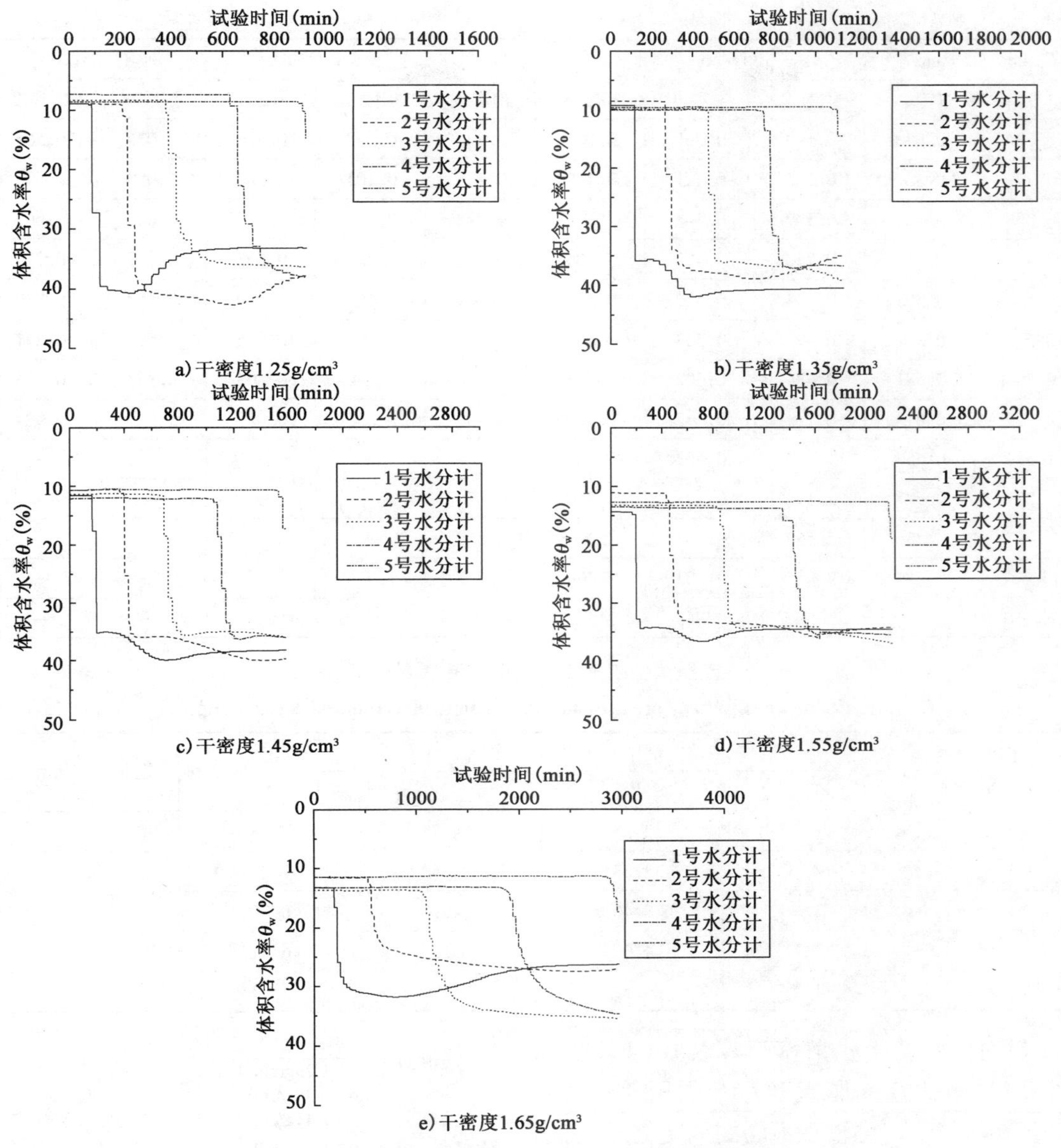

图4.16　5个不同干密度重塑黄土试样水分计变化曲线

Fig. 4.16　The changes of volumetric water content of five remolded loess samples

重塑黄土试样扩散率计算列表　　表4.3

The computed values of diffusion coefficient of remolded loess samples　　Table 4.3

$\rho_d=1.25g/cm^3$		$\rho_d=1.35g/cm^3$		$\rho_d=1.45g/cm^3$		$\rho_d=1.55g/cm^3$		$\rho_d=1.65g/cm^3$	
扩散率	饱和度	扩散率	饱和度	扩散率	饱和度	扩散率	饱和度	扩散率	饱和度
0.132	0.232	0.043	0.241	0.023	0.304	0.016	0.378	0.006	0.411
0.150	0.271	0.055	0.281	0.039	0.348	0.028	0.425	0.014	0.462
0.186	0.310	0.073	0.321	0.053	0.391	0.043	0.473	0.022	0.513

续上表

$\rho_d=1.25g/cm^3$		$\rho_d=1.35g/cm^3$		$\rho_d=1.45g/cm^3$		$\rho_d=1.55g/cm^3$		$\rho_d=1.65g/cm^3$	
扩散率	饱和度	扩散率	饱和度	扩散率	饱和度	扩散率	饱和度	扩散率	饱和度
0.234	0.348	0.109	0.361	0.086	0.435	0.068	0.520	0.036	0.565
0.271	0.387	0.135	0.401	0.119	0.478	0.103	0.567	0.059	0.616
0.338	0.426	0.199	0.442	0.15	0.522	0.141	0.614	0.085	0.667
0.448	0.465	0.256	0.482	0.204	0.565	0.21	0.662	0.227	0.719
0.518	0.503	0.313	0.522	0.258	0.609	0.407	0.709	0.508	0.770
0.648	0.542	0.427	0.562	0.466	0.652	0.992	0.756	1.595	0.821
0.786	0.581	0.484	0.602	0.721	0.695	2.54	0.803	2.854	0.873
0.927	0.619	0.714	0.642	1.420	0.739	6.255	0.851	5.317	0.924
1.380	0.658	1.052	0.683	3.636	0.782	—	—	—	—
2.881	0.697	2.134	0.723	6.760	0.826	—	—	—	—
7.165	0.736	5.569	0.763	12.816	0.869	—	—	—	—
14.677	0.774	9.865	0.803	19.266	0.913	—	—	—	—
29.491	0.813	23.146	0.843	—	—	—	—	—	—

重塑黄土扩散率拟合公式各参数列表 表4.4

The fitting parameters of diffusion coefficient of remolded loess samples Table 4.4

干密度 (g/cm^3)	试验参数				饱和度转折点 S_r
	A_1	B_1	A_2	B_2	
1.25	−1.43	2.28	−4.72	7.43	0.64
1.35	−2.09	3.03	−4.82	7.21	0.65
1.45	−2.61	3.40	−4.77	6.75	0.65
1.55	−3.27	4.01	−5.26	6.91	0.68
1.65	−4.05	4.61	−5.91	7.31	0.69

针对重塑黄土扩散率计算公式(4.11)和式(4.12)中试验参数,将这些参数用干密度表示,各参数与干密度呈现不同曲线变化形式,如图4.18所示。通过拟合可以得到各参数与干密度定量表达式,见式(4.13)~式(4.16)。

$$A_1 = a_1 + b_1\rho_d \tag{4.13}$$

$$B_1 = c_1 + d_1\rho_d \tag{4.14}$$

$$A_2 = \ln(a_2 + b_2\rho_d) \tag{4.15}$$

$$B_2 = c_2 + d_2\rho_d + g^2\rho_d \tag{4.16}$$

式中:拟合参数,$a_1=6.62$;$b_1=-6.42$;$c_1=-4.71$;$d_1=5.64$;$a_2=0.03$;$b_2=0.02$;$c_2=35.57$;$d_2=-39.07$;$g=13.29$。

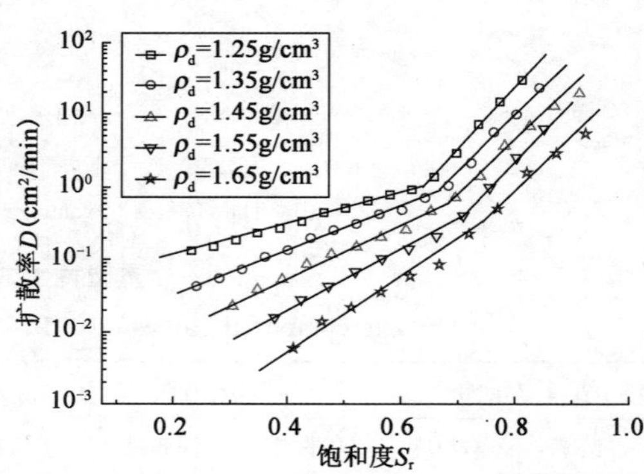

图4.17 重塑黄土试样扩散率与饱和度之间关系

Fig.4.17 The curve of diffusion coefficient of remolded loess and saturation ratio

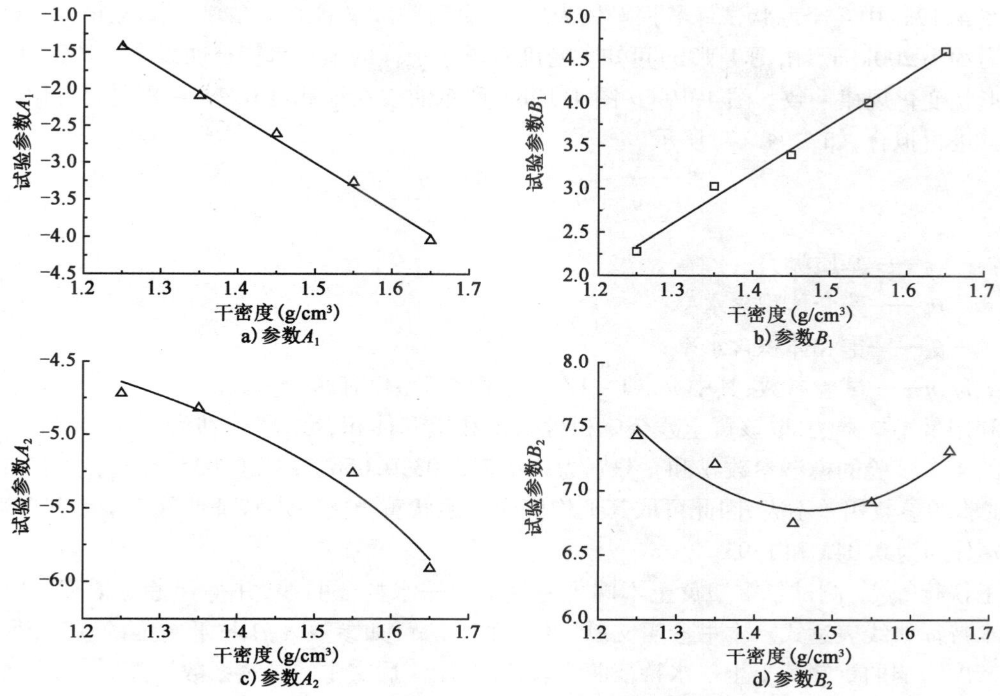

图4.18　重塑黄土扩散率拟合公式中各参数与干密度之间关系曲线

Fig. 4.18　Relationship between the parameters of fitted equation of diffusion coefficient of remolded loess samples and dry density

4.3　非饱和Q_3原状黄土的渗透系数

图4.19a)、图4.19b)分别是原状黄土4个试样以及重塑黄土5个试样土—水特征曲线图。采用TDR水分计和Fredlund热传导吸力探头组合测土—水特征曲线，缺点在于较难测得饱和度大于0.8以上以及饱和度低于0.17以下的数据点。同一试样不同断面测得的土—水特征曲线规律相同。

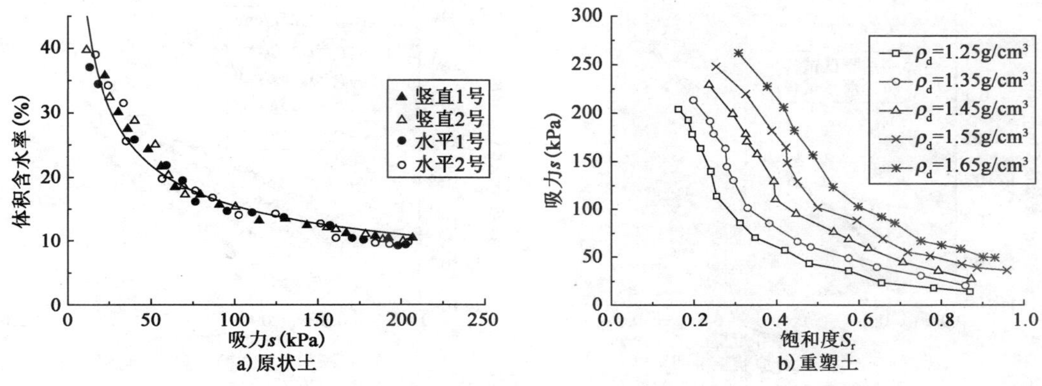

图4.19　原状和重塑黄土土—水特征曲线实测值

Fig. 4.19　Soil-water characteristic curves of undisturbed and remolded loess

图4.19a)中4个原状试样数据点较为接近,说明测试仪器的可靠性。原状黄土中测得最大吸力约为200kPa。由图4.19b)可知干密度对重塑土样的土—水特征曲线影响较大,但曲线总体形状变化规律一致。图4.19a)、图4.19b)所示曲线在饱和度0.2~0.8之间可用VG模型对其进行拟合,如式(4.17)所示。

$$\theta = \theta_r + \frac{\theta_s - \theta_r}{[1 + (\alpha s)^n]^m} \tag{4.17}$$

式中: s——基质吸力;

θ_r——残余体积含水率;

θ_s——饱和体积含水率;

α、m、n——试验参数,其中 $m = 1 - 1/n$,因此该模型仅有两个参数。

利用最小二乘法,取该黄土残余体积含水率和饱和体积含水率分别为0.05和0.5,拟合得到的4个试验的模型参数 α 和 n 分别为0.037、2.03,0.056、1.81,0.035、1.92,0.045、1.97,4个试验的参数相差不大,因此可取其平均值作为原状黄土土—水特征曲线VG模型参数值,α 和 n 分别为0.043和1.93。

王铁行等[300]测试了重塑黄土不同干密度的土—水特征曲线,并得到考虑干密度影响的土—水特征曲线表达式。本书参照文献[300]的方法可知参数 α、β 与干密度的联系,得到考虑干密度影响的重塑黄土土—水特征曲线表达式,用于后文中的渗透系数计算。

通过式(4.6),可将式(4.5)可以写成:

$$K(S_r) = D(S_r) \cdot C(S_r) \tag{4.18}$$

将容水率 $C(\theta)$ 转换为 $C(S_r)$,式(4.4)则变为:

$$C(S_r) = -\frac{dS_r}{ds} \tag{4.19}$$

先将式(4.17)单位kPa转化为cm(水头高度),再利用其求得容水率 $C(S_r)$。将式(4.10)、式(4.11)、式(4.12)和式(4.19)代入式(4.18)中,并结合式(4.13)~式(4.16),就可以算的非饱和原状竖直方向和水平方向渗透系数,以及考虑干密度影响的非饱和重塑黄土渗透系数,如图4.20a)、图4.20b)所示。

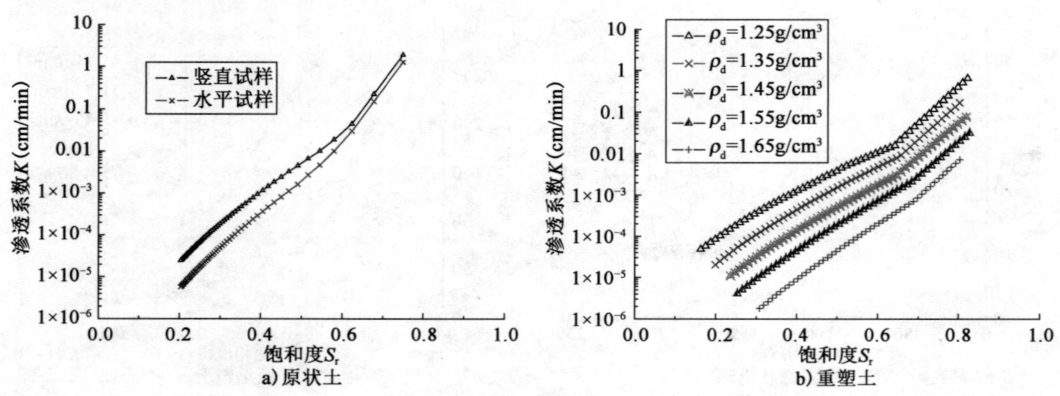

图4.20 非饱和原状和重塑黄土渗透系数与饱和度之间关系

Fig. 4.20 Unsaturated hydraulic conductivity of undisturbed and remolded loess

由图4.20a)可知非饱和原状竖直试样渗透系数大于水平试样渗透系数,但两者主要差别在于饱和度低于0.6区域,而饱和度高于此值则差距较小,这与扩散率变化曲线极为相似。非饱和渗透系数与饱和度之间关系仍可采用式(4.20)的形式:

$$\lg K(S_r) = A + BS_r \tag{4.20}$$

将式(4.6)和式(4.17)进行转化,代入上式,即可以得到非饱和渗透系数与吸力之间的关系,如式(4.21)所示,该式可以用于饱和—非饱和渗流计算。

$$\lg K(S) = A + \frac{B \cdot (1+e)}{e}\left\{\theta_r + \frac{\theta_s - \theta_r}{[1+(\alpha \cdot s)^n]^m}\right\} \tag{4.21}$$

式中:A、B——试验拟合参数;

e——孔隙比;其余参数与公式(4.17)相同。

图4.20b)中显示干密度对重塑非饱和Q_3黄土渗透系数变化的影响规律,干密度越小,非饱和渗透系数越大。将干密度和含水率相同的原状黄土试样以及重塑土试样的渗透系数列于图4.21中,由该图可知,在相同干密度和初始含水率相同情况下,原状竖直试样和水平试样非饱和渗透系数在低饱和度区域小于重塑土;而饱和度较高的区域原状试样大于重塑试样。原状土中有大孔隙,重塑黄土中孔隙尺寸比较均匀。饱和度较低时,水分主要在小孔隙中流动;高饱和度区域,水分进入大孔隙中,大小孔隙均成为水的流通通道。重塑黄土粒间多呈现连通结构,水分迁移过程中排气较为容易;而原状黄土中大孔隙和垂直节理多呈现半封闭结构,这对排气起到了阻碍作用,进而使得水分迁移受阻。因此造成了低饱和度区域重塑土渗透系数大于原状土的现象。

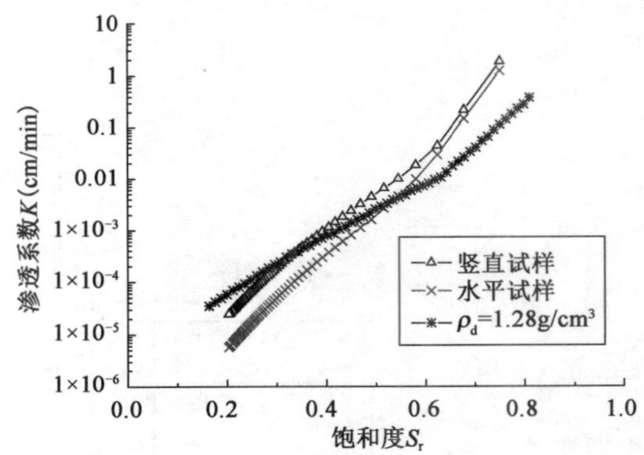

图4.21　相同干密度的非饱和原状黄土试样和重塑黄土试样渗透系数的比较

Fig.4.21　Comparisons of unsaturated hydraulic conductivity of undisturbed and remolded loess

干密度1.28g/cm³重塑黄土土粒相对密度较小,产生湿化变形较为容易。湿化变形后土样原有连通孔隙减小,土样变得密实,进而阻碍了水分迁移;而原状土样中孔隙和节理逐渐充满水的过程也是水分流动逐步加快的过程,所以出现较高饱和度区域原状土渗透系数大于重塑土的现象。

4.4　非饱和黄土渗气试验概况

4.4.1　试验原理及仪器构造

苗强强等[301]对常规三轴仪进行改造,设计和加工了一套三轴渗气仪,对非饱和含黏砂土进行了渗气试验。该仪器由三轴加载系统、微型压力传感器、静态数字应变仪、水箱、量筒、秒表和天平等组件构成(图4.22),具体仪器构造原理可参阅文献[301]。本书试验采用这套三轴渗气仪。通过前期仪器调试和试验准备，发现当试样含水率大于15%时，数字应变仪不能完全达到稳定状态，因此对原仪器进行了适当改造，将原仪器压力室水箱改为较大的水箱，一方面为压力传感器稳定提供可靠保障，另一方面可节省人力和时间，避免不断地向压力室注水。渗气试验装置实物图及结构示意图分别见图4.22和图4.23。

a) 试验装置整体示意图　　b) 压力传感器数据采集箱

图4.22　渗气试验装置实物图

Fig. 4.22　The views of gas permeability testing apparatus

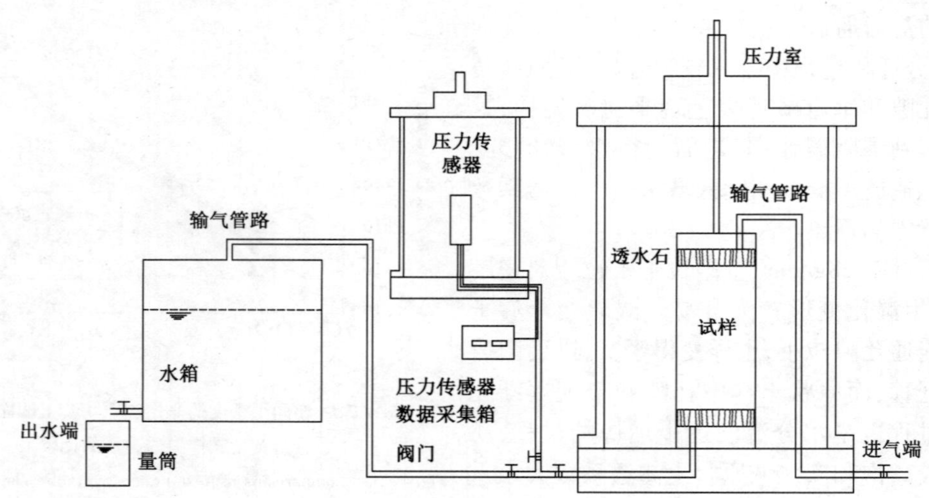

图4.23　渗气试验装置结构示意图

Fig. 4.23　Schematic diagram of gas permeability testing apparatus

4.4.2　试验方案及方法

试验用土取自兰州和平镇，沿探井每延米深度取得若干尺寸为30cm方形大试样，用铁盒包装运至实验室。本章中只使用了7个不同深度的原状黄土，其物理—力学指标见表4.5。从该表以及前文可知，整个试验场地，每一深度的干密度并不是一直增大，26m以下深度黄土密度有所减小。从室内湿陷试验可知，原状试样埋深1～34m范围内均有湿陷性（见附录湿陷性判定计算表）。

不同深度原状黄土物理—力学指标 表4.5

The physical index of undisturbed loess located in different depths Table 4.5

试样埋深(m)	土粒相对密度 d_s	初始含水率 w(%)	干密度 ρ_d(g/cm^3)	孔隙比 e	饱和度 S_r(%)	液限 w_L(%)	塑限 w_P(%)
5	2.71	7.67	1.28	1.10	18.87	27.62	17.15
10		11.30	1.31	1.07	28.65	28.62	17.55
15		14.03	1.33	1.04	36.74	28.82	17.63
21		13.58	1.35	1.01	36.54	27.45	17.07
26		15.20	1.39	0.95	43.38	28.02	17.30
30		18.85	1.35	1.01	50.71	29.00	17.68
34		19.43	1.41	0.92	57.12	28.45	17.48

含水率1%的试样,采用自然风干的办法,使其含水率尽可能降到最低,当试样(共12个)重量基本不变时,认为含水率已达到最低程度。通过后期对试样烘干获取含水率(表4.6),12个试样含水率基本在1.14%~1.95%之间;其他试样含水率控制采用风干和水膜转移法以及两者并用的方法。为了较为准确了解试样含水率,渗气试验结束后用烘干法实测土样,取得含水率最终值,每个试样具体的含水率参见下文,此处不再列出。

自然风干后的原状黄土试样含水率列表(单位:%) 表4.6

Initial physical index of undisturbed loess samples undergone natural air drying (unit: %) Table 4.6

试样埋深(m)	5	10	15	21	26	34
竖向	1.78	1.95	1.81	1.67	1.67	1.55
横向	1.58	1.41	1.42	1.89	1.58	1.14

将4个土层深度分别5m、15m、26m和34m的原状土粉碎,各自过1mm筛,配制6个不同含水率的黄土;通过分5层压实,得到与同深度原状土干密度相同的4组试样,共计24个重塑黄土试样。重塑黄土试样的初始物理—力学指标详见表4.7。

重塑黄土试样的初始物理—力学指标 表4.7

Initial physical index of remoulded loess samples Table 4.7

试样埋深(m)	土粒相对密度 d_s	干密度 ρ_d(g/cm^3)	孔隙比 e	配制含水率 w(%)
5	2.71	1.28	1.10	4.06 7.45 10.37 14.84 18.47 22.45
15		1.33	1.04	
26		1.39	0.95	
34		1.43	0.92	

试验前,首先标定数字应变仪读数与气压之间的关系。通过两次标定得到应变仪变化规律(图4.24),将两次标定所得斜率进行平均,得到数字应变仪1个电信号(代表1/13.92kPa气压)。

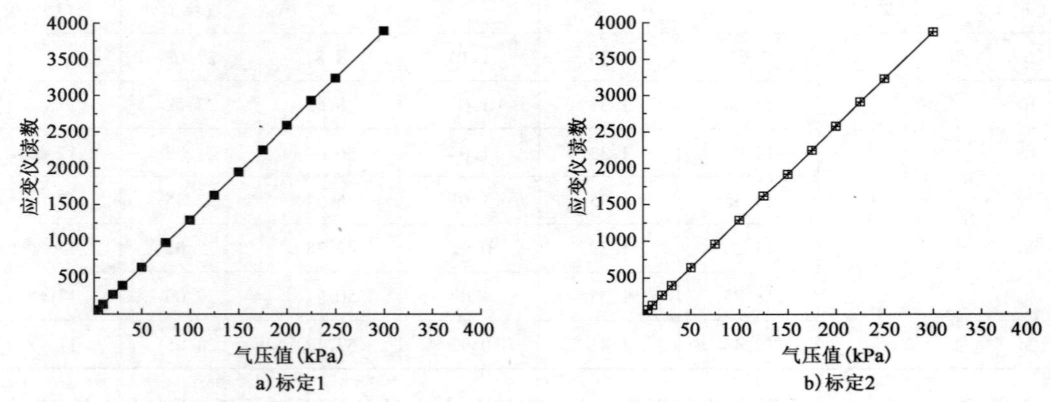

图4.24 数字应变仪标定曲线

Fig.4.24 The calibration curves of digital strain gauging unit

试验主要分为以下两个步骤:

(1)当气源通过试样后,等待数字应变仪读数稳定为1392,即试样底端压力也为100kPa,打开水箱阀门放水。

(2)当由试样进入水箱上部空气的体积流量与从水箱下部放出水的流量达到平衡时,即数字应变仪再次保持恒定时,开始用量筒接水并计时,用天平测量筒中水的质量(精度0.001g)。

完成以上步骤即得到一个压力梯度下的渗气系数。通过调节阀门(由小到大的次序)控制放水量,继续完成步骤(2)可得到不同梯度下的渗气系数。对不同梯度下的渗气系数进行平均,其值作为该试样最终渗气系数值。试验于2011年10月至11月在后勤工程学院实验室进行,实验室内温度约为20±2℃。计算气体体积时有必要对气体体积进行温度校核,换算为20℃标准温度时的体积,详见式(4.28)。

4.4.3 渗气系数计算方法

气体流动一般遵循Fick定律以及达西定律,其中,Fick定律表达式为:

$$\frac{\partial m}{\partial t} = -D\frac{\partial P}{\partial h} \tag{4.22}$$

式中:$\frac{\partial m}{\partial t}$——气体质量流动速率;

$\frac{\partial P}{\partial h}$——梯度;

D——气体常数。

理想气体状态平衡方程为:

$$PV = \frac{RT}{\mu} \cdot m \tag{4.23}$$

式中：P——气体压力，取101.3kPa；

V——气体体积；

R——普适常量，取8.31J·mol^{-1}·K^{-1}；

T——绝对温度，取273.15K；

μ——气体摩尔质量，取28.92×10^{-3}kg/mol；

m——气体质量。

将式(4.23)代入式(4.22)，得到气体单位面积流速：

$$v = -D\frac{RT}{AP\mu}\frac{\partial P}{\partial h} \tag{4.24}$$

式中：v——气体流速；

A——试样面积。

将上式简化，即得渗气系数k_a：

$$k_a = -D\frac{RT}{AP\mu} \tag{4.25}$$

再将式(4.22)代入上式，得到：

$$k_a = \frac{\frac{\partial V}{\partial t}}{\frac{\partial P}{\partial h}}\frac{\rho_a RT}{AP\mu} \tag{4.26}$$

将上式进行简化，得到：

$$v = \frac{P\mu}{\rho_a RT}k_a \cdot i \tag{4.27}$$

根据理想气体状态平衡方程，试验测量水的体积流速Q可写为：

$$Q = \frac{(P_{atm} - \Delta P)T_0}{P_{atm}T}Q' \tag{4.28}$$

式中：Q——量测水体积流速(cm^3/s)；

Q'——渗过土样、在气压P_{atm}下的气体体积流速(cm^3/s)；

P_{atm}——标准大气压，本书中统一为100kPa；

ΔP——试样上下端压力差(kPa)；

T——室内温度(K)；

T_0——标准温度，20℃。

单位面积气体流速：

$$v = \frac{Q}{A} = \frac{P_{atm} - \Delta P}{P_{atm}}\frac{Q'}{A}\frac{T_0}{T} \tag{4.29}$$

式中：Q'——量测水的体积流速。

压力梯度i与试样的高度h呈以下关系：

$$i = \frac{\Delta P}{\rho_w gh} \tag{4.30}$$

式中：ρ_w——水的密度（kg/m^3）；

g——重力加速度（N/kg）；

h——试样高度（m）。

根据以上描述，可将式（4.27）写为：

$$\frac{P\mu}{\rho_a RT}\cdot k_a=\frac{P_{atm}-\Delta P}{P_{atm}}\frac{Q'}{A}\frac{\rho_w gh}{\Delta P}\frac{T_0}{T} \tag{4.31}$$

上式，左端 $P\mu/(\rho_a RT)$ 在 20 ~ 30℃之间的值在 0.96668 ~ 0.99966 之间，接近于 1，为方便运算，将式（4.31）直接简化为：

$$k_a=\frac{P_{atm}-\Delta P}{P_{atm}}\frac{Q'}{A}\frac{\rho_w ghT_0}{T\Delta P} \tag{4.32}$$

该式由 Fick 定律利用质量流推导得来，下文中简称为方法一。

假设气体流动在一定范围内遵循达西定律[302,303]，多孔介质的一维体积流速可以写成：

$$Q=-k\frac{K_r}{\mu}A\frac{dP}{dx} \tag{4.33}$$

式中：Q——气体体积流速；

k——多孔介质固有渗透系数；

K_r——浸润气体的相对渗透系数；

μ——气体动黏滞系数；

A——多孔介质面积；

$\frac{dP}{dx}$——压力梯度。

为避免计算 K_r，达西定律也可以用渗气系数 k_a 表示，见下式：

$$Q=-\frac{k_a}{\rho_a g}A\frac{dP}{dx} \tag{4.34}$$

式中：g——重力加速度。

试验气体假设为理想气体，其连续性方程为：

$$\frac{\rho_{0a}T_0}{P_0}=\frac{\rho_a T}{P} \tag{4.35}$$

式中：ρ_{0a}——标准大气压 P_0 以及标准温度 T_0 下的气体密度；

ρ_a——压力 P 以及温度 T 下的气体密度。

假设质量流动速率 ρQ 是一常数，利用质量守恒定律，稳态流可以写为：

$$\frac{d(\rho_a Q)}{dt}=0$$

或者

$$\frac{d(\rho_a Q)}{dx}=0 \tag{4.36}$$

各相同性，恒温状态的一维稳态流的线性微分方程即为：

$$\frac{d^2P}{dx^2}=0 \tag{4.37}$$

上式的边界条件为：

$$\begin{cases} P = P_1, & x = 0 \\ P = P_2, & x = h \end{cases} \tag{4.38}$$

由线性微分方程和边界条件，得到：

$$P^2 = P_1^2 + \left(\frac{P_2^2 - P_1^2}{h}\right)x \tag{4.39}$$

由以上几式可得到任意一点 x 气体体积流量：

$$Q_x = -\frac{KA}{2\rho_a gh}\frac{P_2^2 - P_1^2}{\sqrt{P_1^2 + \left(\frac{P_2^2 - P_1^2}{h}\right)x}} \tag{4.40}$$

那么相应试样底端 h 处的气体体积流量即为：

$$Q_h = -\frac{k_a A}{\rho_a g}\frac{P_2^2 - P_1^2}{2hP_2} \tag{4.41}$$

由上式即可以得到渗气系数表达式：

$$k_a = \frac{2Q_h\rho_a ghP_2}{A(P_1^2 - P_2^2)} \tag{4.42}$$

由上式可以看到渗气系数与压力平方差 $P_1^2 - P_2^2$（kPa^2）有关，而不是仅与压力差 ΔP 有关。本书中 P_1 即为试验中施加的气压 100kPa，而且气体体积通过水的体积换算而来，加之考虑温度影响因素，因此对上式进行一定的修改：

$$k_a = \frac{2Q_h\rho_w ghP_2T_0}{A(P_{atm}^2 - P_2^2)T} \tag{4.43}$$

式(4.43)侧重计算试样底端的渗气系数，利用速度流进行推导而得，下文中简称方法二。由于两种计算方法中的 Q' 与 Q_h 值实质上相等，所以式(4.32)计算的 k_{a1} 和式(4.43)计算的 k_{a2} 两者之比为：

$$\frac{k_{a1}}{k_{a2}} = \frac{P_{atm} + P_2}{2P_{atm}} = \frac{P_{atm} + (P_{atm} - \Delta P)}{2P_{atm}} = 1 - \frac{\Delta P}{2P_{atm}} \tag{4.44}$$

由式(4.44)可知，随着压力差 ΔP 的增大，两种计算方法的差别将越加明显。通过实际对比两种计算方法所得渗气系数与压力平方差之间关系，无论是原状试样还是重塑试样（图 4.25），随着压力的增大，两种计算方法得到的渗气系数，均出现减小趋势。理论上渗气系数的值随着压力差的增大应该不变（稳态流范围内），但试验中得到渗气系数随着压力的增大而出现减小，这与试验误差有关，压力越大，气源稳定时间越久。因此为避免这种试验误差，将不同压力下的渗气系数进行平均，平均值作为一个含水率对应的渗气系数。

由图 4.25 可知，在较低压力下，两种计算方法渗气系数计算结果差别不大，而在较高压力下，两种计算结果较为明显。采用方法二计算可将试验误差尽量减小，也可以说在高压力下，利用达西定律推导的渗气系数公式计算结果要优于 Fick 定律推导的计算公式。

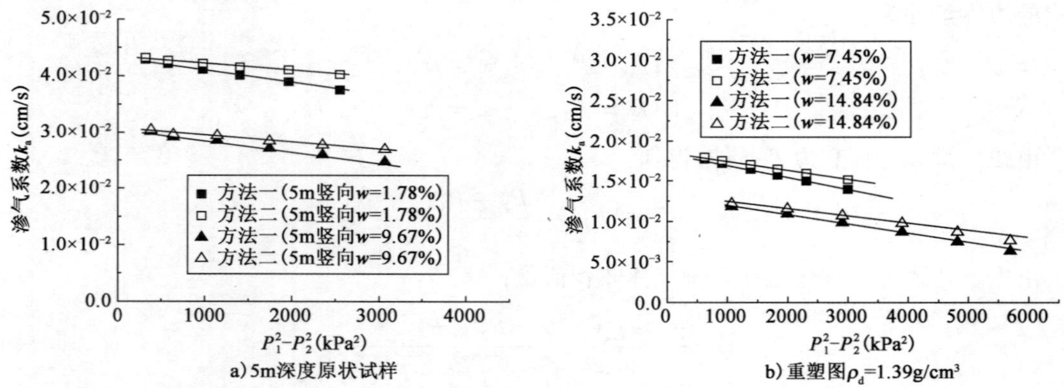

图4.25　不同计算方法对原状试样和重塑试样渗气系数的影响

Fig. 4. 25　The influence of different computational methods to gas permeability of undisturbed and remoulded samples

4.5　渗气试验结果分析

4.5.1　原状黄土渗气试验结果分析

图4.26a)~图4.37a)分别是各深度气体流速与压力平方差之间的关系，体积流速随着压力平方差增大而呈现直线增长的趋势，这也说明按照前文渗气系数计算方法的合理性，气体在试验压力范围内遵循了达西定律稳态流的假设。图4.26b)~图4.37b)分别是渗气系数与压力平方差之间的关系曲线，随着压力平方差的增大，渗气系数有些减小，但基本趋近一常数，可将不同压力平方差下的渗气系数进行平均处理，得到不同深度下各含水率影响的渗气系数值。

由图4.26a)~图4.37a)可知，气体体积流速亦随含水率增大而减小；由图4.26b)~图4.37b)可知渗气系数随着含水率的增大逐渐减小。一定干密度条件下，含水率越高，水分占据空气体积越大，由于水分存在孔隙中而阻碍气体的流动。这与前人研究结果相同。

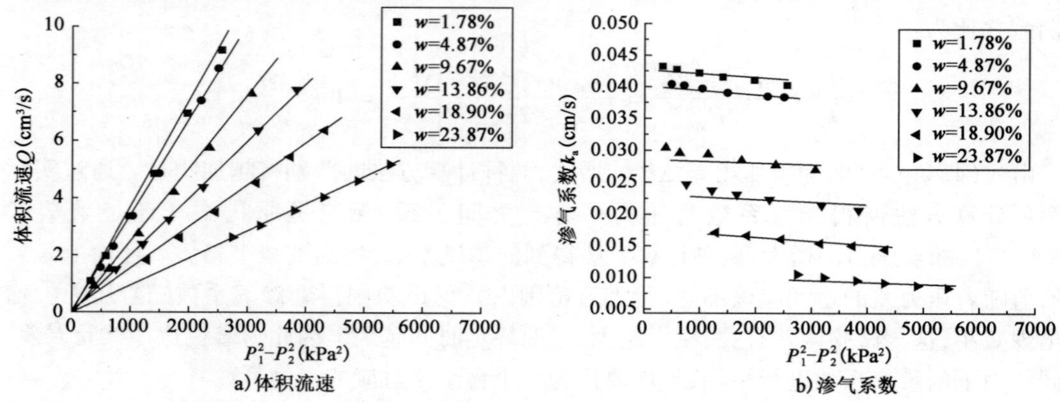

图4.26　5m深度竖向原状黄土渗气系数和流速随梯度的变化规律

Fig. 4. 26　Variation of gas flow rate and gas permeability in relation to gas differential pressure of vertical undisturbed samples in depth 5m

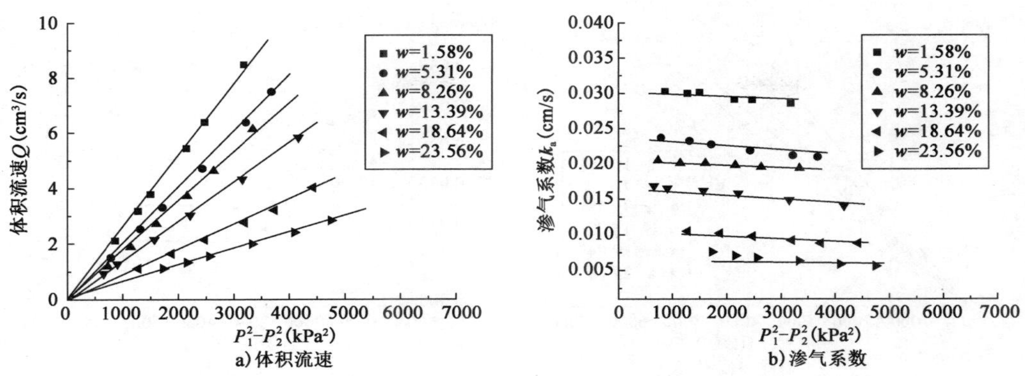

图4.27 5m深度横向原状黄土渗气系数和流速随梯度的变化规律

Fig. 4.27 Variation of gas flow rate and gas permeability in relation to gas differential pressure of horizontal undisturbed samples in depth 5m

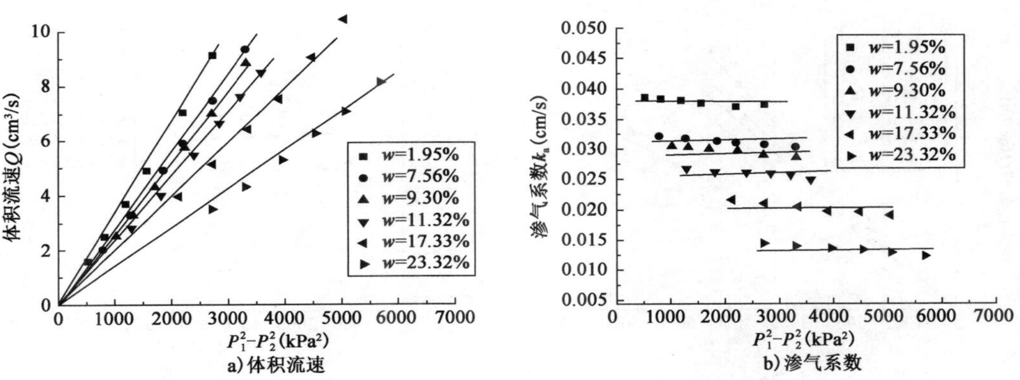

图4.28 10m深度竖向原状黄土渗气系数和流速随梯度的变化规律

Fig. 4.28 Variation of gas flow rate and gas permeability in relation to gas differential pressure of vertical undisturbed samples in depth 10m

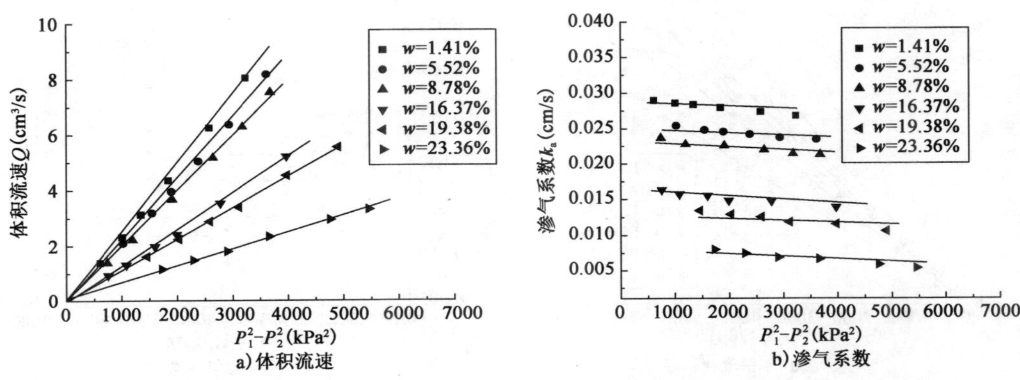

图4.29 10m深度横向原状黄土渗气系数和流速随梯度的变化规律

Fig. 4.29 Variation of gas flow rate and gas permeability in relation to gas differential pressure of horizontal undisturbed samples in depth 10m

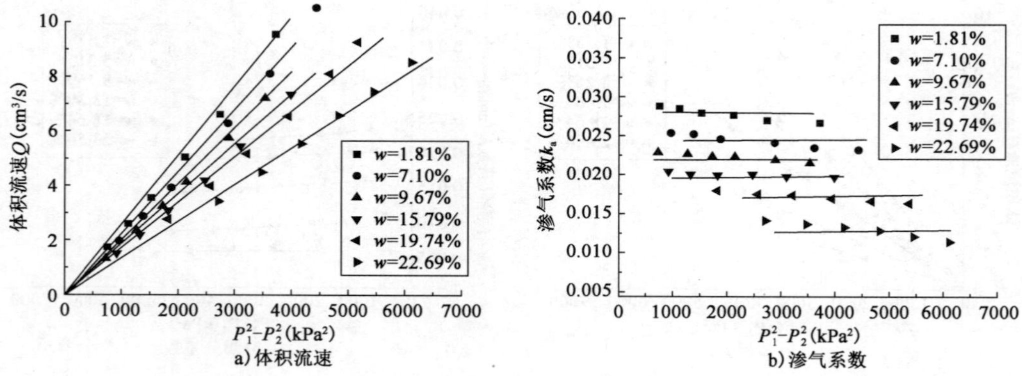

图4.30 15m深度竖向原状黄土渗气系数和流速随梯度的变化规律

Fig. 4.30 Variation of gas flow rate and gas permeability in relation to gas differential pressure of vertical undisturbed samples in depth 15m

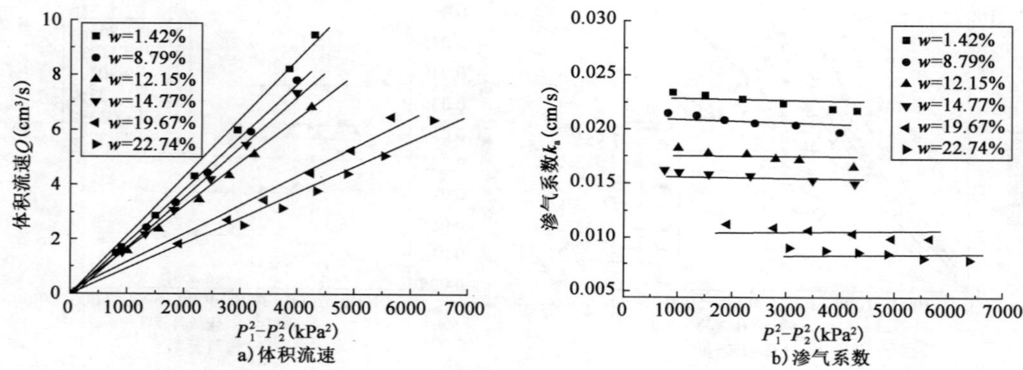

图4.31 15m深度横向原状黄土渗气系数和流速随梯度的变化规律

Fig. 4.31 Variation of gas flow rate and gas permeability in relation to gas differential pressure of vertical undisturbed samples in depth 15m

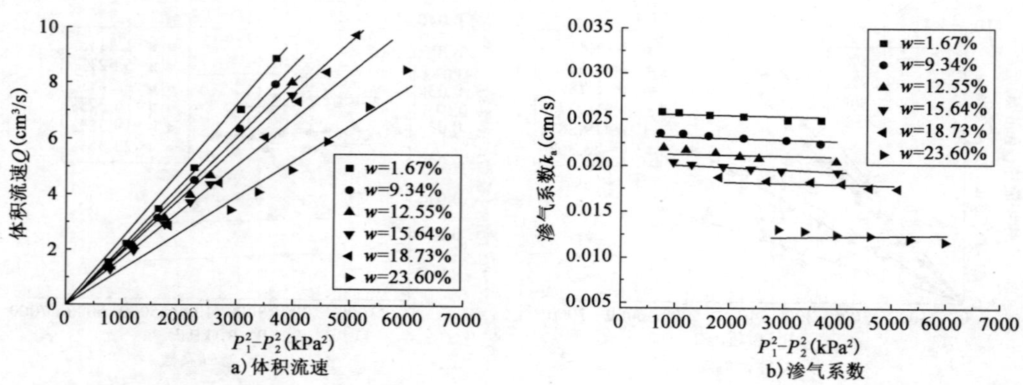

图4.32 21m深度竖向原状黄土渗气系数和流速随梯度的变化规律

Fig. 4.32 Variation of gas flow rate and gas permeability in relation to gas differential pressure of vertical undisturbed samples in depth 21m

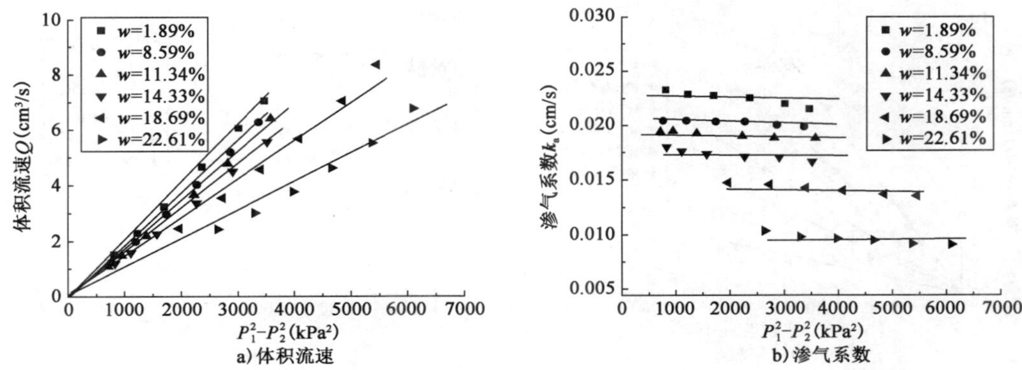

图4.33 21m深度横向原状黄土渗气系数和流速随梯度的变化规律

Fig. 4.33 Variation of gas flow rate and gas permeability in relation to gas differential pressure of vertical undisturbed samples in depth 21m

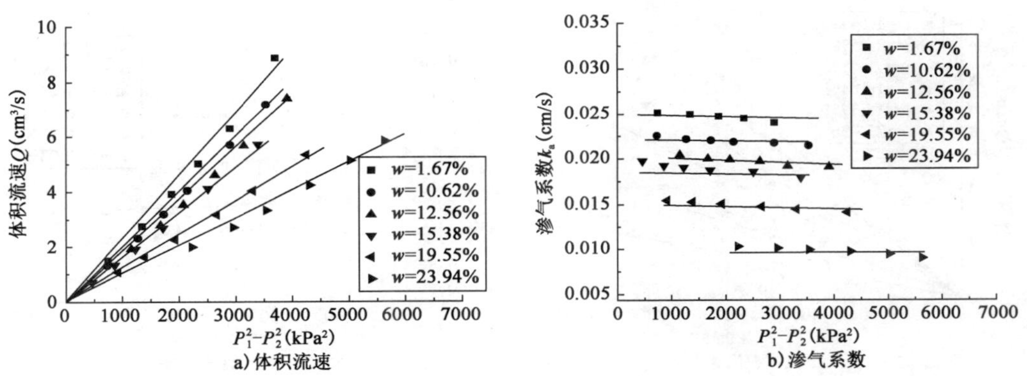

图4.34 26m深度竖向原状黄土渗气系数和流速随梯度的变化规律

Fig. 4.34 Variation of gas flow rate and gas permeability in relation to gas differential pressure of vertical undisturbed samples in depth 26m

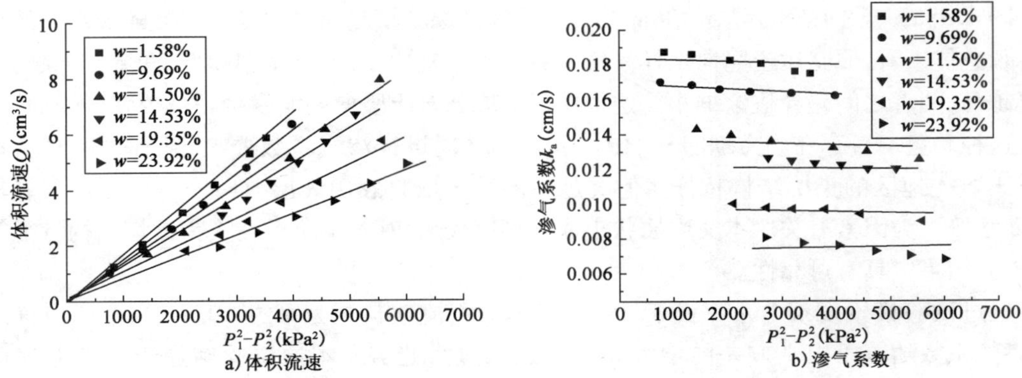

图4.35 26m深度横向原状黄土渗气系数和流速随梯度的变化规律

Fig. 4.35 Variation of gas flow rate and gas permeability in relation to gas differential pressure of vertical undisturbed samples in depth 26m

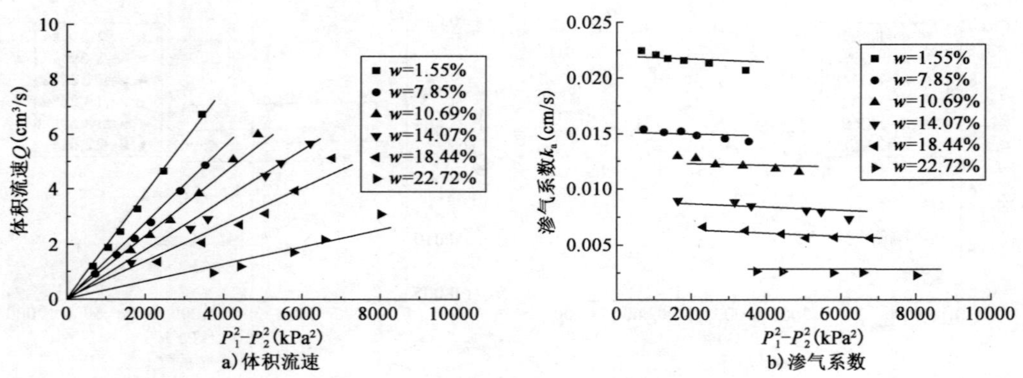

图 4.36　34m 深度竖向原状黄土渗气系数和流速随梯度的变化规律

Fig. 4.36　Variation of gas flow rate and gas permeability in relation to gas differential pressure of vertical undisturbed samples in depth 34m

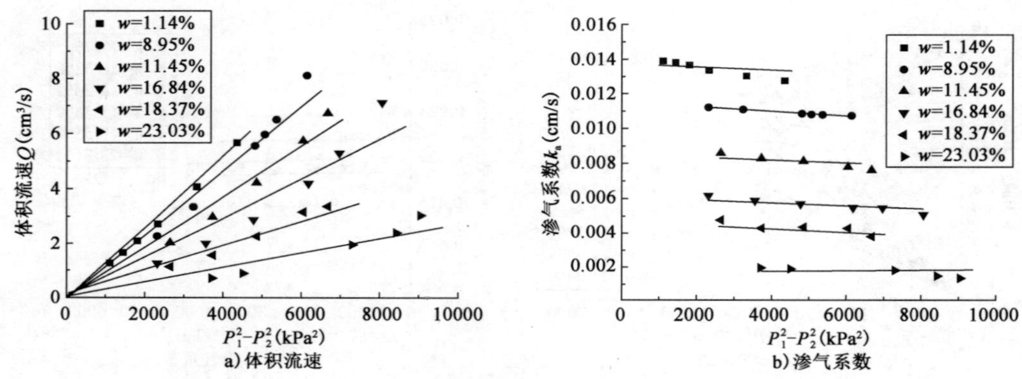

图 4.37　34m 深度横向原状黄土渗气系数和流速随梯度的变化规律

Fig. 4.37　Variation of gas flow rate and gas permeability in relation to gas differential pressure of vertical undisturbed samples in depth 34m

图 4.38a) ~图 4.38f) 是 5 ~34m 共计 6 个深度原状横竖向试样渗气系数随含水率的变化曲线。总体来看,原状黄土竖向试样渗气系数要大于横向试样,含水率越低,两者差异越大;含水率越高,两者之间差异逐渐缩小。这也验证了原状黄土竖向孔洞发育特征要强于横向孔洞,而且这种趋势一直存在。文献[134]中试验得到横向试样渗气系数要大于竖向试样,基本上有悖于黄土地区的土壤结构特征。但文献中的黄土取自农田表层,且是农耕田地,可能与农耕、灌水等人为因素有关。本文中原状土取样深度较大,基本上不存在人为破坏结构特征等因素,试验结果应具有可靠性。

通过试验摸索发现含水率高于 25%,气体体积流速与压力平方差已不在单纯为直线关系,渗气系数随着压力平方差的增大而出现衰减过大趋势。本次试验施加于土样上气压为 100kPa,而高含水率的试样在 100kPa 气压作用下,水分会随着气体发生迁移,出现脱湿现象,尤其是含水率越高的试样,这种现象越加明显。弱结合水以及自由水移动引起渗气系数的增大。因此,该系统的缺点是无法较为准确量测高含水率条件下的渗气系数。

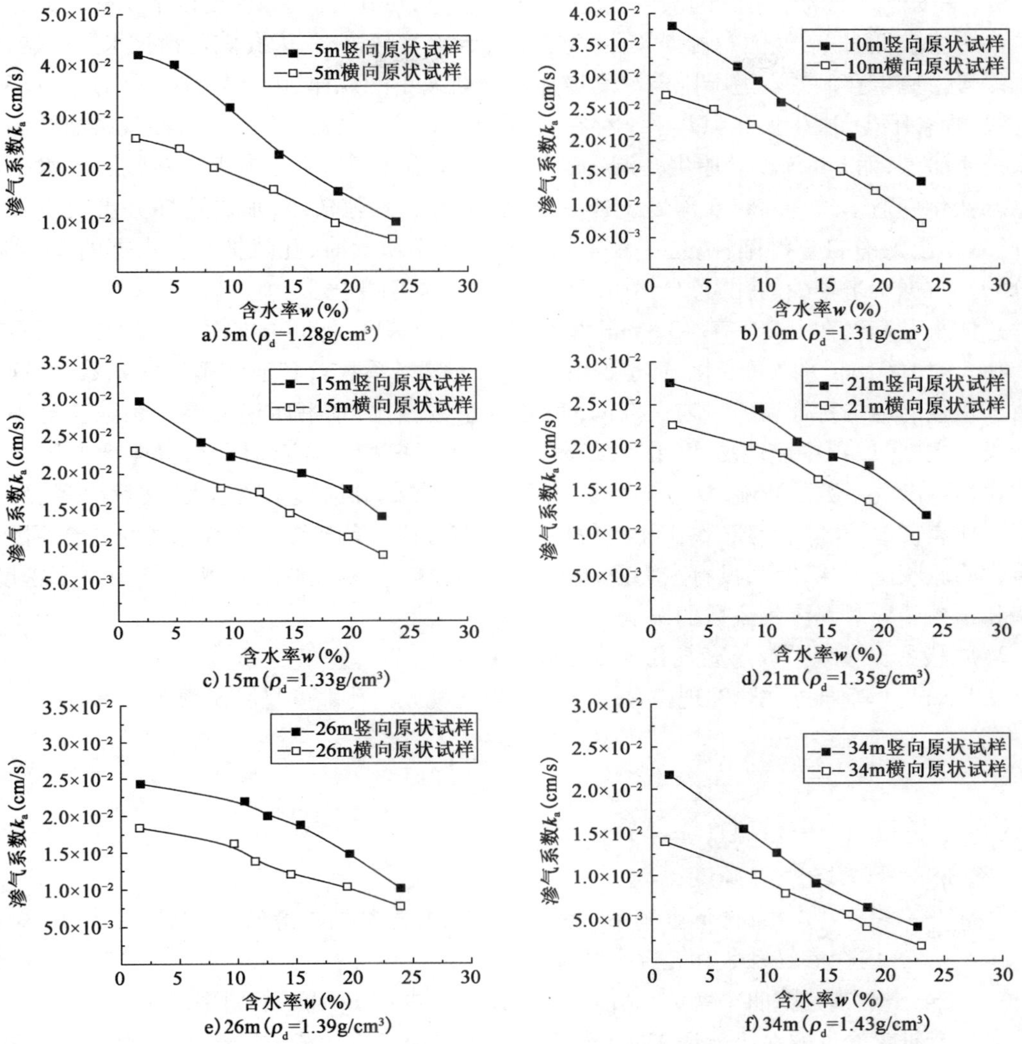
渗气系数k_a(cm/s)
含水率w(%)
5m竖向原状试样
5m横向原状试样
a) 5m (ρ_d=1.28g/cm³)
10m竖向原状试样
10m横向原状试样
b) 10m (ρ_d=1.31g/cm³)
15m竖向原状试样
15m横向原状试样
c) 15m (ρ_d=1.33g/cm³)
21m竖向原状试样
21m横向原状试样
d) 21m (ρ_d=1.35g/cm³)
26m竖向原状试样
26m横向原状试样
e) 26m (ρ_d=1.39g/cm³)
34m竖向原状试样
34m横向原状试样
f) 34m (ρ_d=1.43g/cm³)

图 4.38　不同深度横竖向原状黄土渗气系数的差异

Fig. 4.38　Variation of gas permeability of vertical and horizontal undisturbed samples in different depths

1) 原状黄土渗气系数与含水率之间关系

含水率的变化直接影响渗气系数的变化，这在许多文献中都得到了证实。含水率对原状黄土渗气系数的影响肯定存在，但是如何影响则需要进一步研究。图 4.38a) ~ 图 4.38f) 分别是 6 个不同深度试样渗气系数随含水率的变化曲线，总体来看，渗气系数均随着含水率的增大而减小，但不同深度的试样随含水率变化的敏感程度不同。

由图 4.38a) 中可知第一个含水率条件下与最后一个含水率条件下的渗气系数相差 4.5 倍左右；而由其余图可知这种比值仅相差 2.5 倍左右。而由图 4.38f) 可知 34m 深度渗气系数随含水率变化较为敏感，竖向试样第一个含水率条件下的渗气系数是最后一个含水率条件下渗气系数的 9 倍，而横向也相差了 8 倍之多。从图 4.38 整体来看，含水率对这些中间范围土层的影响较为稳定，而较浅和较深土层的渗气系数含水率对其影响则较大。

5m 深度处发现肉眼可见的次生孔隙，如植物根茎，虫孔等，而该深度以下土样均为原生孔洞。含水率较低时，空气优先占据大孔隙流动；而含水率较高时，大孔隙逐渐被水分占据，气体流动缓慢。原生孔洞基本遵循随着深度增加而逐渐减小的规律，因此较深土层的土质较为均匀，原生大孔隙少，次生大孔隙几乎不存在，导致了 10～26m 深度含水率对渗气系数的影响不是太过于激烈；而 5m 深度处原生孔洞，尤其是次生孔洞较多，这也为渗气系数随含水率增大而急剧变化创造了条件。34m 深度土样本身密度较大，孔隙较小，加之这部分土质也发生变化，已基本上没有自重湿陷性，这些因素均导致含水率增大时，孔隙被水分占据的概率加大。水分一旦占据本来较少的孔隙，自然引起渗气系数的急剧变化。

总体来看密度在 $1.28\sim1.43\text{g/cm}^3$ 变化，6 个不同深度、不同方向原状土的渗气系数基本在 0.045～0.001cm/s 之间变化，这也说明原状黄土渗气系数较其他土壤渗气系数大，这本身与黄土很强的结构特征有关。与文献[134]渗气系数相比，本书所述的渗气系数甚至小了一个量级。文献[134]中密度更小，在 1.25g/cm^3 以下，密度是一方面因素；其主要原因在于有机质含量对渗气系数的影响，Dexter[125]认为有机质含量越高渗气系数越大，文献[134]研究的黄土为地表耕地，孔隙、裂隙、农作物残留根茎等较多，这才是其渗气系数超高的主要原因。本书所述的原状土埋深较大，没有人为及动植物因素影响，真实反映了原状黄土由于干密度、含水率和结构差异对其渗气系数的影响。

2）原状黄土渗气系数与充气孔隙度之间关系

Moldrup[122]等通过试验发现内在渗气系数与土壤充气孔隙度呈幂函数关系，即：

$$\frac{k_{\text{in}}}{k_{\text{in}}^*}=\left(\frac{\eta}{\eta_{\text{in}}^*}\right)^{\xi} \tag{4.45}$$

式中：k_{in}——内在渗气系数（cm^2）；

η——土壤充气孔隙度；

k_{in}^*、η_{in}^*——一定吸力条件下渗气系数和土壤充气孔隙度的参考值，一般采用 10kPa 对应的内在渗气系数和充气孔隙度；

ξ——土壤孔隙曲率系数，其值为土—水特征曲线 $\lg\theta\text{-}\lg S$ 的斜率。

本小节研究的目的在于验证 Moldrup 模型是否能用于原状黄土。将式(4.45)化简得到：

$$k_{\text{in}}=\frac{k_{\text{in}}^*}{(\eta_{\text{in}}^*)^{\xi}}(\varepsilon)^{\xi} \tag{4.46}$$

上式可以认为幂函数

$$k_{\text{in}}=a(\varepsilon)^{b} \tag{4.47}$$

式中，$a=k_{\text{in}}^*/(\eta_{\text{in}}^*)^{\xi}$；$b=\xi$。

渗气系数与土壤内在渗气系数之间存在如下关系[304]：

$$k_{\text{in}}=\frac{k_{\text{a}}\mu}{\rho_{\text{a}}g} \tag{4.48}$$

式中：k_{a}——渗气系数；

μ——空气动力黏滞系数（Pa·s），20℃时其值为 $17.9\times10^{-6}\text{Pa}\cdot\text{s}$；

ρ_{a}——空气密度，取 1.25g/cm^3；

g——重力加速度。

通过计算可以得到不同土层原状试样的内在渗气系数。

将各深度横竖向试样渗气系数与充气孔隙度之间关系绘于图4.39a)~图4.39f)，并依照式(4.48)将系数换算为内在系数，利用最小二乘法进行拟合，得到式(4.47)的系数 a 和 b 及相关系数，其值列于表4.8中。由该表可知，除34m试样外，系数 a 和 b 均随着密度的增加而逐渐减小，即土壤孔隙曲率系数 ξ 逐渐减小，说明土壤中孔隙在减小，这也符合客观规律。

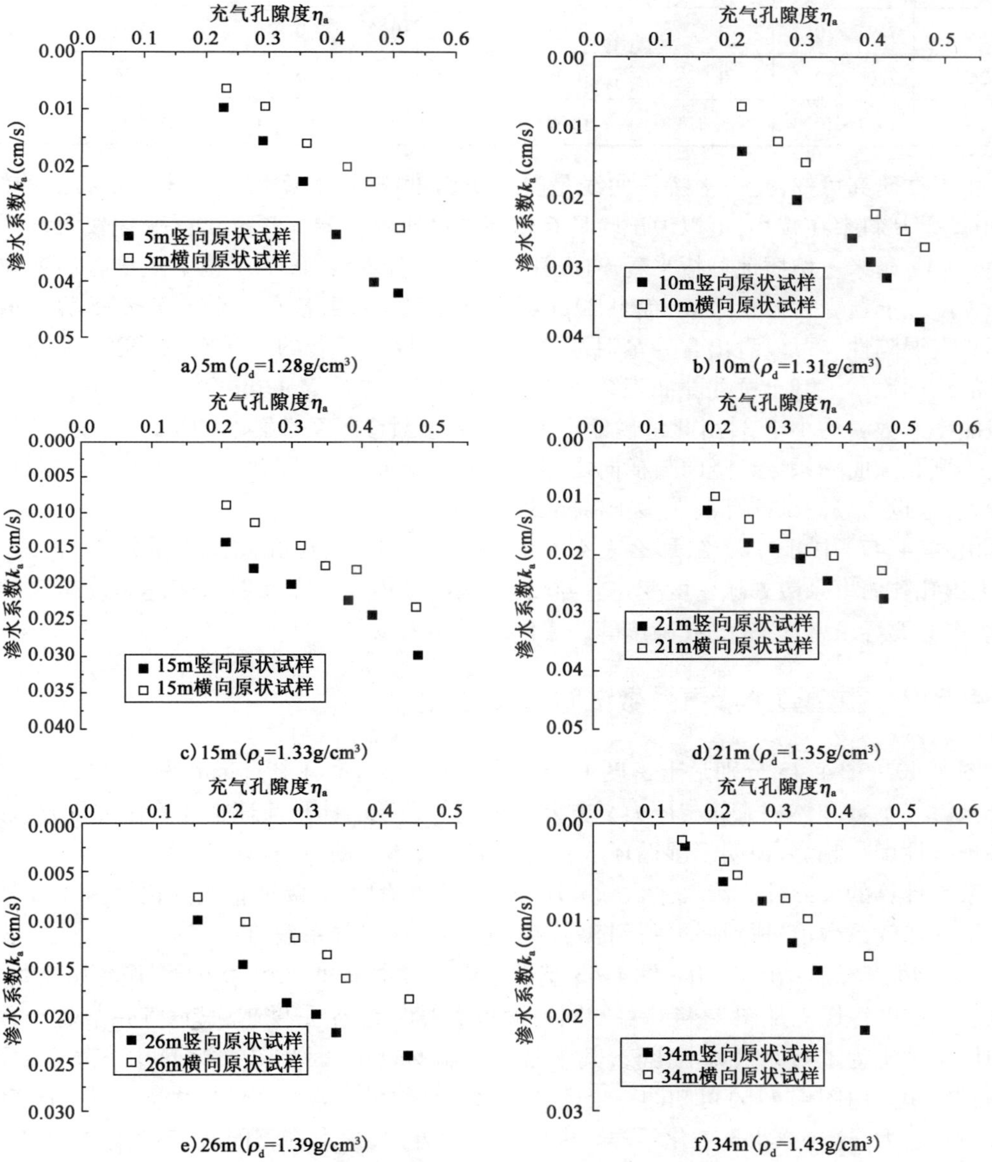

a) 5m (ρ_d=1.28g/cm³)　　b) 10m (ρ_d=1.31g/cm³)

c) 15m (ρ_d=1.33g/cm³)　　d) 21m (ρ_d=1.35g/cm³)

e) 26m (ρ_d=1.39g/cm³)　　f) 34m (ρ_d=1.43g/cm³)

图4.39　不同深度横竖向原状黄土渗气系数与充气孔隙度之间关系

Fig. 4.39　Variation of gas permeability with air-filled porosity of vertical and horizontal undisturbed samples in different depths

Moldrup 模型参数及相关系数 表 4.8

The parameters of Moldrup model Table 4.8

土样埋深（m）	竖向试样			横向试样			b_v/b_h
	a_v	b_v	R^2	a_h	b_h	R^2	
5	2.16×10^{-7}	1.784	0.984	1.64×10^{-7}	1.989	0.99	0.897
10	1.43×10^{-7}	1.311	0.989	1.20×10^{-7}	1.453	0.986	0.902
15	7.47×10^{-8}	0.791	0.961	7.47×10^{-8}	1.089	0.986	0.725
21	7.71×10^{-8}	0.828	0.982	6.96×10^{-8}	0.918	0.973	0.902
26	7.06×10^{-8}	0.774	0.961	5.25×10^{-8}	0.867	0.976	0.893
34	1.51×10^{-7}	1.878	0.993	7.74×10^{-7}	1.611	0.991	1.166

由以往研究可知，土—水特征曲线是受土壤密度制约的，密度越大土—水特征曲线越平缓，也就是其斜率在减小，可以说试验具有较高的准确性。34m 深度试样变化较大，这与土质有关。从每延米土壤质地分析来看，31m 深度是一个分界线，该深度以下土壤含砂颗粒较少，而该深度以上黄土含砂量很高，而且 34m 深度土样湿陷系数基本上小于 0.0015 界限值，基本上不具有湿陷性。可以看出含砂量对渗气系数影响也是显著的。从文献[305]可知，含砂量较低的法国原状土其土壤孔隙曲率系数 ξ 甚至高达 15.6，而 Moldrup 等[306]则测得砂土的土壤孔隙曲率系数 ξ 均小于 3，由此也佐证了关于含砂量对渗气系数影响的结论。另外，26m 深度以上土壤孔隙曲率系数 ξ 竖向与横向之间的比值小于 1 说明竖向原状土持水能力相对横向试样较差，这也与竖向试样孔洞较多于横向试样有关。

由式(4.47)中可知 $b=\xi$，那么表 4.8 中 b_v 和 b_h 即是土壤孔隙曲率系数 ξ。由表 4.8 可知，土壤孔隙曲率系数 ξ 随密度变化差异较大，因此不能用一个参数来表达密度带来的影响。因此，有必要寻求密度、充气孔隙度等因素同时影响的渗气模型。

4.5.2 重塑黄土渗气系数试验结果分析

图 4.40 ~ 图 4.43 分别是干密度 $1.28g/cm^3$、$1.35g/cm^3$、$1.39g/cm^3$ 和 $1.43g/cm^3$ 的压实黄土其渗气系数和体积流速与压力平方差之间的关系图。体积流速也随着压力平方差的增大而呈现线性增长趋势，说明干湿循环压实黄土中的气体流动遵循达西定律，也说明试验方法和渗气系数计算的可靠性。渗气系数随着压力平方差的增大也接近直线变化，可将不同压力平方差下的渗气系数值进行平均，得到含水率对应的最终渗气系数值。

图 4.44 是在总结图 4.40 ~ 图 4.43 基础上得到含水率和干密度对干湿循环压实黄土渗气系数影响的曲线图。从图 4.44a) 可知同一含水率条件下，干密度越大，渗气系数越小；由于本书中压实黄土为了与原状黄土比较，其干密度控制的较小，因此图 4.44a) 中渗气系数下降趋势相对较小。由图 4.44b) 可知同一干密度下渗气系数随着含水率的增大而减小；干密度越小渗气系数越大，这与原状土变化一样。由以上分析可知，含水率相同时，渗气系数随着干密度的增大呈现线性减小趋势。含水率越小，干密度对渗气系数影响较大；反之则小。总体来看，当含水率和密度增大时，渗气系数均随其减小。

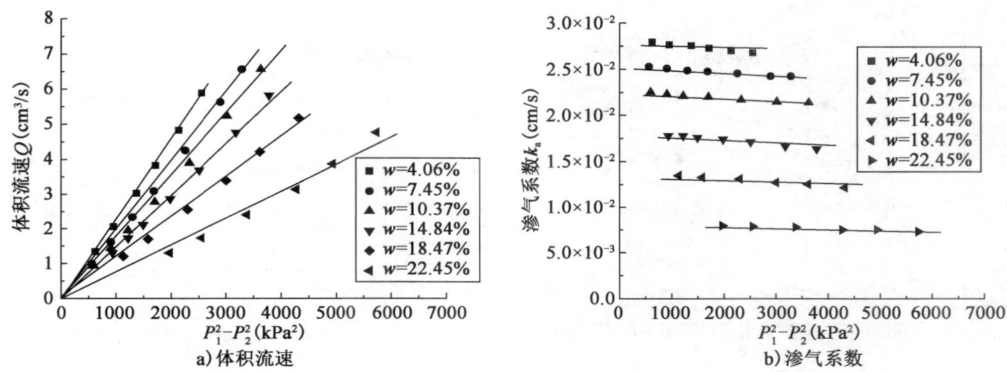

图 4.40 干密度 1.28cm³/g 条件下干湿循环重塑黄土渗气系数和流速随梯度的变化规律

Fig. 4.40 Variation of gas flow rate and gas permeability in relation to gas differential pressure of remoulded samples undergoing wetting and drying cycles ($\rho_d = 1.28\text{g/cm}^3$)

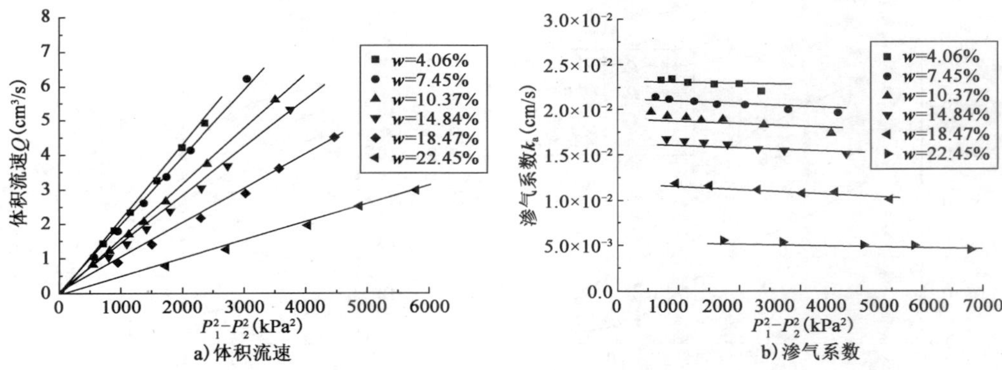

图 4.41 干密度 1.35cm³/g 条件下干湿循环重塑黄土渗气系数和流速随梯度的变化规律

Fig. 4.41 Variation of gas flow rate and gas permeability in relation to gas differential pressure of remoulded samples undergoing wetting and drying cycles ($\rho_d = 1.35\text{g/cm}^3$)

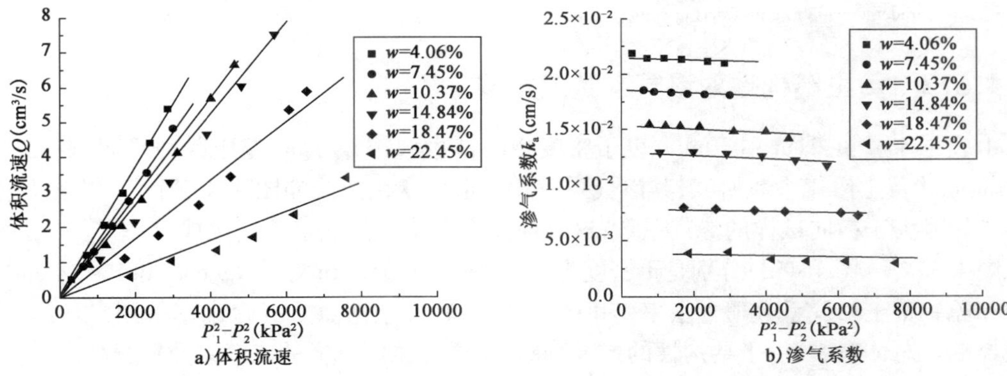

图 4.42 干密度 1.39cm³/g 条件下干湿循环重塑黄土渗气系数和流速随梯度的变化规律

Fig. 4.42 Variation of gas flow rate and gas permeability in relation to gas differential pressure of remoulded samples undergoing wetting and drying cycles ($\rho_d = 1.39\text{g/cm}^3$)

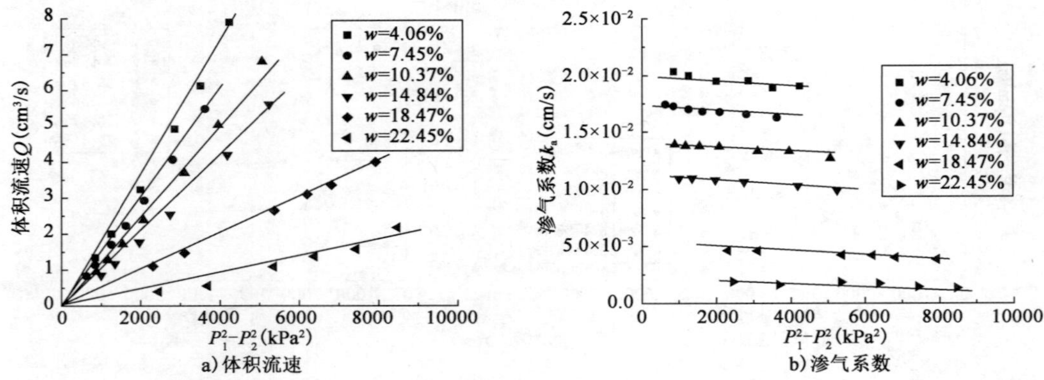

图4.43　干密度1.43cm³/g条件下干湿循环重塑黄土渗气系数和流速随梯度的变化规律

Fig. 4.43　Variation of gas flow rate and gas permeability in relation to gas differential pressure of remoulded samples undergoing wetting and drying cycles ($\rho_d = 1.43g/cm^3$)

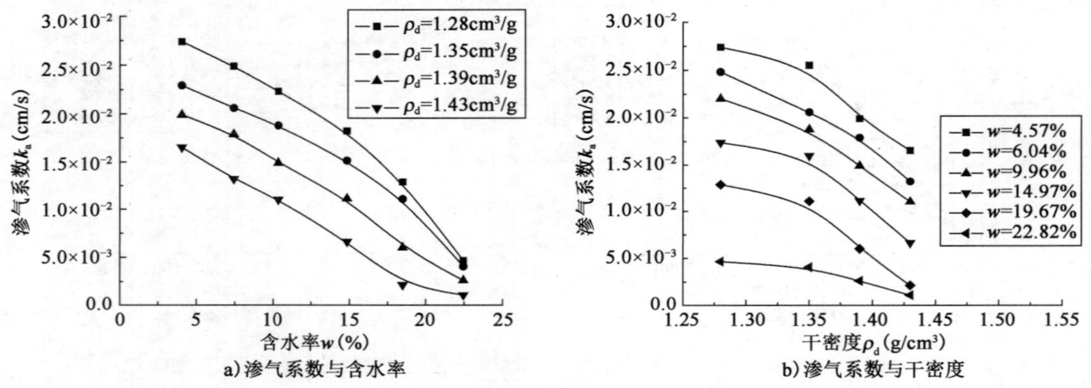

图4.44　含水率和干密度对干湿循环压实黄土渗气系数的影响

Fig. 4.44　Variation of gas permeability and gas flow rate in relation to water content and dry density of remoulded samples undergone wetting and drying cycles

4.5.3　黄土结构性对渗气系数的影响

由表4.5可知,21m和30m深度干密度相同,均为1.35g/cm³,鉴于此种特征,本文也进行了30m原状黄土渗气系数研究,其渗气系数随含水率变化曲线如图4.45所示。由图可知,竖向试样始终大于横向试样的渗气系数,这与前文中原状土渗气系数变化规律一致。

图4.46a)~图4.46d)分别是干密度为1.28g/cm³、1.35g/cm³、1.39g/cm³和1.43g/cm³重塑黄土和原状黄土渗气系数随含水率变化的曲线图,其中重塑黄土的含水率采用自然风干和滴水法控制。总体来看,由于结构性的差异,原状试样与压实试样的渗气系数差异较大。竖向原状试样渗气系数始终大于横向原状试样,这在前文中已经列举;竖向原状试样渗气系数均大于重塑试样;而横向原状试样渗气系数曲线与重塑试样渗气系数均有1个交叉点,该交叉点前重塑试样要大于横向原状试样的渗气系数,交叉点后重塑试样要大于横向原状试样的渗气系数,

也就是含水率越低,重塑试样渗气系数要大于横向原状试样,而含水率较高时,重塑试样渗气系数要小于横向试样。可以说重塑试样渗气系数较原状试样对含水率变化更为敏感。

图4.46b)是干密度均为1.35g/cm³原状和重塑试样渗气系数比较图。虽然3种试样密度均为一样,但其渗气系数变化却迥然不同。总体来看,重塑试样渗气系数随含水率变化要敏感于原状试样,重塑试样渗气系数变化曲线更加陡峭,而原状土低含水率区域,渗气系数变化则较为缓慢。虽然21m和30m深度试样干密度相同,但21m试样的渗气系数始终大于30m试样,这也从另一个侧面反映了干密度已不是控制渗气系数变化的主要因素。21m和30m在应力历史以及孔隙上均存在较大差异,孔隙特征分布也是影响渗气系数变化的决定因素,这一表现特征还需要进一步深入研究。

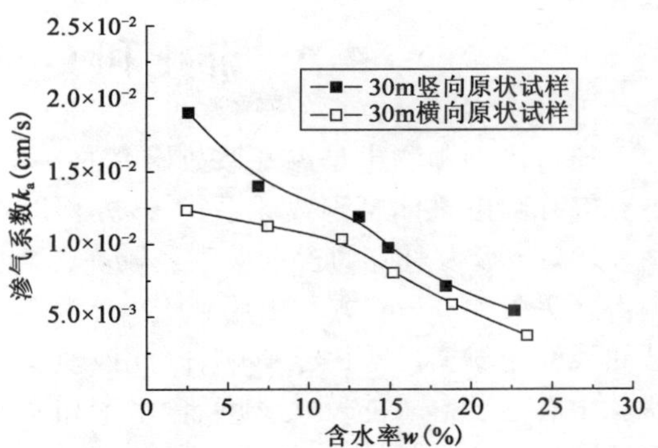

图4.45　30 m深度横竖向原状黄土渗气系数的差异

Fig. 4.45　Variation of gas permeability of vertical and horizontal undisturbed samples in depths 30m

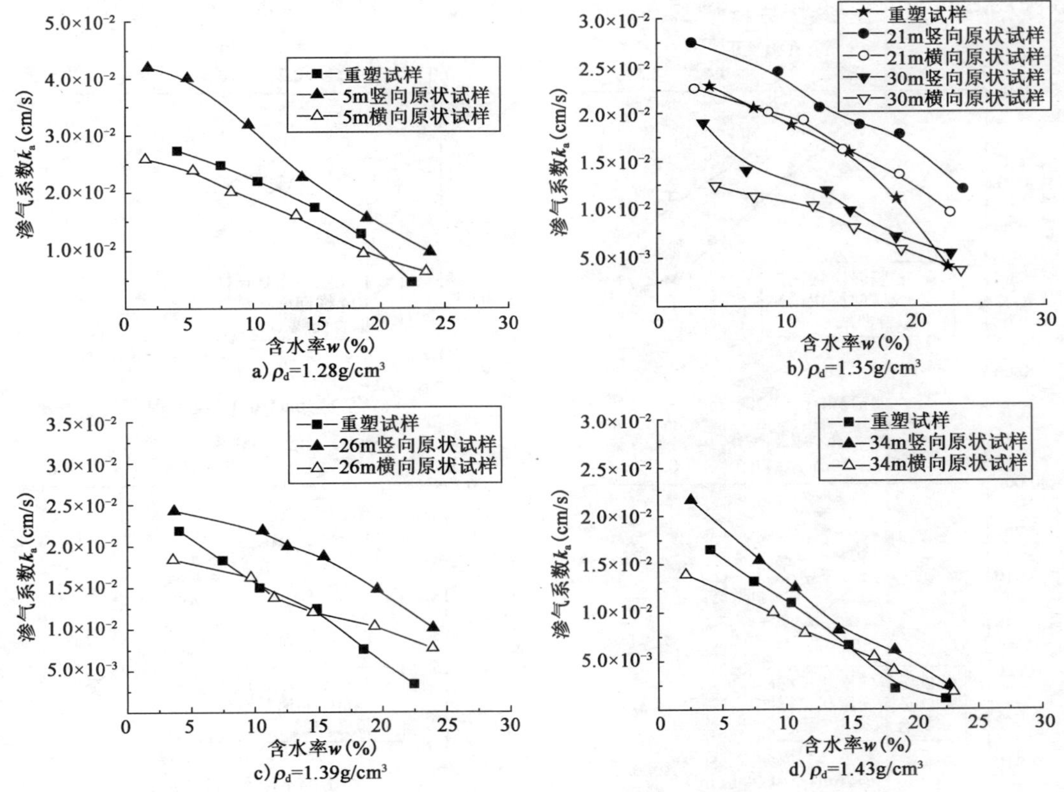

图4.46　相同干密度的原状和重塑黄土渗气系数的比较

Fig. 4.46　Variation of gas permeability of undisturbed and remoulded samples under condition of same dry density

4.6 非饱和 Q_3 原状黄土的渗气系数

通过模型预测也是渗气系数研究的一项重要内容，较为著名的有 Moldrup 等[122]渗气系数与充气孔隙度之间幂函数关系式，该方程以 10kPa 吸力下的渗气系数和充气孔隙度为参考对象。10kPa 吸力对应的含水率已经较高，因此其渗气系数在本文试验中不能较为理想地直接测得。另外 Moldrup 方程中用到土—水特征曲线的斜率作为模型唯一的参数，但是土—水特征曲线受土壤密度等因素影响，因此该模型也不能反映密度变化对渗气系数的影响。对于原状黄土有必要寻求能反映密度、含水率和充气孔隙度共同影响的渗气模型，本书通过大量的试验试图找到合理的原状黄土模型。

本书中气体的体积流量通过水的体积流量换算得来，暂不考虑气体在水中的溶解，只研究气体在土样孔隙中的流动。充气孔隙度 η_a 与土的饱和度 S_r、孔隙率 n 有关，即

$$\eta_a = n(1 - S_r) \tag{4.49}$$

将含水率 w、土粒相对密度 d_s 和孔隙比 e 代入上式中得到：

$$\eta_a = \frac{e - wd_s}{1 + e} \tag{4.50}$$

图 4.47a)、b)、c) 和 d) 分别是 5m、10m、26m 和 34m 深度的原状黄土横竖向渗气系数与充气孔隙度之间的关系，其余深度两者关系图变化趋势与图 4.47 相似，未将其一一列出。

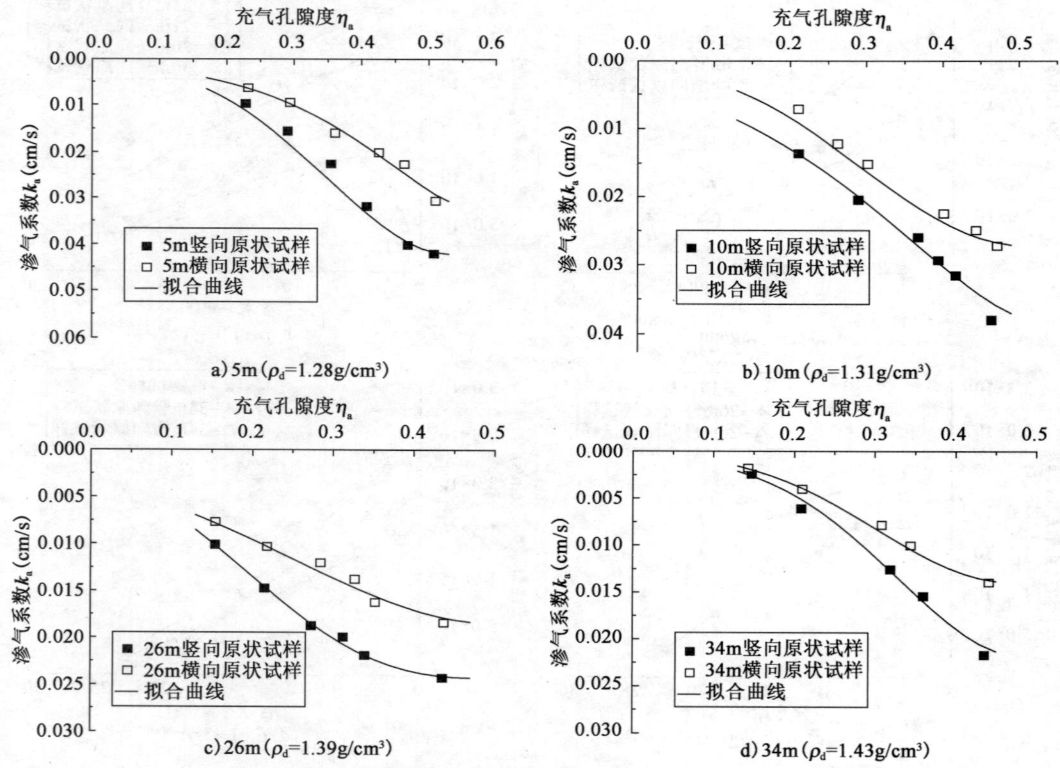

图 4.47 不同深度横竖向原状黄土渗气系数与充气孔隙度的关系

Fig. 4.47 Variation of gas permeability with air-filled porosity of vertical and horizontal undisturbed samples in different depths

目标含水率1%的12个自然风干试样，其渗气系数用k_{da}表示。通过拟合图4.47，发现各试样渗气系数和充气孔隙度满足以下关系：

$$k_a = k_{da}\exp\left[\alpha\left(1-\frac{\eta_a}{n}\right)^{\beta}\right] \tag{4.51}$$

式中：n——试样的孔隙率，等于试样含水率为0时的充气孔隙度；

η_a——试样任意含水率对应的充气孔隙度；

α、β——无单位量纲的试验参数。

式(4.51)也可以通过化简，得到渗气系数与饱和度之间关系：

$$k_a = k_{da}\exp[\alpha(S_r)^{\beta}] \tag{4.52}$$

通过最小二乘法拟合得到6组试样的渗气模型参数值，列于表4.9，由该表可知，不同深度试样的系数α差别较小，为此将其平均值作为统一的模型参数，即竖向试样$\alpha=-2.91$、$\beta=1.75$；横向试样$\alpha=-2.98$、$\beta=1.92$。竖向与横向α比值$\alpha_v/\alpha_h=0.98$，所以可认为竖向和横向α相等，而竖向和横向β的比值为0.91。

渗气计算模型试验参数　　表4.9

The parameters of calculated model　　Table 4.9

试样埋深(m)	干密度ρ_d (g/cm^3)	竖向试样		横向试样	
		α_v	β_v	α_h	β_h
5	1.28	−3.92	1.73	−3.29	1.51
10	1.31	−2.31	1.57	−3.39	2.19
15	1.33	−2.37	1.21	−2.25	1.69
21	1.35	−2.26	1.87	−2.57	2.27
26	1.39	−2.38	2.27	−2.31	1.84
34	1.43	−4.22	1.86	−4.07	2.01
参数均值		−2.91	1.75	−2.98	1.92

目标含水率为1%的12个试样，最终含水率在1.14%～1.95%之间变化(表4.6)，故将这12个试样认为是同一含水率，主要考虑干密度对其渗气系数(用k_{da}表示)的影响。其渗气系数k_{da}与干密度存在如图4.48所示关系，通过拟合得到两者关系，即

$$k_{da} = k_{0da}\exp\left[\psi\left(1-\frac{\rho_d}{\rho_{0d}}\right)\right] \tag{4.53}$$

式中：ρ_{0d}——参考试样干密度，此次试验将干密度1.28g/cm^3作为参考试样；

k_{0da}——参考试样对应的自然风干的试样渗气系数；

ψ——无单位量纲的试验参数，其值为图4.48中直线斜率的倒数，竖向等于6.99，横向等于4.98。

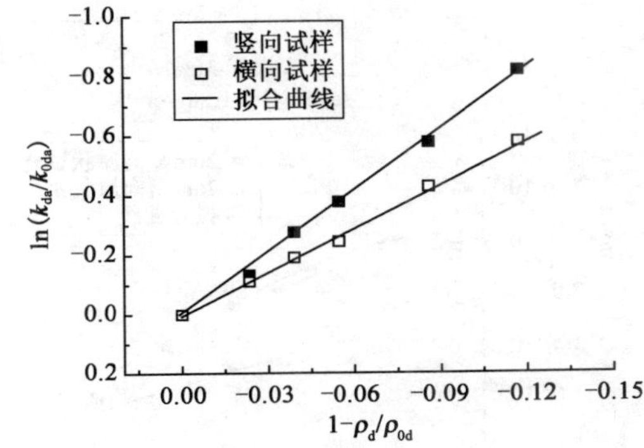

图4.48　同一含水率下原状黄土渗气系数与干密度之间的关系

Fig. 4.48　Relationship between gas permeability and dry density of undisturbed loess samples on the same condition of water content

将式(4.53)代入式(4.51)和式(4.52)中,得到可考虑充气孔隙度(饱和度)和干密度共同影响的原状黄土渗气系数模型,如式(4.54)和式(4.55)所示。

$$k_{\mathrm{a}} = k_{0\mathrm{da}}\exp\left[\psi\left(1-\frac{\rho_{\mathrm{d}}}{\rho_{0\mathrm{d}}}\right)\right]\exp\left[\alpha\left(1-\frac{\eta_{\mathrm{a}}}{n}\right)^{\beta}\right] \tag{4.54}$$

$$k_{\mathrm{a}} = k_{0\mathrm{da}}\exp\left[\psi\left(1-\frac{\rho_{\mathrm{d}}}{\rho_{0\mathrm{d}}}\right)\right]\exp\left[\alpha(S_{\mathrm{r}})^{\beta}\right] \tag{4.55}$$

式(4.54)和式(4.55)基于竖向渗气系数,如果要测得横向试样渗气系数,应在3个系数之前增加1个调整系数。由于横竖向试样α是不变的,横竖向试样β和ψ比值等于0.91和1.40的倒数,其值分别等于1.1和0.71,则横向原状黄土渗气计算公式为:

$$k_{\mathrm{a}} = k_{0\mathrm{da}}\exp\left[0.71\psi\left(1-\frac{\rho_{\mathrm{d}}}{\rho_{0\mathrm{d}}}\right)\right]\exp\left[\alpha\left(1-\frac{\eta_{\mathrm{a}}}{\eta_{\mathrm{da}}}\right)^{1.1\beta}\right] \tag{4.56}$$

$$k_{\mathrm{a}} = k_{0\mathrm{da}}\exp\left[0.71\psi\left(1-\frac{\rho_{\mathrm{d}}}{\rho_{0\mathrm{d}}}\right)\right]\exp\left[\alpha(S_{\mathrm{r}})^{1.1\beta}\right] \tag{4.57}$$

式(4.54)~式(4.57)与含水率、干密度、充气孔隙度等因素联系密切,因此该式能较好反映主要因素对渗气系数的影响规律。通过式(4.54)和式(4.56)计算得到5m、10m和26m的竖向和横向原状黄土渗气系数值,并与实测值绘于图4.49中,由该图可知计算值和实测值两者吻合较好,说明计算公式的可靠性。其余不同密度的原状黄土渗气系数计算值也与实测值吻合较好,文中不再列出。

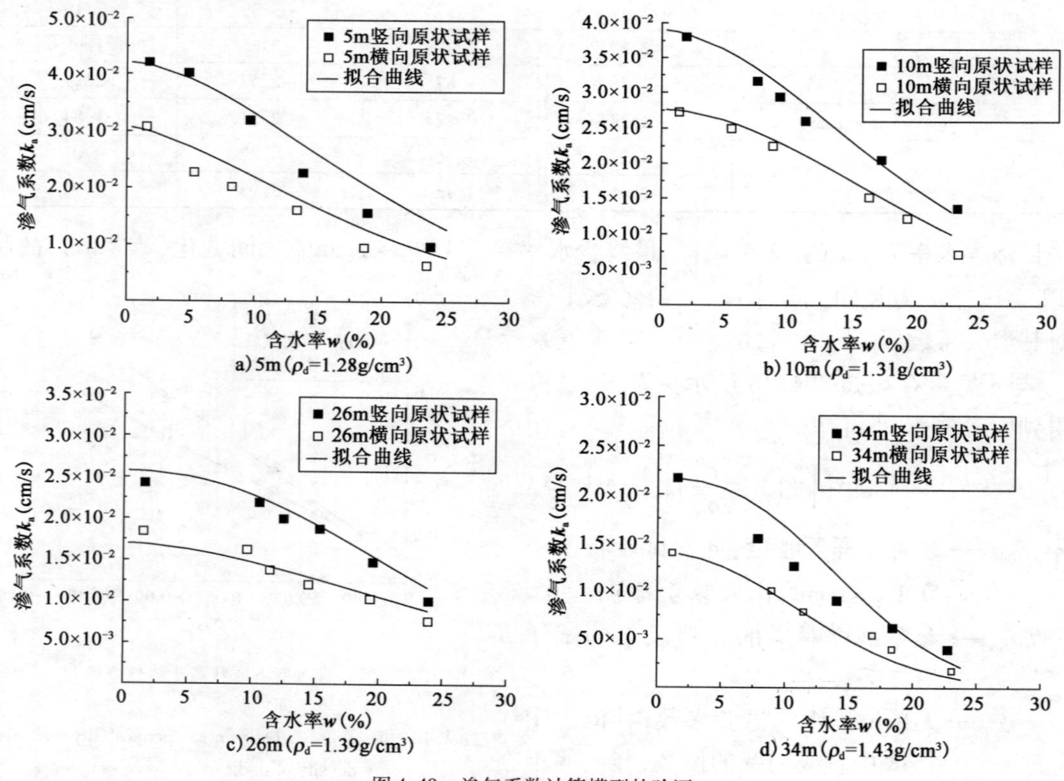

图4.49 渗气系数计算模型的验证

Fig. 4.49 Verification of calculated formula of gas permeability

另外,渗气系数也与基质吸力密切相关,在不考虑干密度等因素影响下,将式(4.27)和式(4.41)进行转化,代入式(4.52),即可以得到非饱和渗气系数与吸力之间的关系,如式(4.58)所示。该式可以用于饱和—非饱和渗流计算,式中符号与前文相同。

$$k_a = k_{da}\exp\left\{\xi\left\{\theta_r + \frac{\theta_s - \theta_r}{[1 + (\alpha \cdot s)^n]^m}\right\}^{\zeta}\right\} \tag{4.58}$$

式中,ξ 和 ζ 分别等于式(4.52)中 α 和 β,为避免与 VG 模型参数 α 冲突;其余参数如前文式(4.17)所述。

4.7　本 章 小 结

本章首先为研究非饱和 Q_3 原状黄土渗水特性,设计一套原状黄土取样设备,取得大尺寸原状黄土土柱试样,并制备不同干密度的重塑试样。共进行了 9 个水平土柱试验,用 TDR 水分计和热传导吸力探头分别测得土样不同断面处的体积含水率和基质吸力。其次,以改进的三轴渗气仪为手段,进行了一系列考虑干密度、含水率和各向异性等因素影响的渗气试验,研究了非饱和 Q_3 原状黄土及其重塑土的渗气系数变化规律及其两者的差异。主要结论包括:

(1)设计一套适宜于黄土地区原状试样取样简易装置,并成功取得大尺寸原状黄土竖直和水平土柱试样;原状黄土取样方法和研究成果对同类工作具有较高的参考价值。

(2)较窄裂缝与水流方向垂直则阻碍水分运移;较窄裂缝与水流方向平行则对水分运移影响不明显;对于原状试样的入渗率,浸水前期竖直试样要大于水平试样,试样长度大于 50cm 后,竖直和水平试样入渗率几乎接近一致;对于重塑试样,入渗率随干密度增大而减小。

(3)竖直与水平原状试样非饱和扩散率主要差别在饱和度低于 0.6 的区域,饱和度高于 0.6 两者差别不大;低饱和度区域干密度对重塑黄土扩散率影响要大于高饱和度区域;相同密度和体积含水率条件下,低饱和度区域重塑黄土渗透系数大于原状试样;而较高饱和度区域原状试样渗透系数大于重塑土渗透系数。

(4)根据 Fick 定律和达西定律推导的渗气系数计算公式,在较低压力下两者计算结果差别不大,而在较高压力下,达西定律计算结果要优于 Fick 定律。

(5)原状黄土渗气系数随着干密度和含水率的增大而减小,且达到最优含水率后变化较为显著;最优含水率可作为原状黄土渗气系数较快变化的分界点;由于 Q_3 原状黄土各向异性的原因,竖向原状试样渗气系数始终大于同一埋深横向试样的渗气系数;相同干密度条件下,含水率对重塑黄土渗气系数的影响要比原状黄土大。

(6)通过拟合得到非饱和渗透系数与吸力的关系表达式以及非饱和渗气系数与吸力之间的定量表达式,充分考虑了原生结构、干密度、充气孔隙度(饱和度)和各向异性等因素的影响特征,表达式的计算结果与试验资料吻合较好,可以用于饱和—非饱和流固耦合计算。

第 5 章　非饱和 Q_3 黄土的力学特性

我国中西部黄土地区的黄土大多处于非饱和状态，而且黄土作为一种特殊土，其结构性的存在使其力学特性与其他土有着质的区别。对黄土力学特性的研究绕不开非饱和以及结构性的研究。非饱和特征主要考虑吸力的作用，吸力在实验室条件下容易控制；而结构性是黄土本身固有属性，由于结构性的存在形成诸多天然直立高陡边坡等特殊地质地貌现象，一般认为重塑黄土不具有结构性特征。因此，研究结构性可以尝试从原状土和重塑土之间力学特性差异而得到。

黄土的力学特性主要涉及变形、强度、屈服等方面内容，许多研究人员在黄土力学特性研究上已经取得了诸多研究成果。结构性是导致原状黄土及其重塑土的变形、强度、屈服和持水特性等方面存在较大差异的重要原因，但目前这方面的研究工作还较少。弄清非饱和 Q_3 原状黄土及其重塑土的力学特性差异，也是进一步掌握非饱和 Q_3 原状黄土结构性本构模型的基础，因此有必要对以上问题进行更深入研究。

本章以兰州和平镇浸水试验场地的非饱和 Q_3 原状黄土及其重塑土为对象，利用非饱和多功能土工三轴仪、四联直剪仪以及压力板仪等设备，进行了一系列的非饱和土试验。系统研究和比较了非饱和 Q_3 原状黄土及其重塑土的非饱和力学特性及其之间的差异，获取非饱和 Q_3 黄土的广义土—水特征曲线的试验参数，为下文中建立考虑结构性的弹塑性本构模型和流固耦合模型提供试验基础和参数依据。

5.1　试验概况

5.1.1　试样制备及试验方案

本章所用黄土均取自兰州和平镇现场浸水试验场地（见前文），现场人工挖设探井，每延米取得 30cm × 30cm × 30cm 原状土样若干［图 5.1a)］。试验用土主要取自同一探井 21m 处，土粒相对密度为 2.71，其余物理指标见表 5.1。

原状黄土试样的初始物理指标　　表 5.1

Initial physical index of undisturbed loess samples　　Table 5.1

试样埋深 (m)	初始含水率 w (%)	干密度 ρ_d (g/cm^3)	孔隙比 e	饱和度 S_r (%)	液限 w_L (%)	塑限 w_P (%)
21	13.58	1.35	1.01	36.54	27.45	17.07

原状黄土三轴试样均使用削土器［图 5.1b)］制成直径 39.1mm、高度 80mm 的标准试样。将原状黄土粉碎过 1mm 筛后，配制含水率 20.56% 的土料。重塑试样控制干密度均为

1.35g/cm³,孔隙比为1.01。根据设计干密度算出一个土样所需的湿土,再分成5等份,并利用重塑试样制样设备[图5.1c)],通过钢环控制压实土样,得到重塑试样直径为39.1mm,高度为80mm。直剪试验和压力板仪试验所需试样为环刀试样,直径为61.8 mm、高度为20 mm,重塑试样一次压实成型[图5.1c)]。

a)现场削取原状土大样

b)原状土削土器

c)重塑试样制样设备

图5.1　原状试样和重塑试样制备方法及其制样设备

Fig.5.1　Sampling equipments and methods for undisturbed and remolded loess

原状试样由于初始含水率低,不能达到试验要求,需将其含水率调整至20.56%,与重塑试样含水率保持一致。原状试样削制成功后,根据其初始含水率、目标含水率以及干密度值,也可算出原状试样含水率增湿至目标含水率所加水量。使用5 mm注射器,分若干次将水滴在原状试样上,每次滴水间隔2~3h,完成含水率调整后,将土样放置在保湿器中,每12h翻动一次试样,为让水分充分均匀,试样在保湿器中放置时间不低于72h。为避免试样水分在保湿器中挥发,翻动试样时必须称其质量是否与加水之后的试样质量相等,如果质量稍有减少,必须再次滴水,以达到目标含水率。

本章中共计进行了6类试验,主要包括:①24个控制吸力和竖向应力为常数的非饱和直剪试验,原状试样和重塑试样各12个;②6个净平均应力等于常数、吸力增大的三轴收缩试验,原状试样和重塑试样各3个;③4个压力板仪的土—水特征曲线试验,原状和重塑试样各2个,均为平行试验;④6个控制净平均应力和吸力为常数等p剪切试验,原状和重塑试样各3个;⑤9个控制净平均应力和吸力为常数的三轴剪切试验,均为原状土;⑥8个控制净平均应力和吸力为常数的三轴湿陷试验,均为原状土。

非饱和直剪试验固结、三轴收缩试验、三轴剪切及湿陷试验的固结稳定标准考虑体变和排水两个方面,其要求分别是 $0.00315\text{cm}^3/\text{h}$ 和 $0.006\text{cm}^3/\text{h}$。

5.1.2 非饱和土试验使用符号说明

采用非饱和土力学中的双应力状态变量,即净总应力($\sigma_{ij}-u_a\delta_{ij}$)和吸力($u_a-u_w$)$\delta_{ij}$($\sigma_{ij}$、$u_a$ 和 u_w 分别代表总应力、孔隙气压力和孔隙水压力,δ_{ij}是 Kronecker 记号)。净总应力 p、偏应力 q 和吸力 s 分别用以下 3 式表示:

$$p=\frac{\sigma_1+\sigma_2+\sigma_3}{3}-u_a \tag{5.1}$$

$$q=\sigma_1-\sigma_3 \tag{5.2}$$

$$s=u_a-u_w \tag{5.3}$$

式中:σ_1、σ_2、σ_3——3 个方向的主应力。

其定义如下:

$$\varepsilon_v=\frac{\Delta V}{\Delta V_0}=\varepsilon_1+2\varepsilon_3 \tag{5.4}$$

$$\varepsilon_w=\frac{\Delta V_w}{V_0} \tag{5.5}$$

式中:ε_v——试样的体应变;

ε_w——水的体变;

ΔV——加载前后试样体积之差;

ΔV_w——试样加载前后的水相体积变化;

V_0——试样对应的原始体积;试样体变 ε_v 和水相体变 ε_w 与试样比容 $v=(1+e)$及含水率 w 通过以下 2 式联系,即:

$$v=(1+e_0)(1+\varepsilon_v)=v_0(1-\varepsilon_v) \tag{5.6}$$

$$w=w_0-\frac{1+e_0}{d_s}\varepsilon_w \tag{5.7}$$

式中:e_0——试样的初始孔隙比;

w_0——初始含水率和 d_s 为土粒的相对密度。

5.2 非饱和 Q_3 黄土的直剪试验

利用陈正汉等[52]加工和改造的四联 FDJ-ZO 型非饱和土四联直剪仪(图 5.2),对兰州和平镇原状和重塑黄土进行了控制吸力和净竖向应力的直剪试验,研究了相同条件下非饱和 Q_3 原状黄土及其重塑土的强度和水量变化特性以及之间的差异。原状试样含水率采用水膜转移法控制为 20.56%,与重塑试样保持一致。试验控制吸力分别为 50kPa、100kPa、200kPa、300kPa;竖向应力分别为 100kPa、200kPa、400kPa,共计 24 个试验。试验过程包括固结和剪切两个阶段,参照前人关于直剪试验的结论[212],试验固结时间为 2d。直剪试验的剪切速率均控制在 0.0167mm/min。

a) 四联直剪仪外部结构　　b) 压力室构造

图 5.2　非饱和土四联直剪仪

Fig. 5.2　Quadruple direct shear apparatus for unsaturated soils

图 5.3a)、图 5.3b) 分别是剪应力 τ_f 与净竖向应力 σ' 在不同吸力条件下的关系曲线，对应的剪应力和净竖向应力列于表 5.2 中。由图 5.3 和表 5.2 可知，在同一坐标和试验条件下，原状黄土的剪应力要略高于重塑土，且净竖向应力一定时，无论是原状黄土，还是重塑黄土，抗剪强度均随吸力的增加而增加。

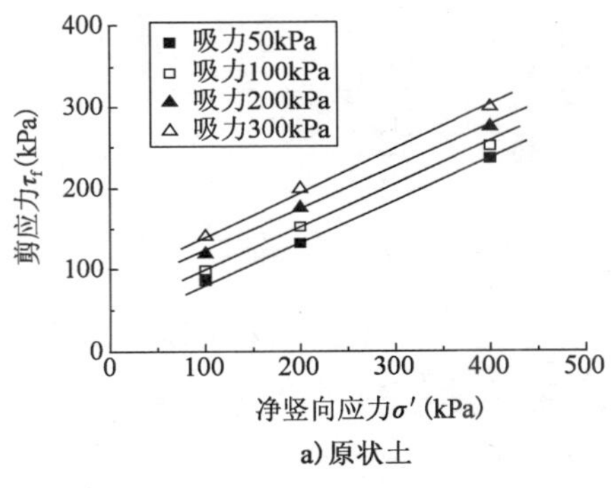

a) 原状土

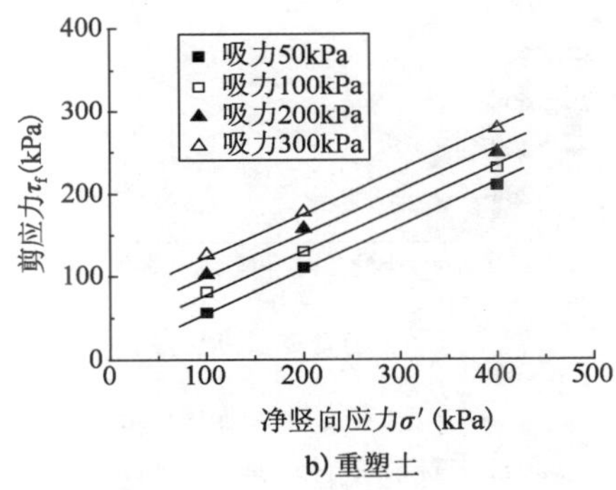

b) 重塑土

图 5.3　非饱和 Q_3 原状和重塑黄土剪应力与净竖向应力之间的变化关系

Fig. 5.3　Variations of shearing stress and net vertical stress of undisturbed and remolded loess

控制吸力的直剪试验结果　　表 5.2

Results of direct shear test controlling matric suction　　Table 5.2

吸力 s (kPa)	净竖向应力 $\sigma-u_a$ (kPa)	剪应力 τ_f (kPa)		黏聚力 c (kPa)		内摩擦角 φ (°)	
		原状土	重塑土	原状土	重塑土	原状土	重塑土
50	100	86	56	34.16	16.22	26.66	24.56
	200	132	110				
	400	236	210				
100	100	99	81	49.31	28.53	26.85	25.21
	200	152	130				
	400	251	231				

续上表

吸力 s (kPa)	净竖向应力 $\sigma\text{-}u_a$ (kPa)	剪应力 τ_f(kPa)		黏聚力 c(kPa)		内摩擦角 φ(°)	
		原状土	重塑土	原状土	重塑土	原状土	重塑土
200	100	119	102	70.37	53.51	27.25	25.87
	200	176	158				
	400	274	249				
300	100	141	126	97.59	76.15	27.69	26.83
	200	199	178				
	400	299	278				

图 5.4a)、图 5.4b) 分别是原状和重塑土总黏聚力 c、内摩擦角与吸力 s 的关系曲线，其值同样列于表 5.2 中。从该图和表 5.2 可以看出，原状试样的黏聚力和内摩擦角同样大于重塑土试样；在 50～300kPa 吸力范围内，黏聚力 c 随着吸力的增加呈线性增加，通过分析总黏聚力 c 和内摩擦角与吸力 s 关系曲线的斜率变化可以得到原状和重塑土的吸力摩擦角 φ^b。图 5.4b) 中显示吸力对内摩擦角的变化影响不是很明显，可以将其用饱和土内摩擦角代替。

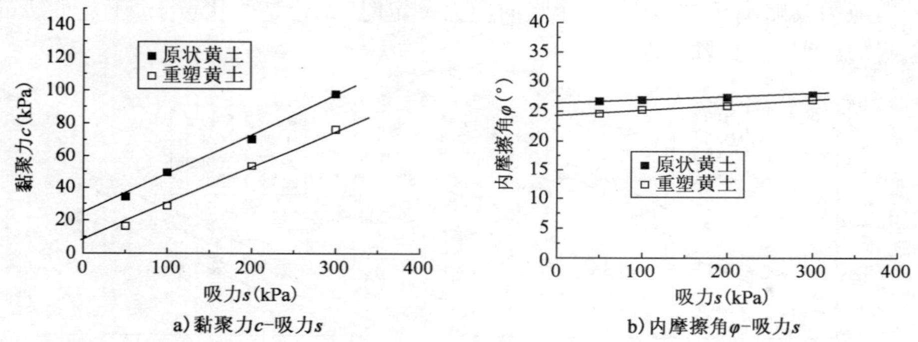

图 5.4 非饱和 Q_3 原状黄土和重塑黄土黏聚力和内摩擦角与吸力之间的变化规律

Fig. 5.4 Variations of cohesive strength and internal frictional angle with matric suction of undisturbed and remolded loess

Fredlund 等（1978 年）[307] 曾提出的非饱和土抗剪强度理论公式，如下所示：

$$\tau_f = c' + (\sigma - u_a)\tan\varphi' + (u_a - u_w)\tan\varphi^b \tag{5.8}$$

式中：c'、φ'——黏聚力、内摩擦角；

$\sigma - u_a = \sigma'$——净竖向应力；

$u_a - u_w$——吸力；

φ^b——吸力摩擦角。

通过图 5.3 和图 5.4 以及式(5.8) 可以求得 c'、φ' 和 φ^b 参数，其中 c' 和 φ' 可以通过图 5.4 中竖轴方向的截距直接得到，原状和重塑土强度参数列于表 5.3 中。Q_3 原状黄土具有较高结构性，其抵抗外力破坏的能力较强，相反重塑土土粒之间连接比较松散，抵抗外力的能力自然较差，从而导致原状土的抗剪强度指标要高于重塑土（表 5.2 和表 5.3）。随着吸力的增大，试样含水率的降低，原状试样强度指标增长的趋势更明显。简而言之，同一试验条件下，原状土与重塑土强度指标的差异主要体现在结构性差异。

非饱和 Q_3 黄土强度参数列表　　表 5.3

Shear strength parameter of unsaturated Q_3 loess　　Table 5.3

黏聚力 c'(kPa)		内摩擦角 φ'(°)		吸力摩擦角 φ^b(°)	
原状土	重塑土	原状土	重塑土	原状土	重塑土
23.76	8.79	26.23	24.03	15.33	13.47

将图 5.4 和表 5.2 中原状黄土的抗剪强度指标与重塑黄土抗剪强度指标相除，得到黏聚力和内摩擦角比值 D_c 和 D_φ，如下所述：

$$D_c = \frac{c_1}{c_2} \tag{5.9}$$

$$D_\varphi = \frac{\tan\varphi_1}{\tan\varphi_2} \tag{5.10}$$

式中：c_1、c_2——原状黄土和重塑黄土的黏聚力；

φ_1、φ_2——原状黄土和重塑黄土土的内摩擦角；

D_c、D_φ——原状土和重塑土的黏聚力和内摩擦角的比值。

将黏聚力和内摩擦角比值 D_c 和 D_φ 与吸力的变化曲线汇于图 5.5。由该图可知，吸力等于 0 或者 50kPa 情况下，黏聚力比值 D_c 在 2 以上，在此试验条件下，原状土的黏聚力是重塑土的 2 倍以上，说明低吸力情况下及土样较湿时，原状土的结构性发挥较大作用，使得原状土强度指标高于重塑土。吸力等于 300kPa 时，D_c 则接近于 1，说明吸力对强度的贡献起到了主导作用，结构性此时的贡献略低。内摩擦角比值 D_φ 随着吸力的增大逐渐减小，且两者比值差别不大，高吸力情况下，两者比值有接近 1 的趋势。

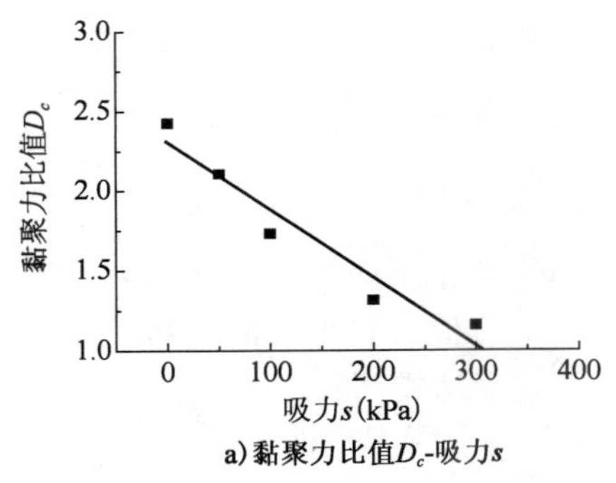

a) 黏聚力比值D_c-吸力s

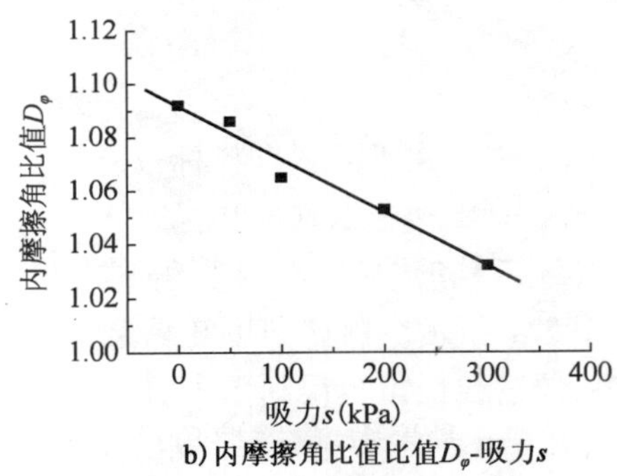

b) 内摩擦角比值比值D_φ-吸力s

图 5.5　黏聚力比值 D_c 和内摩擦角比值 D_φ 与吸力之间的关系曲线

Fig. 5.5　Variations of cohesion ratio D_c and internal frictional angle ratio D_φ with matric suction

定义一个结构参数 M，该结构参数 M 始终在 0 ~ 1 之间变化，与黏聚力相关的结构参数为 M_c，与内摩擦角相关的结构参数为 M_φ：

$$M_c = \frac{D_{c0} - D_c}{D_{c0} - D_{cf}} \tag{5.11}$$

$$M_\varphi = \frac{D_{\varphi 0} - D_\varphi}{D_{\varphi 0} - D_{\varphi f}} \tag{5.12}$$

式中：D_{c0}、$D_{\varphi 0}$——吸力 0kPa 对应的原状土和重塑土的黏聚力和内摩擦角的比值；

D_{cf}、$D_{\varphi f}$——吸力 300kPa 对应的原状土和重塑土的黏聚力和内摩擦角的比值(本次试验最大吸力 300kPa,目的为了使 M_c 和 M_φ 介于 0 ~1 之间)。

由前文可知,高吸力下原状土和重塑土的性状会接近,两者抗剪强度参数的比值等于 1,因此 D_{cf}和 $D_{\varphi f}$的值取 1,因此式(5.11)和式(5.12)变为:

$$M_c = \frac{D_{c0} - D_c}{D_{c0} - 1} \tag{5.13}$$

$$M_\varphi = \frac{D_{\varphi 0} - D_\varphi}{D_{\varphi 0} - 1} \tag{5.14}$$

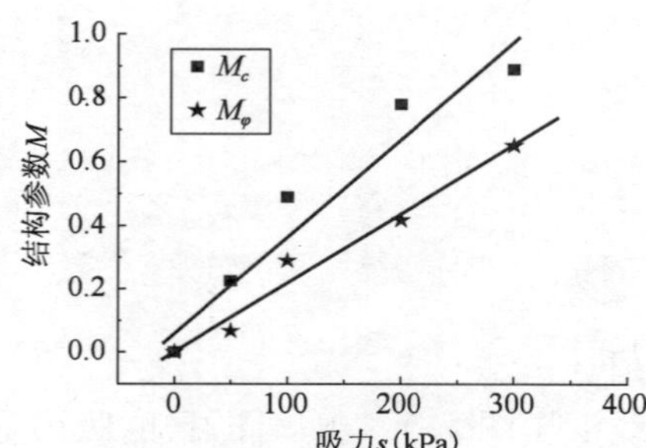

图 5.6 结构参数 M 与吸力之间的关系曲线

Fig. 5.6 Variations of structural parameter with matric suction

由公式(5.13)和式(5.14)计算得到的结构参数汇总于图 5.6 中,由该图可知黏聚力结构参数 M_c 和内摩擦角结构参数 M_φ 均有与吸力的增大呈线性增长趋势。低吸力情况下,即黄土较湿时,结构性发挥则受到含水率的影响,此时的结构性对强度的影响较小;而高吸力作用下,吸力会促使结构性发挥作用更大。

根据 Desai 的耦合模型[206,207],可以考虑原状土和重塑土在加载过程中的耦合效应,得到如式(5.15)和式(5.16)所示的耦合表达式。当 M_c 或 $M_\varphi = 0$ 时,黏聚力和内摩擦角耦合值取重塑土;当 M_c 或 $M_\varphi = 1$ 时,黏聚力和内摩擦角耦合值近似取原状土;当 $0 < M_c$ 或 $M_\varphi < 1$ 时,加载过程中随着吸力以及土体干湿程度的变化,黏聚力和内摩擦角取原状土和重塑土的耦合值。

$$c^* = M_c c_1 + (1 - M_c) c_2 \tag{5.15}$$

$$\varphi^* = M_\varphi \varphi_1 + (1 - M_\varphi) \varphi_2 \tag{5.16}$$

式中:c_1、φ_1——原状土的强度指标;

c_2、φ_2——重塑土的强度指标。

由式(5.17)和式(5.18)计算得到由于结构性和吸力作用而产生的黏聚力和内摩擦角耦合值,如图 5.7 所示。由该图可知黏聚力和内摩擦角耦合值随着吸力的变化呈现良好的线性增长趋势,通过线性拟合得到耦合值与吸力之间的关系表达式,即:

$$c^* = A_c + B_c \cdot (u_a - u_w) \tag{5.17}$$

$$\varphi^* = A_\varphi + B_\varphi \cdot (u_a - u_w) \tag{5.18}$$

式中:A_c、B_c——与黏聚力耦合值相关的系数,其值分别为 9.57 和 0.26;

A_φ、B_φ——与内摩擦角耦合值相关的系数,其值分别为 24.22 和 0.011;

$u_a - u_w$——吸力。

低吸力情况下,即含水率偏大时,原状土与重塑土力学性状差异较大,结构性对其原状土强度指标起到增强作用。适当考虑结构性对强度指标的影响,采用耦合值,可以达到选用较高的强度指标的目的。高吸力情况下,即含水率偏低,此时结构性和吸力对强度的增长均发挥作用,但吸力贡献尤为明显;吸力越大,结构性参数也越大,采用耦合值也达到选用较高强度指标的目的。

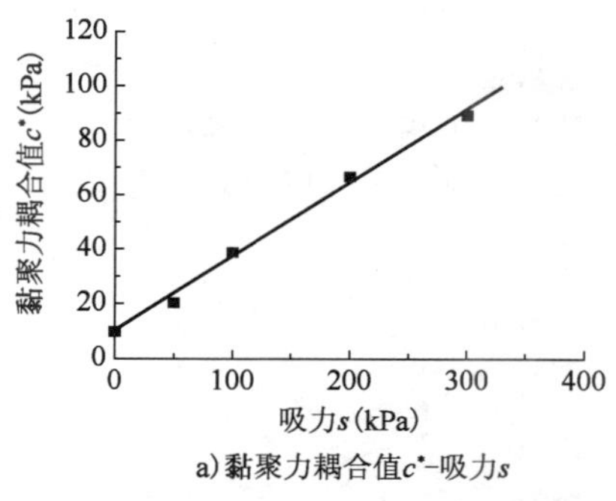

a)黏聚力耦合值c^*–吸力s

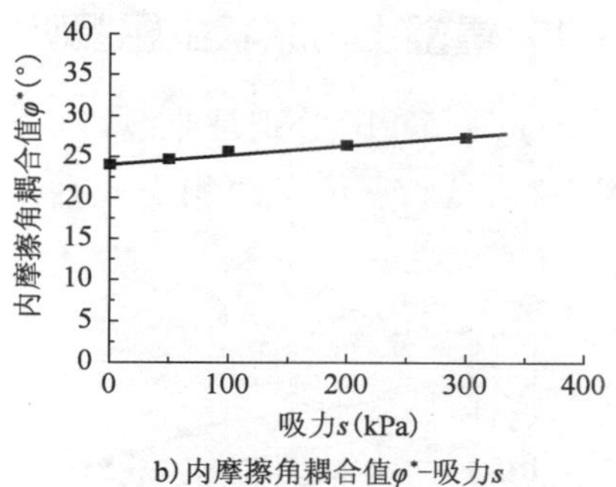

b)内摩擦角耦合值φ^*–吸力s

图5.7　黏聚力和内摩擦角耦合值与吸力之间的关系曲线

Fig. 5.7　Variations of cohesion coupling value and angle of internal friction coupling value with matric suction

综上所述,含水率较大时结构性对黄土强度指标贡献尤为明显,吸力居于次要位置;而含水率较小时,吸力对强度指标的提高居主导地位,结构性次之。考虑黄土的结构性和吸力的影响,在边坡稳定性分析或者地基承载力计算等实际工程中,可以根据土的含水率高低以及永久性或者临时性建筑等具体工程问题,尝试采用原状黄土与重塑黄土土的力学参数耦合值,为黄土地区的工程建设提供另一种参数选取的尝试。

5.3　非饱和Q_3黄土的三轴收缩试验

朱元青[55]、李加贵[308]等初步研究了非饱和Q_3原状黄土的吸力增大屈服特性,但所涉及试验较少,无法定量分析。为全面比较非饱和Q_3原状黄土和重塑黄土吸力增大屈服特性,本节共做了6个控制净平均应力为常数的三轴收缩试验,净平均应力分别为25kPa、50kPa和100kPa,原状和重塑试样各3个,吸力分级施加,试验终止时,除吸力为100kPa的试验净平均应力为250kPa外,其余净平均应力均为300kPa;具体试样物理常数见前文,仪器则采用图5.8所示的改进后的非饱和土三轴仪。

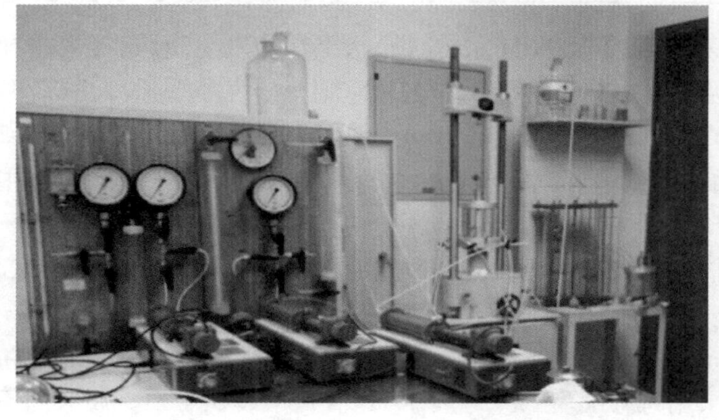

图5.8　改进后的非饱和土三轴仪

Fig. 5.8　Advanced unsaturated soil triaxial apparatus

5.3.1 重塑土与原状土屈服吸力的差异

图5.9a)、图5.9b)分别是非饱和 Q_3 原状和重塑黄土 v-lg$s$ 关系曲线，与前文中各向等压加载试验一样，试验点位于两相交的直线上，通过最小二乘法可以得到屈服吸力，其值列于表5.4中。

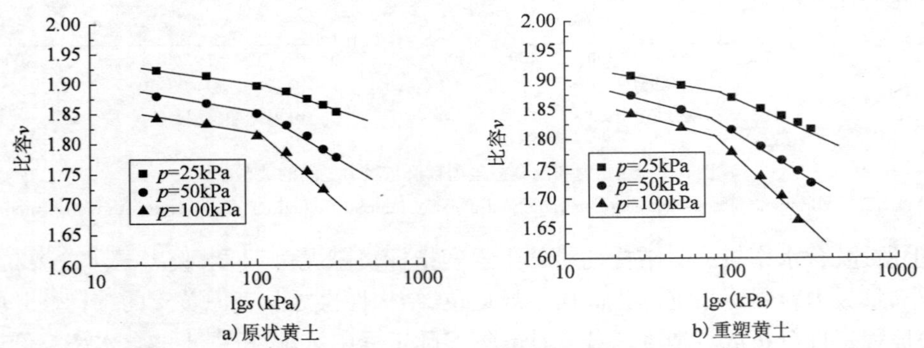

图5.9 非饱和 Q_3 原状黄土和重塑黄土 v-lg$s$ 关系曲线

Fig. 5.9 Variation of v-lg$s$ of unsaturated undisturbed and remolded Q_3 loess

三轴收缩试验相关的土性参数及屈服吸力值 表5.4

Values of soil parameters and yielding suction related to triaxial shrinkage test Table 5.4

试样	净平均应力 p (kPa)	收缩性指标		水相体变指标		屈服吸力 (kPa)
		屈服前 κ_s	屈服后 $\lambda(p)$	$\lambda_w(p)$	$\beta(p)$	
原状土	25	-0.04396	-0.1141	0.0652	-0.00484	118.31
	50	-0.04820	-0.1805	0.0726	-0.00539	128.45
	100	-0.04720	-0.2753	0.0486	-0.00361	122.81
重塑土	25	-0.05503	-0.1113	0.1181	-0.00932	83.43
	50	-0.08131	-0.1768	0.0984	-0.00975	73.84
	100	-0.07647	-0.2993	0.0893	-0.01091	77.74

图5.9a)中吸力加载至120kPa左右时原状土样均发生屈服，比容迅速随着吸力的增大而减小；图5.9b)中吸力仅加载至75kPa左右时重塑土样发生屈服。由该图可知，原状试样的屈服吸力要大于重塑试样，将屈服吸力绘于 p-s 平面上，如图6.5和图6.6所示。通过各向等压加载试验以及三轴收缩试验可以完整了解非饱和 Q_3 原状和重塑黄土的屈服特性及其差异，原状土的屈服应力以及屈服吸力均大于重塑土，在 p-s 平面上原状土弹性区的范围要大于重塑土，这与黄土的结构性密切相关。由于结构性的存在，原状黄土的抵御外部荷载的能力优于重塑土。

通过对图5.9a)、图5.9b)屈服前后的直线段进行拟合，可将得出的斜率作为收缩性指标，屈服前后分别采用符号 κ_s 和 $\lambda(p)$ 表示，其值列于表5.4中。屈服前重塑土收缩性指标 κ_s 明显小于原状土 κ_s，这也表明重塑土在同一荷载作用下变形较大。试样屈服后原状试样和重塑试样的收缩性指标 $\lambda(p)$ 相差不大，然而随着净平均应力的增大，原状土和重塑土的收缩性

指标$\lambda(p)$均在减小，说明荷载越大其变形越大。

5.3.2 原状土与重塑土水量变化差异

1个控制净平均应力为常数的三轴收缩试验耗时大约1个月，因此必须严格校正排水量的测量值，校正方法如前文所述，校正结果列于表5.5中。由该表可知同一试验条件下重塑土的排水量要大于原状土，这与前文各向等压加载试验水量变化特性相同，这与黄土结构性以及持水特性有关。

三轴收缩试验试样排水量的量测值与校正值列表 表5.5

Amount of water drained from the samples during triaxial shrinkage test Table 5.5

试样	净平均应力p (kPa)	历时 (d)	测量值 (cm^3)	校正值 (cm^3)	差值 (cm^3)	相对误差 (%)
原状土	25	29	3.63	4.09	0.16	3.91
	50	25	7.39	7.86	0.47	5.98
	100	22	12.73	11.47	0.66	5.75
重塑土	25	28	5.84	6.19	0.35	5.65
	50	25	8.33	9.63	0.72	7.48
	100	23	11.54	12.42	0.88	7.09

图5.10和图5.11分别是非饱和Q_3原状和重塑黄土三轴收缩试验中，试样水量变化指标与吸力之间的关系曲线。由两图可知$\varepsilon_w-\lg[(s+p_{atm})/p_{atm}]$和$w-\lg[(s+p_{atm})/p_{atm}]$数据点均呈现线性变化，可以近似用一条直线代替其关系，直线的斜率用最小二乘法拟合，其值分别用$\lambda_w(p)$和$\beta(p)$表示并列于表5.4中。$\lambda_w(p)$和$\beta(p)$的关系同样可由式(5.7)对吸力s两边求导得来：

$$\frac{\mathrm{d}w}{\mathrm{d}s}=-\frac{1+e_0}{d_s}\frac{\mathrm{d}\varepsilon_w}{\mathrm{d}s} \tag{5.19}$$

简化上式，得到$\lambda_w(p)$和$\beta(p)$的关系满足关系下式：

$$\beta(p)=-\frac{d_s}{1+e_0}\lambda_w(p) \tag{5.20}$$

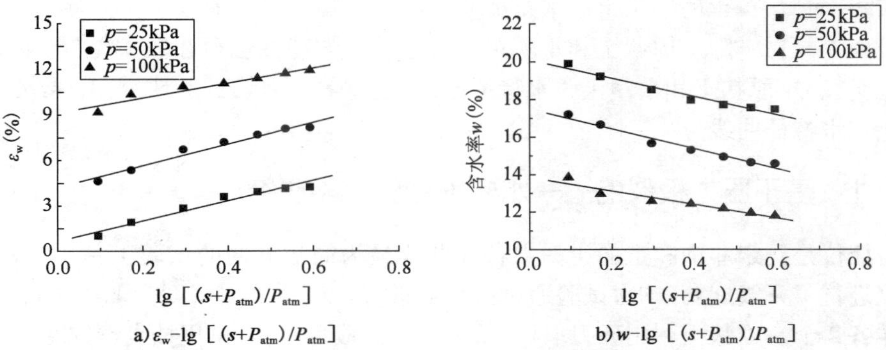

a) $\varepsilon_w-\lg[(s+P_{atm})/P_{atm}]$

b) $w-\lg[(s+P_{atm})/P_{atm}]$

图5.10 非饱和Q_3原状黄土三轴收缩试验中水相指标变化曲线

Fig. 5.10 Variation of water changes of unsaturated undisturbed Q_3 loess during triaxial shrinkage test

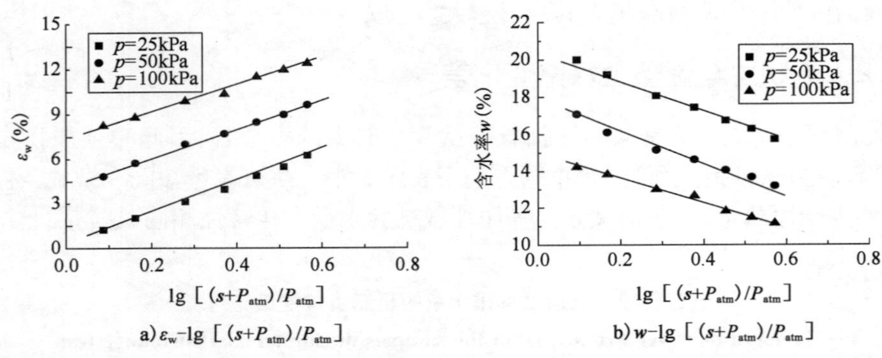

图 5.11 非饱和 Q_3 重塑黄土三轴收缩试验中水相指标变化曲线

Fig. 5.11 Variation of water changes of unsaturated remolded Q_3 loess during triaxial shrinkage test

由表 5.4 可知,不同净平均应力下的 $\lambda_w(p)$ 和 $\beta(p)$ 相差不大,可取 3 个试验的平均值为各自最终参数,对于原状土的 $\lambda_w(p)$ 和 $\beta(p)$ 分别是 0.062 和 -0.0046;对于重塑土 $\lambda_w(p)$ 和 $\beta(p)$ 分别等于 0.102 和 -0.0099。由这些参数可以看出原状土 $\lambda_w(p)$ 和 $\beta(p)$ 仅是重塑土 $\lambda_w(p)$ 和 $\beta(p)$ 的 1/2,从另一方面也证实了相同试验条件下重塑土排水能力要高于原状土。

5.4 非饱和 Q_3 黄土的土—水特征曲线

非饱和土中吸力和含水率(可以是重量含水率、体积含水率、饱和度等)的关系曲线称为土—水特征曲线(SWCC)。土—水特征曲线是非饱和土的一项重要特性,在水土保持、边坡稳定、农田灌溉及环境工程等方面都有广泛的应用[309]。按现代土力学的观点,非饱和土的许多力学特性与 SWCC 密切相关[310],因此合理正确地确定土—水特征曲线在非饱和土力学的研究中具有重要意义。非饱和黄土的土—水特征曲线曲线研究前人已做过很多有益的尝试,但原状土与重塑土之间土—水特征曲线的差异,这方面工作还有待进一步深入。

陈正汉等[57]通过试验发现非饱和土的土—水特征曲线不仅只是吸力与含水率的关系,含水率变化还与净平均应力以及偏应力有关,进而将传统土—水特征曲线推广到考虑吸力、净平均应力和偏应力共同影响的广义土—水特征曲线。方祥位等[59]建立 Q_2 重塑黄土的广义土—水特征曲线,而 Q_3 黄土的广义土—水特征曲线的研究还需进一步深入。Q_2 黄土和 Q_3 黄土之间存在较大差异,另外 Q_3 原状土和重塑黄土物理—力学特性也存在较大差异,本节主要通过压力板仪研究 Q_3 原状土和重塑土—水特征曲线;通过等 p 剪切试验研究 Q_3 原状土和重塑黄土广义土—水特征曲线。

5.4.1 基于压力板仪的土—水特征曲线试验研究

压力板仪是测定非饱和土的土—水特征曲线最为简洁方便的试验工具。孙树国等[53]对压力板仪进行了升级配套,本次试验通过该仪器进行。试验采用密度为 1.35g/cm^3,原状土和重塑试样各 2 个。原状土利用环刀取样,重塑土一次成型压实,采用抽真空饱和。具体物理参数见前文。通过压力板仪可以得到 Q_3 原状黄土及其重塑黄土在未施加外部荷载仅有吸力作用下的土水特征曲线,如图 5.12 所示,2 个图形是平行试验(同一个试样进行了 2 次)。通过曲线拟合可以得到原状土和重塑土的进气值和残余含水率。进气值表示土最大孔隙开始排水、气体进入土中所需的最小吸力值。将饱和度与吸力关系曲线中斜率恒定的部分延长并与饱和度100%时的吸力轴相交，交点的吸力值即为进气值。当土中含水率低到一定值时，即使吸力增加很多，含水率的变化十分小时，该点称为残余含水率。

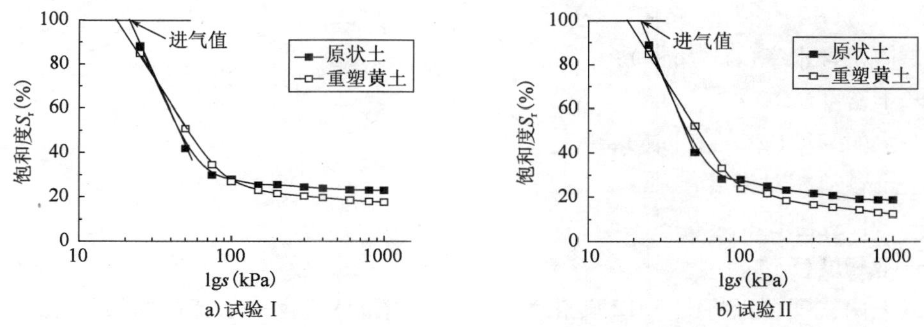

图5.12 Q_3原状土和重塑黄土的土—水特征曲线

Fig. 5.12 Soil water characteristic curves of unsaturated undisturbed and remolded Q_3 loess

图5.12为2个平行试验确定的Q_3原状土和重塑黄土土—水特征曲线。通过曲线拟合可以得到原状土和重塑黄土的进气值和残余含水率。进气值表示土最大孔隙开始排水、气体进入土中所需的最小吸力值。将饱和度与吸力关系曲线中斜率恒定的部分延长并与饱和度100%时的吸力轴相交，交点的吸力值即为进气值。即使吸力增加很多，土中含水率降低到一定值且几乎不变时，该点称为残余含水率。

图5.12a）试验Ⅰ得到原状土和重塑试样进气值分别为：21.63kPa和17.54kPa；由图5.12b）试验Ⅱ得到原状土和重塑试样进气值分别为：22.35kPa和18.33kPa。通过两次试验平均处理，基本上确定了非饱和Q_3原状黄土和重塑黄土的进气值约为21.99kPa和17.94kPa。由图5.12及以上分析可知，原状黄土的进气值要略高于重塑土，这可能与两者结构差异有关。

VanGenuchten M.等[85]提出将吸力达到1500kPa时土体的状态定义为残余状态，此时的含水率即为残余含水率；Sillers等[311]认为残余状态为土中孔隙水从基本上受毛细作用转变到受吸附力时土体的状态，同时认为残余含水率就是吸力为3000kPa对应的含水率。V-G土—水特征曲线模型应用较为普遍，因此本文通过拟合以及平均处理方法取1500kPa时的含水率，得到原状黄土和重塑黄土的残余含水率分别等于5.93%和4.51%。

总体来看图5.12，在20～80kPa吸力范围内，随着吸力的增大，原状土饱和度减小趋势要强于重塑土；在80～1000kPa吸力范围内，在同一吸力条件下，原状土饱和度要大于重塑土。原状土中含有大量孔隙和竖向孔洞以及节理结构，水分之间畅通性较好，在较饱和状态（如在20～80kPa吸力范围内），稍微施加一点吸力，水会沿着大孔隙以及竖向孔洞通道快速排出；而低饱和状态（如在80～1000kPa吸力范围内），大孔隙中水气相互制约，尤其是气体的存在抑制了水分的运移。重塑土压实而成，土样中分布的是均匀的孔隙，较大的不均匀孔隙较少，气体和水分运移相互牵制不是很明显。由于这种结构差异从而导致如图5.12所示的原状土和重塑土的土水特征曲线变化不一。这也与前文中固结排水试验施加竖向应力和吸力后的排水结论一致。

饱和度、含水率与体积含水率存在如下关系：

$$w = \theta \cdot \frac{\rho_w}{\rho_d} \tag{5.21}$$

$$S_r = \frac{\left(\theta \cdot \frac{\rho_w}{\rho_d}\right) \cdot d_s}{e} \tag{5.22}$$

式中：θ——体积含水率（cm^3/cm^3）；

ρ_d——干密度（g/cm^3）；

ρ_w——水的密度（g/cm^3），取1；

d_s——土颗粒相对密度；

e——试样孔隙比；

S_r——饱和度（%）。

通过以上两式即可以将图5.12转化为体积含水率。VG土—水特征曲线模型[85]的参数明确、预测精度高，是现今使用较为广泛的模型：

$$\theta = \theta_r + \frac{\theta_s - \theta_r}{[1 + (\alpha s)^n]^m} \tag{4.17}$$

式中：s——基质能力；

θ_r——残余体积含水率；

θ_s——饱和体积含水率；

α、m、n——试验参数，其中 $m = 1 - 1/n$，因此该模型仅有两个参数。

通过前文得到残余体积含水率和饱和体积含水率，拟合得到的参数为：原状土 α、m 和 n 分别为0.041、0.682和3.148；重塑土 α、m 和 n 分别为0.029、0.659和2.933。这些参数与前文通过热传导吸力探头获得的参数基本相同，但参数 n 存在一些差距，这可能与GCTS探头的吸力稳定时间较长有关，因此，在参数选取中要注意试验方法不同带来的差异。

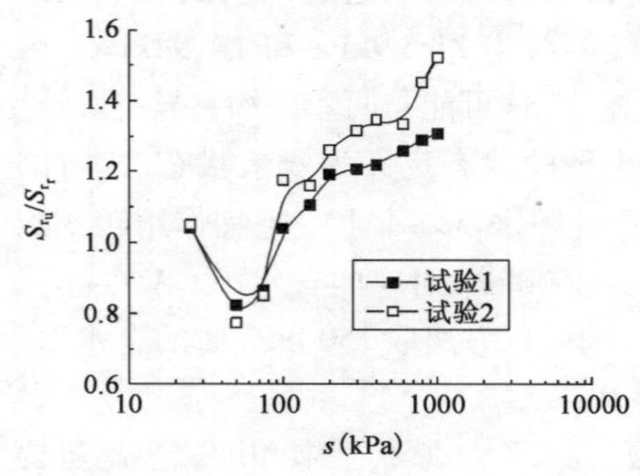

图5.13　压力板试验中原状土与重塑土饱和度的比值随吸力的变化曲线

Fig. 5.13　Relationship between ration of water content and suction of unsaturated undisturbed and remolded loess during pressure plate test

图5.13是压力板仪试验中原状土和重塑土饱和度的比值 S_{r_u}/S_{r_r} 随吸力的变化曲线，S_{r_u} 代表原状土饱和度，S_{r_r} 代表重塑土饱和度，此处也可以化为含水率的比值，如与图5.15一样，但饱和度和含水率可以转换，原状土和重塑土的比值是一样的，因此用饱和度。由图5.13可知 S_{r_u}/S_{r_r} 在低吸力范围内先减小，在高吸力范围内则逐渐增大，说明原状土对于低吸力较为敏感，排水多；重塑土对于高吸力较为敏感，排水多。

5.4.2　固结试验中土水特征曲线分析

图5.14a）、图5.14b）分别是非饱和 Q_3 原状黄土和重塑土在施加竖向应力、吸力固结过程的含水率与吸力之间的变化曲线。由该图可知，在一定竖向应力作用下，含水率随着吸力的增

加而线性减小;吸力一定时,竖向应力越大排水越多。

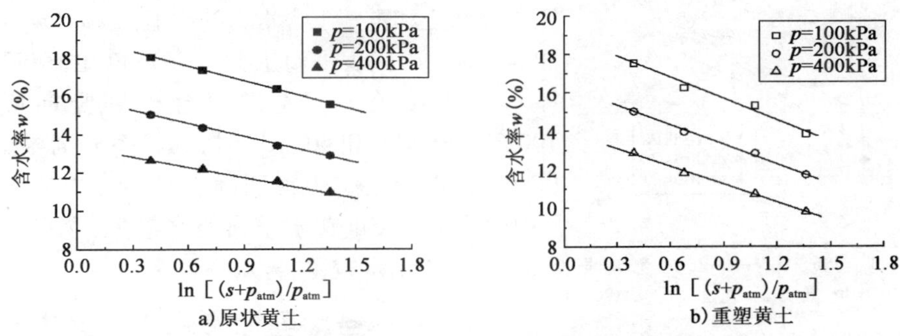

图5.14 非饱和Q_3原状黄土及重塑黄土固结试验中水量变化特性

Fig. 5.14 Water content of unsaturated undisturbed and remolded Q_3 loess during consolidation test

陈正汉[57]建立了同时考虑竖向应力p和吸力s影响的广义土—水特征曲线,得到其公式为:

$$w = w_0 - a \cdot p - b \cdot \ln\left(\frac{s + p_{atm}}{p_{atm}}\right) \tag{5.23}$$

式中: w——试样的含水率(%);

w_0——试样的初始含水率(%);

a、b——均为试验常数,可通过试验得到(单位见表5.6);

p、p_{atm}——分别为竖向应力和大气压(kPa)。

非饱和Q_3原状黄土及其重塑土固结试验中水量变化参数 表5.6

Parameters of water change in consolidation test of unsaturated undisturbed and remolded Q_3 loess Table 5.6

竖向应力p (kPa)	原状土		重塑土	
	$a(10^{-5}\cdot kPa^{-1})$	b	$a(10^{-5}\cdot kPa^{-1})$	b
100	9.278	0.0259	16.759	0.0359
200	8.317	0.0227	21.298	0.0332
400	9.799	0.0206	16.390	0.0310
平均值	9.131	0.0231	18.149	0.0334

利用公式(5.23)及Matlab软件,对图5.14a)、图5.14b)分别进行了二元线性回归拟和,可得到参数a和b的值,列于表5.6中。由表5.6和图5.14可知,原状试样和重塑试样在直剪试验中排水存在一定的差异:重塑土的参数a和b值均大于原状土,重塑试样的参数a要比原状试样高2倍,说明竖向应力对重塑土的固结排水影响要大于原状土;而重塑试样参数b大于原状试样,说明在吸力作用下,重塑土排水要多于原状土,这与两者结构差异有关。

另外,由表5.6可知,原状土和重塑土各自的参数a、b相差不大,可以将其进行平均处理,得到Q_3原状和重塑黄土固结试验中广义土—水特征曲线参数(表5.6),即对于原状土,$a=9.131(10^{-5}\cdot kPa^{-1})$、$b=0.0231$;对于重塑土,$a=18.149(10^{-5}\cdot kPa^{-1})$、$b=0.0334$。拟合的结果如图5.14所示,其拟合结果较好。实际上,式(5.23)有一个隐含的条件,即$s \geqslant s_0$(s_0为土样的初始吸力),只有满足这样的条件,非饱和土才会排水。

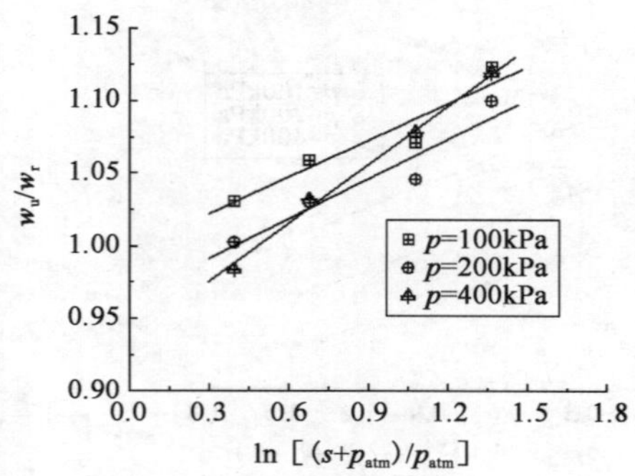

图5.15 固结试验中原状土与重塑土的含水率比值随吸力的变化曲线

Fig.5.15 Relationship between ration of water content and suction of unsaturated undisturbed and remolded loess during consolidation test

图5.15是固结试验中同一竖向应力和吸力作用下的原状土和重塑土含水率的比值 w_u/w_r（w_u 代表原状土含水率，w_r 代表重塑土含水率），该比值与吸力之间基本呈线性关系。通过拟合得到竖向应力等于100kPa、200kPa和400kPa时，其斜率分别等于0.086、0.101和0.137，这也说明随着竖向应力的增大，在同一吸力情况下，重塑土排出的水越多，含水率越低，而原状土则排出水较少，含水率较高。

5.4.3 考虑剪切影响的广义土—水特征曲线试验研究

本节主要任务在于探讨偏应力对非饱和 Q_3 黄土持水特性的影响，建立非饱和 Q_3 黄土含水率—吸力—净平均应力—偏应力四个变量形式的广义土—水特征曲线方程，并分析原状黄土与重塑 Q_3 黄土广义土—水特征曲线的差异。

1）等 p 剪切试验方法

为实现广义土—水特征曲线必须进行非饱和 Q_3 黄土的等 p 剪切试验，试验设备采用文献[57]述及的非饱和土三轴仪。按照以往非饱和 Q_2 黄土试验经验[59]，等 p 剪切试验过程中偏应力每增大一级，相应减小围压，从而达到控制净平均应力为常数的目的。选用剪切速率为0.0066mm/min，具体加载方案如表5.7所示。

等 p 试验加载设计方案　　表5.7

Loading schemes for the test with p equaling constants　　Table 5.7

s=50(kPa)			s=100(kPa)			s=200(kPa)		
σ_3(kPa)	σ_1(kPa)	q(kPa)	σ_3(kPa)	σ_1(kPa)	q(kPa)	σ_3(kPa)	σ_1(kPa)	q(kPa)
195	210	15	240	270	30	340	370	30
185	230	45	220	310	90	320	410	90
165	270	105	200	350	150	270	510	240
150	300	150	170	410	240	220	610	390
125	350	225	140	450	300	180	690	510
105	390	285	120	490	360	160	730	570

本次试验控制净平均应力均为150kPa，吸力分别是50kPa、100kPa、200kPa；原状土干密度为1.35g/cm^3，含水率配制为20.56%，饱和度为55.16%；重塑土通过分层压实，其物理指标与原状土相同，具体参数见前文。

2）等 p 剪切试验结果分析

1个等 p 三轴剪切试验耗时将近1个月，防止排水量测系统由于蒸发和气泡因素影响，必须对排水进行校核。对试验结束时进行含水率测定，根据初始含水率、固结和剪切过程中的含水率损耗，进而得到实际的排水值，并据此进行含水率校核，其值列于表5.8，下文的分析中含水率均采用校正值。

等 *p* 试验试样排水量的测量值与校正值列表　　表5.8

Amount of water drained from the samples during the test with *p* equaling constants　　Table 5.8

试样分类	吸力 *s* (kPa)	量测值(cm^3)			校正值(cm^3)			总量差值(cm^3)	总量相对误差(%)
		总量	固结	剪切	总量	固结	剪切		
原状样	50	5.78	4.41	1.37	6.25	4.72	1.54	0.47	7.52
	100	9.04	7.12	1.92	9.47	7.39	2.08	0.43	4.54
	200	13.23	9.85	3.38	14.65	10.94	3.71	1.42	9.69
重塑样	50	8.31	6.19	2.12	8.57	6.06	2.51	0.26	3.03
	100	11.87	8.67	3.2	12.12	8.97	3.15	0.25	2.06
	200	16.12	11.56	4.56	16.94	12.26	4.69	0.82	4.84

(1)固结过程水量变化分析。

试验剪切阶段开始时,土样中吸力以及外力有个平衡阶段,土样中的水分在吸力和外力作用下逐渐排除,从而达到稳定标准。图5.16即为非饱和Q_3原状和重塑黄土等 *p* 剪切试验中固结阶段水量变化曲线,该曲线基本呈线性变化。

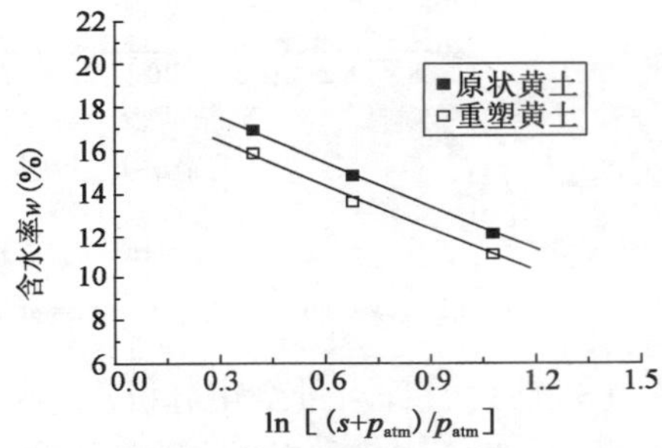

图5.16　非饱和Q_3原状黄土和重塑黄土等 *p* 剪切试验中固结阶段水量变化曲线

Fig. 5.16　Water change within consolidation stage of unsaturated undisturbed and remolded Q_3 loess during the test with *p* equaling constants

利用公式(5.23)对图5.16中的固结排水量进行拟合,便得到参数 a、b 的值。对于原状土样,a = 0.0000596kPa^{-1}, b = 0.0671;对于重塑试样,a = 0.000135kPa^{-1}, b = 0.0715。拟合的结果如图5.16所示,可以看出,拟合结果较好。就参数 a 而言,重塑土要大于原状土,说明重塑土对净平均应力较为敏感;同时说明重塑土排水较多,这与前文中直剪试验结果相似。

(2)剪切过程破坏特性分析。

本次试验中6个试样均呈现脆性破坏,原状土和重塑土的轴向应变分别不超过3%和2%;破坏时的变形较小与等 *p* 剪切试验加载过程有关,试验中每减小一次净围压,偏应力会迅速增加,试验破坏更加容易。出现脆性破坏后试验停止,记录偏应力峰值以及轴向应变,其值列于表5.9中。

等 *p* 剪切过程破坏时的应力和应变列表　　表5.9

Relationship between stress and strain of unsaturated undisturbed and remolded Q_3 loess during the test with *p* equaling constants　　Table 5.9

吸力(kPa)	原　状　土		重　塑　土	
	破坏应力 q_f(kPa)	轴向应变 ε_a(%)	破坏应力 q_f(kPa)	轴向应变 ε_a(%)
50	202	1.98	130	1.13
100	267	2.34	198	1.32
200	312	2.68	249	1.78

图 5.17a)、图 5.17b)分别是等 p 剪切试验中破坏应力 q_f 与轴向应变 ε_a 和吸力 s 之间的关系曲线。由该图可知,破坏应力与轴向应变和吸力之间基本上呈现线性关系。吸力增大时,试样破坏时的轴向应变也在增大,同时破坏应力值也在增大。另外,通过图 5.17a)、图 5.17b)发现同一吸力条件下,原状土破坏时的轴向应变和破坏应力均要大于重塑土破坏时的应变和应力。这与原状土结构性因素有关,与重塑土相比,原状土具有较强的抵抗外部荷载的能力,结构未被破坏时能够承受较大荷载,且自身结构性破坏时变形也逐渐加大。

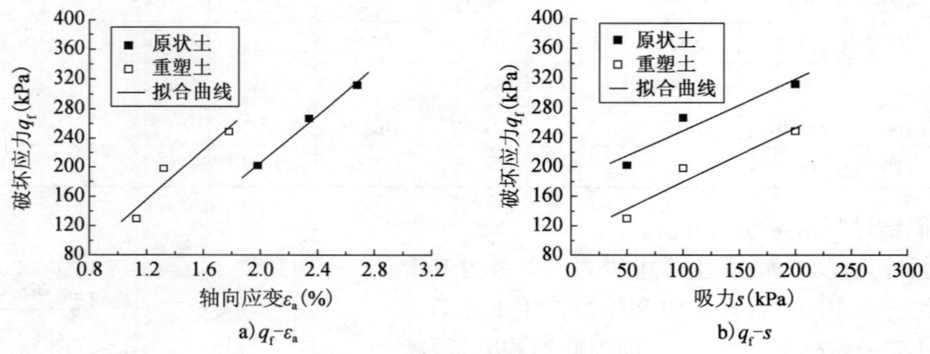

图 5.17 等 p 剪切试验中试样破坏应力值与轴向应变和吸力之间的关系曲线

Fig. 5.17 Variation of damage stress and axial stain with suction during the test with p equaling constants

(3)剪切过程水量变化分析。

图 5.18a)、图 5.18b)分别是原状土和重塑土等 p 剪切试验剪切过程中含水率与偏应力之间的关系曲线。由该图可知,两种试样的含水率在偏应力增大过程中是逐渐变化的,其 w-q 关系近似为一条直线,不同吸力下的直线斜率用符号 $\alpha(s)$ 表示,通过最小二乘法拟合,将其值列于表 5.10 中。分析该表数据可知,随着吸力的增加,斜率 $\alpha(s)$ 逐渐减小,说明吸力的增大对剪切过程中的排水存在一定的影响;同一吸力条件下,重塑土样 $\alpha(s)$ 值要小于原状土 $\alpha(s)$ 值,说明重塑土剪切过程中含水率随偏应力 q 变化的幅度比原状土大,这也是原状土和重塑土两者结构差异对排水影响的缘故。

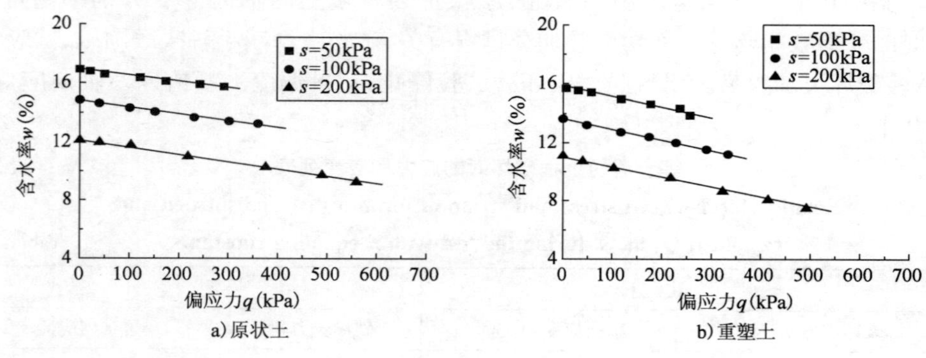

图 5.18 非饱和 Q_3 原状和重塑黄土等 p 剪切中 w-q 关系曲线

Fig. 5.18 Relationship between w and q of unsaturated undisturbed and remolded Q_3 loess during the test with p equaling constants

式(5.7)对偏应力 q 两边求导,可以得到:

$$\frac{\mathrm{d}w}{\mathrm{d}q} = -\frac{1+e_0}{d_s}\frac{\mathrm{d}\varepsilon_w}{\mathrm{d}q} \tag{5.24}$$

该式反映了偏应力对含水率变化的影响。当土样排水时,$\mathrm{d}\varepsilon_w > 0$,含水率 w 将减小;当土样吸水时,$\mathrm{d}\varepsilon_w < 0$,含水率 w 将增大;当土样既不排水也不吸水时(体积不变的临界状态),$\mathrm{d}\varepsilon_w = 0$,含水率 w 不变化。

令$\frac{\mathrm{d}w}{\mathrm{d}q} = \alpha(s)$,$K_{wqt} = \frac{\mathrm{d}q}{\mathrm{d}\varepsilon_w}$,并代入式(5.24)中,该式变为:

$$K_{wqt} = -\frac{1+e_0}{d_s\alpha(s)} \tag{5.25}$$

式中:K_{wqt}——与偏应力相关的水的切线体积模量。

为方便研究偏应力对含水率的影响,可将表5.10中两种试样不同吸力下 $\alpha(s)$ 进行平均处理,忽略吸力对 $\alpha(s)$ 的影响,可求得两种试样的 $\alpha(s)$ 平均值,列于表5.10。

等 p 剪切过程的 w-q 曲线直线斜率 $\alpha(s)$ 值 表5.10

The value $\alpha(s)$ during the test with p equaling constants Table 5.10

试样分类	吸力(kPa)	$\alpha(s)$(10^{-5}kPa^{-1})	平均值(10^{-5}kPa^{-1})
原状土	50	-3.98	-4.43
	100	-4.29	
	200	-5.03	
重塑土	50	-6.64	-6.92
	100	-6.88	
	200	-7.24	

把初始孔隙比 e_0、土粒相对密度 d_s 和 $\alpha(s)$ 的值代入式(5.25)中可求得 K_{wqt} 的值。对于原状试样,$K_{wqt} = 16.74$MPa;对于重塑试样,$K_{wqt} = 10.72$MPa。从以上分析来看结构性的差异对水相切线体积模量 K_{wqt} 的影响较大。

根据陈正汉等[57]建立的含水率与净平均应力和吸力之间关系的广义土—水特征曲线,方祥位等[59]推广到考虑偏应力影响的三变量形式的广义土—水特征曲线,即:

$$\mathrm{d}\varepsilon_w = \frac{\mathrm{d}p}{K_{wpt}} + \frac{\mathrm{d}s}{H_{wt}} + \frac{\mathrm{d}q}{K_{wqt}} \tag{5.26}$$

式中:K_{wpt}、H_{wt}、K_{wqt}——与净平均应力、吸力和偏应力相关的水的切线体积模量,K_{wpt}、H_{wt} 确定方法见文献[59],K_{wpt} 经试验测定为常数,$H_{wt} = \ln 10\frac{s+p_{atm}}{\lambda_w(p)}$,其中 $\lambda_w(p)$ 为常数。

若土样在剪切过程中连续排水或连续吸水,则可同时对(5.26)两边积分,得到:

$$\varepsilon_w = \frac{p}{K_{wpt}} + \frac{\lambda_w(p)}{\ln 10}\ln\left(\frac{s+p_{atm}}{p_{atm}}\right) + \frac{q}{K_{wqt}} \tag{5.27}$$

将前文中式(5.7)代入式上式,得:

$$w = w_0 - \frac{1+e_0}{d_s}\left[\frac{p}{K_{wpt}} + \frac{\lambda_w(p)}{\ln 10}\ln\left(\frac{s+p_{atm}}{p_{atm}}\right) + \frac{q}{K_{wqt}}\right] \tag{5.28}$$

通过对图 5.18a)、图 5.18b)剪切过程中的排水量数据进行拟合，即可以得到参数 K_{wqt} 的值。同样该公式的适用条件仍然是 $s \geq s_0$。

5.5 非饱和 Q_3 原状黄土的三轴湿陷试验

5.5.1 湿陷试验方法和方案

湿陷试验采用《土工试验方法标准》[312]中介绍的双线法，双线法须准备 2 个试样，一个为饱和试样，另一个为初始含水率的原状试样，试样初始物理指标见表 5.1。饱和试样经历固结、浸水饱和及施加偏应力 3 个阶段，初始含水率的原状试样则经历固结和施加偏应力 2 个阶段。

双线法湿陷试验中湿陷轴应变和湿陷体应变计算方法分别见图 5.19a)、图 5.19b)，由该图可知，饱和试样和初始含水率试样在相同偏应力下的轴应变和体应变之差即为湿陷轴应变和湿陷体应变。

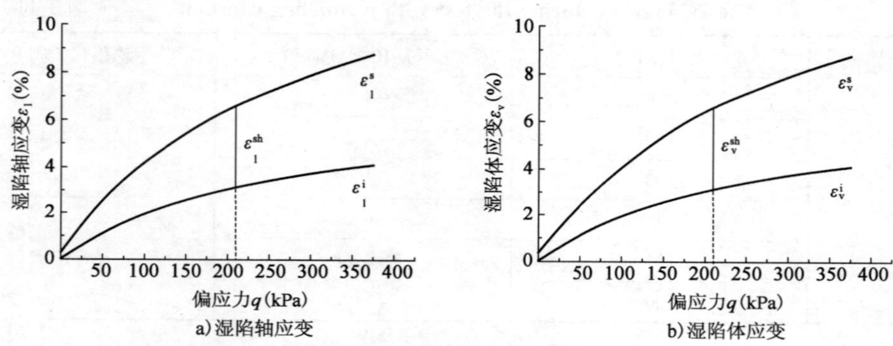

图 5.19　双线法试验中湿陷轴应变和湿陷体应变计算示意图

Fig. 5.19　Collapsible axial strain and volumetric strain in double-line triaxial collapsible tests

对于饱和试样，固结后的体积和高度分别记为 V_{cs} 和 h_{cs}，某一级偏应力作用下的体积和高度变化量分别为 ΔV_{qs} 和 Δh_{qs}，常围压下的湿陷体变量为 ΔV；对于初始含水率试样，固结后的体积和高度分别记为 V_{ci} 和 h_{ci}，某一级偏应力作用下的体积和高度变化量分别为 ΔV_{qi} 和 Δh_{qi}。无偏应力作用时，湿陷体应变和湿陷轴应变分别记为：

$$\varepsilon_{v0}^{sh} = \frac{\Delta V}{V_{cs}} \tag{5.29}$$

$$\varepsilon_{10}^{sh} = \frac{\varepsilon_{v0}^{sh}}{3} \tag{5.30}$$

偏应力作用时，每一级偏应力作用下湿陷体应变、湿陷轴应变和湿陷偏应变分别记为：

$$\varepsilon_v^{sh} = \varepsilon_v^s - \varepsilon_v^i = \frac{\Delta V + \Delta V_{qs}}{V_{cs}} - \frac{\Delta V_{qi}}{V_{ci}} \tag{5.31}$$

$$\varepsilon_1^{sh} = \varepsilon_1^s - \varepsilon_1^i = \left(\varepsilon_{10}^{sh} + \frac{\Delta h_{qs}}{h_{cs}}\right) - \frac{\Delta h_{qi}}{h_{ci}} \tag{5.32}$$

$$\varepsilon_s^{sh} = \varepsilon_1^{sh} - \frac{\varepsilon_v^{sh}}{3} \tag{5.33}$$

式中，i——初始含水率试样；

s——饱和试样。

浸水前试样先在一定围压下固结，稳定标准为体变每两小时变化不超过0.0063cm^3，排水每小时不超过0.012cm^3。非饱和土的排水量小于体变量，故对排水和体变应采用不同的稳定标准。体变采用的稳定标准显然高于排水稳定标准。加之体变用百分表量测，其精度要高于排水测量值。故使用前者为主要稳定标准。

固结稳定后启动步进电机，施加偏应力，一直到试验所要求的偏应力值，该过程稳定标准为轴向位移每小时不超过0.01mm，体变每两小时不超过0.0063cm^3。偏应力稳定过程中剪切速率选为0.2mm/min。逐级施加偏应力到预定值并且体变、位移和排水达到稳定标准后，同时减小围压和气压力，并且始终保持净围压不变，至气压力为0kPa，此时方可启动GDS压力体积控制器并打开浸水阀门开始浸水，直至该级荷载下试样饱和。

经过反复比较，浸水过程中反压水头取15kPa。浸水过程的稳定标准为：体变在两小时内不超过0.0063cm^3，并且浸水量等于出水量。浸水时从仪器底座的铜圈上小孔进水，从试样帽排水管排水。为了加速浸水过程，在试样周边贴6张滤纸条。滤纸条高7.5cm，宽0.6cm。

本次湿陷试验采用8个21m深度处的原状试样，分为4组，每组有一个饱和试样，一个初始含水率试样。每组试样的初始物理指标和应力状态见表5.11，试样仪器选用陈正汉等人开发的多功能土工三轴仪[图5.20a)]，该套仪器选用浸水底座时可以进行黄土的湿陷试验[图5.20b)]，仪器具体构成可参阅文献[30]。

三轴湿陷试验试样初始物理指标及应力状态 表5.11

Samples' physical index and stress state of loess collapsibility triaxial test Table 5.11

试样组号	干密度 (g/cm^3)	含水率 (%)	孔隙比 e	净围压 (kPa)	吸力 (kPa)	偏应力 (kPa)	压力水头 (kPa)
1组	1.35	20.56	1.01	100	200	200	15
2组	1.35	20.56	1.01	200	200	200	15
3组	1.35	20.56	1.01	100	300	200	15
4组	1.35	20.56	1.01	200	300	200	15

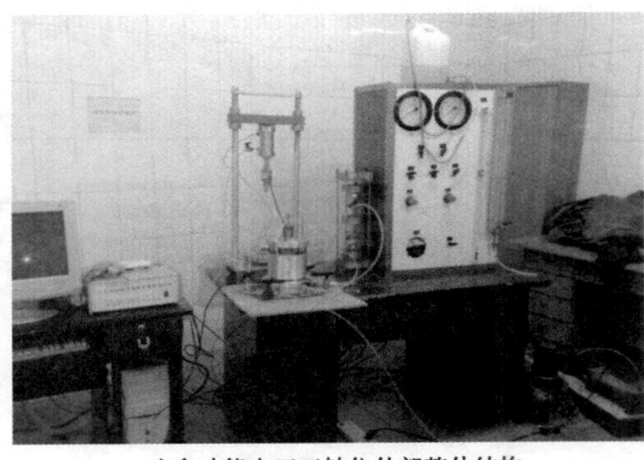

a)多功能土工三轴仪外部整体结构

b)湿陷底座

图5.20 非饱和土多功能土工三轴仪实物图

Fig. 5.20 The photographs of triaxial test apparatus for unsaturated soils

5.5.2 湿陷试验结果分析

4 组试验在不同净围压、吸力和偏应力作用下的湿陷变形结果如图 5.21a) ~ 图 5.21f) 所示。图 5.21a)、图 5.21b) 中显示在未施加偏应力时，湿陷体应变基本维持在 3 % 左右，而随着偏应力的逐级增大，湿陷体应变则呈现缓慢线性增长趋势。较大偏应力作用下，湿陷轴应变和偏应变增长较快，小偏应力对于湿陷变形影响不十分明显。图 5.21 中，300kPa 吸力作用下湿陷体应变要大于 200kPa 吸力作用的试样，300kPa 的试样较为干燥，使得湿陷变形较大；净围压 100kPa 的试样湿陷变形要小于 200kPa 作用下的试样，这也反映了围压对湿陷黄土湿陷变形的影响。通过以上分析可以得到，相同吸力作用下的试样，净围压越大，湿陷变形则相应越大；相同净围压作用下的试样，吸力越大，湿陷变形则越大。

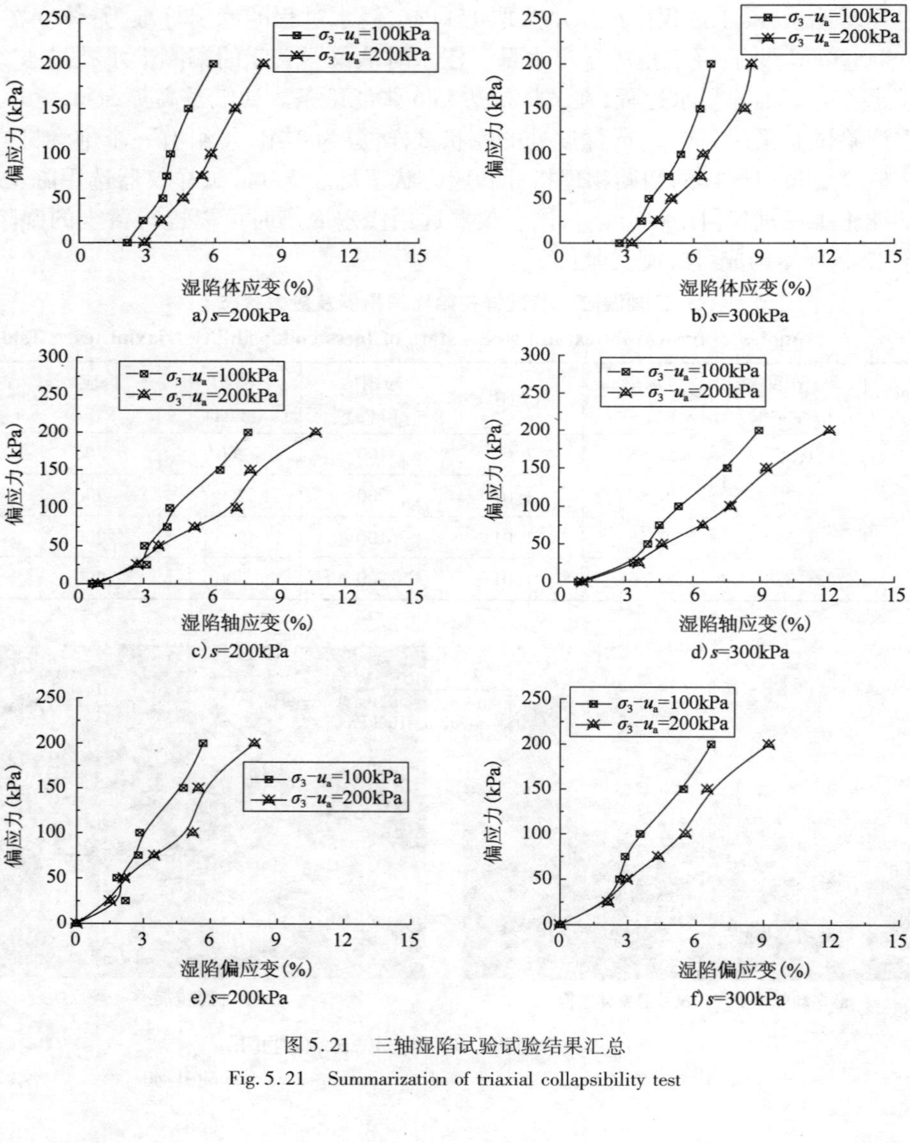

a) s=200kPa　　b) s=300kPa

c) s=200kPa　　d) s=300kPa

e) s=200kPa　　f) s=300kPa

图 5.21　三轴湿陷试验试验结果汇总

Fig. 5.21　Summarization of triaxial collapsibility test

5.6 非饱和黄土本构模型参数确定

5.6.1 非线性模型参数

陈正汉等[165]提出适宜于非饱和土的非线性模型,该模型可看作是饱和土邓肯—张模型的推广。为获取该模型试验参数,本文共进行了9个控制净平均应力和吸力为常数的三轴剪切试验。吸力和净平均应力控制在50kPa、100kPa和200kPa。试样初始物理指标参见表5.1。

9个试样剪切过程中的$(\sigma_1-\sigma_3)\sim\varepsilon_a$关系曲线,如图5.22a)~图5.22c)所示。参照文献[165],图5.22a)~图5.22c)可用双曲线描述:

$$\sigma_1-\sigma_3=\frac{\varepsilon_a}{a+b\varepsilon_a} \tag{5.34}$$

对上式取极限得到:

$$\lim_{\varepsilon_1\to\infty}\left(\frac{\varepsilon_1}{a+b\varepsilon_1}\right)=\frac{1}{b}=(\sigma_1-\sigma_3)_{ult} \tag{5.35}$$

$$\lim_{\substack{\varepsilon_1\to 0\\(\sigma_1-\sigma_3)\to 0}}\left(\frac{\varepsilon_1}{\sigma_1-\sigma_3}\right)=\lim_{\substack{\varepsilon_1\to 0\\(\sigma_1-\sigma_3)\to 0}}\frac{d\varepsilon_1}{d(\sigma_1-\sigma_3)}=E_i-1=a \tag{5.36}$$

式中:a——初始切线模量E_i的倒数;

b——主应力差渐进值$(\sigma_1-\sigma_3)_{ult}$的倒数。

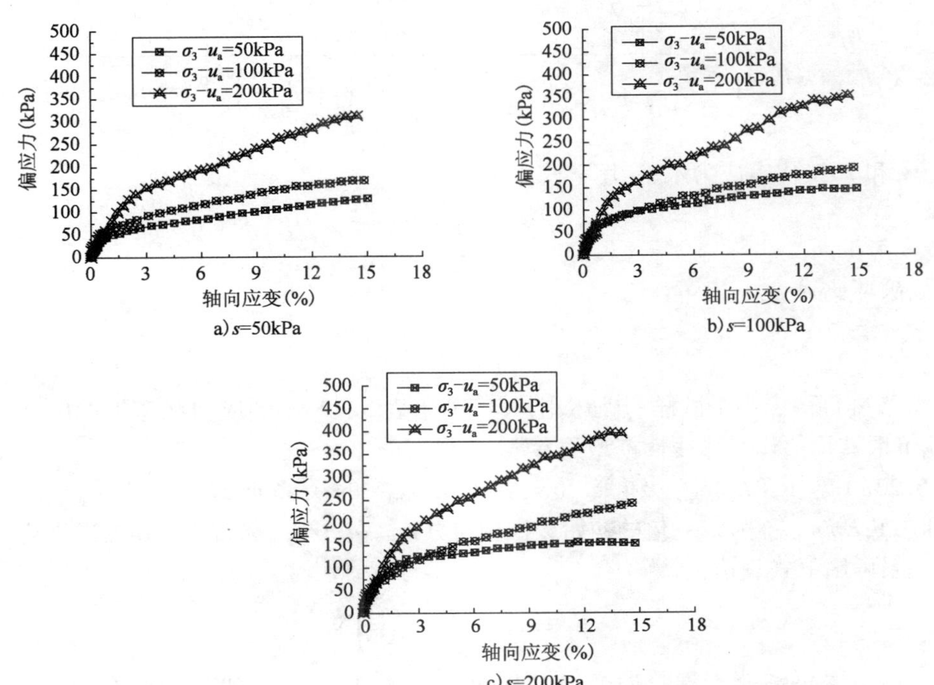

图5.22 非饱和原状黄土三轴剪切中应力应变关系

Fig. 5.22 Stress and strain curves during triaxial shear tests

绘制不同吸力对应的 $\varepsilon_a/(\sigma_1-\sigma_3)$ 与 ε_a 的关系曲线(文中未列出),直线的截距为 a,斜率即为 b。由于在低应力水平上某些点不在一直线上,因此参数 a 和 b 的确定采用文献[313]叙述的方法,其结果列于表 5.12。

非饱和 Q_3 原状黄土三轴剪切试验结果　表 5.12

Results of unsaturated undisturbed Q_3 loess during triaxial shear tests　Table 5.12

s (kPa)	σ_3-u_a (kPa)	q_f (kPa)	p_f (kPa)	E_i (kPa)	$(\sigma_1-\sigma_3)_{ult}$ (kPa)	R_f	μ_i	k	m
50	50	128.79	92.93	1390.46	176.67	0.73	0.28	1.432	0.385
	100	169.18	156.37	1843.41	264.06	0.77	0.27		
	200	310.47	303.49	2712.38	535.68	0.73	0.25		
100	50	146.79	98.93	1880.73	223.99	0.83	0.33	1.492	0.370
	100	203.08	164.36	2414.67	335.08	0.80	0.31		
	200	352.58	317.53	3327.75	566.19	0.77	0.29		
200	50	154.01	101.18	2636.26	278.40	0.79	0.33	1.585	0.341
	100	242.02	180.67	3284.43	391.65	0.81	0.32		
	200	394.37	331.46	4029.38	610.60	0.80	0.30		

$$b=\frac{1}{(\sigma_1-\sigma_3)_{ult}}=\frac{\left(\dfrac{\varepsilon_a}{\sigma_1-\sigma_3}\right)_{95\%}-\left(\dfrac{\varepsilon_a}{\sigma_1-\sigma_3}\right)_{70\%}}{(\varepsilon_a)_{95\%}-(\varepsilon_a)_{70\%}} \tag{5.37}$$

$$\frac{1}{ap_{atm}}=\frac{E_i}{p_{atm}}=\frac{1}{p_{atm}}\frac{2}{\left(\dfrac{\varepsilon_a}{\sigma_1-\sigma_3}\right)_{95\%}+\left(\dfrac{\varepsilon_a}{\sigma_1-\sigma_3}\right)_{70\%}-\left(\dfrac{\varepsilon_a}{\sigma_1-\sigma_3}\right)_{ult}[(\varepsilon_a)_{95\%}+(\varepsilon_a)_{70\%}]} \tag{5.38}$$

式中,95% 和 70% 代表应力水平,用下式表示:

$$L=\frac{\sigma_1-\sigma_3}{(\sigma_1-\sigma_3)_f} \tag{5.39}$$

定义破坏比 R_f 为:

$$R_f=\frac{(\sigma_1-\sigma_3)_f}{(\sigma_1-\sigma_3)_{ult}} \tag{5.40}$$

由式(5.40)得到 9 个试样的破坏比,其值列于表 5.12,不同应力状态下的破坏比差别较小,因此可取其均值作为非线性模型的参数。

图 5.23a) 是 $\lg(E_i/p_{atm})$ 和 $\lg[(\sigma_3-u_a)/p_{atm}]$ 的关系曲线。其中 p_{atm} 是大气压力(101.3kPa),E_i/p_{atm} 称为归一化的初始杨氏模量,$(\sigma_3-u_a)/p_{atm}$ 称为归一化的净平均应力。两者之间关系可用下式表达:

$$E_i=kp_{atm}\left(\frac{\sigma_3-u_a}{p_{atm}}\right)^m \tag{5.41}$$

式中:k、m——无量纲参数。它们的值分别等于图 5.23a) 中直线的截距和斜率,结果列于表 5.12。由该表可知,m 随吸力的变化较小,其平均值为 0.37;k 与吸力的变化曲线,如图 5.23b) 所示,可用下式表示:

$$k = k^0 + m_1\left(\frac{s}{p_{atm}}\right) \tag{5.42}$$

式中：k^0——等于吸力为零时的值；

m_1——无量纲常数，其值等于图 5.23b）中直线的斜率。

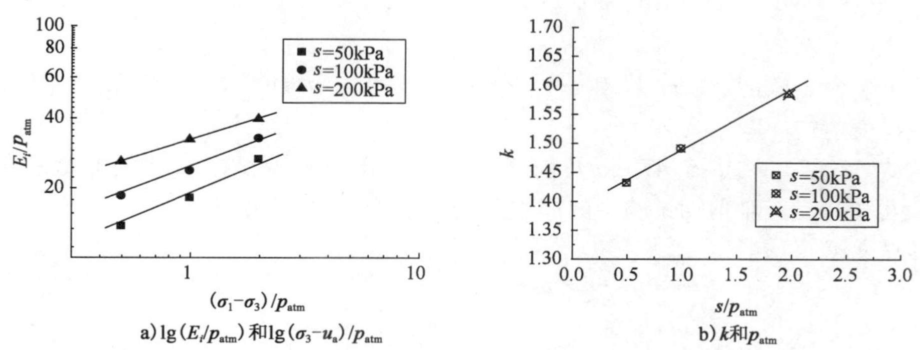

图 5.23 非线性参数与应力之间的关系曲线

Fig. 5.23 Variation of nonlinear parameters and stress

由图 5.24 是 9 个试样的径向应变与轴应变之间关系，利用最小二乘法对该图曲线进行拟合，得到原状黄土的泊松比。9 个试样的泊松比列于表 5.12 中，由该表可知，不同应力状态下的泊松比 μ 相差较小，可取其平均值作为非线性模型参数，μ = 0.30。

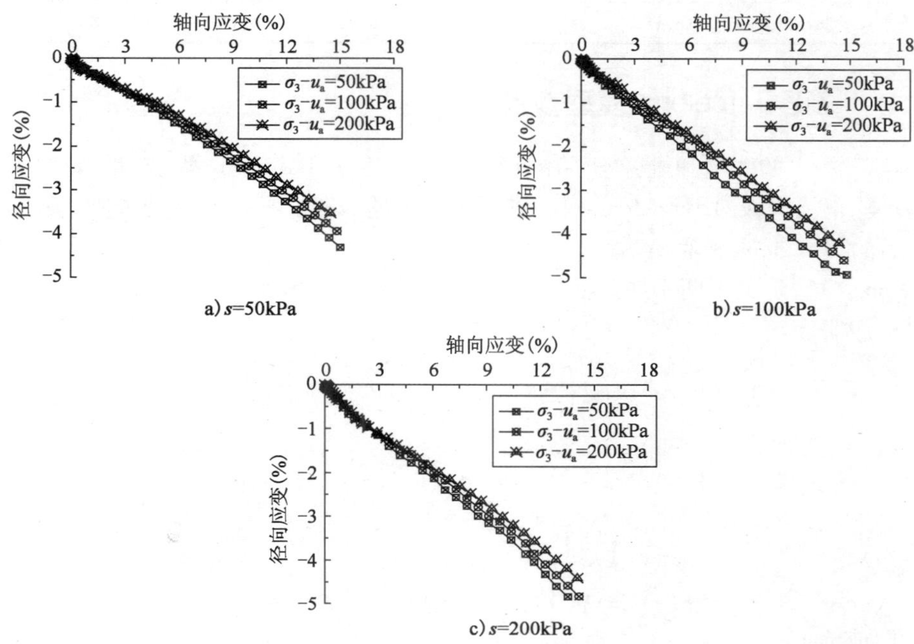

图 5.24 非饱和原状黄土三轴剪切中径向应变与轴向应变之间关系

Fig. 5.24 Curves of radial and axial strain during triaxial shear test

切线模量的表达式为：

$$E_t = (1 - R_f L)^2 E_i \tag{5.43}$$

综合前文，切线模量 E_t 的一般应力条件下的表达式如下：

$$E_t = \left[1 - \frac{R_f(1-\sin\varphi)(\sigma_1 - \sigma_3)}{2(c + s\tan\varphi^b)\cos\varphi + 2(\sigma_3 - u_a)\sin\varphi}\right]^2 \times \left(k^0 + m_1 \frac{s}{p_{atm}}\right) p_{atm} \left(\frac{\sigma_3 - u_a}{p_{atm}}\right)^m \tag{5.44}$$

上式中包含 c、φ、φ^b、R_f、m、k^0 和 m_1 七个参数，当吸力为零时，上式就退化为邓肯张模型中的切线模量表达式。

通过式(5.45)~式(5.47)以及前文中非饱和黄土直剪试验叙述的非饱和土强度公式(5.8)，可以得到三轴剪切试验中的非饱和黄土强度参数，文中不再列出计算分析过程，具体方法详见文献[57]。

$$q_f = \xi + p_f \tan\omega \tag{5.45}$$

$$\sin\varphi' = \frac{3\tan\omega}{6 + \tan\omega} \tag{5.46}$$

$$c = \frac{3 - \sin\varphi'}{6\cos\varphi'}\xi' \tag{5.47}$$

至此，通过以上分析，可以得到非饱和 Q_3 原状黄土非线性模型参数，如表 5.13 所示。

非饱和 Q_3 原状黄土的非线性模型参数 表 5.13

The parameters of nonlinear model of unsaturated undisturbed Q_3 loess Table 5.13

c(kPa)	φ(°)	φ^b(°)	m	k^0	m_1	R_f	μ
21.35	24.59	16.15	0.37	1.39	0.11	0.78	0.30

5.6.2 修正 Barcelona 模型参数

Alonso[169] 提出的非饱和土弹塑性本构模型，即著名的 Barcelona 模型，是目前应用较为广泛的模型。陈正汉等人对 Barcelona 模型进行了一定的修正。根据本章的试验资料，可基本上确定修正后的 Barcelona 模型参数。

Barcelona 模型定义了两个屈服面，分别是 LC 屈服面和 SI 屈服面。

(1) LC 屈服面。

$$f_1(p, q, s, p_0^*) \equiv q^2 - M^2(p + p_s)(p_0 - p) = 0 \tag{5.48}$$

其中：

$$p_s = k_c s \tag{5.49}$$

$$\left(\frac{p_0}{p^c}\right) = \left(\frac{p_0^*}{p^c}\right)^{[\lambda(0)-\kappa]/[\lambda(s)-\kappa]} \tag{5.50}$$

$$\lambda(s) = \lambda(0)[(1-\gamma)\exp(-\beta s) + \gamma] \tag{5.51}$$

(2) SI 屈服面。

$$f_2(s, s_0) = s - s_0 = 0 \tag{5.52}$$

陈正汉[57] 将 SI 屈服线的屈服条件进行了修改，即由屈服吸力 s_y 代替最大吸力 s_0，其方程为：

$$s = s_y \tag{5.53}$$

式(5.48)~式(5.53)中，p_0 为某一特定值时的非饱和土的屈服净平均应力；p_c 为参考应力；p_0^* 为饱和状态下的屈服净平均应力(前固结压力)；p_s 为某吸力下 CSL 线在 p 轴上的截距；k_c 为描述黏聚力随吸力增长的参数；κ 是与净平均应力相关的弹性刚度系数；M 为饱和条件下的临界状态线的斜率；$\lambda(s)$ 为某吸力下净平均应力加载屈服后的压缩指数，当土饱和时，等于 $\lambda(0)$；γ 为同一土的最大刚度相关常数，$\gamma = \lambda(s \to \infty)/\lambda(0)$；$\beta$ 为控制土刚度随吸力增长速率的参数；s 为吸力；q 为偏应力。

k_c 为反映黏聚力随吸力增长的参数，可以通过前文中直剪试验得到$(\sigma - u_a) \sim \tau$ 平面上的强度包线，根据非饱和土的抗剪强度公式：

$$\tau_f = c' + (\sigma - u_a)\tan\varphi' + (u_a - u_w)\tan\varphi^b \tag{5.8}$$

并将其转换成 p-q 平面上的强度包线：

$$q_f = \xi + p_f \tan\widetilde{\omega} \tag{5.54}$$

可得到：

$$\tan\widetilde{\omega} = M = \frac{6\sin\varphi'}{3 - \sin\varphi'} \tag{5.55}$$

又根据：

$$\xi = \frac{6\cos\varphi'}{3 - \sin\varphi'}[c' + (u_a - u_w)_f \tan\varphi^b] \tag{5.56}$$

通过以上推导可以得到：

$$k_c = \tan\varphi^b \frac{6\cos\varphi'}{3 - \sin\varphi'} \tag{5.57}$$

利用上式以及非饱和土直剪试验，即可确定参数 k_c。

将方祥位等[59]提出了广义土—水特征曲线方程，应用到 Barcelona 模型中，这一修正结果也是非饱和土水量变化本构关系的合理推广，考虑净平均应力、吸力及偏应力对水量变化的影响，其简化表达式为：

$$w = w_0 - ap - b\ln\left(\frac{s + p_{atm}}{p_{atm}}\right) - cq \tag{5.58}$$

式中：

$$a = \beta_p = \frac{1 + e_0}{d_s K_{wpt}} \tag{5.59}$$

$$b = \beta_s = \frac{(1 + e_0)\lambda_w(p)}{d_s \ln 10} \tag{5.60}$$

$$c = \beta_q = \frac{1 + e_0}{d_s K_{wqt}} \tag{5.61}$$

式(5.59)~式(5.61)分别对应前文中得到的水量变化指标 β_p、β_s 和 β_q。β_p 表示控制净平均应力为参数吸力逐渐增大的收缩试验中 $w - \lg[(s + p_{atm})/p_{atm}]$ 直线的斜率；β_s 表示控制吸力为参数的各向等压加载试验 w-p 直线的斜率；β_q 表示控制控制净平均应力和吸力为常数的等 p 剪切试验 w-q 直线的斜率。

修正后的模型共有 13 个参数，分别是 $\lambda(0)$、λ_s、κ、κ_s、β、G、γ、M、p^c、k_c、β_p、β_s、β_q。土样的初始状态量见表 5.14。

土样的初始状态量　表 5.14

Initial state variable of test samples　Table 5.14

试样	初始应力状态(kPa)			初始硬化参数(kPa)		初始状态量		
	p	q	s	s_y	p_0^*	v	w(%)	S_r(%)
原状土	10	0	40.6	123.19	72.35	2.01	20.56	55.17
重塑土	10	0	46.9	78.34	66.45	2.01	20.56	55.17

从以上分析可知，κ、$\lambda(0)$、r、β、p^c 和 β_p 等 6 个参数可以通过控制吸力的各向等压加载试验确定；κ_s、λ_s 和 β_s 等 3 个参数可以通过控制净平均应力的三轴收缩试验确定；M、k_c、G 和 β_q 等 4 个参数可以通过控制吸力和净围压为常数的三轴排水剪切试验确定。

剪切模量 G 和临界状态线(CSL)的斜率 M 可以参考宁夏固原 Q_3 黄土[55]以及兰州兰工坪 Q_3 黄土[308]三轴剪切试验结果，可取兰州和平镇重塑 Q_3 黄土剪切模量 G 等于 1.34MPa；临界状态线(CSL)的斜率 M 等于 0.91；β_p、β_s 和 β_q 总计 3 个参数可以直接取等 p 剪切试验的结果。通过以上分析和归纳，可以得到修正后的 Barcelona 模型参数。修正后的 Barcelona 模型参数列于表 5.15。以上工作为下一步建立非饱和 Q_3 原状黄土结构性本构模型提供了试验基础和参数依据。

改进后的 Barcelona 模型参数　表 5.15

The parameters of modified Barcelona model　Table 5.15

试样	LC 屈服线参数					SI 屈服线参数		空间屈服面参数			水量变化参数		
	κ	$\lambda(0)$	r	β (MPa^{-1})	p^c (kPa)	κ_s	λ_s	M	k_c	G (MPa)	β_p (kPa^{-1})	β_s	β_q ($10^{-5}kPa^{-1}$)
原状土	0.042	0.061	0.31	0.014	30	0.046	0.18	1.29	0.31	1.54	0.0000596	0.0671	4.43
重塑土	0.072	0.087	0.42	0.016	30	0.071	0.21	0.91	0.24	1.34	0.000135	0.0715	6.92

5.7 本章小结

通过对非饱和 Q_3 原状黄土及其重塑黄土进行直剪试验、三轴收缩试验、三轴剪切以及湿陷试验，对其强度、屈服、水量变化及湿陷变形特进行了系统研究，并对原状黄土和重塑黄土的力学特性进行了比较，取得了较多的试验数据和分析成果，主要研究结论包括：

(1)同一试验条件下原状黄土抗剪强度指标要大于重塑黄土，原状土破坏时的偏应力要大于重塑土；净竖向应力一定时，Q_3 原状黄土及重塑黄土的黏聚力和内摩擦角均随吸力的增加而呈线性增长趋势；吸力越大，抗剪强度指标越大。

(2)Q_3 原状黄土具有较高的结构性，抵抗外力破坏的能力较强，其重塑黄土的土粒之间连接比较松散，抵抗外力的能力较差，导致原状土的抗剪强度指标要高于重塑土，尤其是在低吸力情况下，原状土的黏聚力是重塑土的 2 倍以上。

(3)定义了黏聚力结构参数 M_c 和内摩擦角结构参数 M_φ，得到黏聚力耦合值 c^* 和内摩擦角耦合值 φ^* 随吸力变化的拟合公式，为实际工程抗剪强度指标的选取提供另一种尝试。

(4)原状黄土屈服吸力大于重塑黄土，在 p-s 平面上原状土的弹性区要大于重塑土；原状与重塑土屈服应力之差随着吸力的增大而线性增长；屈服吸力并不随净平均应力的变化而显著变化，基本上趋近于一常数；试样屈服前，原状黄土较强的结构性导致其变形要小于重塑黄土，试样屈服后，两者变形差别不大，结构性具有抵消外部荷载变形的能力。

(5)通过多种试验发现应力路径对原状土和重塑土的持水特性均造成影响，但总体上对重塑土的持水特性影响更大些；基于压力板仪试验，比较了原状土与重塑土土—水特征曲线的异同，发现原状土进气值要略高于重塑土；通过等 p 剪切试验，得到 Q_3 原状黄土及重塑土的广义土—水特征曲线，并发现重塑土剪切过程中含水率随偏应力 q 的变化幅度比原状土大。

(6)相同吸力作用下的原状黄土，净围压越大，湿陷变形则相应越大；相同净围压作用下的试样，吸力越大，湿陷变形则越大；通过试验确定了 Q_3 黄土的非线性和弹塑性本构模型的基本参数，为下文建立非饱和 Q_3 黄土结构性本构模型提供参数依据和试验基础。

第6章　非饱和 Q_3 原状黄土的细观结构动态演化特征

我国中西部黄土地区是典型的干旱半干旱区域，绝大部分黄土处于非饱和状态，而非饱和黄土的力学特征明显区别于饱和土，研究黄土的力学特性必须考虑非饱和特征，也就是吸力的作用。非饱和黄土具有天然的结构性，由于结构性形成诸多天然直立、高陡边坡等特殊地质地貌现象。结构性代表了土的结构形式以及物理化学组成，这是黄土力学变形响应区别于其他特殊土的重要因素[314]。因此，研究黄土的力学特征不能绕开非饱和以及结构性等重要特征。前文中通过原状黄土与重塑土之间的力学特征差异对结构性进行了初步探讨，但没有涉及黄土的屈服特征与结构性的联系。

研究土的结构性主要包括微结构形态学、固体力学及土力学。微结构形态学从定性描述逐渐发展到定量描述，深化了对土体微结构的认识[18]；固体力学则是建立一种能够有效描述土结构性在受力过程中变化和破坏的力学模型，由此推导和反映土体的宏观力学特性[315]。土力学方法则是从土力学基本概念和方法出发研究土的结构性与土的工程性质之间的关系[316]。邵生俊等[317]提出的结构性参数用原状黄土及重塑黄土的主应力差表示；陈存礼等[318]用压缩试验中原状样、饱和样和重塑样的孔隙比的关系定义结构性参数。然而这些方法却很难实时动态了解黄土的内部结构特征，对结构性的认识存在不足。

CT(Computed Tomography)扫描具有无损和实时等优点，许多研究人员通过对土进行扫描以研究其内部结构[319,320]，该技术也为准确描述土的结构性和结构演化特征提供了有力工具。CT扫描可以得到图像以及相应数字信息。图像可作为一种定性分析方法直观显示试样断面上的孔隙、孔洞、裂纹等，表现为异常暗色；胶结较强的地方，则表现为异常亮色。图像上的每一像素点都有一个CT数，包含了该像素点丰富的物理信息，可作为定量分析法，对某一个断面甚至每一像素点的CT数据进行分析，对于认识岩土材料内部细观结构有较大优势。

一些学者采用CT扫描技术研究黄土的结构性特征，这也为研究黄土的结构性提供了新途径。通过实时扫描获得CT数和方差SD，CT数ME反映了选定区域所有物质点的平均密度，ME越大，土越密实，土颗粒之间的联结越强；CT的方差SD反映物质点密度的不均匀程度，SD值越小，土颗粒排列分布越均匀[321]。故采用CT数ME和方差SD就可以反映土的结构性。以往针对原状黄土结构特征研究主要集中在剪切过程中的CT扫描[322,323]，能够清晰认识剪切过程中的结构演化特征；另一部分主要集中在浸水过程中CT扫描[212,308]，能够反映浸水引起的结构演化特征，但是，目前鲜有报道认识原状黄土加载过程中的结构演化规律，因此有必要针对这一问题展开研究。

本章通过CT实时扫描各向等压加载过程中的原状黄土试样，获取扫描过程中的CT参

数,基于此提出概念清晰、形式简单的结构性参数,认识加载过程中结构性对其屈服特性和持水特征的影响,将加载过程中宏观力学参数与扫描过程中细观结构参数联系,明晰加载过程中结构演化规律,为进一步建立考虑结构性的非饱和黄土本构模型提供借鉴[324]。

6.1 试验概况

6.1.1 试验材料

本次试验所用土料取自前文浸水试验现场T1探井中,采用削样器削制直径39.1mm、高度80mm的原状未扰动试样(如前文图5.1所示),共计4个试样。土颗粒相对密度为2.71、干密度为1.35g/cm^3、初始质量含水率为12.54%。由于需要在试验中控制净围压和吸力并进行排水量测,根据压力板测试得到的原状黄土土—水特征曲线变化规律,通过水膜转移法将试样的起始含水率调整到20.35%,以符合吸力与含水率之间的持水特征。

6.1.2 试验方案

4个试样分别控制吸力s为0kPa、50kPa、100kPa、和200kPa,对应的试样编号分别为1号、2号、3号和4号。4个试样在各向等压加载试验中施加的净平均应力p分别为0kPa、25kPa、75kPa、100kPa、150kPa、200kPa、300kPa和400kPa,总计8级荷载。试验过程中记录排水量,以反映吸力和净围压作用下的原状黄土持水特征。试验仪器采用中国人民解放军后勤工程学院改进研发的多功能土工三轴仪,该仪器可以与CT机配套,如图6.1所示。装配试样后,首先同时施加围压和吸力,维持净围压不变,待体变和排水量稳定后,记录数据,并施加下一级净围压,一直到试验结束。试验稳定采用双控指标,既要满足试样体变要求,又要满足排水要求[54]。即:在2h内,试样的体变和排水量分别小于0.0063和0.012cm^3。由于试验周期较长(一个试验大约历时15d),试样中少量气体透过陶土板进入排水量测系统,试验中要每隔12h对陶土板底部进行冲洗以防止气泡对排水量测的影响。

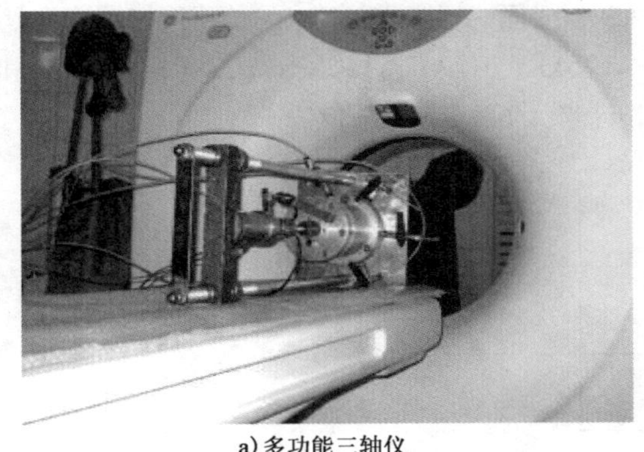

a)多功能三轴仪

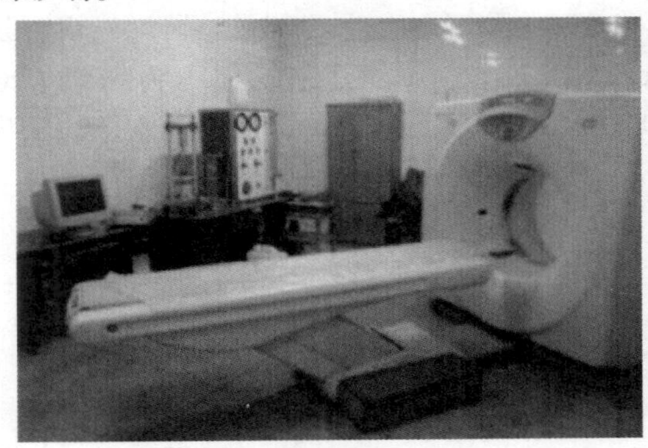

b)CT机

图6.1 CT机以及多功能三轴仪实物图

Fig.6.1 CT machinery and multifunctional triaxial instrument

6.1.3 CT 扫描设备

根据以往原状黄土扫描图像分析经验[308,323]，统一设置窗宽为 400，窗位为 1050，可以较为理想地分辨加载过程中试样内部结构的变化特征。

选择适当的窗宽、窗位即调节图像的对比度和亮度。窗宽是指显示图像时所选用的 CT 值范围，在此范围内的物质按其密度高低从白到黑分为 16 个等级(灰阶)。窗宽的宽窄直接影响图像的对比度：窄的窗宽显示的 CT 值范围小，每级灰阶代表的 CT 值幅度小，因而对比度强，可分辨密度较接近的物质；宽的窗宽则刚好相反。窗位是指窗宽上下限 CT 值的平均数。因为不同物质的 CT 值不同，欲观察其细微差别最好选择该图像的 CT 值为中心进行扫描，这个中心即窗位。窗位的高低影响图像的亮度：窗位低图像亮度高呈白色，窗位高图像亮度低呈黑色。总之，如要获得较清晰的 CT 图像，必须选用合适的窗宽、窗位。不同的窗宽和窗位不影响试样的 CT 扫描数据，但对图像的清晰程度造成影响。

扫描设备采用中国人民解放军后勤工程学院汉中科研工作站的 GE 公司生产的 ProSpeed AI 型 X 射线单排螺旋 CT 机。CT 机的基本结构、主要技术指标、工作原理等描述见文献[325]。该 CT-三轴科研站拥有与 CT 机配套工作的三轴压力架、GDS 压力/体积控制器、三轴湿陷仪器等。CT-三轴仪配套图如图 6.1 所示。用调试好的 CT-湿陷三轴仪对原状黄土在加荷和浸水过程中进行 CT 扫描试验。该 CT 机具有快速、薄层(1mm)扫描的高分辨率能力，图像质量好，并具高智能、低电流(毫安)、自动网络传输等特点。CT 数均值 ME 和方差 SD 用 GE 公司提供的与 ProSpeed AI 配套的软件量测。该软件可以分析感兴趣区(ROI)，读取任意像素点的 CT 值，进行边缘提取，量测距离、角度、面积和体积。CT 扫描参数如表 6.1 所示。

CT 机扫描参数 表 6.1

Parameters of CT scanning Table 6.1

电压(kV)	电流(mA)	时间(s)	层厚(mm)	重建矩阵	空间分辨率(mm)
120	165	3	3	512×512	0.38

CT 扫描位置选定为试样上、下 1/3 高度处的 2 个截面，分别代表 B 和 A 截面，如图 6.2 所示。每次扫描对应的净平均应力为 0kPa、25kPa、75kPa、100kPa、150kPa、200kPa、300kPa 和 400kPa，共计 8 次。4 个控制吸力为常数的试验共计得到 64 张 CT 图像。

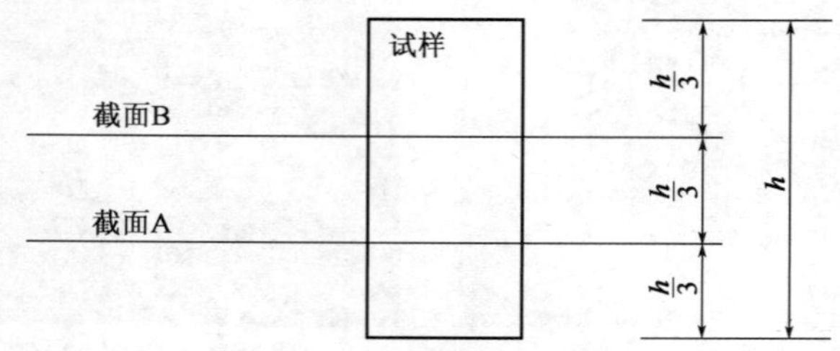

图 6.2 试样扫描位置

Fig. 6.2 Specimen scanning position

注：h 代表试样高度

6.1.4 土样密度增量与CT数增量的关系

CT图像上任意一个像素的数值即CT值H,其定义为[326]:

$$H = 1000 \times \frac{\mu - \mu_w}{\mu_w} \tag{6.1}$$

式中:μ——某像素点试样的X射线吸收系数;

μ_w——纯水的X射线吸收系数。

像素对应的试样体元称为体素。

$$\mu = \rho\mu^m = (1-n)\rho_s\mu_s^m + S_r n\rho_w\mu_w^m + (1+S_r)n\rho_a\mu_a^m \tag{6.2}$$

式中:ρ_s、ρ_w、ρ_a——土颗粒、水和空气的密度;

ρ、n、S_r、μ^m——该体素(含土颗粒、水和空气)的密度、孔隙率、饱和度和单位密度质量吸收系数;

μ_s^m、μ_w^m、μ_a^m——该体素内土颗粒、水和空气的单位密度质量吸收系数。

式(6.2)也可表示为:

$$\mu = (1-n)\mu_s + S_r n\mu_w + (1+S_r)n\mu_a \tag{6.3}$$

式中:μ_s、μ_a——土颗粒和空气对X射线的吸收系数。

水的CT值$H_w=0$,空气的CT值$H_a=-1000$,可推得:

$$H = (1-n)H_s + 1000n(S_r - 1) \tag{6.4}$$

式中:H_s——该体素内土颗粒的CT值,且$nS_r = d_s w(1-n)$,d_s为土粒的相对密度,求得:

$$n = \frac{H_s + 1000d_s w - H}{1000d_s w + 1000 + H_s} \tag{6.5}$$

该体素内土样整体(含土颗粒、水和空气)密度ρ可表示为:

$$\rho = (1-n)\rho_s + S_r n\rho_w + (1-S_r)n\rho_a \tag{6.6}$$

忽略空气密度,$\rho_a \approx 0$,则式(6.6)为:

$$\rho = (1-n)\rho_s + S_r n\rho_w \tag{6.7}$$

将式(6.5)代入式(6.7),$\rho_w = 1\text{g/cm}^3$,$\rho_s = \rho_w d_s$,得到:

$$\rho_d = \rho_w d_s \frac{H + 1000}{1000d_s w + 1000 + H_s} \tag{6.8}$$

式(6.8)用干密度和含水率可表示为:

$$H = H_a + \rho_d \frac{1000d_s w + H_s + 1000}{\rho_w d_s} \tag{6.9}$$

式中:H_a——空气的CT数;

ρ_d——干密度,$\rho_d = d_s/(1+e)$,e为孔隙比。

由式(6.9)可知,任意一个体素,对应CT图像上的一个像素,它的CT数与体应变和含水率的变化有关。

将式(6.9)表示为增量关系式:

$$\Delta H = \frac{\partial H}{\partial \rho_d}\Delta\rho_d + \frac{\partial H}{\partial w}\Delta w \tag{6.10}$$

即

$$\Delta H = \left(1000w + \frac{H_s + 1000}{d_s}\right)\Delta\rho_d + 1000\rho_d\Delta w \tag{6.11}$$

而CT机得到的物体某断面每个物质点CT数ME和方差SD。ME反映了选定区域所有物质点的平均密度，ME越大表示密度越大，因此，式(6.11)可以写成如下计算式：

$$\mathrm{ME} = \mathrm{ME}_a + \rho_d \frac{1000d_s w + \mathrm{ME}_s + 1000}{\rho_w d_s} \tag{6.12}$$

式中：ME_a——空气的CT数，其值等于－1000HU(Housfield Unit)；

ME_s——Q_3原状黄土土颗粒的CT数。

朱元青[55]将试样初始时刻的扫描数据代入式(6.9)，求得土颗粒的CT数。将10个试样的土颗粒CT数取平均值，得到ME_s = 2410.78HU；(ρ_d、ρ_w分别为试样的干密度和水的密度，单位为g/cm^3)。

另外，通过统计计算，在一定置信区间上可以得到选定区域物质点的密度差异程度，可用方差SD表示(无量纲)，SD的大小反映了该区域所有物质点密度的不均匀程度。SD越大则表明密度的不均匀程度越高；反之，密度越小则不均匀程度越低[325]。

6.1.5 指标计算

计算指标主要包括体应变、水相体变，与前文第5章式(5.1)～式(5.7)相同，此处不再列出。

6.2 基于CT技术的各向等压加载试验

各向等压加载试验主要用于研究Q_3原状黄土与重塑黄土屈服特性和水量变化的差异。控制吸力分别为0kPa、50kPa、100kPa、200kPa，净平均应力最终均为400kPa，原状土和重塑土各4个，共计8个试验。

6.2.1 原状土与重塑土屈服应力的差异

图6.3a)、图6.3b)分别是原状土和重塑土的v-lg$p$关系曲线。由图可知，在一定吸力条件下，随着净平均应力的增大，比容v会逐渐减小。可将加载过程中的试验点近似归一到直线上，根据文献[57,213,328]将交点对应的净平均应力作为屈服应力。用最小二乘法拟合数据点得到屈服应力，将其列于表6.2中。

由表6.2可知，随着吸力的增加，屈服应力也随之增加；在同一试验条件下，重塑土的屈服应力要低于原状土。可以将原状土和重塑土屈服应力绘于p-s平面上，连接这些数据点的曲线则称之为LC曲线，如图6.4所示，可以说由于两者结构性的差异，原状土屈服面要比重塑土的屈服面大。

通过最小二乘法可以得到图6.3a)、图6.3b)屈服点前后直线斜率，作为非饱和Q_3原状黄土和重塑黄土的压缩指标，分别采用符号κ和$\lambda(s)$代表屈服前后直线段的斜率，其值列于

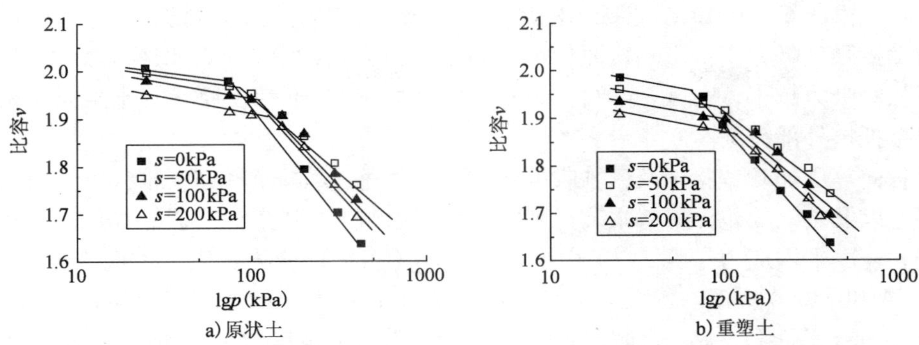

图6.3　非饱和Q_3原状黄土和重塑黄土各向等压加载试验中v-lg$p$关系曲线

Fig. 6.3　Variation of specific volume and net mean stress of hydrostatic triaxial compressure test

试验相关的土性参数及屈服应力值　表6.2

Values of soil parameters related to hydaustatic triaxial compressure test　Table 6.2

试样分类	吸力 s (kPa)	压缩指数		水相体变指标		屈服应力 (kPa)
		κ	$\lambda(s)$	$\lambda_w(s)(10^{-5})$	$\beta(s)(10^{-5})$	
原状土	0	−0.04280	−0.5473	7.55	−5.60	72.35
	50	−0.06339	−0.5012	10.72	−8.31	92.45
	100	−0.06483	−0.4245	11.55	−8.57	108.81
	200	−0.07076	−0.4484	12.42	−9.22	121.67
重塑土	0	−0.08696	−0.4812	9.57	−6.58	66.45
	50	−0.07216	−0.3799	12.57	−9.32	82.44
	100	−0.06362	−0.4076	13.14	−9.75	99.35
	200	−0.06614	−0.3814	14.71	−10.91	109.08

表6.2中。由表6.2、图6.3a)、图6.3b)可知,原状土和重塑土的屈服差异主要体现在试样屈服前,原状土的κ值要大于重塑土,意味着原状土变形随着荷载的增加变化较小。原状土具有较强的结构性,能够抵抗一定外力作用,净平均应力施加时变形不是很明显;而对于重塑土,施加净平均应力后,试样已经发生较大变形,这也是重塑土屈服前直线斜率较大、压缩指标普遍较高的原因。屈服后原状土和重塑土压缩指标$\lambda(s)$相差不是很明显,这是因为原状土屈服发生结构破坏,不能抵抗外力作用,其特性已经向重塑土转变。

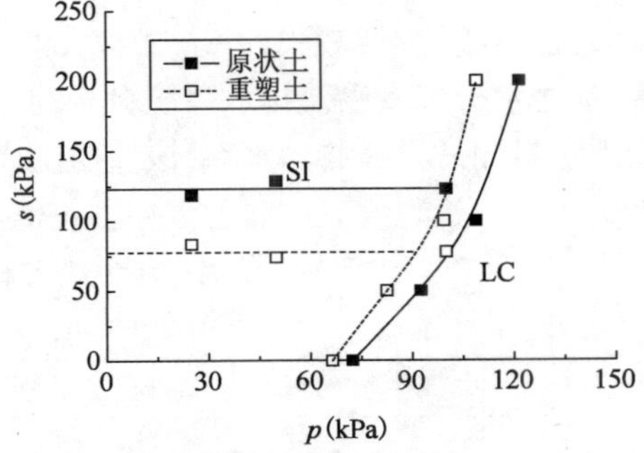

图6.4　非饱和Q_3原状黄土和重塑黄土在p-s平面的屈服曲线

Fig. 6.4　Yielding curve of unsaturated undisturbed and remolded Q_3 loess in p-s plane

图6.5是原状土和重塑土试样的屈服应力之差(原状黄土屈服应力减去重塑黄土屈服应力)与吸力之间的关系,屈服应力之差代表两种土样由于结构性差异而导致的力学行为差异。一般认为重塑黄土试样没有结构性,原状黄土屈服应力大于重塑黄土,两者屈服应力之差代表原状黄土结构性的释放以及结

构性的大小。由图6.5可知,随着吸力的增大,屈服应力之差呈线性增长趋势,这也说明试样结构性的发挥受到吸力紧密影响。原状黄土的吸力越大,含水率越低,试样干燥,结构性的发挥作用越强。吸力越小,黄土试样的含水率越高,土样湿润,不利于原状黄土架空结构以及胶结组织连接抵抗外部荷载。

通过各向等压加载试验以及三轴收缩试验可以完整了解非饱和 Q_3 原状黄土及其重塑土的屈服特性以及之间的差异。将本节得到的屈服吸力(前文中表5.4)以及屈服应力(表6.2)同时绘于 *p-s*(净平均应力—吸力)平面上以及 *p-s-q*(净平均应力—吸力—偏应力)三维空间上,如图6.4和图6.6所示。由图6.4和图6.6可知,原状黄土的屈服应力和屈服吸力均大于重塑黄土,在 *p-s* 平面和 *p-s-q* 三维空间上,原状土弹性区的范围要大于重塑土,这与黄土的结构性密切相关,弹性区域越大,发生屈服时受到的吸力和净平均应力则越大,说明由于结构性的存在,原状黄土抵御外部荷载的能力优于重塑黄土。

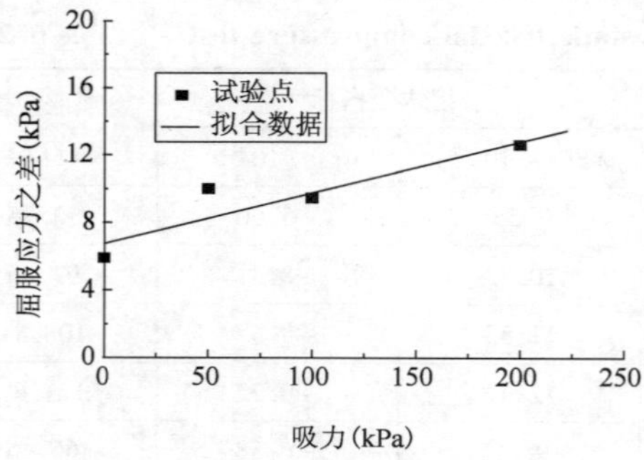

图6.5 原状土和重塑土的屈服应力之差与吸力之间的关系

Fig. 6.5 Variation of yielding stress and suction of undisturbed and remolded loess during hydrostatic triaxial compressure test

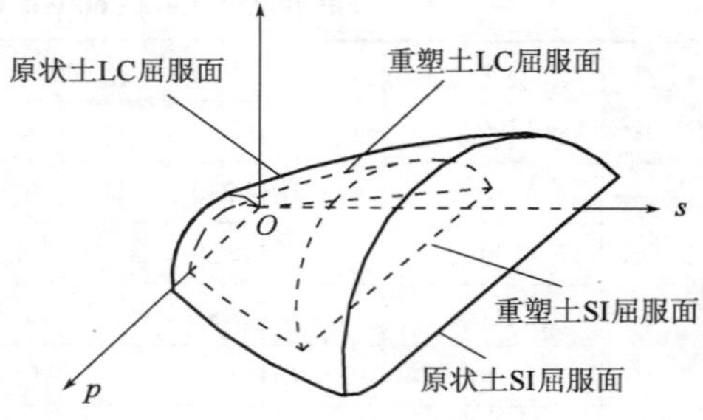

图6.6 非饱和 Q_3 原状黄土和重塑黄土在 *p-s-q* 三维空间中的屈服面

Fig. 6.6 Configuration of yielding surface for undisturbed undisturbed and remolded Q_3 loess in *p-s-q* plane

6.2.2 原状土与重塑土水量变化的差异

由于试验周期较长,一个试验大约历时15d,试样中少量气体透过陶土板进入排水量测系统,加之水分挥发以及排水系统自身的量测误差,所以应对排水量测值进行校正。试验结束时用烘干法量测试样最终含水率,该值与试样初始含水率之差就是试样的实际排水量,再根据实际排水量去校正量测值。试验含水率校正值如表6.3所示。以下分析所采用的含水率均为校正值。

各向等压加载试验试样排水量的量测值与校正值列表 表6.3

Amount of water drained from the test samples Table 6.3

试样分类	吸力(kPa)	历时(d)	测量值(cm^3)	校正值(cm^3)	差值(cm^3)	相对误差(%)
原状土	0	16	3.81	4.06	0.25	6.16
	50	16	8.99	9.56	0.57	5.96
	100	15	11.49	11.01	0.48	4.36
	200	16	12.73	12.83	0.10	0.78

续上表

试样分类	吸力(kPa)	历时(d)	测量值(cm^3)	校正值(cm^3)	差值(cm^3)	相对误差(%)
重塑土	0	15	6.68	6.98	0.30	4.30
	50	16	9.34	9.90	0.56	5.66
	100	17	12.33	11.52	0.81	7.03
	200	17	13.54	14.67	1.13	7.70

图6.7和图6.8分别是非饱和Q_3原状黄土和重塑黄土各向等压加载过程中,试样水量变化指标与净平均应力之间的关系曲线。由图可知,ε_w-p和w-p数据点均呈线性变化,可以近似用一条直线代替其关系,直线的斜率用最小二乘法拟合,其值分别用$\lambda_w(s)$和$\beta(s)$表示并列于表6.2中。$\lambda_w(s)$和$\beta(s)$的关系可由式(5.7)对净平均应力p两边求导得到,即:

$$\frac{dw}{dp} = -\frac{1+e_0}{d_s}\frac{d\varepsilon_w}{dp} \tag{6.13}$$

由此得到$\lambda_w(s)$和$\beta(s)$的关系满足下式:

$$\beta(s) = -\frac{d_s}{1+e_0}\lambda_w(s) \tag{6.14}$$

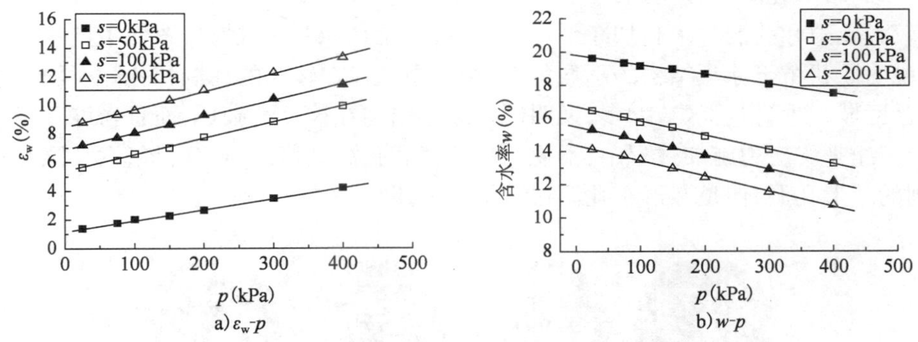

图6.7 非饱和Q_3原状黄土各向等压加载试验中水相指标变化曲线

Fig. 6.7 Variation of water change of undisturbed loess during hydrostatic triaxial compressure test

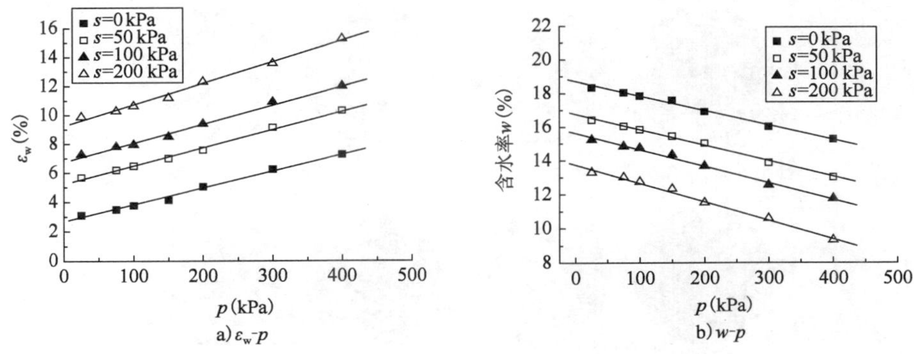

图6.8 非饱和重塑Q_3黄土各向等压加载试验中水相指标变化曲线

Fig. 6.8 Variation of water change of remolded Q_3 loess during hydrostatic triaxial compressure test

表6.2中原状黄土的$\lambda_w(s)$和$\beta(s)$关系也大体上符合式(6.14)之间的关系。吸力为0kPa时,$\lambda_w(s)$和$\beta(s)$有别于其他试样,而吸力为50kPa、100kPa、200kPa时,$\lambda_w(s)$和$\beta(s)$变化不大,可将吸力为50kPa、100kPa、200kPa时三者的$\lambda_w(s)$和$\beta(s)$进行平均处理,作为最终非饱和Q_3原状黄土和重塑黄土的水量变化参数。

由表6.2、图6.7和图6.8可知,在相同试验条件下,重塑黄土的排水能力要强于原状黄土,而且从表6.3可以看出,就排水量而言重塑黄土要大于原状黄土,这与两者的结构性差异有关。

6.2.3 CT实时扫描

施加每一级荷载并等变形和排水达到稳定标准后,依据图6.2中的扫描位置,对试样2个断面进行扫描,取整个扫描断面为分析对象,记录断面上的CT数ME和方差SD。由于2个断面的CT数和方差差异不是很大,因此下文中CT数ME和方差SD均取平均值,以代表整个试验在每一级荷载下的细观结构变化。

图6.9是1~4号试样部分截面在加载量分别等于0kPa、25kPa、75kPa、100kPa、150kPa、200kPa、300kPa和400kPa时的CT扫描图像。CT图中黑色部分代表了试样的低密度区域,其主要由原生的较大孔隙和孔洞组成;白色部分代表了高密度区域,这部分土颗粒之间连接紧密,未有较大孔隙和孔洞。未施加净平均应力时,也就是0kPa扫描时,图像中黑色区域分布明显,这也说明原状黄土原生结构的不均匀性,黄土内部存在较大的孔洞和孔隙。随着荷载逐级增加,黑色区域减少,白色区域增多,说明试样原生结构在被逐渐破坏,而且密度逐渐趋于较为均匀状态。净平均应力施加过程中,不规则大孔隙和孔洞被荷载压缩变形,大孔隙和孔洞变成较为规则的圆形孔洞,但是圆形小孔洞很难被压缩闭合。

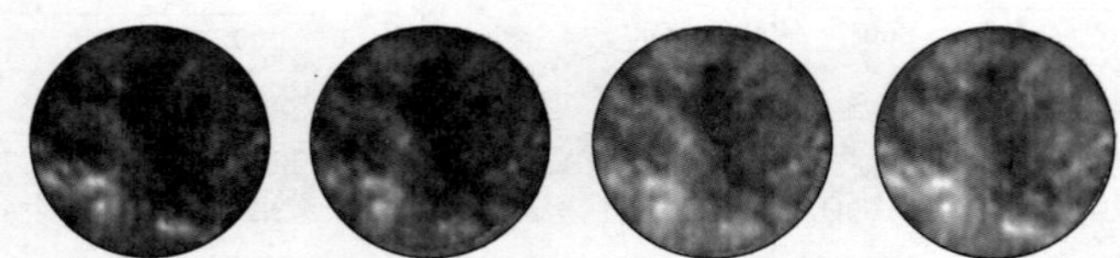

a)净平均应力p分别等于0kPa、25kPa、75kPa、100kPa时1号试样A截面CT图像

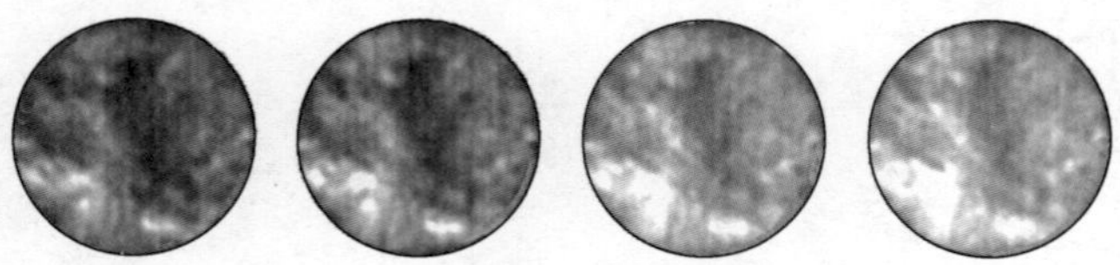

b)净平均应力p分别等于150kPa、200kPa、300kPa、400kPa时1号试样A截面CT图像

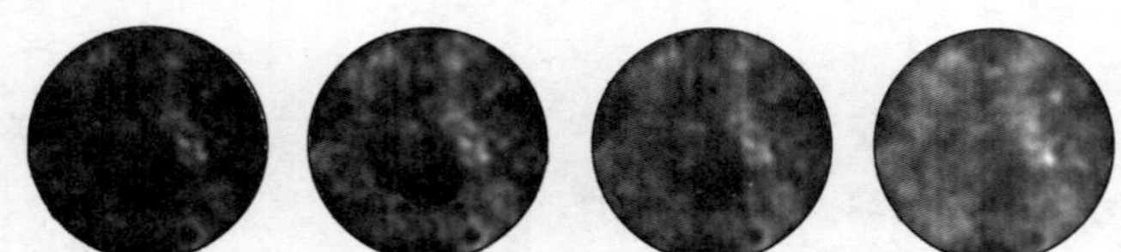

c)净平均应力p分别等于0kPa、25kPa、75kPa、100kPa时2号试样B截面CT图像

图 6.9

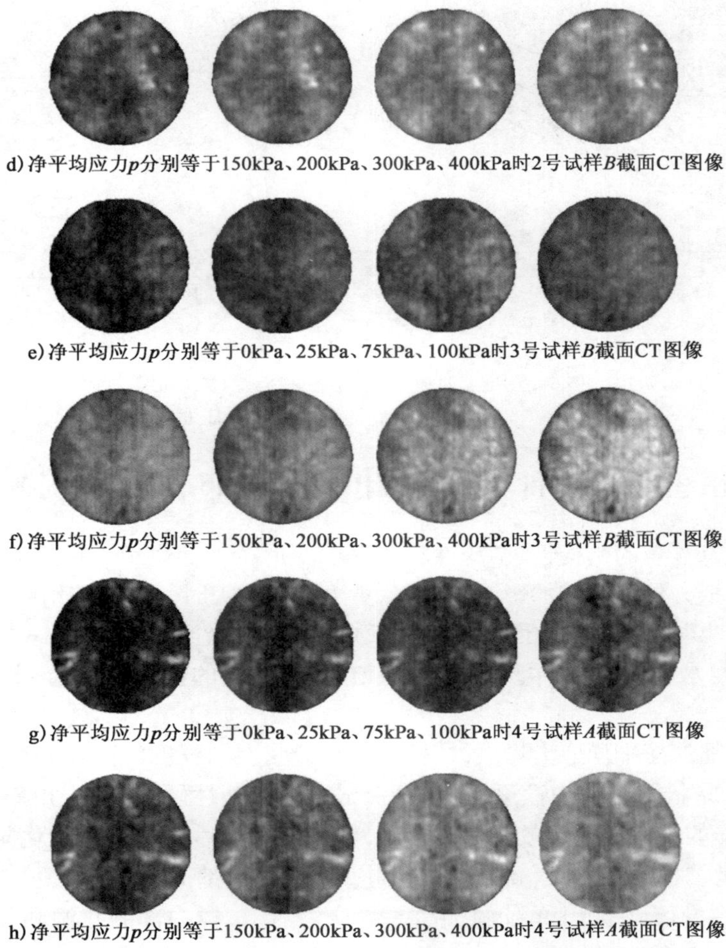

d）净平均应力p分别等于150kPa、200kPa、300kPa、400kPa时2号试样B截面CT图像

e）净平均应力p分别等于0kPa、25kPa、75kPa、100kPa时3号试样B截面CT图像

f）净平均应力p分别等于150kPa、200kPa、300kPa、400kPa时3号试样B截面CT图像

g）净平均应力p分别等于0kPa、25kPa、75kPa、100kPa时4号试样A截面CT图像

h）净平均应力p分别等于150kPa、200kPa、300kPa、400kPa时4号试样A截面CT图像

图6.9　试样截面加载过程中的部分CT图

Fig. 6.9　Partial CT images of specimen cross-section during loading process

图6.10是4个试样在加载过程中CT数ME和方差SD随净平均应力的变化曲线。随着净平均应力的增大，CT数ME逐渐增大，方差SD逐渐减小，表明密度逐渐增大，不均匀性不断减小。对应在图6.9中CT扫描图像则是由较暗逐步变亮的过程。CT数ME随着荷载的变化较为规律，而方差SD则表现较为敏感，但总体减小趋势未变。造成方差SD变化较为敏感的原因可能与统计区域密度差异较大有关。

图6.10a）中初始扫描断面的ME值不同，反映出原状黄土的初始结构及结构的演化具有空间的分布不均匀性。随着基质吸力的增大，ME变化呈现较为规律变化，基质吸力越大试样的ME值越小，而且在同一级净平均应力下，吸力越大试样的CT数增长越加缓慢。吸力越大，待试样变形和排水稳定后，试样的含水率越小而干密度则越大，由前文公式（6.12）可知，干密度和含水率对CT数ME起到关键影响作用。吸力越大，表明试样抵御外部荷载的能力越强。

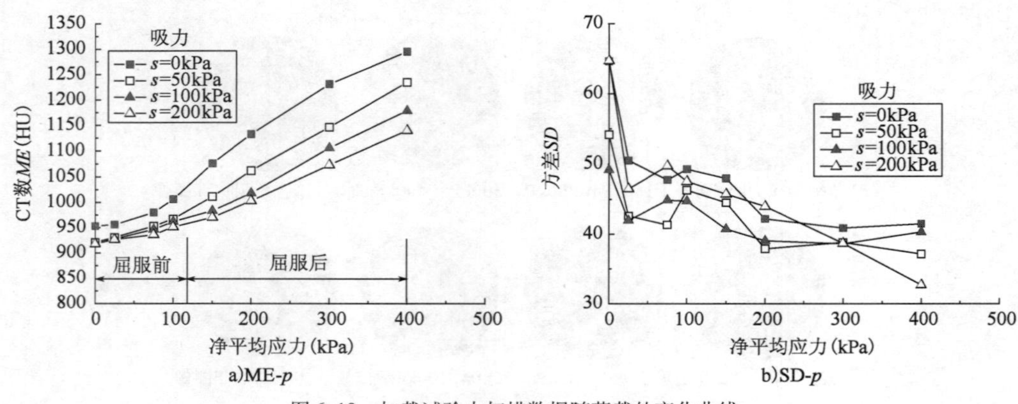

图 6.10　加载试验中扫描数据随荷载的变化曲线

Fig. 6.10　Change curve of scanning data with loading process

6.3　结构性对非饱和黄土屈服特征的影响

原状黄土具有显著的结构性，结构性对其力学变形特征产生了一定影响。结构性的存在能够一定程度上抵御外部荷载的影响，当原状黄土吸力增大时，结构性对其力学特征的影响较小；相反，吸力较小时，结构性对于抵抗外部荷载的作用将降低。吸力较小时对应的含水率则较高，土颗粒之间水膜润滑作用明显；而吸力增大时，土样的含水率较低，水膜作用将进一步降低。

随着外部施加的净平均应力增大，结构性也在遭受不同程度的破坏并逐渐减小其对力学特征的贡献。当原状黄土结构性逐渐减小后，试样进入塑性硬化阶段，并产生较大的塑性变形。屈服前，试样的结构性能够较好发挥作用，但是在屈服后试样进入硬化阶段，此时结构性发挥作用较小，且结构损伤加大，新的结构将进一步抵御外部荷载。

从 CT 扫描图像可以看出，单纯施加净平均应力后，试样内部的孔洞和孔隙会减小，但不会闭合，可以说原状黄土原生结构存在的孔洞和孔隙在外荷载作用下很难最终完全闭合。只有在更大的荷载或者水的作用下，可能会进一步闭合。李加贵等[328]对原状黄土进行的压缩浸水过程中的 CT 扫描试验也验证了这一点。只有在更大外力或者浸水作用时，内部这些孔洞和孔隙才有可能完全闭合，但试样屈服后原有结构变得致密并形成新的结构，因此，原有结构性在消失的同时，损伤结构也在愈合并产生新的结构，并能更好抵御外部荷载。

与 v-lg$p$ 曲线相比[图 6.3a)]，ME 值的变化也能明确反映原状黄土的屈服性状，这在图 6.10a)中表现得较为明显。1 号试样施加荷载 75kPa 时，图 6.10a)中 ME-p 曲线可以分为两个直线段，通过最小二乘法拟合得到 75kPa，可以作为 1 号试样的屈服应力；其余 2 号、3 号和 4 号试样也有这一典型特征，其屈服应力分别等于 98kPa、112kPa 和 125kPa，这与前文中图 6.3a)中得到的屈服应力基本一致。试样屈服前原状黄土显著的结构性具有抵御外部荷载的能力，结构性也是原状黄土的典型特征，但当外部荷载增大，结构性不再足以抵抗外部荷载时，原状土样即会发生显著的变形，从图 6.3a)和图 6.10a)中可知，原状黄土屈服后进入到塑性硬化阶段，且变形出现类似的线性增长趋势。

在各向等压加载过程中，原状黄土[图 6.10a)]与干湿循环后的裂隙膨胀土(图 6.11)相比，膨胀土试样屈服前 ME 变化较大,而屈服后 ME 变化较小[329];对于原状黄土[图 6.10a)]屈服前反而 ME 增长不大,屈服后 ME 增长较为迅速。原状黄土的原生结构能够抵御荷载作用而产生变形的作用,而裂隙膨胀土内部贯通裂隙和大孔洞分布较多(图 6.12),在较小荷载作用下这些破碎结构易产生变形,但当裂隙和孔洞闭合后,膨胀土的密度增长不再迅速,反映在 ME 上则表现为增长较为缓慢。干湿循环后的裂隙膨胀土结构性破坏很明显,而加载屈服后,裂隙膨胀土新形成的结构具备了抵御外部荷载的能力,而原状黄土本身具有结构性,结构性能够抵御外部荷载,但屈服后,原状黄土进入塑性硬化阶段,此时原生结构性作用已经大幅降低。

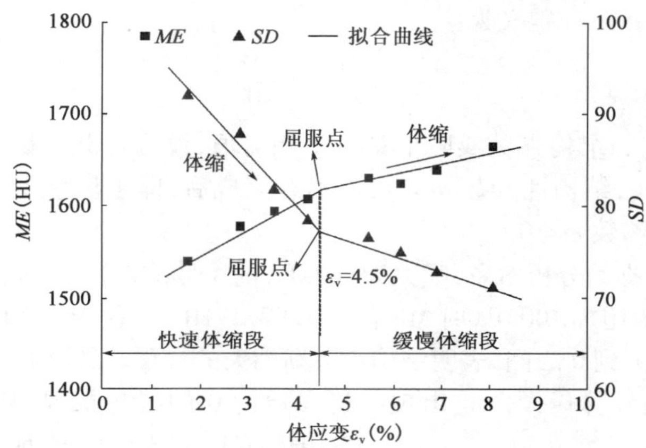

图 6.11 膨胀土试样扫描数据与体应变 ε_v 之间的变化关系

Fig. 6.11 Relationship between scan date and volumetric strain ε_v of expansive soil sample

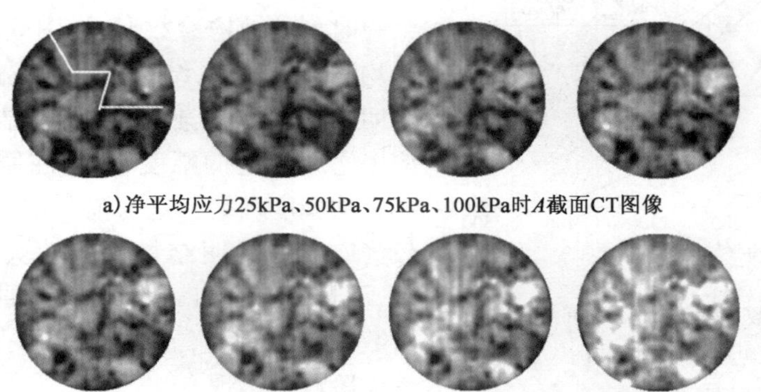

图 6.12 5 号试样各级荷载对应的 CT 扫描图像

Fig. 6.12 CT scaning images of sample No. 5 in different loading

6.4 各向等压加载过程中的结构损伤演化特征

原状黄土在加载过程中存在原生结构在荷载作用下逐渐破坏,产生结构损伤。CT 数 ME 能反映土的密度和土颗粒的排列和分布情况,因而能反映土的结构特征[330]。可用本次试验得到的 CT 扫描数据定义 Q_3 黄土的结构参数,在此基础上研究 Q_3 原状黄土在力作用下的结构损伤演化规律。由于方差 SD 在加载过程中较为敏感，变化规律不是很明显，因此下文研究损伤演化规律以 CT 数 ME 为主要工具。

6.4.1 结构性参数

将未受到荷载作用的原状黄土视为完整结构，其相应 CT 数用 ME_i 表示，而加载过程中土样结构发生变化、损伤产生，视其为结构相对完整的土体，相应的 CT 数用 ME 表示；加载结束时的土样结构损伤较大，视其为完全损伤土样，相应的 CT 数用 ME_f 表示。则某一土样在任意加载过程中的结构性参数 m 定义为：

$$m = \frac{ME_f - ME}{ME_f - ME_i} \tag{6.15}$$

由式(6.15)确定的结构参数实际上是一个相对值，没有加载的试样即没有发生损伤破坏，$ME = ME_i$，$SD = SD_i$，结构性参数 $m = 1$；而加载完成后，即土样承受外荷载而产生结构破坏，$ME = ME_f$，结构性参数 $m = 0$。

以图 6.10a）中数据为分析对象，吸力为 200kPa 的 4 号试样初始 ME 值等于 913.29HU，而 1 号试样当净平均应力施加 400kPa 时 ME 值为 1292.17HU，其他 ME 值均在这 2 个数据之间。事实上结构性参数从 1 到 0 之间，表明结构性逐渐消失的过程，而结构性的消失也是一个相对过程，因此，为了方便计算以及防止出现结构参数为 0 的特殊情况，ME_i 取 920HU，ME_f 取 1300HU，ME_i 和 ME_f 取值对结构性参数的取值有一定的影响，但是对结构演化特征规律影响不大。

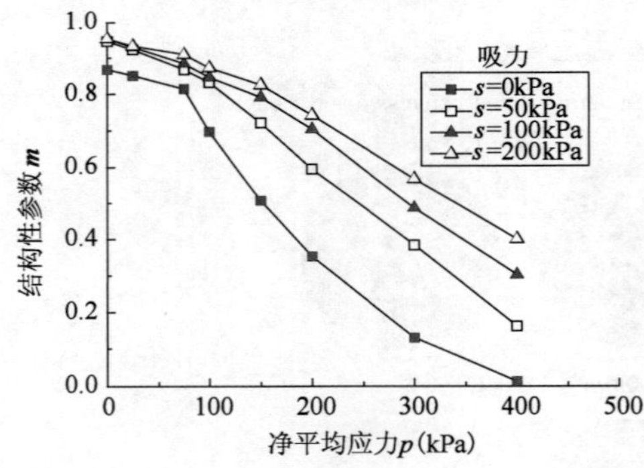

图 6.13 结构性参数与净平均应力之间的变化曲线

Fig. 6.13 Variation of structural parameters and net mean stress

根据公式(6.15)即可得到试样在加载过程中某一时刻的结构参数 m，如图 6.13 所示。随着净平均应力的增大，结构性参数逐渐由 1 向 0 调整，说明结构性在逐渐消失，而且结构性参数在屈服应力之间消失的幅度较小，屈服以后结构性参数消失的幅度增大。这与前文中图 6.3a）和图 6.10 较为吻合。说明结构性的消失与外荷载密切相关，而且只有当外部荷载超过屈服应力时结构性参数才迅速下降，屈服后也预示着结构强度迅速消失阶段的出现。

6.4.2 结构损伤演化方程

原状黄土结构性在外部荷载作用下逐渐减小，预示着原生结构损伤的增大，损伤的产生与原状黄土宏观表现密切相关。CT 数的变化与密度变化和水相变化密切相关，密度的变化是由于外部荷载作用下发生体应变而造成的，水相变化则是因为水分在荷载作用下被排除，因此，结构的损伤演化与土样的体应变 ε_v 和水相体变 ε_w 有密切联系。

原状黄土试样在加载过程中原有结构消失，逐渐产生损伤。为了明晰加载过程中结构损伤演化规律，定义一个结构损伤变量 D，其表达式为：

$$D = \frac{m_0 - m}{m_0} \tag{6.16}$$

式中：m_0、m——分别为土样初始状态和任意时刻对应的结构性参数。

m_0 由图 6.13 中净平均应力等于 0kPa 时的状态决定，也就是加载围压和吸力稳定后的状态，为初始状态，结构损伤变量将从 0 逐渐过渡到 1，预示着结构损伤在加载过程中逐渐加大，直至试样完全破坏，不再具有结构性特征，但在各向等压加载过程中结构性的完全破坏是很难实现的。

根据式(6.16)即可计算 4 个试样的结构损伤变量，并与加载过程中试样体应变相联系。两者之间的关系如图 6.14 所示，随着体应变的增大，损伤变量也趋于变大，而且两者呈幂函数增长趋势。吸力越大，同等体变情况下，结构损伤越小，可见基质吸力会对结构损伤产生重要影响。当吸力相同时，净平均应力越大，结构损伤值越大；当净平均应力相同时，吸力越大，结构损伤值越小。

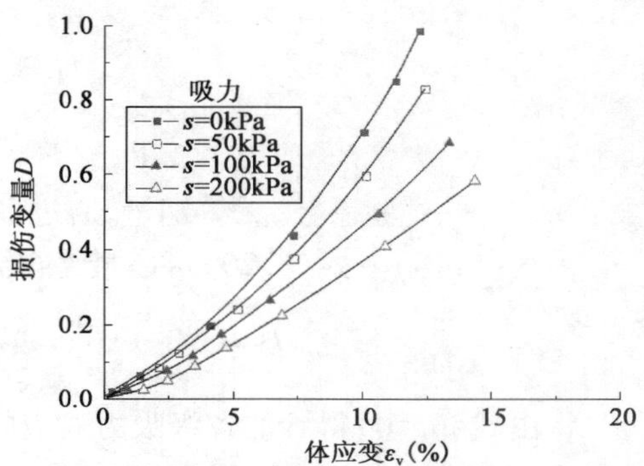

图 6.14 损伤变量与体应变之间的关系

Fig. 6.14 Variation of damage variable and volumetric strain

4 个试样起始含水率始终是 20.52%，在先期围压以及吸力加载稳定后测定得到的含水率，以施加起始围压后的含水率为每一级吸力作用下的起始含水率。每一级净围压作用下，水相体变均在增大，为了研究水相体变增大过程中的损伤变化，定义一个归一化后的水相体变 ε'_w（无量纲参数），该值的表达式为：

$$\varepsilon'_w = \frac{\varepsilon_w - \varepsilon_{wi}^0}{\varepsilon_{wi}^0} \tag{6.17}$$

式中：ε_w——任意时刻净围压和吸力施加后的水相体变(%)；

ε_{wi}^0——每组试验初始净围压和初始吸力稳定后的水相体变在 ε_w-p 图上的截距(%)。

由前文可知，4 组试样的 ε_{wi}^0 分别等于 1.045%、5.167%、6.785%、8.723%。从图 6.7a)中获取拟合曲线的截距，以没有施加吸力的 1 号试样的截距为取值标准。

归一化后的水相体变 ε'_w 在每一级吸力和围压作用下，相对于初始净围压和吸力加载后的状态，该值始终从 0 开始，即认为没有发生水相变形。试验时，同时增加围压，等围压稳定后，排水量记录为初始状态，该值即为每组试验围压和初始吸力稳定后的水相体变 ε_{wi}^0。理论上对于未施加吸力的 1 号试样，ε_{wi}^0 为 0，但是事实上施加净平均应力后水相体变会迅速增大，这可能与试样先期通过水膜转移法增加含水率有关，试样在保湿器中放置 48h 以上，事实上水与土颗粒之间接触并不是很好，吸力也未完全平衡，因此以截距为初始水相体变对于计算有一定的便利。

损伤变量与归一化后的水相体变 ε'_w 之间关系如图 6.15 所示，水相体变越大相应的损伤变量越大，但是吸力对于损伤的影响与体应变对损伤的影响相反，吸力越大相反较小的水相体变就能引起较大的损伤，水相体变始终在减小，减小过程也是引起损伤变量的增大，而高吸力情况下，净平均应力增大引起水相体变的变化较小，因此，相同水相体变情况下，吸力越大，相应的损伤变量越大。

结合图6.14和图6.15可以得到原状黄土加载过程中损伤变量与体应变和水相体变之间的关系，三者基本符合以下公式：

$$D = 1 - \exp[-(A_1\varepsilon_v + A_2\varepsilon'_w)] \tag{6.18}$$

式中：A_1、A_2——经验参数，与试样受到的吸力相关，通过拟合是净围压和吸力的函数。

由 D_1 与偏应变和体应变的关系，A_1、A_2 可表示为：

$$A_1 = 100\eta \cdot \frac{p_{atm}}{s + p_{atm}} \tag{6.19}$$

$$A_2 = \xi \cdot \left(\frac{p_{atm}}{s + p_{atm}}\right)^2 \tag{6.20}$$

式中：p_{atm}——大气压，取101.3kPa；

η、ξ——试验系数，无量纲量，通过多元拟合可得 $\eta = 0.121 = \xi/2$。

由式(6.18)～式(6.20)可以最终得到：

$$D = 1 - \exp\left[-2\eta \cdot \frac{p_{atm}}{s + p_{atm}}\left(50\varepsilon_v + \frac{p_{atm}\varepsilon'_w}{s + p_{atm}}\right)\right] \tag{6.21}$$

将由式(6.16)得到的各级吸力对应的损伤变量 D 与式(6.21)得到的损伤变量计算值绘于图6.16中，如果两者相等，应该在图中45°线上。由图6.16可知，除了吸力等于0kPa试样的中间段以及其他试样的个别点有偏差外，其余均吻合较好，可见式(6.21)得到的计算值基本反映了体应变与水相体变对损伤的影响。

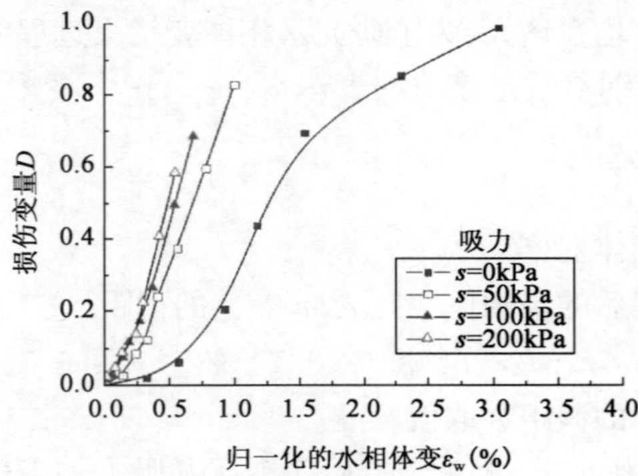

图6.15 损伤变量与归一化的水相体变之间的关系

Fig. 6.15 Variation of damage variable and normalizing water phase volumetric strain

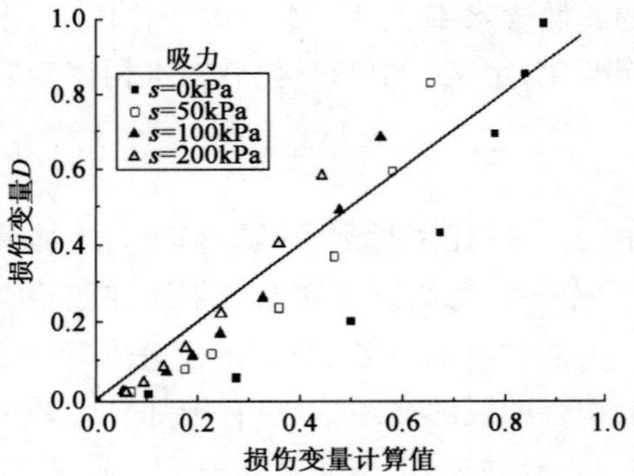

图6.16 损伤变量与其计算值之间的关系

Fig. 6.16 Relationship between damage variable and its calculated value

有一些相关的关于湿陷性黄土结构演化规律的研究，对促进认识黄土的结构特征有着较好借鉴。李加贵等[331]曾对兰州兰工坪 Q_3 原状黄土在侧向卸荷过程中结构演化规律展开研究，定义的结构演化变量 D_1 与偏应变 ε_s 呈指数函数：

$$D_1 = 1 - \exp(-A_1\varepsilon_s) \tag{6.22}$$

式中：A_1——待定参数，是净围压和吸力的函数，经过拟合，A_1 可表示为初始围压 σ'_3、试样破坏时的偏应力 q_f、吸力 s 等的函数：

$$A_1 = \alpha_1\frac{q_f + \sigma'_3}{s} + \alpha_2 \tag{6.23}$$

其中,α_1、α_2 为拟合系数,其值分别为 $\alpha_1 = -0.0124$,$\alpha_2 = 0.0123$。将式(6.23)代入式(6.22)得到拟合的结构演化方程。式(6.22)为结构演化变量 D_1 与偏应变 ε_s 的关系,同时反映了偏应力、固结净围压和吸力对结构演化变量的影响。经可定性分析可知:随着吸力的增大,结构演化变量 D_1 值减小;随着固结净围压的增大,结构演化变量 D_1 值增大。

湿陷过程中的结构演化变量随着湿陷体应变、湿陷偏应变的增加而逐渐增加,并逐渐趋于一个常数。结构演化变量随饱和度增量增加逐渐增加,也逐渐趋近于一个常数。将结构演化变量视为湿陷体应变、湿陷偏应变和饱和度增量的函数,用 Matlab 程序提供的拟合函数进行非线性拟合。在固结净围压、偏应力和浸水耦合条件作用下,浸水湿陷结构演化方程用以下统一的函数表达式的拟合效果较好,其具体形式为:

$$D_2 = 1 - \exp[-(A_2\varepsilon_v^{sh} + A_3\varepsilon_s^{sh} + A_4)\Delta S_r] \tag{6.24}$$

式中:ΔS_r——试样饱和度增量;

$A_2 \sim A_4$——拟合参数,是固结净围压的函数,参数 A_2 是固结净围压和控制吸力的函数,A_3 是由固结净围压控制的函数,A_4 为常数项。A_2、A_3 可以拟合为下式:

$$A_2 = \frac{\lambda_1}{\dfrac{\sigma_3' + s}{p_{atm}}} + \lambda_2 \tag{6.25}$$

$$A_3 = \lambda_3\sigma_3' + \lambda_4 \tag{6.26}$$

式中:$\lambda_1 \sim \lambda_4$——拟合参数;

p_{atm}——标准大气压。

方祥位等[332]对陕西蒲城 Q_2 原状黄土三轴剪切过程中结构演化规律展开研究,损伤变量与应变的关系可采用指数函数拟合,结构演化方程如下:

$$D_1 = 1 - \exp[-(A_1\varepsilon_s + A_2\varepsilon_v)] \tag{6.27}$$

式中:A_1、A_2——待定参数,是净围压和吸力的函数。

由 D_1 与偏应变和体应变的关系,A_1、A_2 可表示为:

$$A_1 = \frac{a_1}{\sqrt{(s + p_{atm})/p_{atm}}} e^{\frac{\sigma_3 - u_a}{p_{atm}}} \tag{6.28}$$

$$A_2 = \frac{a_2}{\sqrt{(s + p_{atm})/p_{atm}}} e^{\frac{\sigma_3 - u_a}{p_{atm}}} \tag{6.29}$$

式中:a_1、a_2——系数,通过多元拟合可得 $a_1 = 1.68$,$a_2 = 0.12$。

将以上两式代入式(6.27),得到结构演化方程如下:

$$D_1 = 1 - \exp\left[-\frac{1}{\sqrt{(s + p_{atm})/p_{atm}}} e^{\frac{\sigma_3 - u_a}{p_{atm}}} (a_1\varepsilon_s + a_2\varepsilon_v)\right] \tag{6.30}$$

式(6.30)为结构演化变量 D_1 与偏应变 ε_s 和体应变 ε_v 的关系,同时反映了净围压和吸力对结构演化的影响。而浸水过程中的演化方程采用指数函数拟合浸水过程中的结构演化方程:

$$D_2 = 1 - \exp[-(B\varepsilon_v^{sh} + C\varepsilon_s^{sh} + D\Delta S_r)] \tag{6.31}$$

式中:B、C、D——待定参数,是净围压、偏应力和吸力的函数。

通过前面的分析,假定 B、C 是净围压、偏应力和浸水前吸力的函数,而 D 为常数。B、C 可分别表示为:

$$B = \frac{b}{\sqrt{(s + p_{\mathrm{atm}})/p_{\mathrm{atm}}}} e^{\frac{p_{\mathrm{atm}}}{\sigma_3 - u_{\mathrm{a}}} + \frac{p_{\mathrm{atm}}}{q}} \tag{6.32}$$

$$C = \frac{c}{\sqrt{(s + p_{\mathrm{atm}})/p_{\mathrm{atm}}}} e^{\frac{\sigma_3 - u_{\mathrm{a}}}{p_{\mathrm{atm}}} + \frac{p_{\mathrm{atm}}}{q}} \tag{6.33}$$

式中：b、c——系数，相应的式(6.31)中的 D 用 d 代替，通过多元拟合可得 $b=3.02$、$c=0.26$、$d=0.46$。将式(6.32)、式(6.33)和 d 代入式(6.31)，得到三轴浸水过程结构的演化方程如下：

$$D_2 = 1 - \exp\left[-\left(\frac{b}{\sqrt{(s + p_{\mathrm{atm}})/p_{\mathrm{atm}}}} e^{\frac{p_{\mathrm{atm}}}{\sigma_3 - u_{\mathrm{a}}} + \frac{p_{\mathrm{atm}}}{q}} \varepsilon_{\mathrm{v}}^{\mathrm{sh}} + \frac{c}{\sqrt{(s + p_{\mathrm{atm}})/p_{\mathrm{atm}}}} e^{\frac{\sigma_3 - u_{\mathrm{a}}}{p_{\mathrm{atm}}} + \frac{p_{\mathrm{atm}}}{q}} \varepsilon_{\mathrm{s}}^{\mathrm{sh}} + \mathrm{d}\Delta S_{\mathrm{r}}\right)\right] \tag{6.34}$$

该式为结构演化变量 D_2 与湿陷体应变 $\varepsilon_{\mathrm{v}}^{\mathrm{sh}}$、湿陷偏应变 $\varepsilon_{\mathrm{s}}^{\mathrm{sh}}$ 和饱和度增量 ΔS_{r} 的关系，同时反映了净围压、偏应力和吸力对结构演化的影响。

朱元青等[333]则对宁夏 Q_3 原状黄土在三轴剪切过程中进行了 CT 扫描，将 CT 数均值与试样体应变和偏应变进行联系。研究结果表明当体应变和偏应变较小时，CT 数均值变化很小；当体应变和偏应变分别超过某个值后，CT 数均值随体应变和偏应变的增加而线性增加。则剪切过程中的损伤变量的表达式可写为：

$$D_1 = A_1\langle \varepsilon_{\mathrm{v}} - \varepsilon_{\mathrm{vc}} \rangle + A_2\langle \varepsilon_{\mathrm{s}} - \varepsilon_{\mathrm{sc}} \rangle \tag{6.35}$$

式中，$\langle \varepsilon_{\mathrm{v}} - \varepsilon_{\mathrm{vc}} \rangle = \begin{cases} 0 & (\varepsilon_{\mathrm{v}} \leqslant \varepsilon_{\mathrm{vc}}) \\ \varepsilon_{\mathrm{v}} - \varepsilon_{\mathrm{vc}} & (\varepsilon_{\mathrm{v}} > \varepsilon_{\mathrm{vc}}) \end{cases}$；$\langle \varepsilon_{\mathrm{s}} - \varepsilon_{\mathrm{sc}} \rangle = \begin{cases} 0 & (\varepsilon_{\mathrm{s}} \leqslant \varepsilon_{\mathrm{sc}}) \\ \varepsilon_{\mathrm{s}} - \varepsilon_{\mathrm{sc}} & (\varepsilon_{\mathrm{s}} > \varepsilon_{\mathrm{sc}}) \end{cases}$，具体参数取值可参见文献[333]。

浸水过程中，将结构损伤变量视为湿陷体应变、湿陷偏应变和归一化体积含水率的函数，用 Matlab 程序提供的拟合函数进行非线性拟合，可得到浸水过程中的损伤变量表达式为：

$$D_2 = 1 - \exp\left[-(A_3\varepsilon_{\mathrm{v}}^{\mathrm{sh}} + A_4\varepsilon_{\mathrm{s}}^{\mathrm{sh}} + A_5)\frac{\theta - \theta_\sigma}{\theta_s - \theta_\sigma}\right] \tag{6.36}$$

式中：θ_s、θ_σ——分别为试样饱和和湿陷前试样的体积含水率，θ_σ 对应的吸力为湿陷前试验控制的吸力值。

从以上研究可知，无论在各向等压加载、三轴剪切、侧向卸荷以及浸水过程中，由 CT 数定义的结构损伤变量与(湿陷)体应变以及(湿陷)偏应变之间的关系，基本均可以采用指数函数的形式表示。原状黄土的宏观指标与细观特征基本上表现一致，然而，结构损伤演化方程目前总体上形式较为复杂，参数较多，这也给进一步工程实际应用带来一定的不便，如何简单实用需要进一步研究，将参数进行归纳总结，以方便他人应用，也是需要进一步深入探讨的问题。

6.5 本章小结

非饱和原状黄土具有典型的结构性，为研究结构性对非饱和原状黄土力学特征的影响，以非饱和土多功能三轴仪为研究工具，对 4 个原状黄土试样进行控制吸力为常数的各向等压加载试验。借助 CT(Computed Tomography)技术，对加载后的试样进行实时动态扫描，将加载过程中的宏观力学指标与细观扫描数据相联系，以明晰原状黄土加载过程中的结构演化规律。

主要结论包括：

(1)原状黄土屈服前后，结构性对其应力应变曲线产生较大的影响。屈服前由于结构性的存在能够一定程度上抵御外部荷载，ME 增长缓慢；当试样屈服后，ME 呈现线性增长的趋势，并进入塑性硬化阶段，结构性作用明显降低。

(2)当原状黄土吸力增大时，结构性对其力学变形特征影响较小；相反，吸力较小时，结构性对于抵抗外部荷载的作用明显增强。结构性的发挥程度与基质吸力密切相关。

(3)由 CT 扫描图像可知，原状黄土单纯施加净平均应力后，其内部的孔洞和孔隙会减小，但不会闭合；施加较大荷载后，原有结构产生损伤的同时，并伴随形成新的结构，新结构能更好地抵御外部荷载。

(4)根据扫描 CT 数定义了结构性参数以及结构损伤变量，通过拟合得到加载过程中结构损伤变量与体应变和水相体变之间的关系表达式，通过计算发现，所建反映原状黄土结构演化特征方程能较好地反映固相和液相变化对结构损伤的影响，所建结构演化方程为建立适宜于原状黄土结构性本构模型提供了必要条件。

第7章　考虑细观结构演化的非饱和原状黄土弹塑性损伤本构模型

湿陷性黄土在水和外力作用下结构会迅速破坏并发生显著湿陷变形,而结构性的降低甚至消失是导致黄土湿陷的内在原因,因而研究非饱和黄土的力学变形规律有必要考虑结构性的影响。土的结构性一直是研究的热点问题,国内外许多学者在这一领域进行诸多有意义的工作。Liu[334]在原状土压缩试验基础上,将结构性对体应变和偏应变的影响规律纳入修正剑桥模型中[335],增加了一个结构屈服面,进而提出修正剑桥结构性模型(SCC 模型),其可以较好地描述原状土的力学特征。Suebsuk[336]在 SCC 模型基础上引入一个同时描述重塑土、原状土和人工结构性土的临界状态面,用结构强度引起的附加平均应力描述由于结构性带来的原状土力学特征变化。姚仰平等[337]将移动正常压缩线(MNCL)引入修正统一硬化模型中(UH 模型以 SCC 模型为基础),形成能描述天然土的统一硬化结构性模型。这些结构性模型的出发点是,从原状土的结构性提供了额外的抵御外部荷载的能力,如强度和变形,有一定的可取之处。然而这些模型是否适用于结构性黄土还需要进一步研究。

许多学者致力于描述原状黄土在水力共同作用下的湿陷变形特征,进而建立相应的本构模型。陈正汉等[165]提出非线性弹性模型,该模型可看作是饱和土邓肯—张模型的推广,但没有考虑黄土的结构性。Habibagahi 等[338]提出双曲线模型,给出了各向同性应力状态下的湿陷体应变计算公式,但该模型却忽视了结构性对其湿陷变形的影响。邵生俊等[339]基于综合势的概念,将结构性参数引入修正剑桥模型,但无法反映黄土的结构性演化特征。金旭等[340]曾建立黄土弹塑性本构模型,但其加载扰动变量和增湿扰动变量损伤演化方程不能较好体现黄土的结构性,损伤演化方程中的参数峰值因子和衰减指数也不易确定。夏旺民等[341]建立了 Q_2 黄土的弹塑性损伤本构模型,根据热力学原理提出加载损伤和增湿损伤演化方程,但 Q_2 黄土与 Q_3 黄土存在显著差异。可以说迄今为止,一个简单实用、得到大家公认、符合湿陷性黄土真实面貌的本构模型还未真正建立起来。基于非饱和黄土湿陷变形演化规律的弹塑性本构模型能够全面反映黄土湿陷和加载过程中的变形特性因而更加符合工程实际,然而这方面的研究还不足以让研究人员满意,因此,加大非饱和黄土的弹塑性本构模型的研究有着重要的现实意义。

Alonso 等[169,170]提出一个非饱和土的弹塑性本构模型,被称为 Barcelona 模型。在吸力等于 0 情况下,Barcelona 模型退化为修正剑桥模型。该模型通过引入湿陷—加载屈服面(LC 屈服面),将湿陷变形作为非饱和土变形的一部分。陈正汉[342]对该模型进行了修正,从而为描述黄土的湿陷变形特征提供了可能。卢再华等[343]将描述膨胀土细观结构变化的损伤演化方程引入 Barcelona 模型中,描述了原状膨胀土结构损伤演化的力学响应,这也为建立考虑结构性的黄土的非饱和弹塑性本构模型提供了有益参考。

沈珠江[205]指出 21 世纪土力学的核心问题是土体结构性的数学模型。谢定义[344]认为,

土的结构性是决定各类土力学性质的一个最为根本的内在因素，因此定量描述非饱和土的结构性演化规律是建立结构性土本构模型的基础。由前文可知，CT 技术为实现描述非饱和黄土结构性提供了有力工具。陈正汉等[54]将 CT 技术用于研究描述非饱和土结构演化规律，为建立结构性模型提供了一条可行道路。朱元青[55]和方祥位[212]等结合 CT 技术，先后提出了非饱和黄土的结构损伤演化方程，进而建立黄土的湿陷本构模型。这些研究成果为建立完善的原状黄土结构性模型提供了思路。

非饱和 Q_3 原状黄土的结构性在加载和湿陷过程中会逐渐减小甚至消失，建立非饱和 Q_3 原状黄土的本构模型需考虑加载和湿陷过程中的结构演化规律。因此，以结构性为契入点，建立一个基于细观结构演化的原状黄土弹塑性本构模型更加符合黄土的固有特性。本章着重考虑吸力和结构性的影响，引入黄土加载和湿陷过程中结构演化方程，以修正 Barcelona 非饱和黄土弹塑性模型为基础，提出一个考虑细观结构演化的非饱和 Q_3 原状黄土的弹塑性损伤本构模型[Elastoplastic Damage Model(EDM)]。新模型将深化对黄土的力学特征及湿陷变形特性的认识，为分析黄土地基的多场耦合问题提供有益参考[345]。

本章建模的思路是通过对非饱和 Q_3 原状黄土的加载和湿陷过程进行 CT 扫描，引入描述结构性的损伤演化方程，再以修正 Barcelona 非饱和弹塑性模型为基础，建立非饱和 Q_3 原状黄土的弹塑性损伤本构模型，包括土骨架的变形与水量变化两个方面，加载和湿陷过程采用不同的模型分别描述。对土骨架方面，以修正 Barcelona 非饱和土弹塑性模型为基础，分别引入非饱和 Q_3 原状黄土加载和湿陷过程中的结构演化方程，分别得到描述土骨架在加载和湿陷过程中的本构模型；对水量变化方面，采用考虑净平均应力及偏应力影响的广义土—水特征曲线描述。

根据弹塑性理论、黄土力学及非饱和土力学等相关理论知识，对模型进行若干假定，主要包括：①湿陷变形为塑性变形，湿陷过程伴随着结构损伤；②不论有无湿陷变形产生，含水率的增加均引起结构损伤；③结构损伤为各向同性损伤；④重塑黄土忽略结构性。

7.1　非饱和土弹塑性模量矩阵

非饱和土的总应变 $\boldsymbol{\varepsilon}$ 可写为：

$$\boldsymbol{\varepsilon} = \boldsymbol{\varepsilon}_p + \boldsymbol{\varepsilon}_s \tag{7.1}$$

式中：$\boldsymbol{\varepsilon}_p$——净平均应力 $\boldsymbol{p}$ 产生的应变；

$\boldsymbol{\varepsilon}_s$——吸力 $\boldsymbol{s}$ 产生的应变。

净平均应力与吸力各自产生弹性应变和塑性应变，其表达式为：

$$\boldsymbol{\varepsilon}_p = \boldsymbol{\varepsilon}_p^{\mathrm{e}} + \boldsymbol{\varepsilon}_p^{\mathrm{p}} \tag{7.2}$$

$$\boldsymbol{\varepsilon}_s = \boldsymbol{\varepsilon}_s^{\mathrm{e}} + \boldsymbol{\varepsilon}_s^{\mathrm{p}} \tag{7.3}$$

式中，上标 e 表示弹性部分；上标 p 表示塑性部分。

式(7.2)和式(7.3)可写为：

$$\boldsymbol{\varepsilon}_e = \boldsymbol{\varepsilon}_p^{\mathrm{e}} + \boldsymbol{\varepsilon}_s^{\mathrm{e}} \tag{7.4}$$

$$\boldsymbol{\varepsilon}_p = \boldsymbol{\varepsilon}_p^{\mathrm{p}} + \boldsymbol{\varepsilon}_s^{\mathrm{p}} \tag{7.5}$$

式中：$\boldsymbol{\varepsilon}_e$——弹性应变；

$\boldsymbol{\varepsilon}_p$——塑性应变。

将总应变方程式(7.1)变为增量矩阵形式：

$$\{\mathrm{d}\boldsymbol{\varepsilon}\} = \{\mathrm{d}\boldsymbol{\varepsilon}\}^{\mathrm{p}} + \{\mathrm{d}\boldsymbol{\varepsilon}\}^{\mathrm{e}} \tag{7.6}$$

弹性条件下，根据广义虎克定律，非饱和土应力—应变关系写为：

$$\{\mathrm{d}\boldsymbol{\sigma}'\} = [D_{\mathrm{e}}]\{\mathrm{d}\boldsymbol{\varepsilon}\}^{\mathrm{e}} + \{F_{\mathrm{es}}\}\mathrm{d}s \tag{7.7}$$

将总应变增量矩阵形式(7.6)代入式(7.7)，得：

$$\{\mathrm{d}\boldsymbol{\sigma}'\} = [D_{\mathrm{e}}](\{\mathrm{d}\boldsymbol{\varepsilon}\} - \{\mathrm{d}\boldsymbol{\varepsilon}\}^{\mathrm{p}}) + \{F_{\mathrm{es}}\}\mathrm{d}s \tag{7.8}$$

其中，

$$\{F_{\mathrm{es}}\} = -[D_{\mathrm{e}}]\{D_{\mathrm{es}}\}^{-1} \tag{7.9}$$

$$\{D_{\mathrm{es}}\}^{-1} = \frac{\alpha_{\mathrm{s}}}{3}[1\quad 1\quad 1\quad 0\quad 0\quad 0]^{\mathrm{T}} \tag{7.10}$$

$$\alpha_{\mathrm{s}} = \frac{k_{\mathrm{s}}}{1+e}\cdot\frac{1}{s+p_{\mathrm{atm}}} \tag{7.11}$$

塑性应变$\{\mathrm{d}\varepsilon\}^{\mathrm{p}}$由塑性位势理论确定，并根据相关流动法则可知：

$$\{\mathrm{d}\boldsymbol{\varepsilon}\}^{\mathrm{p}} = \mathrm{d}\lambda\left(\left\{\frac{\partial f}{\partial\boldsymbol{\sigma}'}\right\} + \{m\}\frac{\partial f}{\partial s}\right) \tag{7.12}$$

式中：$\mathrm{d}\lambda$——塑性标量因子；

f——塑性势函数；

$\{m\}$——$\{m\} = \{1\quad 1\quad 1\quad 0\quad 0\quad 0\}^{\mathrm{T}}$。

塑性势用来确定塑性应变增量的方向，屈服函数用来确定塑性应变增量的大小。采用关联流动法则，即加载函数与塑性势函数相同，屈服准则如下：

$$f = f[\boldsymbol{\sigma}', s, \boldsymbol{H}(\varepsilon_v^{\mathrm{p}})] \tag{7.13}$$

式中：$\boldsymbol{H}$——硬化参量。

由加载函数的一致性条件可知：

$$\mathrm{d}f = \left\{\frac{\partial f}{\partial\boldsymbol{\sigma}'}\right\}^{\mathrm{T}}(\mathrm{d}\boldsymbol{\sigma}') + \frac{\partial f}{\partial s}\mathrm{d}s + \frac{\partial f}{\partial\boldsymbol{H}}\frac{\partial\boldsymbol{H}}{\partial\boldsymbol{\varepsilon}_v^{\mathrm{p}}}\frac{\partial\boldsymbol{\varepsilon}_v^{\mathrm{p}}}{\partial\boldsymbol{\varepsilon}^{\mathrm{p}}}\{\mathrm{d}\boldsymbol{\varepsilon}\}^{\mathrm{p}} \tag{7.14}$$

即

$$\left\{\frac{\partial f}{\partial\boldsymbol{\sigma}'}\right\}^{\mathrm{T}}(\mathrm{d}\boldsymbol{\sigma}') + \frac{\partial f}{\partial s}\mathrm{d}s + \frac{\partial f}{\partial\boldsymbol{H}}\frac{\partial\boldsymbol{H}}{\partial\boldsymbol{\varepsilon}_v^{\mathrm{p}}}\{\mathrm{d}\boldsymbol{\varepsilon}\}^{\mathrm{p}} = 0 \tag{7.15}$$

式中：$\dfrac{\partial\boldsymbol{\varepsilon}_v^{\mathrm{p}}}{\partial\boldsymbol{\varepsilon}^{\mathrm{p}}} = \{m\}^{\mathrm{T}}$；$\boldsymbol{H} = \boldsymbol{\varepsilon}_v^{\mathrm{p}}$（文献[335]）。

将式(7.8)、式(7.12)代入式(7.15)，得到：

$$\left\{\frac{\partial f}{\partial\sigma'}\right\}^{\mathrm{T}}[D_{\mathrm{e}}]\{\mathrm{d}\boldsymbol{\varepsilon}\} + \left(\frac{\partial f}{\partial s} + \left\{\frac{\partial f}{\partial\sigma'}\right\}^{\mathrm{T}}\{F_{\mathrm{es}}\}\right)\mathrm{d}s = \left(\left\{\frac{\partial f}{\partial\sigma'}\right\}^{\mathrm{T}}[D_{\mathrm{e}}] - \frac{\partial f}{\partial\boldsymbol{H}}\frac{\partial\boldsymbol{H}}{\partial\boldsymbol{\varepsilon}_{\mathrm{v}}^{\mathrm{p}}}\{m\}^{\mathrm{T}}\right)\{\mathrm{d}\boldsymbol{\varepsilon}\}^{\mathrm{p}} \tag{7.16}$$

再将式(7.12)代入式(7.16)，得到：

$$\begin{aligned}&\left\{\frac{\partial f}{\partial\sigma'}\right\}^{\mathrm{T}}[D_{\mathrm{e}}]\{\mathrm{d}\boldsymbol{\varepsilon}\} + \left(\frac{\partial f}{\partial s} + \left\{\frac{\partial f}{\partial\sigma'}\right\}^{\mathrm{T}}\{F_{\mathrm{es}}\}\right)\mathrm{d}s \\ &= \mathrm{d}\lambda\left(\left\{\frac{\partial f}{\partial\sigma'}\right\} + \{m\}\frac{\partial f}{\partial s}\right)\left(\left\{\frac{\partial f}{\partial\sigma'}\right\}^{\mathrm{T}}[D_{\mathrm{e}}] - \frac{\partial f}{\partial\boldsymbol{H}}\frac{\partial\boldsymbol{H}}{\partial\boldsymbol{\varepsilon}_{\mathrm{v}}^{\mathrm{p}}}\{m\}^{\mathrm{T}}\right)\end{aligned} \tag{7.17}$$

根据式(7.17),塑性标量因子 $\mathrm{d}\lambda$ 可写为:

$$\mathrm{d}\lambda=\frac{\left\{\frac{\partial f}{\partial\sigma'}\right\}^{\mathrm{T}}[D_{\mathrm{e}}]\{\mathrm{d}\boldsymbol{\varepsilon}\}}{\left(\left\{\frac{\partial f}{\partial\sigma'}\right\}+\{m\}\frac{\partial f}{\partial s}\right)\left(\left\{\frac{\partial f}{\partial\sigma'}\right\}^{\mathrm{T}}[D_{\mathrm{e}}]-\frac{\partial f}{\partial\boldsymbol{H}}\frac{\partial\boldsymbol{H}}{\partial\boldsymbol{\varepsilon}_{\mathrm{v}}^{\mathrm{p}}}\{m\}^{\mathrm{T}}\right)}+\frac{\left(\frac{\partial f}{\partial s}+\left\{\frac{\partial f}{\partial\sigma'}\right\}^{\mathrm{T}}\{F_{\mathrm{es}}\}\right)\mathrm{d}s}{\left(\left\{\frac{\partial f}{\partial\sigma'}\right\}+\{m\}\frac{\partial f}{\partial s}\right)\left(\left\{\frac{\partial f}{\partial\sigma'}\right\}^{\mathrm{T}}[D_{\mathrm{e}}]-\frac{\partial f}{\partial\boldsymbol{H}}\frac{\partial\boldsymbol{H}}{\partial\boldsymbol{\varepsilon}_{\mathrm{v}}^{\mathrm{p}}}\{m\}^{\mathrm{T}}\right)}\tag{7.18}$$

将式(7.18)代入式(7.12),得到:

$$\{\mathrm{d}\boldsymbol{\varepsilon}\}^{\mathrm{p}}=\frac{\left\{\frac{\partial f}{\partial\sigma'}\right\}^{\mathrm{T}}\left(\left\{\frac{\partial f}{\partial\sigma'}\right\}+\{m\}\frac{\partial f}{\partial s}\right)[D_{\mathrm{e}}]\{\mathrm{d}\boldsymbol{\varepsilon}\}}{\left(\left\{\frac{\partial f}{\partial\sigma'}\right\}+\{m\}\frac{\partial f}{\partial s}\right)\left(\left\{\frac{\partial f}{\partial\sigma'}\right\}^{\mathrm{T}}[D_{\mathrm{e}}]-\frac{\partial f}{\partial\boldsymbol{H}}\frac{\partial\boldsymbol{H}}{\partial\boldsymbol{\varepsilon}_{\mathrm{v}}^{\mathrm{p}}}\{m\}^{\mathrm{T}}\right)}+\frac{\left(\frac{\partial f}{\partial\boldsymbol{\sigma}}+\left\{\frac{\partial f}{\partial\sigma'}\right\}^{\mathrm{T}}\{F_{\mathrm{es}}\}\right)\left(\left\{\frac{\partial f}{\partial\sigma'}\right\}+\{m\}\frac{\partial f}{\partial s}\right)\mathrm{d}s}{\left(\left\{\frac{\partial f}{\partial\sigma'}\right\}+\{m\}\frac{\partial f}{\partial s}\right)\left(\left\{\frac{\partial f}{\partial\sigma'}\right\}^{\mathrm{T}}[D_{\mathrm{e}}]-\frac{\partial f}{\partial\boldsymbol{H}}\frac{\partial\boldsymbol{H}}{\partial\boldsymbol{\varepsilon}_{\mathrm{v}}^{\mathrm{p}}}\{m\}^{\mathrm{T}}\right)}\tag{7.19}$$

再将式(7.19)代入式(7.8):

$$\{\mathrm{d}\sigma'\}=\left([D_{\mathrm{e}}]-\frac{[D_{\mathrm{e}}]\left\{\frac{\partial f}{\partial\sigma'}\right\}^{\mathrm{T}}\left(\left\{\frac{\partial f}{\partial\sigma'}\right\}+\{m\}\frac{\partial f}{\partial s}\right)[D_{\mathrm{e}}]}{\left(\left\{\frac{\partial f}{\partial\sigma'}\right\}+\{m\}\frac{\partial f}{\partial s}\right)\left(\left\{\frac{\partial f}{\partial\sigma'}\right\}^{\mathrm{T}}[D_{\mathrm{e}}]-\frac{\partial f}{\partial\boldsymbol{H}}\frac{\partial\boldsymbol{H}}{\partial\boldsymbol{\varepsilon}_{\mathrm{v}}^{\mathrm{p}}}\{m\}^{\mathrm{T}}\right)}\right)\{\mathrm{d}\boldsymbol{\varepsilon}\}+\left(\{F_{\mathrm{es}}\}-\frac{[D_{\mathrm{e}}]\left(\frac{\partial f}{\partial s}+\left\{\frac{\partial f}{\partial\boldsymbol{\sigma}'}\right\}^{\mathrm{T}}\{F_{\mathrm{es}}\}\right)\left(\left\{\frac{\partial f}{\partial\sigma'}\right\}+\{m\}\frac{\partial f}{\partial s}\right)}{\left(\left\{\frac{\partial f}{\partial\sigma'}\right\}+\{m\}\frac{\partial f}{\partial s}\right)\left(\left\{\frac{\partial f}{\partial\boldsymbol{\sigma}'}\right\}^{\mathrm{T}}[D_{\mathrm{e}}]-\frac{\partial f}{\partial\boldsymbol{H}}\frac{\partial\boldsymbol{H}}{\partial\boldsymbol{\varepsilon}_{\mathrm{v}}^{\mathrm{p}}}\{m\}^{\mathrm{T}}\right)}\right)\mathrm{d}s\tag{7.20}$$

将式(7.20)化简为矩阵形式,可得到非饱和土的弹塑性本构关系:

$$\{\mathrm{d}\sigma'\}=[D_{\mathrm{ep}}]\{\mathrm{d}\boldsymbol{\varepsilon}\}+\{F_{\mathrm{esp}}\}\mathrm{d}s\tag{7.21}$$

其中,

$$[D_{\mathrm{ep}}]=[D_{\mathrm{e}}]-\frac{[D_{\mathrm{e}}]\left\{\frac{\partial f}{\partial\sigma'}\right\}^{\mathrm{T}}\left(\left\{\frac{\partial f}{\partial\sigma'}\right\}+\{m\}\frac{\partial f}{\partial s}\right)[D_{\mathrm{e}}]}{\left(\left\{\frac{\partial f}{\partial\sigma'}\right\}+\{m\}\frac{\partial f}{\partial s}\right)\left(\left\{\frac{\partial f}{\partial\sigma'}\right\}^{\mathrm{T}}[D_{\mathrm{e}}]-\frac{\partial f}{\partial\boldsymbol{H}}\frac{\partial\boldsymbol{H}}{\partial\boldsymbol{\varepsilon}_{\mathrm{v}}^{\mathrm{p}}}\{m\}^{\mathrm{T}}\right)}\tag{7.22}$$

$$\{F_{\mathrm{esp}}\}=\{F_{\mathrm{es}}\}-\frac{[D_{\mathrm{e}}]\left(\frac{\partial f}{\partial s}+\left\{\frac{\partial f}{\partial\sigma'}\right\}^{\mathrm{T}}\{F_{\mathrm{es}}\}\right)\left(\left\{\frac{\partial f}{\partial\sigma'}\right\}+\{m\}\frac{\partial f}{\partial s}\right)}{\left(\left\{\frac{\partial f}{\partial\sigma'}\right\}+\{m\}\frac{\partial f}{\partial s}\right)\left(\left\{\frac{\partial f}{\partial\sigma'}\right\}^{\mathrm{T}}[D_{\mathrm{e}}]-\frac{\partial f}{\partial\boldsymbol{H}}\frac{\partial\boldsymbol{H}}{\partial\boldsymbol{\varepsilon}_{\mathrm{v}}^{\mathrm{p}}}\{m\}^{\mathrm{T}}\right)}\tag{7.23}$$

上述式中:f——屈服准则;

$\boldsymbol{H}$——硬化参数 $\boldsymbol{\varepsilon}_{\mathrm{v}}^{\mathrm{p}}$;

$\{m\}$——$\{m\}=\{1\quad1\quad1\quad0\quad0\quad0\}^{\mathrm{T}}$;

$[D_{ep}]$——非饱和土小变形条件下的弹塑性模量矩阵；

$\{F_{esp}\}$——非饱和土小变形条件下的弹塑性吸力模量矩阵。

式(7.23)可以写成张量形式：

$$d\boldsymbol{\sigma}_{ij}' = \boldsymbol{D}_{ijkl} d\boldsymbol{\varepsilon}_{kl} + \boldsymbol{F}_i \delta_{ij} ds \tag{7.24}$$

式中：$\boldsymbol{D}_{ijkl}$——弹塑性模量矩阵$[D_{ep}]$的元素；

$\boldsymbol{F}_i$——弹塑性吸力模量矩阵$\{F_{esp}\}$的元素。

从以上推导来看，非饱和土弹塑性本构关系较为复杂，相比较饱和土弹塑性本构关系多了吸力影响的模量矩阵，若不计吸力影响，则非饱和土弹塑性本构关系可退化为饱和土弹塑性本构关系。

7.2 弹塑性应力—应变关系

通过 Q_3 原状黄土的加载和加载—湿陷过程中的 CT 扫描试验，建立描述结构性的参数和结构损伤演化方程，再以 Barcelona 非饱和土弹塑性修正模型为基础，建立非饱和 Q_3 原状黄土的弹塑性本构模型，包括土骨架的变形与水量变化两个方面，加载和湿陷过程采用不同的模型分别描述。

对土骨架方面，以 Barcelona 非饱和土弹塑性修正模型为基础，分别引入 Q_3 原状黄土加载和加载—湿陷过程中的结构演化方程，分别得到描述土骨架在加载和加载—湿陷过程中的结构性模型；对水量变化方面，用考虑净平均应力和偏应力影响的广义土—水特征曲线描述。

不考虑结构性的本构模型采用修正后的 Barcelona 模型，修正部分包括 SI 屈服线的修正和水量变化关系的修正，修正后的模型适用于非饱和重塑黄土。

7.2.1 弹性性状

$$d\varepsilon_v^e = d\varepsilon_{vp}^e + d\varepsilon_{vs}^e = \frac{\kappa}{\nu}\frac{dp}{p} + \frac{\kappa_s}{\nu}\frac{ds}{s + p_{atm}} \tag{7.25}$$

$$d\varepsilon_s^e = \frac{dq}{3G} \tag{7.26}$$

式中：κ——与净平均应力加载有关的弹性刚度系数；

κ_s——与吸力增加相关的弹性刚度系数；

G——剪切模量；

p_{atm}——大气压力；

ν——土的比容。

7.2.2 塑性性状

LC 屈服面方程：

$$f_1(p, q, s, p_0^*) \equiv q^2 - M^2(p + p_s)(p_0 - p) = 0$$

其中，

$$p_s = k_c s$$

$$\left(\frac{p_0}{p^c}\right) = \left(\frac{p_0^*}{p^c}\right)^{\frac{\lambda(0)-\kappa}{\lambda(s)-\kappa}}$$

$$\lambda(s) = \lambda(0)[(1-\gamma)\exp(-\beta s) + \gamma]$$

SI 屈服面方程[57]：

$$f_2(s,s_0) \equiv s - s_y = 0$$

上述各式中符号意义参见前文。

$$p_0 = p^c\left(\frac{p_0^*}{p^c}\right)^{\frac{\lambda(0)-\kappa}{\lambda(s)-\kappa}} \tag{7.27}$$

将式(7.27)与式(5.51)结合,并对吸力 s 求偏导,得到:

$$\frac{\partial p_0}{\partial s} = p^c \cdot \ln\left(\frac{p_0^*}{p^c}\right)\left(\frac{p_0^*}{p^c}\right)^{\frac{\lambda(0)-\kappa}{\lambda(s)-\kappa}} \cdot \frac{\lambda(0)-\kappa}{[\lambda(s)-\kappa]^2} \cdot [\lambda(0)\beta(1-\gamma)\exp(-\beta s)] \tag{7.28}$$

当屈服发生在 LC 屈服面上时,LC 屈服面方程对 p、q、p_0 和 s 分别求偏导,得:

$$\frac{\partial f}{\partial p} = M^2(2p + p_s - p_0) \tag{7.29}$$

$$\frac{\partial f}{\partial q} = 2q \tag{7.30}$$

$$\frac{\partial f}{\partial p_0} = -M^2(p + p_s) \tag{7.31}$$

$$\frac{\partial f}{\partial s} = kM^2(p - p_0) - M^2(p + p_s)\frac{\partial p_0}{\partial s} \tag{7.32}$$

将式(7.28)代入式(7.32),最终得到:

$$\frac{\partial f}{\partial s} = kM^2(p - p_0) - M^2(p + p_s)p^c \cdot \ln\left(\frac{p_0^*}{p^c}\right)\left(\frac{p_0^*}{p^c}\right)^{\frac{\lambda(0)-\kappa}{\lambda(s)-\kappa}} \cdot \frac{\lambda(0)-\kappa}{[\lambda(s)-\kappa]^2} \cdot [\lambda(0)\beta(1-\gamma)\exp(-\beta s)] = \alpha \tag{7.33}$$

为了推导方便,故式中引入符号 α。

屈服函数 f 对 σ 求偏导,得到:

$$\frac{\partial f}{\partial \boldsymbol{\sigma}} = \left[\frac{\partial f}{\partial \sigma_x} \quad \frac{\partial f}{\partial \sigma_y} \quad \frac{\partial f}{\partial \sigma_z} \quad \frac{\partial f}{\partial \tau_{xy}} \quad \frac{\partial f}{\partial \tau_{yz}} \quad \frac{\partial f}{\partial \tau_{zx}}\right]^T \tag{7.34}$$

净平均应力 p、偏应力 q 和吸力 s 的公式如下:

$$p = \frac{1}{3}(\sigma_x + \sigma_y + \sigma_z) \tag{7.35}$$

$$q = \frac{1}{\sqrt{2}}\sqrt{(\sigma_x - \sigma_y)^2 + (\sigma_y - \sigma_z)^2 + (\sigma_z - \sigma_x)^2 + 6(\tau_{xy}^2 + \tau_{yz}^2 + \tau_{zx}^2)} \tag{7.36}$$

$$s = u_a - u_w \tag{7.37}$$

式(7.34)矩阵分别等于:

$$\frac{\partial f}{\partial \sigma_x} = \frac{\partial f}{\partial p}\frac{\partial p}{\partial \sigma_x} + \frac{\partial f}{\partial q}\frac{\partial q}{\partial \sigma_x} \tag{7.38}$$

$$\frac{\partial f}{\partial \sigma_y} = \frac{\partial f}{\partial p}\frac{\partial p}{\partial \sigma_y} + \frac{\partial f}{\partial q}\frac{\partial q}{\partial \sigma_y} \tag{7.39}$$

$$\frac{\partial f}{\partial \sigma_z} = \frac{\partial f}{\partial p}\frac{\partial p}{\partial \sigma_z} + \frac{\partial f}{\partial q}\frac{\partial q}{\partial \sigma_z} \tag{7.40}$$

$$\frac{\partial f}{\partial \tau_{xy}} = \frac{\partial f}{\partial q}\frac{\partial q}{\partial \tau_{xy}} \tag{7.41}$$

$$\frac{\partial f}{\partial \tau_{yz}} = \frac{\partial f}{\partial q}\frac{\partial q}{\partial \tau_{yz}} \tag{7.42}$$

$$\frac{\partial f}{\partial \tau_{zx}} = \frac{\partial f}{\partial q}\frac{\partial q}{\partial \tau_{zx}} \tag{7.43}$$

结合式(7.29)~式(7.32)、式(7.35)~式(7.37),可以得到:

$$\frac{\partial f}{\partial \sigma_x} = \frac{1}{3}M^2(2p + p_s - p_0) + 3(2\sigma_x - \sigma_y - \sigma_z) \tag{7.44}$$

$$\frac{\partial f}{\partial \sigma_y} = \frac{1}{3}M^2(2p + p_s - p_0) + 3(2\sigma_y - \sigma_z - \sigma_x) \tag{7.45}$$

$$\frac{\partial f}{\partial \sigma_z} = \frac{1}{3}M^2(2p + p_s - p_0) + 3(2\sigma_z - \sigma_x - \sigma_y) \tag{7.46}$$

$$\frac{\partial f}{\partial \tau_{xy}} = 6\tau_{xy} \tag{7.47}$$

$$\frac{\partial f}{\partial \tau_{yz}} = 6\tau_{yz} \tag{7.48}$$

$$\frac{\partial f}{\partial \tau_{zx}} = 6\tau_{zx} \tag{7.49}$$

将式(7.44)~式(7.49)代入式(7.34),得到:

$$\frac{\partial f}{\partial \sigma} = \begin{bmatrix} \frac{1}{3}M^2(2p + p_s - p_0) + 3(2\sigma_x - \sigma_y - \sigma_z) \\ \frac{1}{3}M^2(2p + p_s - p_0) + 3(2\sigma_y - \sigma_z - \sigma_x) \\ \frac{1}{3}M^2(2p + p_s - p_0) + 3(2\sigma_z - \sigma_x - \sigma_z) \\ 6\tau_{xy} \\ 6\tau_{yz} \\ 6\tau_{zx} \end{bmatrix} = \begin{bmatrix} \alpha_1 \\ \alpha_2 \\ \alpha_3 \\ \alpha_4 \\ \alpha_5 \\ \alpha_6 \end{bmatrix} \tag{7.50}$$

为方便下文计算和推导,故式中引入符号 $\alpha_1 \sim \alpha_6$。

7.2.3 流动法则及硬化规律

相关流动法则认为,塑性势能面与屈服面有相同的形状,塑性应变增量垂直于屈服面,则有:

$$f = g \tag{7.51}$$

硬化规律能够影响塑性应变增量的大小。在加载过程中会产生塑性应变。为了描述弹塑

性变形的应力应变关系,必须定义出塑性应变增量矢量 $\mathrm{d}\boldsymbol{\varepsilon}_v^p$ 的方向和大小,即各分量的比率、它们相应应力增量 $\mathrm{d}\boldsymbol{\sigma}$ 的大小。塑性应变增量矢量 $\mathrm{d}\boldsymbol{\varepsilon}_v^p$ 与塑性势函数 g 满足以下关系:

$$\mathrm{d}\boldsymbol{\varepsilon}_v^p = \mathrm{d}\lambda \frac{\partial g}{\partial \boldsymbol{\sigma}} \tag{7.52}$$

在非饱和土力学中吸力也对屈服面参数产生影响,所以式(7.52)变为:

$$\mathrm{d}\boldsymbol{\varepsilon}_v^p = \mathrm{d}\lambda \left(\frac{\partial g}{\partial \boldsymbol{\sigma}} + \{m\} \frac{\partial g}{\partial s}\right) \tag{7.53}$$

式中:$\mathrm{d}\lambda$——贯穿整个塑性加载历程的非负标量函数;

$\frac{\partial g}{\partial \boldsymbol{\sigma}}$——塑性应变增量矢量 $\mathrm{d}\boldsymbol{\varepsilon}_v^p$ 的方向。

与 LC 屈服面相关的塑性应变增量是塑性体应变 $\mathrm{d}\boldsymbol{\varepsilon}_{vp}^p$ 和塑性偏应变 $\mathrm{d}\boldsymbol{\varepsilon}_s^p$,其表达式为:

$$\mathrm{d}\boldsymbol{\varepsilon}_{vp}^p = \mathrm{d}\lambda_1 \frac{\partial f_1}{\partial p} \tag{7.54}$$

$$\mathrm{d}\boldsymbol{\varepsilon}_s^p = \mathrm{d}\lambda_1 \frac{\partial f_1}{\partial q} \tag{7.55}$$

则,体应变和偏应变的比值为:

$$\frac{\mathrm{d}\boldsymbol{\varepsilon}_{vp}^p}{\mathrm{d}\boldsymbol{\varepsilon}_s^p} = \frac{\partial f_1}{\partial p} \bigg/ \frac{\partial f_1}{\partial q} \tag{7.56}$$

当土体发生体积硬化,塑性体应变为硬化参数,则相应的硬化规律为:

$$\frac{\mathrm{d}p_0^*}{p_0^*} = \frac{\nu}{\lambda(0)^* - \kappa^*}\mathrm{d}\boldsymbol{\varepsilon}_{vp}^p \tag{7.57}$$

$$\frac{\mathrm{d}s_y}{s_y + p_{atm}} = \frac{\nu}{\lambda_s - \kappa_s}\mathrm{d}\boldsymbol{\varepsilon}_{vs}^p \tag{7.58}$$

式中:κ_s、λ_s——吸力屈服前、吸力屈服后土与吸力增加相关的收缩系数。

由塑性一致性条件,对 LC 和 SI 屈服面方程进行微分,得到:

$$\frac{\partial f_1}{\partial p}\mathrm{d}p + \frac{\partial f_1}{\partial q}\mathrm{d}q + \frac{\partial f_1}{\partial s}\mathrm{d}s + \frac{\partial f_1}{\partial p_0}\mathrm{d}p_0 = 0 \tag{7.59}$$

$$\frac{\partial f_2}{\partial s}\mathrm{d}s + \frac{\partial f_2}{\partial s_y}\mathrm{d}s_y = 0 \tag{7.60}$$

又根据式(5.50)得到 $\mathrm{d}p_0$,即:

$$\mathrm{d}p_0 = \frac{\lambda(0) - \kappa}{\lambda(s) - \kappa} \cdot \left(\frac{p_0^*}{p^c}\right)^{\frac{\lambda(0)-\kappa}{\lambda(s)-\kappa}-1} \mathrm{d}p_0^* \tag{7.61}$$

将硬化准则和式(7.61)代入式(7.59)和式(7.60)中,可以得到:

$$\mathrm{d}\varepsilon_{vp}^p = -\frac{\frac{\partial f_1}{\partial p}\mathrm{d}p + \frac{\partial f_1}{\partial q}\mathrm{d}q + \frac{\partial f_1}{\partial s}\mathrm{d}s}{\frac{\partial f_1}{\partial p_0} \cdot \frac{\lambda(0) - \kappa}{\lambda(s) - \kappa} \cdot \left(\frac{p_0^*}{p^c}\right)^{\frac{\lambda(0)-\kappa}{\lambda(s)-\kappa}-1} \cdot \frac{\nu p_0^*}{\lambda(0) - \kappa}} \tag{7.62}$$

$$\mathrm{d}\varepsilon_{vs}^p = \frac{\lambda_s - \kappa_s}{\nu(s_y + p_{atm})}\mathrm{d}s \tag{7.63}$$

因此,由以上两式可以得到总的塑性体应变为:

$$
\mathrm{d}\varepsilon_{\mathrm{v}}^{\mathrm{p}} = \frac{\lambda_{\mathrm{s}} - \kappa_{\mathrm{s}}}{\nu(s_y + p_{\mathrm{atm}})}\mathrm{d}s + \frac{\frac{\partial f_1}{\partial p}\mathrm{d}p + \frac{\partial f_1}{\partial q}\mathrm{d}q + \frac{\partial f_1}{\partial s}\mathrm{d}s}{\frac{\partial f_1}{\partial p_0}\cdot\frac{\lambda(0)-\kappa}{\lambda(s)-\kappa}\cdot\left(\frac{p_0^*}{p^{\mathrm{c}}}\right)^{\frac{\lambda(0)-\kappa}{\lambda(s)-\kappa}-1}\cdot\frac{\nu p_0^*}{\kappa-\lambda(0)}} \tag{7.64}
$$

那么弹塑性体应变 $\mathrm{d}\varepsilon_v$ 可写为：

$$
d\varepsilon_v = \frac{\kappa}{\nu}\frac{\mathrm{d}p}{p} + \frac{\kappa_{\mathrm{s}}}{\nu}\frac{\mathrm{d}s}{s+p_{\mathrm{atm}}} + \frac{\lambda_{\mathrm{s}} - \kappa_{\mathrm{s}}}{\nu(s_y + p_{\mathrm{atm}})}\mathrm{d}s + \frac{\frac{\partial f_1}{\partial p}\mathrm{d}p + \frac{\partial f_1}{\partial q}\mathrm{d}q + \frac{\partial f_1}{\partial s}\mathrm{d}s}{\frac{\partial f_1}{\partial p_0}\cdot\frac{\lambda(0)-\kappa}{\lambda(s)-\kappa}\cdot\left(\frac{p_0^*}{p^{\mathrm{c}}}\right)^{\frac{\lambda(0)-\kappa}{\lambda(s)-\kappa}-1}\cdot\frac{\nu p_0^*}{\kappa-\lambda(0)}} \tag{7.65}
$$

另外，由式(7.56)和式(7.62)可知，塑性偏应变为：

$$
\mathrm{d}\varepsilon_{\mathrm{s}}^{\mathrm{p}} = \frac{\left(\frac{\partial f_1}{\partial p}\mathrm{d}p + \frac{\partial f_1}{\partial q}\mathrm{d}q + \frac{\partial f_1}{\partial s}\mathrm{d}s\right)\frac{\partial f_1}{\partial q}}{\frac{\nu p_0^*}{\kappa-\lambda(0)}\frac{\partial f_1}{\partial p}} \tag{7.66}
$$

因此，弹塑性偏应变 $\mathrm{d}\varepsilon_{\mathrm{s}}$ 为：

$$
\mathrm{d}\varepsilon_{\mathrm{s}} = \frac{\mathrm{d}q}{3G} + \frac{\left(\frac{\partial f_1}{\partial p}\mathrm{d}p + \frac{\partial f_1}{\partial q}\mathrm{d}q + \frac{\partial f_1}{\partial s}\mathrm{d}s\right)\frac{\partial f_1}{\partial q}}{\frac{\nu p_0^*}{\kappa-\lambda(0)}\frac{\partial f_1}{\partial p}} \tag{7.67}
$$

根据以上推导即可进行弹塑性变形计算。

7.2.4 水量变化特性

相对完整部分土体和完全调整部分土体的水量变化均按线弹性计算，其水量变化方程不变，采用广义土—水特征曲线计算公式，即：

$$
\mathrm{d}\varepsilon_{\mathrm{w}} = \frac{\mathrm{d}p}{K_{\mathrm{wpt}}} + \frac{\mathrm{d}s}{H_{\mathrm{wt}}} + \frac{\mathrm{d}q}{K_{\mathrm{wqt}}} \tag{7.68}
$$

式中：K_{wpt}、H_{wt}、K_{wqt}——分别表示与净平均应力、吸力和偏应力相关的水的切线体积模量，可以分别通过控制吸力的各向等压试验、控制净平均应力的三轴收缩试验以及控制吸力和净平均应力为常数的三轴等压剪切试验获得，分别参见第5章和第6章中的力学特性试验。

7.3 弹塑性模量矩阵元素

7.3.1 LC屈服面相应矩阵

弹性理论中应力—应变关系表述为：

$$
\{\sigma'\} = [D^{\mathrm{e}}]\{\varepsilon\} \tag{7.69}
$$

式中：$[D^{\mathrm{e}}]$——弹性模量矩阵，将其写为矩阵形式如下：

$$[D^e]=\begin{bmatrix} K+\frac{4}{3}G & K-\frac{2}{3}G & K-\frac{2}{3}G & 0 & 0 & 0 \\ K-\frac{2}{3}G & K+\frac{4}{3}G & K-\frac{2}{3}G & 0 & 0 & 0 \\ K-\frac{2}{3}G & K-\frac{2}{3}G & K+\frac{4}{3}G & 0 & 0 & 0 \\ 0 & 0 & 0 & 2G & 0 & 0 \\ 0 & 0 & 0 & 0 & 2G & 0 \\ 0 & 0 & 0 & 0 & 0 & 2G \end{bmatrix} \tag{7.70}$$

式中：K——体积模量，$K=\frac{E}{3(1-2\nu)}$；

G——剪切模量，$G=\frac{E}{2(1+\nu)}$；

E——弹性模量；

ν——泊松比。

吸力影响的弹性模量矩阵为：

$$\{F_{es}\}=\left[-\frac{K\alpha_s}{3}\quad -\frac{K\alpha_s}{3}\quad -\frac{K\alpha_s}{3}\quad 0\quad 0\quad 0\right]^T \tag{7.71}$$

式中：$\alpha_s=\frac{k_s}{1+e}\cdot\frac{1}{s+p_{atm}}$。

令式(7.33)为 α，结合式(7.34)和式(7.50)可得：

$$\frac{\partial f}{\partial \boldsymbol{\sigma}'}+\{m\}\frac{\partial f}{\partial \boldsymbol{s}}=\begin{bmatrix} \frac{1}{3}M^2(2p+p_s-p_0)+3(2\sigma_x-\sigma_y-\sigma_z)+\alpha \\ \frac{1}{3}M^2(2p+p_s-p_0)+3(2\sigma_y-\sigma_z-\sigma_x)+\alpha \\ \frac{1}{3}M^2(2p+p_s-p_0)+3(2\sigma_z-\sigma_x-\sigma_z)+\alpha \\ 6\tau_{xy} \\ 6\tau_{yz} \\ 6\tau_{zx} \end{bmatrix}=\begin{bmatrix}\beta_1\\ \beta_2\\ \beta_3\\ \beta_4\\ \beta_5\\ \beta_6\end{bmatrix} \tag{7.72}$$

再次求得$[D_e]\left(\left\{\frac{\partial f}{\partial \boldsymbol{\sigma}'}\right\}+\{m\}\frac{\partial f}{\partial \boldsymbol{s}}\right)$和$\left\{\frac{\partial f}{\partial \boldsymbol{\sigma}'}\right\}^T[D_e]$，表达式分别为：

$$[D_e]\left(\left\{\frac{\partial f}{\partial \boldsymbol{\sigma}'}\right\}+\{m\}\frac{\partial f}{\partial \boldsymbol{s}}\right)=\begin{bmatrix} K+\frac{4}{3}G & K-\frac{2}{3}G & K-\frac{2}{3}G & 0 & 0 & 0 \\ K-\frac{2}{3}G & K+\frac{4}{3}G & K-\frac{2}{3}G & 0 & 0 & 0 \\ K-\frac{2}{3}G & K-\frac{2}{3}G & K+\frac{4}{3}G & 0 & 0 & 0 \\ 0 & 0 & 0 & 2G & 0 & 0 \\ 0 & 0 & 0 & 0 & 2G & 0 \\ 0 & 0 & 0 & 0 & 0 & 2G \end{bmatrix}\times\begin{bmatrix}\beta_1\\ \beta_2\\ \beta_3\\ \beta_4\\ \beta_5\\ \beta_6\end{bmatrix}=\begin{bmatrix}A_1\\ A_2\\ A_3\\ A_4\\ A_5\\ A_6\end{bmatrix} \tag{7.73}$$

式中，为了计算方便，引进符号 $A_1 \sim A_6$。

$$\left\{\frac{\partial f}{\partial \boldsymbol{\sigma}'}\right\}^{\mathrm{T}}[D_{\mathrm{e}}] = \begin{bmatrix}\alpha_1\\ \alpha_2\\ \alpha_3\\ \alpha_4\\ \alpha_5\\ \alpha_6\end{bmatrix}^{\mathrm{T}} \times \begin{bmatrix} K+\frac{4}{3}G & K-\frac{2}{3}G & K-\frac{2}{3}G & 0 & 0 & 0\\ K-\frac{2}{3}G & K+\frac{4}{3}G & K-\frac{2}{3}G & 0 & 0 & 0\\ K-\frac{2}{3}G & K-\frac{2}{3}G & K+\frac{4}{3}G & 0 & 0 & 0\\ 0 & 0 & 0 & 2G & 0 & 0\\ 0 & 0 & 0 & 0 & 2G & 0\\ 0 & 0 & 0 & 0 & 0 & 2G \end{bmatrix} = \begin{bmatrix}B_1\\ B_2\\ B_3\\ B_4\\ B_5\\ B_6\end{bmatrix}^{\mathrm{T}} \tag{7.74}$$

式中，为了计算方便，引进符号 $B_1 \sim B_6$。

由以上两式可以得到：

$$[D_{\mathrm{e}}]\left(\left\{\frac{\partial f}{\partial \boldsymbol{\sigma}'}\right\}+\{m\}\frac{\partial f}{\partial \boldsymbol{s}}\right)\left\{\frac{\partial f}{\partial \boldsymbol{\sigma}'}\right\}^{\mathrm{T}}[D_{\mathrm{e}}] = \begin{bmatrix} A_1B_1 & A_1B_2 & A_1B_3 & A_1B_4 & A_1B_5 & A_1B_6\\ A_2B_1 & A_2B_2 & A_2B_3 & A_2B_4 & A_2B_5 & A_2B_6\\ A_3B_1 & A_3B_2 & A_3B_3 & A_3B_4 & A_3B_5 & A_3B_6\\ A_4B_1 & A_4B_2 & A_4B_3 & A_4B_4 & A_4B_5 & A_4B_6\\ A_5B_1 & A_5B_2 & A_5B_3 & A_5B_4 & A_5B_5 & A_5B_6\\ A_6B_1 & A_6B_2 & A_6B_3 & A_6B_4 & A_6B_5 & A_6B_6 \end{bmatrix} \tag{7.75}$$

令硬化参数 $\boldsymbol{H} = \boldsymbol{\varepsilon}_{\mathrm{v}}^{\mathrm{p}}$，对屈服条件两边求微分，有：

$$\left\{\frac{\partial f}{\partial \boldsymbol{\sigma}'}\right\}^{\mathrm{T}}(\mathrm{d}\boldsymbol{\sigma}') + \frac{\partial f}{\partial \boldsymbol{s}}\mathrm{d}\boldsymbol{s} + \frac{\partial f}{\partial \boldsymbol{H}}\frac{\partial \boldsymbol{H}}{\partial \boldsymbol{\varepsilon}_{\mathrm{v}}^{\mathrm{p}}}\mathrm{d}\boldsymbol{\varepsilon}_{\mathrm{v}}^{\mathrm{p}} = 0 \tag{7.76}$$

塑性体应变 $\boldsymbol{\varepsilon}_{\mathrm{v}}^{\mathrm{p}}$ 与平均应力和吸力相关，根据相关流动法则，得到：

$$\mathrm{d}\boldsymbol{\varepsilon}_{\mathrm{v}}^{\mathrm{p}} = \mathrm{d}\lambda\left(\frac{\partial f}{\partial p} + \frac{\partial f}{\partial s}\right) \tag{7.77}$$

将式(7.77)代入式(7.76)中，有：

$$\left\{\frac{\partial f}{\partial \boldsymbol{\sigma}'}\right\}^{\mathrm{T}}(\mathrm{d}\boldsymbol{\sigma}') + \frac{\partial f}{\partial \boldsymbol{s}}\mathrm{d}\boldsymbol{s} + \mathrm{d}\lambda\frac{\partial f}{\partial \boldsymbol{H}}\frac{\partial \boldsymbol{H}}{\partial \boldsymbol{\varepsilon}_{\mathrm{v}}^{\mathrm{p}}}\left(\frac{\partial f}{\partial p} + \frac{\partial f}{\partial s}\right) = 0 \tag{7.78}$$

并与式(7.15)合并，可得：

$$\mathrm{d}\lambda\frac{\partial f}{\partial \boldsymbol{H}}\frac{\partial \boldsymbol{H}}{\partial \boldsymbol{\varepsilon}_{\mathrm{v}}^{\mathrm{p}}}\left(\frac{\partial f}{\partial p} + \frac{\partial f}{\partial s}\right) = \mathrm{d}\lambda\frac{\partial f}{\partial \boldsymbol{H}}\frac{\partial \boldsymbol{H}}{\partial \boldsymbol{\varepsilon}_{\mathrm{v}}^{\mathrm{p}}}\{m\}^{\mathrm{T}}\left(\left\{\frac{\partial f}{\partial \boldsymbol{\sigma}'}\right\}+\{m\}\frac{\partial f}{\partial \boldsymbol{s}}\right) \tag{7.79}$$

塑性势能函数与硬化参数之间满足：

$$\frac{\partial f}{\partial \boldsymbol{H}} = \frac{\partial f}{\partial p_0}\frac{\partial p_0}{\partial p_0^*}\frac{\mathrm{d}p_0^*}{\mathrm{d}\boldsymbol{\varepsilon}_{\mathrm{v}}^{\mathrm{p}}} \tag{7.80}$$

而

$$\frac{\mathrm{d}p_0^*}{\mathrm{d}\varepsilon_v^p} = \frac{\nu p_0^*}{\lambda(0) - k} \tag{7.81}$$

再根据 LC 屈服面公式

$$\frac{\partial f}{\partial p_0} = -M^2(p + p_s) \tag{7.82}$$

$$\frac{\partial p_0}{\partial p_0^*} = \frac{\lambda(0) - \kappa}{\lambda(s) - \kappa} \cdot p^{c\,1-\frac{\lambda(0)-\kappa}{\lambda(s)-\kappa}} \cdot p_0^{*\,\frac{\lambda(0)-\kappa}{\lambda(s)-\kappa}-1} \tag{7.83}$$

结合式(7.80)~式(7.83),可以得到:

$$\frac{\partial f}{\partial \boldsymbol{H}} = M^2(p + p_s) \cdot \frac{\lambda(0) - \kappa}{\lambda(s) - \kappa} \cdot p^{c\,1-\frac{\lambda(0)-\kappa}{\lambda(s)-\kappa}} \cdot p_0^{*\,\frac{\lambda(0)-\kappa}{\lambda(s)-\kappa}-1} \cdot \frac{\nu}{k - \lambda(0)} = \gamma \tag{7.84}$$

式中,为了计算方便,引进符号 γ。

将式(7.84)代入 $\left\{\frac{\partial f}{\partial \boldsymbol{\sigma}'}\right\}^{\mathrm{T}}[D_e] - \frac{\partial f}{\partial \boldsymbol{H}}\frac{\partial \boldsymbol{H}}{\partial \boldsymbol{\varepsilon}_v^p}\{m\}^{\mathrm{T}}$,得到:

$$\left\{\frac{\partial f}{\partial \boldsymbol{\sigma}'}\right\}^{\mathrm{T}}[D_e] - \frac{\partial f}{\partial \boldsymbol{H}}\frac{\partial \boldsymbol{H}}{\partial \boldsymbol{\varepsilon}_v^p}\{m\}^{\mathrm{T}} = \begin{bmatrix} B_1 - \gamma \\ B_2 - \gamma \\ B_3 - \gamma \\ B_4 \\ B_5 \\ B_6 \end{bmatrix}^{\mathrm{T}} = \begin{bmatrix} C_1 \\ C_2 \\ C_3 \\ C_4 \\ C_5 \\ C_6 \end{bmatrix}^{\mathrm{T}} \tag{7.85}$$

式中,为了计算方便,引入符号 $C_1 \sim C_6$。

根据式(7.73)和式(7.85),可以得到:

$$\left(\left\{\frac{\partial f}{\partial \boldsymbol{\sigma}'}\right\} + \{m\}\frac{\partial f}{\partial \boldsymbol{s}}\right)\left(\left\{\frac{\partial f}{\partial \boldsymbol{\sigma}'}\right\}^{\mathrm{T}}[D_e] - \frac{\partial f}{\partial \boldsymbol{H}}\frac{\partial \boldsymbol{H}}{\partial \boldsymbol{\varepsilon}_v^p}\{m\}^{\mathrm{T}}\right) = \begin{bmatrix} A_1 \\ A_2 \\ A_3 \\ A_4 \\ A_5 \\ A_6 \end{bmatrix} \times \begin{bmatrix} C_1 \\ C_2 \\ C_3 \\ C_4 \\ C_5 \\ C_6 \end{bmatrix}^{\mathrm{T}} \tag{7.86}$$

再由式(7.33)和式(7.71),得到:

$$\frac{\partial f}{\partial s} + \left\{\frac{\partial f}{\partial \boldsymbol{\sigma}'}\right\}^{\mathrm{T}}\{F_{es}\} = \alpha + \begin{bmatrix} \alpha_1 \\ \alpha_2 \\ \alpha_3 \\ \alpha_4 \\ \alpha_5 \\ \alpha_6 \end{bmatrix}^{\mathrm{T}} \times \begin{bmatrix} -\frac{K\alpha_s}{3} \\ -\frac{K\alpha_s}{3} \\ -\frac{K\alpha_s}{3} \\ 0 \\ 0 \\ 0 \end{bmatrix} = \alpha - \frac{K\alpha_s}{3}M^2(2p + p_s - p_0) \tag{7.87}$$

由式(7.87)和式(7.72),可得:

$$[D_e]\left(\frac{\partial f}{\partial \boldsymbol{s}}+\left\{\frac{\partial f}{\partial \boldsymbol{\sigma}'}\right\}^{\mathrm{T}}\{F_{es}\}\right)\left(\left\{\frac{\partial f}{\partial \boldsymbol{\sigma}'}\right\}+\{m\}\frac{\partial f}{\partial \boldsymbol{s}}\right)$$

$$=\begin{bmatrix} K+\frac{4}{3}G & K-\frac{2}{3}G & K-\frac{2}{3}G & 0 & 0 & 0 \\ K-\frac{2}{3}G & K+\frac{4}{3}G & K-\frac{2}{3}G & 0 & 0 & 0 \\ K-\frac{2}{3}G & K-\frac{2}{3}G & K+\frac{4}{3}G & 0 & 0 & 0 \\ 0 & 0 & 0 & 2G & 0 & 0 \\ 0 & 0 & 0 & 0 & 2G & 0 \\ 0 & 0 & 0 & 0 & 0 & 2G \end{bmatrix}\times$$

$$\left[\alpha-\frac{K\alpha_s}{3}M^2(2p+p_s-p_0)\right]\times[\beta_1 \quad \beta_2 \quad \beta_3 \quad \beta_4 \quad \beta_5 \quad \beta_6]^{\mathrm{T}} \tag{7.88}$$

将式(7.76)和式(7.86)进行合并处理,得到:

$$\frac{[D_e]\left(\left\{\frac{\partial f}{\partial \boldsymbol{\sigma}'}\right\}+\{m\}\frac{\partial f}{\partial \boldsymbol{s}}\right)\left\{\frac{\partial f}{\partial \boldsymbol{\sigma}'}\right\}^{\mathrm{T}}[D_e]}{\left(\left\{\frac{\partial f}{\partial \boldsymbol{\sigma}'}\right\}+\{m\}\frac{\partial f}{\partial \boldsymbol{s}}\right)\left(\left\{\frac{\partial f}{\partial \boldsymbol{\sigma}'}\right\}^{\mathrm{T}}[D_e]-\frac{\partial f}{\partial \boldsymbol{H}}\frac{\partial \boldsymbol{H}}{\partial \boldsymbol{\varepsilon}_v^p}\{m\}^{\mathrm{T}}\right)}$$

$$=\frac{\begin{bmatrix} A_1B_1 & A_1B_2 & A_1B_3 & A_1B_4 & A_1B_5 & A_1B_6 \\ A_2B_1 & A_2B_2 & A_2B_3 & A_2B_4 & A_2B_5 & A_2B_6 \\ A_3B_1 & A_3B_2 & A_3B_3 & A_3B_4 & A_3B_5 & A_3B_6 \\ A_4B_1 & A_4B_2 & A_4B_3 & A_4B_4 & A_4B_5 & A_4B_6 \\ A_5B_1 & A_5B_2 & A_5B_3 & A_5B_4 & A_5B_5 & A_5B_6 \\ A_6B_1 & A_6B_2 & A_6B_3 & A_6B_4 & A_6B_5 & A_6B_6 \end{bmatrix}}{\begin{bmatrix} A_1C_1 & A_1C_2 & A_1C_3 & A_1C_4 & A_1C_5 & A_1C_6 \\ A_2C_1 & A_2C_2 & A_2C_3 & A_2C_4 & A_2C_5 & A_2C_6 \\ A_3C_1 & A_3C_2 & A_3C_3 & A_3C_4 & A_3C_5 & A_3C_6 \\ A_4C_1 & A_4C_2 & A_4C_3 & A_4C_4 & A_4C_5 & A_4C_6 \\ A_5C_1 & A_5C_2 & A_5C_3 & A_5C_4 & A_5C_5 & A_5C_6 \\ A_6C_1 & A_6C_2 & A_6C_3 & A_6C_4 & A_6C_5 & A_6C_6 \end{bmatrix}} \tag{7.89}$$

同样,将式(7.88)和式(7.86)合并,得到:

$$\frac{[D_e]\left(\frac{\partial f}{\partial \boldsymbol{s}}+\left\{\frac{\partial f}{\partial \boldsymbol{\sigma}'}\right\}^{\mathrm{T}}\{F_{es}\}\right)\left(\left\{\frac{\partial f}{\partial \boldsymbol{\sigma}'}\right\}+\{m\}\frac{\partial f}{\partial \boldsymbol{s}}\right)}{\left(\left\{\frac{\partial f}{\partial \boldsymbol{\sigma}'}\right\}+\{m\}\frac{\partial f}{\partial \boldsymbol{s}}\right)\left(\left\{\frac{\partial f}{\partial \boldsymbol{\sigma}'}\right\}^{\mathrm{T}}[D_e]-\frac{\partial f}{\partial \boldsymbol{H}}\frac{\partial \boldsymbol{H}}{\partial \boldsymbol{\varepsilon}_v^p}\{m\}^{\mathrm{T}}\right)}$$

$$
= \frac{\begin{bmatrix} D_1 & D_2 & D_3 & D_4 & D_5 & D_6 \end{bmatrix}^{\mathrm{T}}}{\begin{bmatrix} A_1C_1 & A_1C_2 & A_1C_3 & A_1C_4 & A_1C_5 & A_1C_6 \\ A_2C_1 & A_2C_2 & A_2C_3 & A_2C_4 & A_2C_5 & A_2C_6 \\ A_3C_1 & A_3C_2 & A_3C_3 & A_3C_4 & A_3C_5 & A_3C_6 \\ A_4C_1 & A_4C_2 & A_4C_3 & A_4C_4 & A_4C_5 & A_4C_6 \\ A_5C_1 & A_5C_2 & A_5C_3 & A_5C_4 & A_5C_5 & A_5C_6 \\ A_6C_1 & A_6C_2 & A_6C_3 & A_6C_4 & A_6C_5 & A_6C_6 \end{bmatrix}} \tag{7.90}
$$

其中,矩阵[D]就是式(7.88),具体形式为:

$$
\begin{bmatrix} D_1 \\ D_2 \\ D_3 \\ D_4 \\ D_5 \\ D_6 \end{bmatrix} = \begin{bmatrix} K+\frac{4}{3}G & K-\frac{2}{3}G & K-\frac{2}{3}G & 0 & 0 & 0 \\ K-\frac{2}{3}G & K+\frac{4}{3}G & K-\frac{2}{3}G & 0 & 0 & 0 \\ K-\frac{2}{3}G & K-\frac{2}{3}G & K+\frac{4}{3}G & 0 & 0 & 0 \\ 0 & 0 & 0 & 2G & 0 & 0 \\ 0 & 0 & 0 & 0 & 2G & 0 \\ 0 & 0 & 0 & 0 & 0 & 2G \end{bmatrix} \cdot \left[\alpha + \frac{\alpha_s}{3}M^2(2p+p_s-p_0)\right] \cdot
$$

$$
\begin{bmatrix} \frac{1}{3}M^2(2p+p_s-p_0)+3(2\sigma_x-\sigma_y-\sigma_z)+\alpha \\ \frac{1}{3}M^2(2p+p_s-p_0)+3(2\sigma_y-\sigma_z-\sigma_x)+\alpha \\ \frac{1}{3}M^2(2p+p_s-p_0)+3(2\sigma_z-\sigma_x-\sigma_y)+\alpha \\ 6\tau_{xy} \\ 6\tau_{yz} \\ 6\tau_{zx} \end{bmatrix} \tag{7.91}
$$

由式(7.91)即可求得矩阵[D]的每一个元素。

$$
\begin{aligned}
D_1 &= \left[\alpha - \frac{K\alpha_s}{3}M^2(2p+p_s-p_0)\right]\{KM^2(2p+p_s-p_0)+K\alpha+6G(2\sigma_x-\sigma_y-\sigma_z)\} \\
D_2 &= \left[\alpha - \frac{K\alpha_s}{3}M^2(2p+p_s-p_0)\right]\{KM^2(2p+p_s-p_0)+K\alpha+6G(2\sigma_y-\sigma_z-\sigma_x)\} \\
D_3 &= \left[\alpha - \frac{K\alpha_s}{3}M^2(2p+p_s-p_0)\right]\{KM^2(2p+p_s-p_0)+K\alpha+6G(2\sigma_z-\sigma_x-\sigma_y)\} \\
D_4 &= 12G\tau_{xy}\left[\alpha - \frac{K\alpha_s}{3}M^2(2p+p_s-p_0)\right] \\
D_5 &= 12G\tau_{yz}\left[\alpha - \frac{K\alpha_s}{3}M^2(2p+p_s-p_0)\right] \\
D_6 &= 12G\tau_{zx}\left[\alpha - \frac{K\alpha_s}{3}M^2(2p+p_s-p_0)\right]
\end{aligned} \tag{7.92}
$$

式中，α 和 α_s 的值分别参见式(7.33)和式(7.71)。

再由式(7.73)求得矩阵[A]。

$$\begin{bmatrix} A_1 \\ A_2 \\ A_3 \\ A_4 \\ A_5 \\ A_6 \end{bmatrix} = \begin{bmatrix} K+\frac{4}{3}G & K-\frac{2}{3}G & K-\frac{2}{3}G & 0 & 0 & 0 \\ K-\frac{2}{3}G & K+\frac{4}{3}G & K-\frac{2}{3}G & 0 & 0 & 0 \\ K-\frac{2}{3}G & K-\frac{2}{3}G & K+\frac{4}{3}G & 0 & 0 & 0 \\ 0 & 0 & 0 & 2G & 0 & 0 \\ 0 & 0 & 0 & 0 & 2G & 0 \\ 0 & 0 & 0 & 0 & 0 & 2G \end{bmatrix} \times$$

$$\begin{bmatrix} \frac{1}{3}M^2(2p+p_s-p_0)+3(2\sigma_x-\sigma_y-\sigma_z)+\alpha \\ \frac{1}{3}M^2(2p+p_s-p_0)+3(2\sigma_y-\sigma_z-\sigma_x)+\alpha \\ \frac{1}{3}M^2(2p+p_s-p_0)+3(2\sigma_z-\sigma_x-\sigma_y)+\alpha \\ 6\tau_{xy} \\ 6\tau_{yz} \\ 6\tau_{zx} \end{bmatrix}$$

$$= \begin{bmatrix} M^2(2p+p_s-p_0)+6G(2\sigma_x-\sigma_y-\sigma_z)+3K\alpha \\ M^2(2p+p_s-p_0)+6G(2\sigma_y-\sigma_z-\sigma_x)+3K\alpha \\ M^2(2p+p_s-p_0)+6G(2\sigma_z-\sigma_x-\sigma_y)+3K\alpha \\ 12G\tau_{xy} \\ 12G\tau_{yz} \\ 12G\tau_{zx} \end{bmatrix} \tag{7.93}$$

同理，由式(7.74)求得矩阵[B]。

$$\begin{bmatrix} B_1 \\ B_2 \\ B_3 \\ B_4 \\ B_5 \\ B_6 \end{bmatrix}^{\mathrm{T}} = \begin{bmatrix} \frac{1}{3}M^2(2p+p_s-p_0)+3(2\sigma_x-\sigma_y-\sigma_z) \\ \frac{1}{3}M^2(2p+p_s-p_0)+3(2\sigma_y-\sigma_z-\sigma_x) \\ \frac{1}{3}M^2(2p+p_s-p_0)+3(2\sigma_z-\sigma_x-\sigma_y) \\ 6\tau_{xy} \\ 6\tau_{yz} \\ 6\tau_{zx} \end{bmatrix}^{\mathrm{T}} \times$$

$$
\begin{bmatrix}
K+\frac{4}{3}G & K-\frac{2}{3}G & K-\frac{2}{3}G & 0 & 0 & 0 \\
K-\frac{2}{3}G & K+\frac{4}{3}G & K-\frac{2}{3}G & 0 & 0 & 0 \\
K-\frac{2}{3}G & K-\frac{2}{3}G & K+\frac{4}{3}G & 0 & 0 & 0 \\
0 & 0 & 0 & 2G & 0 & 0 \\
0 & 0 & 0 & 0 & 2G & 0 \\
0 & 0 & 0 & 0 & 0 & 2G
\end{bmatrix}
$$

$$
=\begin{bmatrix}
3K\left(\frac{1}{3}M^2(2p+p_s-p_0)+3(2\sigma_x-\sigma_y-\sigma_z)\right) \\
3K\left(\frac{1}{3}M^2(2p+p_s-p_0)+3(2\sigma_y-\sigma_z-\sigma_x)\right) \\
3K\left(\frac{1}{3}M^2(2p+p_s-p_0)+3(2\sigma_z-\sigma_x-\sigma_y)\right) \\
12G\tau_{xy} \\
12G\tau_{yz} \\
12G\tau_{zx}
\end{bmatrix}^{\mathrm{T}} \tag{7.94}
$$

将式(7.93)和式(7.94)代入式(7.75),求得行列式的元素:

$$
A_1B_1=[M^2(2p+p_s-p_0)+6G(2\sigma_x-\sigma_y-\sigma_z)+3K\alpha]\cdot\left[3K\left(\frac{1}{3}M^2(2p+p_s-p_0)+3(2\sigma_x-\sigma_y-\sigma_z)\right)\right]
$$

$$
A_1B_2=[M^2(2p+p_s-p_0)+6G(2\sigma_x-\sigma_y-\sigma_z)+3K\alpha]\cdot\left[3K\left(\frac{1}{3}M^2(2p+p_s-p_0)+3(2\sigma_y-\sigma_z-\sigma_x)\right)\right]
$$

$$
A_1B_3=[M^2(2p+p_s-p_0)+6G(2\sigma_x-\sigma_y-\sigma_z)+3K\alpha]\cdot\left[3K\left(\frac{1}{3}M^2(2p+p_s-p_0)+3(2\sigma_z-\sigma_x-\sigma_y)\right)\right]
$$

$$
A_1B_4=12G\tau_{xy}\cdot[M^2(2p+p_s-p_0)+6G(2\sigma_x-\sigma_y-\sigma_z)+3K\alpha]
$$

$$
A_1B_5=12G\tau_{yz}\cdot[M^2(2p+p_s-p_0)+6G(2\sigma_x-\sigma_y-\sigma_z)+3K\alpha]
$$

$$
A_1B_6=12G\tau_{zx}\cdot[M^2(2p+p_s-p_0)+6G(2\sigma_x-\sigma_y-\sigma_z)+3K\alpha]
$$

$$
A_2B_1=[M^2(2p+p_s-p_0)+6G(2\sigma_y-\sigma_z-\sigma_x)+3K\alpha]\cdot\left[3K\left(\frac{1}{3}M^2(2p+p_s-p_0)+3(2\sigma_x-\sigma_y-\sigma_z)\right)\right]
$$

$$
A_2B_2=[M^2(2p+p_s-p_0)+6G(2\sigma_y-\sigma_z-\sigma_x)+3K\alpha]\cdot\left[3K\left(\frac{1}{3}M^2(2p+p_s-p_0)+3(2\sigma_y-\sigma_z-\sigma_x)\right)\right]
$$

$$
A_2B_3=[M^2(2p+p_s-p_0)+6G(2\sigma_y-\sigma_z-\sigma_x)+3K\alpha]\cdot
$$

$$\left[3K\left(\frac{1}{3}M^2(2p+p_s-p_0)+3(2\sigma_z-\sigma_x-\sigma_y)\right)\right]$$

$$A_2B_4=12G\tau_{xy}\cdot[M^2(2p+p_s-p_0)+6G(2\sigma_y-\sigma_z-\sigma_x)+3K\alpha]$$

$$A_2B_5=12G\tau_{yz}\cdot[M^2(2p+p_s-p_0)+6G(2\sigma_y-\sigma_z-\sigma_x)+3K\alpha]$$

$$A_2B_6=12G\tau_{zx}\cdot[M^2(2p+p_s-p_0)+6G(2\sigma_y-\sigma_z-\sigma_x)+3K\alpha]$$

$$A_3B_1=[M^2(2p+p_s-p_0)+6G(2\sigma_z-\sigma_x-\sigma_z)+3K\alpha]\cdot\left[3K\left(\frac{1}{3}M^2(2p+p_s-p_0)+3(2\sigma_x-\sigma_y-\sigma_z)\right)\right]$$

$$A_3B_2=[M^2(2p+p_s-p_0)+6G(2\sigma_z-\sigma_x-\sigma_z)+3K\alpha]\cdot\left[3K\left(\frac{1}{3}M^2(2p+p_s-p_0)+3(2\sigma_y-\sigma_z-\sigma_x)\right)\right]$$

$$A_3B_3=[M^2(2p+p_s-p_0)+6G(2\sigma_z-\sigma_x-\sigma_z)+3K\alpha]\cdot\left[3K\left(\frac{1}{3}M^2(2p+p_s-p_0)+3(2\sigma_z-\sigma_x-\sigma_y)\right)\right]$$

$$A_3B_4=12G\tau_{xy}\cdot[M^2(2p+p_s-p_0)+6G(2\sigma_z-\sigma_x-\sigma_z)+3K\alpha]$$

$$A_3B_5=12G\tau_{yz}\cdot[M^2(2p+p_s-p_0)+6G(2\sigma_z-\sigma_x-\sigma_z)+3K\alpha]$$

$$A_3B_6=12G\tau_{zx}\cdot[M^2(2p+p_s-p_0)+6G(2\sigma_z-\sigma_x-\sigma_z)+3K\alpha]$$

$$A_4B_1=12G\tau_{xy}\cdot\left[3K\left(\frac{1}{3}M^2(2p+p_s-p_0)+3(2\sigma_x-\sigma_y-\sigma_z)\right)\right]$$

$$A_4B_2=12G\tau_{xy}\cdot\left[3K\left(\frac{1}{3}M^2(2p+p_s-p_0)+3(2\sigma_y-\sigma_z-\sigma_x)\right)\right]$$

$$A_4B_3=12G\tau_{xy}\cdot\left[3K\left(\frac{1}{3}M^2(2p+p_s-p_0)+3(2\sigma_z-\sigma_x-\sigma_y)\right)\right]$$

$$A_4B_4=144G^2\tau_{xy}^2$$

$$A_4B_5=144G^2\tau_{xy}\tau_{yz}$$

$$A_4B_6=144G^2\tau_{xy}\tau_{zx}$$

$$A_5B_1=12G\tau_{yz}\cdot\left[3K\left(\frac{1}{3}M^2(2p+p_s-p_0)+3(2\sigma_x-\sigma_y-\sigma_z)\right)\right]$$

$$A_5B_2=12G\tau_{yz}\cdot\left[3K\left(\frac{1}{3}M^2(2p+p_s-p_0)+3(2\sigma_y-\sigma_z-\sigma_x)\right)\right]$$

$$A_5B_3=12G\tau_{yz}\cdot\left[3K\left(\frac{1}{3}M^2(2p+p_s-p_0)+3(2\sigma_z-\sigma_x-\sigma_y)\right)\right]$$

$$A_5B_4=144G^2\tau_{yz}\tau_{xy}$$

$$A_5B_5=144G^2\tau_{yz}^2$$

$$A_5B_6=144G^2\tau_{yz}\tau_{zx}$$

$$A_6B_1=12G\tau_{zx}\cdot\left[3K\left(\frac{1}{3}M^2(2p+p_s-p_0)+3(2\sigma_x-\sigma_y-\sigma_z)\right)\right]$$

$$
\begin{aligned}
A_6B_2 &= 12G\tau_{zx} \cdot \left[3K\left(\frac{1}{3}M^2(2p + p_s - p_0) + 3(2\sigma_y - \sigma_z - \sigma_x)\right)\right] \\
A_6B_3 &= 12G\tau_{zx} \cdot \left[3K\left(\frac{1}{3}M^2(2p + p_s - p_0) + 3(2\sigma_z - \sigma_x - \sigma_y)\right)\right] \\
A_6B_4 &= 144G^2\tau_{zx}\tau_{xy} \\
A_6B_5 &= 144G^2\tau_{zx}\tau_{yz} \\
A_6B_6 &= 144G^2\tau_{zx}^2
\end{aligned} \tag{7.95}
$$

式中，α、G、K、M 等参数的含义见前文。

由(7.85)可求得矩阵[C]：

$$
\begin{bmatrix} C_1 \\ C_2 \\ C_3 \\ C_4 \\ C_5 \\ C_6 \end{bmatrix}^{\mathrm{T}} = \begin{bmatrix} 3K\left(\frac{1}{3}M^2(2p + p_s - p_0) + 3(2\sigma_x - \sigma_y - \sigma_z)\right) - \gamma \\ 3K\left(\frac{1}{3}M^2(2p + p_s - p_0) + 3(2\sigma_y - \sigma_z - \sigma_x)\right) - \gamma \\ 3K\left(\frac{1}{3}M^2(2p + p_s - p_0) + 3(2\sigma_z - \sigma_x - \sigma_y)\right) - \gamma \\ 12G\tau_{xy} \\ 12G\tau_{yz} \\ 12G\tau_{zx} \end{bmatrix}^{\mathrm{T}} \tag{7.96}
$$

联立式(7.93)和式(7.96)，得到：

$$
\begin{bmatrix} A_1 \\ A_2 \\ A_3 \\ A_4 \\ A_5 \\ A_6 \end{bmatrix} \times \begin{bmatrix} C_1 \\ C_2 \\ C_3 \\ C_4 \\ C_5 \\ C_6 \end{bmatrix}^{\mathrm{T}} = \begin{bmatrix} M^2(2p + p_s - p_0) + 6G(2\sigma_x - \sigma_y - \sigma_z) + 3K\alpha \\ M^2(2p + p_s - p_0) + 6G(2\sigma_y - \sigma_z - \sigma_x) + 3K\alpha \\ M^2(2p + p_s - p_0) + 6G(2\sigma_z - \sigma_x - \sigma_y) + 3K\alpha \\ 12G\tau_{xy} \\ 12G\tau_{yz} \\ 12G\tau_{zx} \end{bmatrix} \times \begin{bmatrix} 3K\left(\frac{1}{3}M^2(2p + p_s - p_0) + 3(2\sigma_x - \sigma_y - \sigma_z)\right) - \gamma \\ 3K\left(\frac{1}{3}M^2(2p + p_s - p_0) + 3(2\sigma_y - \sigma_z - \sigma_x)\right) - \gamma \\ 3K\left(\frac{1}{3}M^2(2p + p_s - p_0) + 3(2\sigma_z - \sigma_x - \sigma_y)\right) - \gamma \\ 12G\tau_{xy} \\ 12G\tau_{yz} \\ 12G\tau_{zx} \end{bmatrix}^{\mathrm{T}} \tag{7.97}
$$

式中，α 和 γ 的值分别见式(7.33)和式(7.84)。

式(7.97)矩阵的元素具体表达式分别是：

$$A_1C_1 = [M^2(2p+p_s-p_0)+6G(2\sigma_x-\sigma_y-\sigma_z)+3K\alpha]\left[3K\left(\frac{1}{3}M^2(2p+p_s-p_0)+3(2\sigma_x-\sigma_y-\sigma_z)\right)-\gamma\right]$$

$$A_1C_2 = [M^2(2p+p_s-p_0)+6G(2\sigma_x-\sigma_y-\sigma_z)+3K\alpha]\left[3K\left(\frac{1}{3}M^2(2p+p_s-p_0)+3(2\sigma_y-\sigma_z-\sigma_x)\right)-\gamma\right]$$

$$A_1C_3 = [M^2(2p+p_s-p_0)+6G(2\sigma_x-\sigma_y-\sigma_z)+3K\alpha]\left[3K\left(\frac{1}{3}M^2(2p+p_s-p_0)+3(2\sigma_z-\sigma_x-\sigma_y)\right)-\gamma\right]$$

$$A_1C_4 = 12G\tau_{xy}[M^2(2p+p_s-p_0)+6G(2\sigma_x-\sigma_y-\sigma_z)+3K\alpha]$$

$$A_1C_5 = 12G\tau_{yz}[M^2(2p+p_s-p_0)+6G(2\sigma_x-\sigma_y-\sigma_z)+3K\alpha]$$

$$A_1C_6 = 12G\tau_{zx}[M^2(2p+p_s-p_0)+6G(2\sigma_x-\sigma_y-\sigma_z)+3K\alpha]$$

$$A_2C_1 = [M^2(2p+p_s-p_0)+6G(2\sigma_y-\sigma_z-\sigma_x)+3K\alpha]\left[3K\left(\frac{1}{3}M^2(2p+p_s-p_0)+3(2\sigma_x-\sigma_y-\sigma_z)\right)-\gamma\right]$$

$$A_2C_2 = [M^2(2p+p_s-p_0)+6G(2\sigma_y-\sigma_z-\sigma_x)+3K\alpha]\left[3K\left(\frac{1}{3}M^2(2p+p_s-p_0)+3(2\sigma_y-\sigma_z-\sigma_x)\right)-\gamma\right]$$

$$A_2C_3 = [M^2(2p+p_s-p_0)+6G(2\sigma_y-\sigma_z-\sigma_x)+3K\alpha]\left[3K\left(\frac{1}{3}M^2(2p+p_s-p_0)+3(2\sigma_z-\sigma_x-\sigma_y)\right)-\gamma\right]$$

$$A_2C_4 = 12G\tau_{xy}[M^2(2p+p_s-p_0)+6G(2\sigma_y-\sigma_z-\sigma_x)+3K\alpha]$$

$$A_2C_5 = 12G\tau_{yz}[M^2(2p+p_s-p_0)+6G(2\sigma_y-\sigma_z-\sigma_x)+3K\alpha]$$

$$A_2C_6 = 12G\tau_{zx}[M^2(2p+p_s-p_0)+6G(2\sigma_y-\sigma_z-\sigma_x)+3K\alpha]$$

$$A_3C_1 = [M^2(2p+p_s-p_0)+6G(2\sigma_z-\sigma_x-\sigma_y)+3K\alpha]\left[3K\left(\frac{1}{3}M^2(2p+p_s-p_0)+3(2\sigma_x-\sigma_y-\sigma_z)\right)-\gamma\right]$$

$$A_3C_2 = [M^2(2p+p_s-p_0)+6G(2\sigma_z-\sigma_x-\sigma_y)+3K\alpha]\left[3K\left(\frac{1}{3}M^2(2p+p_s-p_0)+3(2\sigma_y-\sigma_z-\sigma_x)\right)-\gamma\right]$$

$$A_3C_3 = [M^2(2p+p_s-p_0)+6G(2\sigma_z-\sigma_x-\sigma_y)+3K\alpha]\left[3K\left(\frac{1}{3}M^2(2p+p_s-p_0)+3(2\sigma_z-\sigma_x-\sigma_y)\right)-\gamma\right]$$

$$A_3C_4 = 12G\tau_{xy}[M^2(2p+p_s-p_0)+6G(2\sigma_z-\sigma_x-\sigma_y)+3K\alpha]$$

$$A_3C_5 = 12G\tau_{yz}[M^2(2p+p_s-p_0)+6G(2\sigma_z-\sigma_x-\sigma_y)+3K\alpha]$$

$$A_3C_6 = 12G\tau_{zx}[M^2(2p+p_s-p_0)+6G(2\sigma_z-\sigma_x-\sigma_y)+3K\alpha]$$

$$
\begin{aligned}
A_4C_1 &= 12G\tau_{xy}\left[3K\left(\frac{1}{3}M^2(2p+p_s-p_0)+3(2\sigma_x-\sigma_y-\sigma_z)\right)-\gamma\right] \\
A_4C_2 &= 12G\tau_{xy}\left[3K\left(\frac{1}{3}M^2(2p+p_s-p_0)+3(2\sigma_y-\sigma_z-\sigma_x)\right)-\gamma\right] \\
A_4C_3 &= 12G\tau_{xy}\left[3K\left(\frac{1}{3}M^2(2p+p_s-p_0)+3(2\sigma_z-\sigma_x-\sigma_y)\right)-\gamma\right] \\
A_4C_4 &= 144G^2\tau_{xy}^2 \\
A_4C_5 &= 144G^2\tau_{xy}\tau_{yz} \\
A_4C_6 &= 144G^2\tau_{xy}\tau_{zx} \\
A_5C_1 &= 12G\tau_{yz}\left[3K\left(\frac{1}{3}M^2(2p+p_s-p_0)+3(2\sigma_x-\sigma_y-\sigma_z)\right)-\gamma\right] \\
A_5C_2 &= 12G\tau_{yz}\left[3K\left(\frac{1}{3}M^2(2p+p_s-p_0)+3(2\sigma_y-\sigma_z-\sigma_x)\right)-\gamma\right] \\
A_5C_3 &= 12G\tau_{yz}\left[3K\left(\frac{1}{3}M^2(2p+p_s-p_0)+3(2\sigma_z-\sigma_x-\sigma_y)\right)-\gamma\right] \\
A_5C_4 &= 144G^2\tau_{yz}\tau_{xy} \\
A_5C_5 &= 144G^2\tau_{yz}^2 \\
A_5C_6 &= 144G^2\tau_{yz}\tau_{zx} \\
A_6C_1 &= 12G\tau_{zx}\left[3K\left(\frac{1}{3}M^2(2p+p_s-p_0)+3(2\sigma_x-\sigma_y-\sigma_z)\right)-\gamma\right] \\
A_6C_2 &= 12G\tau_{zx}\left[3K\left(\frac{1}{3}M^2(2p+p_s-p_0)+3(2\sigma_y-\sigma_z-\sigma_x)\right)-\gamma\right] \\
A_6C_3 &= 12G\tau_{zx}\left[3K\left(\frac{1}{3}M^2(2p+p_s-p_0)+3(2\sigma_z-\sigma_x-\sigma_y)\right)-\gamma\right] \\
A_6C_4 &= 144G^2\tau_{zx}\tau_{xy} \\
A_6C_5 &= 144G^2\tau_{zx}\tau_{yz} \\
A_6C_6 &= 144G^2\tau_{zx}^2
\end{aligned} \tag{7.98}
$$

将式(7.91)～式(7.97)代入式(7.22)和式(7.23)，即得到非饱和土的弹塑性模量矩阵和弹塑性吸力模量矩阵。

将弹塑性模量矩阵$[D_{ep}]$写为矩阵形式，有：

$$
[D_{ep}] = \frac{1}{\begin{bmatrix}
A_1C_1 & A_1C_2 & A_1C_3 & A_1C_4 & A_1C_5 & A_1C_6 \\
A_2C_1 & A_2C_2 & A_2C_3 & A_2C_4 & A_2C_5 & A_2C_6 \\
A_3C_1 & A_3C_2 & A_3C_3 & A_3C_4 & A_3C_5 & A_3C_6 \\
A_4C_1 & A_4C_2 & A_4C_3 & A_4C_4 & A_4C_5 & A_4C_6 \\
A_5C_1 & A_5C_2 & A_5C_3 & A_5C_4 & A_5C_5 & A_5C_6 \\
A_6C_1 & A_6C_2 & A_6C_3 & A_6C_4 & A_6C_5 & A_6C_6
\end{bmatrix}} \times
$$

$$
\begin{bmatrix}
K(A_1C_1+A_2C_1+A_3C_1)+\frac{G}{3}(4A_1C_1-2A_2C_1-2A_3C_1)-A_1B_1 & K(A_1C_2+A_2C_2+A_3C_2)+\frac{G}{3}(4A_1C_2-2A_2C_2-2A_3C_2)-A_1B_2 & K(A_1C_3+A_2C_3+A_3C_3)+\frac{G}{3}(4A_1C_3-2A_2C_3-2A_3C_3)-A_1B_3 & K(A_1C_4+A_2C_4+A_3C_4)+\frac{G}{3}(4A_1C_4-2A_2C_4-2A_3C_4)-A_1B_4 & K(A_1C_5+A_2C_5+A_3C_5)+\frac{G}{3}(4A_1C_5-2A_2C_5-2A_3C_5)-A_1B_5 & K(A_1C_6+A_2C_6+A_3C_6)+\frac{G}{3}(4A_1C_6-2A_2C_6-2A_3C_6)-A_1B_6 \\
K(A_1C_1+A_2C_1+A_3C_1)+\frac{G}{3}(4A_2C_1-2A_1C_1-2A_3C_1)-A_2B_1 & K(A_1C_2+A_2C_2+A_3C_2)+\frac{G}{3}(4A_2C_2-2A_1C_2-2A_3C_2)-A_2B_2 & K(A_1C_3+A_2C_3+A_3C_3)+\frac{G}{3}(4A_2C_3-2A_1C_3-2A_3C_3)-A_2B_3 & K(A_1C_4+A_2C_4+A_3C_4)+\frac{G}{3}(4A_2C_4-2A_1C_4-2A_3C_4)-A_2B_4 & K(A_1C_5+A_2C_5+A_3C_5)+\frac{G}{3}(4A_2C_5-2A_1C_5-2A_3C_5)-A_2B_5 & K(A_1C_6+A_2C_6+A_3C_6)+\frac{G}{3}(4A_2C_6-2A_1C_6-2A_3C_6)-A_2B_6 \\
K(A_1C_1+A_2C_1+A_3C_1)+\frac{G}{3}(4A_3C_1-2A_2C_1-2A_1C_1)-A_3B_1 & K(A_1C_2+A_2C_2+A_3C_2)+\frac{G}{3}(4A_3C_2-2A_2C_2-2A_1C_2)-A_3B_2 & K(A_1C_3+A_2C_3+A_3C_3)+\frac{G}{3}(4A_3C_3-2A_2C_3-2A_1C_3)-A_3B_3 & K(A_1C_4+A_2C_4+A_3C_4)+\frac{G}{3}(4A_3C_4-2A_2C_4-2A_1C_4)-A_3B_4 & K(A_1C_5+A_2C_5+A_3C_5)+\frac{G}{3}(4A_3C_5-2A_2C_5-2A_1C_5)-A_3B_5 & K(A_1C_6+A_2C_6+A_3C_6)+\frac{G}{3}(4A_3C_6-2A_2C_6-2A_1C_6)-A_3B_6 \\
2GA_4C_1-A_4B_1 & 2GA_4C_2-A_4B_2 & 2GA_4C_3-A_4B_3 & 2GA_4C_4-A_4B_4 & 2GA_4C_5-A_4B_5 & 2GA_4C_6-A_4B_6 \\
2GA_5C_1-A_5B_1 & 2GA_5C_2-A_5B_2 & 2GA_5C_3-A_5B_3 & 2GA_5C_4-A_5B_4 & 2GA_5C_5-A_5B_5 & 2GA_5C_6-A_5B_6 \\
2GA_6C_1-A_6B_1 & 2GA_6C_2-A_6B_2 & 2GA_6C_3-A_6B_3 & 2GA_6C_4-A_6B_4 & 2GA_6C_5-A_6B_5 & 2GA_6C_6-A_6B_6
\end{bmatrix}
\tag{7.99}
$$

将弹塑性吸力模量矩阵$\{F_{\mathrm{esp}}\}$写为矩阵形式,有:

$$
\{F_{\mathrm{esp}}\} = \frac{\begin{bmatrix} -\frac{K\alpha_s}{3}(A_1C_1+A_1C_2+A_1C_3)-D_1 \\ -\frac{K\alpha_s}{3}(A_2C_1+A_2C_2+A_2C_3)-D_2 \\ -\frac{K\alpha_s}{3}(A_3C_1+A_3C_2+A_3C_3)-D_3 \\ -D_4 \\ -D_5 \\ -D_6 \end{bmatrix}}{\begin{bmatrix} A_1C_1 & A_1C_2 & A_1C_3 & A_1C_4 & A_1C_5 & A_1C_6 \\ A_2C_1 & A_2C_2 & A_2C_3 & A_2C_4 & A_2C_5 & A_2C_6 \\ A_3C_1 & A_3C_2 & A_3C_3 & A_3C_4 & A_3C_5 & A_3C_6 \\ A_4C_1 & A_4C_2 & A_4C_3 & A_4C_4 & A_4C_5 & A_4C_6 \\ A_5C_1 & A_5C_2 & A_5C_3 & A_5C_4 & A_5C_5 & A_5C_6 \\ A_6C_1 & A_6C_2 & A_6C_3 & A_6C_4 & A_6C_5 & A_6C_6 \end{bmatrix}}
\tag{7.100}
$$

7.3.2 SI 屈服面相应矩阵

当基质吸力不断增加时,土体屈服就发生在 SI 屈服面上,屈服方程写为:

$$
f = F_2 = s - s_y \tag{7.101}
$$

对式(7.101)求偏导，得：

$$\frac{\partial f}{\partial p}=\frac{\partial f}{\partial q}=\frac{\partial f}{\partial \sigma}=0 \tag{7.102}$$

$$\frac{\partial f}{\partial s}=-\frac{\partial f}{\partial s_y}=1 \tag{7.103}$$

将式(7.103)代入式(7.20)，即为：

$$\{\mathrm{d}\boldsymbol{\sigma}'\}=[D_e]\{\mathrm{d}\boldsymbol{\varepsilon}\}+\left(\{F_{es}\}+\frac{[D_e]\dfrac{\partial f}{\partial \boldsymbol{s}}\{m\}\dfrac{\partial f}{\partial \boldsymbol{s}}}{\{m\}\dfrac{\partial f}{\partial \boldsymbol{s}}\dfrac{\partial f}{\partial \boldsymbol{H}}\dfrac{\partial \boldsymbol{H}}{\partial \boldsymbol{\varepsilon}_v^p}\{m\}^{\mathrm{T}}}\right)\mathrm{d}\boldsymbol{s} \tag{7.104}$$

由式(7.104)可知，在SI屈服面上，非饱和土的弹塑性模量矩阵即为饱和状态的弹性模量矩阵$[D_e]$；而SI屈服面上非饱和土的弹塑性吸力模量矩阵$\{F_{esp}\}$为：

$$\{F_{esp}\}=\{F_{es}\}+\frac{[D_e]\dfrac{\partial f}{\partial \boldsymbol{s}}\{m\}\dfrac{\partial f}{\partial \boldsymbol{s}}}{\{m\}\dfrac{\partial f}{\partial \boldsymbol{s}}\dfrac{\partial f}{\partial \boldsymbol{H}}\dfrac{\partial \boldsymbol{H}}{\partial \boldsymbol{\varepsilon}_v^p}\{m\}^{\mathrm{T}}} \tag{7.105}$$

根据相关流动法则，得到：

$$\frac{\partial f}{\partial H}=\frac{\partial f}{\partial s_0}\frac{\mathrm{d}s_0}{\mathrm{d}\boldsymbol{\varepsilon}_v^p}=-\frac{(s_0+p_{atm})\boldsymbol{\nu}}{\boldsymbol{\lambda}_s-k_s} \tag{7.106}$$

将式(7.106)代入SI屈服面上非饱和土的弹塑性吸力模量矩阵中，可以得到：

$$\{m\}\frac{\partial f}{\partial \boldsymbol{s}}\frac{\partial f}{\partial \boldsymbol{H}}\frac{\partial \boldsymbol{H}}{\partial \boldsymbol{\varepsilon}_v^p}\{m\}^{\mathrm{T}}=\frac{(s_0+p_{atm})\boldsymbol{\nu}}{\boldsymbol{\lambda}_s-k_s}=\boldsymbol{\Psi} \tag{7.107}$$

为了方便计算，令式(7.107)等于$\boldsymbol{\Psi}$。同理亦可以得到：

$$[D_e]\frac{\partial f}{\partial \boldsymbol{s}}\{m\}\frac{\partial f}{\partial \boldsymbol{s}}=\begin{bmatrix} K+\frac{4}{3}G & K-\frac{2}{3}G & K-\frac{2}{3}G & 0 & 0 & 0\\ K-\frac{2}{3}G & K+\frac{4}{3}G & K-\frac{2}{3}G & 0 & 0 & 0\\ K-\frac{2}{3}G & K-\frac{2}{3}G & K+\frac{4}{3}G & 0 & 0 & 0\\ 0 & 0 & 0 & 2G & 0 & 0\\ 0 & 0 & 0 & 0 & 2G & 0\\ 0 & 0 & 0 & 0 & 0 & 2G \end{bmatrix}\begin{bmatrix}1\\1\\1\\0\\0\\0\end{bmatrix}=\begin{bmatrix}3K\\3K\\3K\\0\\0\\0\end{bmatrix} \tag{7.108}$$

由式(7.71)、式(7.107)和式(7.108)可以得到最终的SI屈服面上非饱和土的弹塑性吸力模量矩阵：

$$\{F_{\text{esp}}\} = \{F_{\text{es}}\} + \frac{[D_{\text{e}}]\dfrac{\partial f}{\partial \boldsymbol{s}}\{m\}\dfrac{\partial f}{\partial \boldsymbol{s}}}{\{m\}\dfrac{\partial f}{\partial \boldsymbol{s}}\dfrac{\partial f}{\partial \boldsymbol{H}}\dfrac{\partial \boldsymbol{H}}{\partial \varepsilon_{\text{v}}^{\text{p}}}\{m\}^{\text{T}}} = \begin{bmatrix} -\dfrac{K\alpha_{\text{s}}}{3} \\ -\dfrac{K\alpha_{\text{s}}}{3} \\ -\dfrac{K\alpha_{\text{s}}}{3} \\ 0 \\ 0 \\ 0 \end{bmatrix} + \begin{bmatrix} \dfrac{3K}{\Psi} \\ \dfrac{3K}{\Psi} \\ \dfrac{3K}{\Psi} \\ 0 \\ 0 \\ 0 \end{bmatrix} = \begin{bmatrix} K\left(\dfrac{3}{\Psi} - \dfrac{\alpha_s}{3}\right) \\ K\left(\dfrac{3}{\Psi} - \dfrac{\alpha_s}{3}\right) \\ K\left(\dfrac{3}{\Psi} - \dfrac{\alpha_s}{3}\right) \\ 0 \\ 0 \\ 0 \end{bmatrix} \tag{7.109}$$

至此,不同屈服面上非饱和土的弹塑性模量矩阵元素全部给出,可为有限元计算提供依据。

7.4 考虑结构性影响的加载过程中的本构模型

模型假定弹性部分无结构损伤,故弹性应变按照前文中弹性性状计算,而塑性部分则考虑结构损伤带来的影响。

7.4.1 屈服面方程

由文献[55]可知,在 p-s 平面上和 p-q 平面上,没有发生湿陷的原状黄土其初始屈服线仍与 Barcelona 模型在相应平面上的屈服线形状相似。随着荷载继续施加,除了净平均应力 p、偏应力 q 和吸力 s 会引起原状黄土的变形,黄土的结构性也对其变形产生影响。

设考虑结构性影响的屈服应力 p_y 由两部分组成,即与吸力相关的部分和与结构性相关的部分。前一部分仍按照 Barcelona 模型中建议的变化规律进行计算,而后一部分则用损伤规律进行描述。假设屈服应力 p_y 可表示为:

$$p_y = p_0 + p^{\text{s}} m_{1\sigma} \tag{7.110}$$

式中:p_0——重塑非饱和黄土的屈服净平均应力;

p^{s}——相同干密度、相同初始吸力的原状土样和重塑土样初始屈服时的净平均应力之差;

$m_{1\sigma}$——加载过程中结构参数。

p^{s} 和 $m_{1\sigma}$ 的表达式分别为:

$$p^{\text{s}} = p_{\text{ci}} - p_{0i} \tag{7.111}$$

$$m_{1\sigma} = m_{1o}(1 - D_1) \tag{7.112}$$

式中:p_{ci}、p_{0i}——分别表示原状土与重塑土的初始屈服净平均应力,可分别用原状土和重塑土的 LC 屈服线公式计算;

m_{1o}——初始结构参数;

D_1——加载过程中结构损伤变量,详细计算见下文。

加载过程中结构的破坏,使得原状土的变形和强度特性逐渐趋近于重塑土。根据复合体的概念,得临界状态线的斜率 M_{f}:

$$M_f = (1 - D_1)M + D_1 M^* \tag{7.113}$$

式中：M——原状土的临界状态线斜率；

M^*——重塑土的临界状态线斜率。

即当 D_1 值为 0 时，表示土样为原状样，试样不产生损伤，此时，$M_f = M$；当 D_1 值为 1 时，表示土样完全破坏，试样变为重塑样，此时，$M_f = M^*$；当 $0 < D_1 < 1$ 时，表示土样受到剪切，但没有完全破坏，试样处于原状和重塑两者的耦合状态。

将考虑结构性影响的屈服应力 p_y 以及加载过程中临界状态线斜率 M_f 代入修正 Barcelona 模型的 LC 屈服面中，得到考虑结构性影响的加载过程中的 LC 屈服面：

$$f_1(p,q,s,p_0^*) \equiv q^2 - M_f^2(p + p_s)(p_y - p) = 0 \tag{7.114}$$

$$\left(\frac{p_{yi}}{p^c}\right) = \left(\frac{p_y^*}{p^c}\right)^{\frac{\lambda(0)-\kappa}{\lambda(s)-\kappa}} \tag{7.115}$$

$$\lambda(s) = \lambda(0)[(1-\gamma)\exp(-\beta s) + \gamma] \tag{7.116}$$

式中：p_y^*——饱和原状黄土的屈服净平均应力；

$\lambda(0)$——饱和原状土的各向同性压缩曲线在 e-ln$p$ 平面上屈服后的斜率；

γ——与原状土最大刚度相关的常数；

β——控制原状土刚度随吸力增长速率的参数。

此处，暂不考虑结构性对 SI 屈服面的影响，其表达式为：

$$f_2 = s - s_y = 0 \tag{7.117}$$

式中：s_y——原状黄土的初始屈服吸力。

7.4.2　流动法则和硬化规律

为方便后续计算，加载过程中应力—应变关系的流动法则仍采用相关流动法则，此处不再列出，详见前文。

考虑结构性影响的屈服面，其演化过程可由考虑结构性影响的屈服应力 p_y 和原状黄土的初始屈服吸力 s_y 控制。对式(7.110)进行增量计算，得到：

$$dp_y = d[p_0 + p^s m_{1\sigma}] = dp_0 + p^s dm_{1\sigma} \tag{7.118}$$

另外，对重塑土本构关系中式(7.27)的 p_0 进行增量计算：

$$dp_0 = \frac{\lambda(0)^* - \kappa^*}{\lambda(s)^* - \kappa^*} \cdot \left(\frac{p_0^*}{p^{c*}}\right)^{\frac{\lambda(0)^*-\kappa^*}{\lambda(s)^*-\kappa^*}-1} dp_0^* \tag{7.119}$$

将式(7.119)代入式(7.118)中，得到屈服应力的增量形式：

$$dp_y = \frac{\lambda(0)^* - \kappa^*}{\lambda(s)^* - \kappa^*} \cdot \left(\frac{p_0^*}{p^{c*}}\right)^{\frac{\lambda(0)^*-\kappa^*}{\lambda(s)^*-\kappa^*}-1} dp_0^* + p^s dm_{1\sigma} \tag{7.120}$$

其中，

$$\frac{dp_0^*}{p_0^*} = \frac{\nu}{\lambda(0)^* - \kappa^*} d\varepsilon_{vp}^p \tag{7.57}$$

$$dm_{1\sigma} = -m_{1o} dD_1 \tag{7.121}$$

式中：$\lambda(0)^*$——饱和重塑土的各向同性压缩曲线在 e-ln$p$ 平面上屈服后的斜率。

随着结构损伤的增加，硬化参数 p_c 减小，可反映原状黄土由于原有结构的损伤引起的软化；p_0 随体应变的增加而增大，可反映原有结构破坏、新结构形成而引起的硬化。因此，式(7.118)描述的硬化规律同时反映了原有结构损伤引起试样软化和新结构形成引起的试样硬化。$\lambda(s)^*$ 随吸力变化的计算公式与式(7.116)相同，只需将原状土的参数换为重塑土的相应参数，即：

$$\lambda(s)^* = \lambda(0)^*[(1-\gamma^*)\exp(-\beta^* s)+\gamma^*] \tag{7.122}$$

式中：$\lambda(0)^*$——饱和重塑土的各向同性压缩曲线在 e-ln$p$ 平面上屈服后的斜率；

γ^*——与重塑土最大刚度相关的常数；

β^*——控制重塑土刚度随吸力增长速率的参数。

与吸力增加屈服面相对应的硬化规律采用下式表示：

$$\frac{\mathrm{d}s_y}{s_y+p_{\mathrm{atm}}} = \frac{\nu}{\lambda_s-\kappa_s}\mathrm{d}\varepsilon_{\mathrm{vs}}^{\mathrm{p}} \tag{7.58}$$

根据塑性一致条件，对加载过程中的屈服面进行微分计算：

$$\frac{\partial f_1}{\partial p}\mathrm{d}p+\frac{\partial f_1}{\partial q}\mathrm{d}q+\frac{\partial f_1}{\partial s}\mathrm{d}s+\frac{\partial f_1}{\partial p_y}\mathrm{d}p_y = 0 \tag{7.123}$$

将 $\mathrm{d}p_y$ 代入式(7.123)，得到塑性体应变：

$$\mathrm{d}\varepsilon_{\mathrm{vp}}^{\mathrm{p}} = \frac{-\dfrac{\dfrac{\partial f_1}{\partial p}\mathrm{d}p+\dfrac{\partial f_1}{\partial q}\mathrm{d}q+\dfrac{\partial f_1}{\partial s}\mathrm{d}s}{\dfrac{\partial f_1}{\partial p_y}}+p^{s}m_{1o}\mathrm{d}D_1}{\dfrac{\lambda(0)^*-\kappa^*}{\lambda(s)^*-\kappa^*}\cdot\left(\dfrac{p_0^*}{p^{c*}}\right)^{\frac{\lambda(0)^*-\kappa^*}{\lambda(s)^*-\kappa^*}-1}\cdot\dfrac{p_0^*\nu}{\lambda(0)^*-\kappa^*}} \tag{7.124}$$

由式(7.56)可得塑性偏应变：

$$\mathrm{d}\varepsilon_{\mathrm{s}}^{\mathrm{p}} = \frac{\left(-\dfrac{\dfrac{\partial f_1}{\partial p}\mathrm{d}p+\dfrac{\partial f_1}{\partial q}\mathrm{d}q+\dfrac{\partial f_1}{\partial s}\mathrm{d}s}{\dfrac{\partial f_1}{\partial p_y}}+p^{s}m_{1o}\mathrm{d}D_1\right)\dfrac{\partial f_1}{\partial q}}{\dfrac{\lambda(0)^*-\kappa^*}{\lambda(s)^*-\kappa^*}\cdot\left(\dfrac{p_0^*}{p^{c*}}\right)^{\frac{\lambda(0)^*-\kappa^*}{\lambda(s)^*-\kappa^*}-1}\cdot\dfrac{p_0^*\nu}{\lambda(0)^*-\kappa^*}\dfrac{\partial f_1}{\partial p}} \tag{7.125}$$

与吸力相关的体应变没有受到结构性的影响，其计算公式不变，如前文所示。通过以上两式就可求得加载过程中塑性体应变和偏应变。需要指出的是，以上求解均采用加载过程中的屈服面，因此 f_1 代表的是式(7.114)。那么考虑结构性影响的原状黄土弹塑性体应变 $\mathrm{d}\varepsilon_{\mathrm{v}}$ 和偏应变 $\mathrm{d}\varepsilon_{\mathrm{s}}$ 分别为：

$$\mathrm{d}\varepsilon_{\mathrm{v}} = \frac{\kappa}{\nu}\frac{\mathrm{d}p}{p}+\frac{\kappa_s}{\nu}\frac{\mathrm{d}s}{s+p_{\mathrm{atm}}}+\frac{\lambda_s-\kappa_s}{\nu(s_y+p_{\mathrm{atm}})}\mathrm{d}s+\frac{-\dfrac{\dfrac{\partial f_1}{\partial p}\mathrm{d}p+\dfrac{\partial f_1}{\partial q}\mathrm{d}q+\dfrac{\partial f_1}{\partial s}\mathrm{d}s}{\dfrac{\partial f_1}{\partial p_y}}+p^{s}m_{1o}\mathrm{d}D_1}{\dfrac{\lambda(0)^*-\kappa^*}{\lambda(s)^*-\kappa^*}\cdot\left(\dfrac{p_0^*}{p^{c*}}\right)^{\frac{\lambda(0)^*-\kappa^*}{\lambda(s)^*-\kappa^*}-1}\cdot\dfrac{p_0^*\nu}{\lambda(0)^*-\kappa^*}} \tag{7.126}$$

$$d\varepsilon_s = \frac{dq}{3G} + \frac{\left(-\dfrac{\dfrac{\partial f_1}{\partial p}dp + \dfrac{\partial f_1}{\partial q}dq + \dfrac{\partial f_1}{\partial s}ds}{\dfrac{\partial f_1}{\partial p_y}} + p^s m_{1o} dD_1\right)\dfrac{\partial f_1}{\partial q}}{\dfrac{\lambda(0)^* - \kappa^*}{\lambda(s)^* - \kappa^*} \cdot \left(\dfrac{p_0^*}{p^{c*}}\right)^{\frac{\lambda(0)^* - \kappa^*}{\lambda(s)^* - \kappa^*} - 1} \cdot \dfrac{p_0^* \nu}{\lambda(0)^* - \kappa^*} \dfrac{\partial f_1}{\partial p}} \tag{7.127}$$

7.4.3　加载过程中的结构损伤演化方程

陈正汉[342]认为，CT-三轴试验可综合检测土样的变形、应力、水分和细观结构变化，通过把土样的细观结构数据与宏观反映数据相联系，可建立黄土的细观结构演化规律。以未受荷载、未浸湿的完好非饱和原状湿陷性黄土样的状态为无损状态，以加载和浸水过程中的状态为损伤状态。文献[55]针对非饱和原状 Q_3 黄土进行了细观结构分析。本书研究对象也为 Q_3 黄土，因此本节采用文献[55]得到的加载过程中的损伤变量，定义加载过程中(未湿陷前)的结构损伤变量为：

$$D_1 = \frac{m_{1c} - m_{1\sigma}}{m_{1o}} \tag{7.128}$$

式中：m_{1c}——结构损伤开始时的结构性参数；

$m_{1\sigma}$——加载后的结构性参数；

m_{1o}——试样的初始结构性参数。

结构性参数 m_1 可根据以下公式获得：

$$m_1 = \frac{ME_f - ME}{ME_f - ME_i} \tag{7.129}$$

式中：ME_i——完整土样的 CT 数均值，可视为结构没有损伤的土样；

ME_f——加载后结构完全破坏时的 CT 数均值，可视为结构性完全损伤的土样；

ME——加载任意时刻对应的 CT 数均值，具体参数含义可见文献[55]。

当试样结构没有破坏时，$m_1 = 1$；当试样结构完全破坏时，$ME = ME_f$，$m_1 = 0$。由此确定的结构性参数实际上是一个相对值，其准确程度取决于试验土样的样本容量大小。根据朱元青的研究成果，选取净围压 100kPa、吸力 150kPa 各向等压浸水饱和后逐渐增加偏应力至 200kPa 时试样的状态为结构完全损伤的状态，ME_f 为 3 个断面的 CT 数均值的平均值，为 1 377.65 HU。在初始扫描时，标定土颗粒 CT 数的试样 a 的 CT 数均值最小，为 701.09 HU，令 ME_i = 701.09HU。对于初始结构性参数 m_{1o}，当试样在初始围压和吸力稳定后进行 CT 扫描，此时的 CT 数 ME 变为 ME_0，代入式(7.128)即可以得到 m_{1o}。

通过试验发现加载过程中(未湿陷前)的结构损伤变量 D_1 满足以下关系[55]：

$$D_1 = A_1\langle \varepsilon_v - \varepsilon_{vc} \rangle + A_2\langle \varepsilon_s - \varepsilon_{sc} \rangle \tag{7.130}$$

其中，

$$\langle \varepsilon_v - \varepsilon_{vc} \rangle = \begin{cases} 0 & (\varepsilon_v \leqslant \varepsilon_{vc}) \\ \varepsilon_v - \varepsilon_{vc} & (\varepsilon_v > \varepsilon_{vc}) \end{cases} \tag{7.131}$$

$$\langle \varepsilon_s - \varepsilon_{sc} \rangle = \begin{cases} 0 & (\varepsilon_s \leqslant \varepsilon_{sc}) \\ \varepsilon_s - \varepsilon_{sc} & (\varepsilon_s > \varepsilon_{sc}) \end{cases} \tag{7.132}$$

式中：ε_v——固结过程体应变和剪切体应变的总和；

ε_s——剪切过程中的偏应变；

ε_{vc}、ε_{sc}——分别是初始体应变和初始剪应变，$\varepsilon_{vc}=0.017$、$\varepsilon_{sc}=0.01$；

A_1、A_2——拟合参数，通过试验确定，$A_1=1.33$、$A_2=1.27$。

对式(7.130)进行微分得到：

$$\left.\begin{aligned} \mathrm{d}D_1 &= 0 & \varepsilon_v \leqslant \varepsilon_{vc} \text{ 和 } \varepsilon_s \leqslant \varepsilon_{sc} \\ \mathrm{d}D_1 &= A_1 \mathrm{d}\varepsilon_v + A_2 \mathrm{d}\varepsilon_s & \varepsilon_v \geqslant \varepsilon_{vc} \text{ 或 } \varepsilon_s \geqslant \varepsilon_{sc} \end{aligned}\right\} \tag{7.133}$$

其中，偏应变增量可写为：

$$\begin{aligned} \mathrm{d}\varepsilon_s &= \mathrm{d}\left(\sqrt{\frac{2}{9}\left[(\varepsilon_x-\varepsilon_y)^2+(\varepsilon_y-\varepsilon_z)^2+(\varepsilon_z-\varepsilon_x)^2+\frac{3}{2}(\gamma_{xy}^2+\gamma_{yz}^2+\gamma_{zx}^2)\right]}\right) \\ &= \frac{1}{9\varepsilon_s}\begin{pmatrix} 4\varepsilon_x-2\varepsilon_y-2\varepsilon_z \\ 4\varepsilon_y-2\varepsilon_z-2\varepsilon_x \\ 4\varepsilon_z-2\varepsilon_x-2\varepsilon_y \\ 3\gamma_{xy} \\ 3\gamma_{yz} \\ 3\gamma_{zx} \end{pmatrix}^{\mathrm{T}} \begin{pmatrix} \mathrm{d}\varepsilon_x \\ \mathrm{d}\varepsilon_y \\ \mathrm{d}\varepsilon_z \\ \mathrm{d}\gamma_{xy} \\ \mathrm{d}\gamma_{yz} \\ \mathrm{d}\gamma_{zx} \end{pmatrix} = \frac{1}{9\varepsilon_s}\{L\}^{\mathrm{T}}\{\mathrm{d}\varepsilon\} \end{aligned} \tag{7.134}$$

将 $\mathrm{d}\varepsilon_v$ 和 $\mathrm{d}\varepsilon_s$ 代入式(7.133)，得到：

$$\left.\begin{aligned} \mathrm{d}D_1 &= 0 & \varepsilon_v \leqslant \varepsilon_{vc} \text{ 和 } \varepsilon_s \leqslant \varepsilon_{sc} \\ \mathrm{d}D_1 &= \{L_1\}^{\mathrm{T}}\{\mathrm{d}\varepsilon\} + L_2 \cdot \mathrm{d}s & \varepsilon_v \geqslant \varepsilon_{vc} \text{ 或 } \varepsilon_s 1 \geqslant \varepsilon_{sc} \end{aligned}\right\} \tag{7.135}$$

式中：

$$\left.\begin{aligned} \{L_1\}^{\mathrm{T}} &= \frac{A_2}{9\varepsilon_s}\{L\}^{\mathrm{T}}\{\mathrm{d}\varepsilon\} \\ L_2 &= \frac{\lambda_s}{v}\frac{A_1}{s+p_{\mathrm{atm}}} \end{aligned}\right\} \tag{7.136}$$

7.4.4 结构性影响的加载过程中弹塑性模量矩阵

前文中已详细推导弹塑性本构模型的模量矩阵和吸力作用的模量矩阵，本节中考虑结构性对弹塑性模量矩阵的影响。

首先将结构性纳入了 LC 屈服面中，在进行模量矩阵求解时，屈服面方程变为式(7.114)，前文中参数 α[式(7.33)]、γ[式(7.84)]，以及矩阵[A]、[B]和[C]等均将产生变化，进而使得 LC 屈服面对应的模量矩阵发生变化；另外，本书未考虑结构性对 SI 屈服面的影响，因此，考虑结构性影响的加载过程中应力应变关系写为：

$$\mathrm{d}\boldsymbol{\sigma}'_{ij} = \boldsymbol{D}_{ijkl}^{\mathrm{D}}\mathrm{d}\boldsymbol{\varepsilon}_{kl} + \boldsymbol{F}_i\delta_{ij}\mathrm{d}\boldsymbol{s} \tag{7.137}$$

式中：$\boldsymbol{D}_{ijkl}^{\mathrm{D}}$——结构性影响的加载过程中弹塑性模量矩阵；

$\boldsymbol{F}_i$——加载过程中弹塑性吸力模量矩阵，与前文相同。

7.5 考虑结构性影响的湿陷本构模型

7.5.1 屈服面方程

湿陷过程中,吸力不断减小。此时湿陷前的结构损伤已经结束,结构损伤变量 D_1 固定为 $D_{1\sigma}$。湿陷过程中任意时刻的结构损伤变量 D 为:

$$D = D_{1\sigma} + D_2 \tag{7.138}$$

相对应的湿陷过程中的结构性参数为:

$$m_{1\sigma w} = m_{1o}(1 - D_{1\sigma} - D_2) \tag{7.139}$$

湿陷过程中的原有结构逐渐破坏,原状土的性状趋近于重塑土,采用复合体损伤概念,得到湿陷过程中的临界状态线:

$$M_{fsh} = (1 - D)M + DM^* \tag{7.140}$$

若上式中不考虑加载,损伤变量直接变为湿陷过程中的损伤变量 D_2。

湿陷过程中考虑结构性影响的 LC 屈服面方程变为:

$$f_1(p,q,s,p_0^*) \equiv q^2 - M_{fsh}^2(p + p_s)(p_y - p) = 0 \tag{7.141}$$

式中,参数与前文相同。

7.5.2 流动法则和硬化规律

湿陷过程中流动法则仍采用相关流动法则,而硬化规律则产生一定的变动。将湿陷过程中的 $m_{1\sigma w}$ 代入式(7.120),得到:

$$\mathrm{d}p_y = \frac{\lambda(0)^* - \kappa^*}{\lambda(s)^* - \kappa^*} \cdot \left(\frac{p_0^*}{p^{c*}}\right)^{\frac{\lambda(0)^* - \kappa^*}{\lambda(s)^* - \kappa^*} - 1} \mathrm{d}p_0^* + p^s \mathrm{d}m_{1\sigma w} \tag{7.142}$$

其中,

$$\frac{\mathrm{d}p_0^*}{p_0^*} = \frac{\nu}{\lambda(0)^* - \kappa^*}\mathrm{d}\varepsilon_{vp}^{p} \tag{7.57}$$

$$\mathrm{d}m_{1\sigma w} = -m_{1o}\mathrm{d}D_2 \tag{7.143}$$

式中:p_0^*——饱和重塑土的屈服净平均应力。需要指出的是,重塑土与原状土具有相同的初始干密度。

由以上 3 式[(7.142)、式(7.143)、式(7.57)]可得到:

$$\mathrm{d}p_y = \frac{\lambda(0)^* - \kappa^*}{\lambda(s)^* - \kappa^*} \cdot \left(\frac{p_0^*}{p^{c*}}\right)^{\frac{\lambda(0)^* - \kappa^*}{\lambda(s)^* - \kappa^*} - 1} \frac{\nu p_0^*}{\lambda(0)^* - \kappa^*}\mathrm{d}\varepsilon_{vp}^{p} - p^s m_{1o}\mathrm{d}D_2 \tag{7.144}$$

将式(7.144)代入式(7.123),得到与湿陷过程中的净平均应力相关的湿陷体应变:

$$\mathrm{d}\varepsilon_{vp}^{sh} = \frac{\dfrac{-\left(\dfrac{\partial f_1}{\partial p}\mathrm{d}p + \dfrac{\partial f_1}{\partial q}\mathrm{d}q + \dfrac{\partial f_1}{\partial s}\mathrm{d}s\right)}{\dfrac{\partial f_1}{\partial p_y}} + p^s m_{1o}\mathrm{d}D_2}{\dfrac{\lambda(0)^* - \kappa^*}{\lambda(s)^* - \kappa^*} \cdot \left(\dfrac{p_0^*}{p^{c*}}\right)^{\frac{\lambda(0)^* - \kappa^*}{\lambda(s)^* - \kappa^*} - 1} \dfrac{\nu p_0^*}{\lambda(0)^* - \kappa^*}} \tag{7.145}$$

由于假定结构损伤对与吸力相关的湿陷体应变不产生影响，因此，其计算公式仍采用前文一样算法：

$$\mathrm{d}\varepsilon_{\mathrm{vs}}^{\mathrm{sh}} = \frac{\lambda_{\mathrm{s}} - \kappa_{\mathrm{s}}}{\nu(s_y + p_{\mathrm{atm}})}\mathrm{d}s \tag{7.146}$$

总的湿陷体应变应为：

$$\mathrm{d}\varepsilon_{\mathrm{v}}^{\mathrm{sh}} = \frac{\dfrac{-\left(\dfrac{\partial f_1}{\partial p}\mathrm{d}p + \dfrac{\partial f_1}{\partial q}\mathrm{d}q + \dfrac{\partial f_1}{\partial s}\mathrm{d}s\right)}{\dfrac{\partial f_1}{\partial p_y}} + p^{\mathrm{s}} m_{1o}\mathrm{d}D_2}{\dfrac{\lambda(0)^* - \kappa^*}{\lambda(s)^* - \kappa^*}\cdot\left(\dfrac{p_0^*}{p^{\mathrm{c}*}}\right)^{\frac{\lambda(0)^*-\kappa^*}{\lambda(s)^*-\kappa^*}-1}\dfrac{\nu p_0^*}{\lambda(0)^* - \kappa^*}} + \frac{\lambda_{\mathrm{s}} - \kappa_{\mathrm{s}}}{\nu(s_y + p_{\mathrm{atm}})}\mathrm{d}s \tag{7.147}$$

同理，可以得到湿陷偏应变计算公式为：

$$\mathrm{d}\varepsilon_{\mathrm{s}}^{\mathrm{sh}} = \frac{\left(\dfrac{-\dfrac{\partial f_1}{\partial p}\mathrm{d}p + \dfrac{\partial f_1}{\partial q}\mathrm{d}q + \dfrac{\partial f_1}{\partial s}\mathrm{d}s}{\dfrac{\partial f_1}{\partial p_y}} + p^{\mathrm{s}} m_{1o}\mathrm{d}D_2\right)\dfrac{\partial f_1}{\partial q}}{\dfrac{\lambda(0)^* - \kappa^*}{\lambda(s)^* - \kappa^*}\cdot\left(\dfrac{p_0^*}{p^{\mathrm{c}*}}\right)^{\frac{\lambda(0)^*-\kappa^*}{\lambda(s)^*-\kappa^*}-1}\cdot\dfrac{p_0^*\nu}{\lambda(0)^* - \kappa^*}\dfrac{\partial f_1}{\partial p}} \tag{7.148}$$

需要强调的是，f_1 代表的是式(7.141)。通过以上计算即可以得到湿陷体应变和湿陷偏应变。

7.5.3 湿陷过程中的结构损伤演化方程

湿陷变形的计算是以加荷稳定后浸水产生的附加变形除以试样初始状态时的体积(高度)获得的。因此，可定义湿陷过程中结构损伤变量为[55]：

$$D_2 = \frac{m_{1\sigma} - m_{1\sigma\mathrm{w}}}{m_{1o}} \tag{7.149}$$

式中：$m_{1\sigma\mathrm{w}}$——湿陷过程中试样任意时刻的结构性参数；

$m_{1\sigma}$——试样在加荷稳定后即将浸水时的结构性参数；

m_{1o}——试样的初始结构性。

通过拟合发现，以下函数表达式能较好反映损伤变量与湿陷体应变和湿陷偏应变等之间的关系，其具体形式为[55]：

$$D_2 = 1 - \exp\left[-(A_3\varepsilon_{\mathrm{v}}^{\mathrm{sh}} + A_4\varepsilon_{\mathrm{s}}^{\mathrm{sh}} + A_5)\frac{\theta - \theta_\sigma}{\theta_{\mathrm{s}} - \theta_\sigma}\right] \tag{7.150}$$

式中，θ_{s}、θ_σ 为试样饱和以及湿陷前试样的体积含水率。θ_σ 对应的吸力为湿陷前试验控制的吸力值。其中，$A_3=24.16$、$A_4=3.07$、$A_5=0.54$。

为了用吸力计算湿陷变形，需用湿陷过程中的土水特征曲线将式(7.150)中的体积含水率换算为吸力。采用的文献[55]中关于 Q_3 黄土的土水特征曲线方程，其形式为：

$$\frac{\theta - \theta_{\mathrm{r}}}{\theta_{\mathrm{s}} - \theta_{\mathrm{r}}} = \left(\frac{a}{s}\right)^b \quad (s \geqslant a) \tag{7.151}$$

式中：$a=20\mathrm{kPa}$、$b=1.05$、$\theta_{\mathrm{s}}=0.49$、$\theta_{\mathrm{r}}=0.03$。将数值代入式(7.151)后，式(7.151)变为：

$$\theta = 10.7s^{-1.05} + 0.03 \tag{7.152}$$

将式(7.152)代入式(7.150)中,则有:

$$D_2 = 1 - \exp\left[-(24.16\varepsilon_v^{sh} + 3.07\varepsilon_s^{sh} + 0.54)\frac{s^{-1.05} - s_\sigma - 1.05}{0.046 - s_\sigma - 1.05}\right] \tag{7.153}$$

对上式进行微分,得:

$$\mathrm{d}D_2 = \exp\left[-(24.16\varepsilon_v^{sh} + 3.07\varepsilon_s^{sh} + 0.54)\frac{s^{-1.05} - s_\sigma - 1.05}{0.046 - s_\sigma - 1.05}\right] \times \left[\frac{s^{-1.05} - s_\sigma - 1.05}{0.046 - s_\sigma - 1.05}\right.$$
$$\left.(24.16d\varepsilon_v^{sh} + 3.07d\varepsilon_s^{sh}) - 1.05(24.16\varepsilon_v^{sh} + 3.07\varepsilon_s^{sh} + 0.54)\frac{s^{-2.05}}{0.046 - s_\sigma - 1.05}\mathrm{d}s\right] \tag{7.154}$$

即

$$\mathrm{d}D_2 = (1 - D_2) \times \left[\frac{s^\Lambda - s_\sigma^\Lambda}{0.046 - s_\sigma^\Lambda}(A_3\mathrm{d}\varepsilon_v^{sh} + A_4\mathrm{d}\varepsilon_s^{sh}) - \right.$$
$$\left. 1.05 \times (A_3\varepsilon_v^{sh} + A_4\varepsilon_s^{sh} + A_5)\frac{s^{\Lambda-1}}{0.046 - s_\sigma^\Lambda}\mathrm{d}s\right] \tag{7.155}$$

将式(7.147)和式(7.148)代入上式,即可以得到湿陷过程中的损伤变量。

7.5.4 结构性影响的湿陷过程中弹塑性模量矩阵

湿陷过程中的 LC 屈服面发生了一定的变化,如式(7.141)所示,因此前文中关于弹塑性模量矩阵也相应发生变化,主要体现在湿陷过程中临界状态线变为 M_{fsh} 和屈服应力 p_y 考虑损伤变量 D_2 的影响,在获取湿陷过程中的弹塑性模量矩阵各元素时,仅将这些因素一一纳入前文中的模量矩阵中;另外,本书未考虑结构性对 SI 屈服面的影响,因此,考虑结构性影响的湿陷过程中应力—应变关系写为:

$$\mathrm{d}\boldsymbol{\sigma}'_{ij} = \boldsymbol{D}_{ijkl}^{sh}\mathrm{d}\boldsymbol{\varepsilon}_{kl} + \boldsymbol{F}_i\delta_{ij}\mathrm{d}s \tag{7.156}$$

式中:$\boldsymbol{D}_{ijkl}^{sh}$——湿陷过程中结构性影响的弹塑性模量矩阵;

$\boldsymbol{F}_i$——弹塑性吸力模量矩阵,与前文相同。

湿陷过程中的弹塑性模量矩阵各元素的具体形式,文中不再列出,可参考前文。

7.6 模型参数的确定及模型的初步验证

本书所建模型是在修正 Barcelona 非饱和土弹塑性模型基础上,假设原状土的力学变形响应是以重塑黄土与结构性两者之和,引入通过 CT-三轴试验获得的非饱和 Q_3 原状黄土加载—湿陷过程中的结构演化方程,分别得到描述加载和湿陷过程的力学变形响应。朱元青[56]曾建立一个考虑结构性的模型,但模型参数多达 29 个,而且模型不便应用于数值计算中。本书所建模型充分简化了模型框架,计算参数总计 22 个,且采用关联流动法则为模型进一步应用于黄土地基的多场耦合计算中提供了方便。另外,模型在不考虑结构性影响时可以退化为 Barcelona 非饱和土弹塑性修正模型。

7.6.1 模型参数的确定

模型一共 22 个参数,均可以通过试验获得。模型所有参数归纳如下:

初始变量 s_y 和 P_0^*，分别等于 123.19kPa 和 72.35kPa，可以通过非饱和 Q_3 原状黄土在 p-s 平面上的屈服曲线获得，参见前文。

原状土临界状态线相关参数(2 个)为 M^*、k_c^*，分别等于 1.29 和 0.31。可以通过控制吸力和净围压为常数的三轴排水剪切试验确定。

重塑黄土 LC 初始屈服面相关参数(5 个)为 κ、$\lambda(0)$、γ、β、p^c，分别等于 0.072、0.087、0.42、0.016 MPa^{-1} 和 30kPa，可以通过控制吸力的各向等压加载试验来确定。

重塑土临界状态线的斜率(2 个)为 M、k_c，分别等于 0.91 和 0.24，可以通过控制吸力和净围压为常数的三轴排水剪切试验来确定。

原状土 SI 屈服面相关的参数(2 个)为 κ_s、λ_s，分别等于 0.071 和 0.21，可以通过控制净平均应力的三轴收缩试验确定。

原状黄土弹性变形有关的剪切模量(1 个)为 G，其值等于 1.84 MPa，可以通过控制吸力和净围压为常数的三轴排水剪切试验确定。

结构损伤演化参数(5 个)为 $A_1 \sim A_5$，分别等于 1.33、1.27、24.16、3.07、0.54。损伤演化方程参数可以通过 CT 三轴加载—湿陷试验获得，具体参见文献[55]。

广义土—水特征曲线参数(3 个)为 K_{wpt}、H_{wt} 和 K_{wqt}，分别等于 0.0001350kPa^{-1}、0.0715KPa 和0.21MPa，通过控制吸力的各向等压试验、控制净平均应力的三轴收缩试验以及控制吸力和净平均应力为常数的三轴剪切试验获得。

7.6.2 模型的初步验证

结合前文中获得的试验参数，利用本章完善的非饱和 Q_3 原状黄土结构性模型，对本书前文三轴剪切、浸水、文献[55]中的均压浸水试验以及文献[20]中的主应力比为常数的三轴压缩试验为例进行计算，以初步验证模型的合理性。

计算时，按应力增量 dp(dq 或 ds)为 10kPa 逐级加荷，根据加载或湿陷过程中的屈服面方程先判断是否发生屈服及屈服发生在哪个屈服面。若屈服，根据式(7.25)和式(7.26)计算弹性应变增量，根据式(7.126)和式(7.127)计算塑性应变增量，按硬化规律计算新的硬化变量值；然后根据式 (7.130)和式(7.150)计算结构演化变量值 D_1 和 D_2；分别选择加载过程或浸湿过程损伤演化变量。完成以上计算步骤，便可以进入下一级荷载的计算。上述方法也可以采用应变按一定比例增量逐级增加来计算应力值，得到应力增量，在结合损伤演化方程进而得到考虑结构性影响的应力增量，其值即为土体的实际应力。

算例 1：三轴剪切试验

对前文中控制净围压和吸力为常数的三轴剪切试验进行计算，以比较模型的正确性。将净围压分别为 50kPa、100kPa 和 200kPa 的试样初始结构性参数 m_{1o} 设为 0.9、087 和 0.84；计算过程中需要进行 dp 和 dq 增量逐级施加，增量设为 10kPa，试验原始数据和模型计算结果见图 7.1，图中实线代表未考虑结构性影响的非饱和土弹塑性本构模型计算结果，虚线代表结构性本构模型计算结果。从图 7.1 中可以看出，计算结果与试验数据相比，2 种模型的计算结果基本上能反映原状黄土剪切破坏过程，然而不考虑结构性影响的弹塑性模型计算结果表现为较强硬化特征，而无法反映黄土剪切过程中由于结构性的减小而引起的试样弱软化现象。由此可见，结构性本构模型能较好描述 Q_3 黄土由于加载引起的硬化及结构损伤造成的软化效

应。不考虑结构性影响的非饱和土弹塑性本构模型不能全面反映结构损伤过程中的软化现象，因此结构性本构模型具有一定的优势。

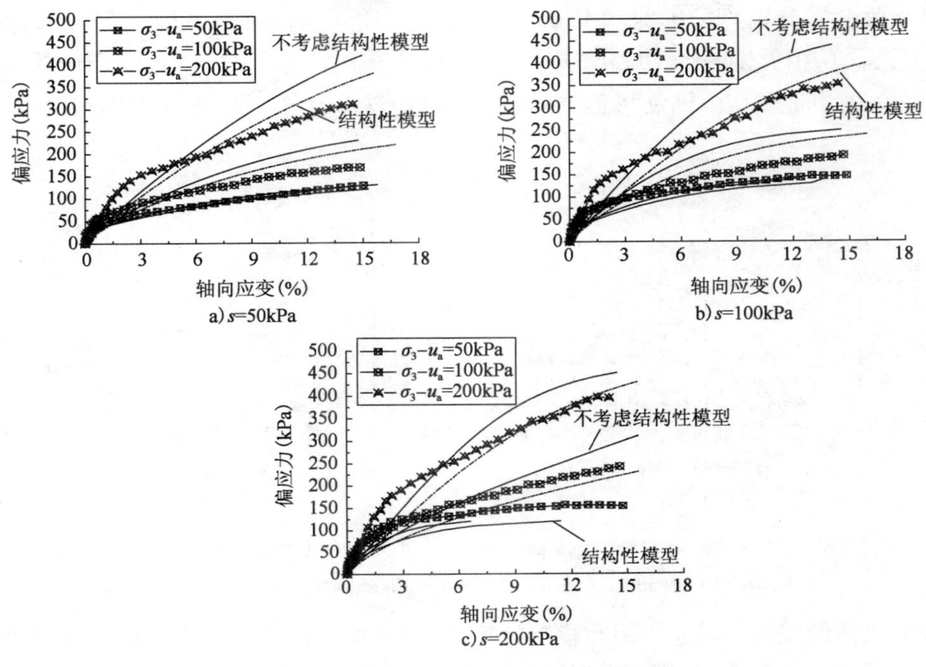

图7.1　模型计算结果与三轴剪切试验数据对比

Fig. 7.1　Comparison of computed results and triaxial shear test data

算例2：偏应力为常数三轴湿陷试验

李加贵等[328]对兰州兰工坪 Q_3 原状黄土进行了控制偏应力为常数三轴湿陷试验，以控制吸力为200kPa为例，利用本书建立的考虑结构性的弹塑性本构模型对其进行计算。净围压100kPa和200kPa的试样初始结构性参数为0.87和0.84；初始变量 s_y 和 P_0^* 分别等于65kPa和95kPa；原状土LC屈服面参数 $\kappa=0.022$、$\lambda(0)=0.121$、$\gamma=0.280$、$\beta=0.018$、$p^c=45$；原状土SI屈服线参数 $\kappa_s=0.009$、$\lambda_s=0.011$；原状土空间屈服面参数 $M^*=0.502$、$k_c=0.30$、$G=1.56$MPa；其余参数与前文相同。浸水过程模型计算考虑吸力的影响，吸力增量 ds 即为施加的吸力值，而每一级偏应力即为 dq。

浸水过程中的变形其试验结果与模型计算结果对比见图7.2。从该图中数据可以看出，试验结果与模型计算结果基本接近，这也说明本书的弹塑性模型能反映非饱和 Q_3 原状黄土的湿陷变形特性，但模型计算结果要比试验结果偏大一些，尤其是偏应力较大时。通过浸水过程的CT扫描图像来看[328]，主要的湿陷变形发生在浸水区域，尤其是发生软化后进行剪切时，说明试样的变形不能代表整个试样，但模型计算时以整个试验为计算对象，显然这种偏差可能影响试验与计算结果之间的吻合性。

算例3：各向等压浸水试验

朱元青等[333]对宁夏固原 Q_3 原状黄土进行了各向等压加载浸水试验，试验分2个阶段，即固结阶段和浸水阶段。固结阶段，土体扰动较小，直接采用模型弹性增量部分计算应变，这一部分不需要进行任何结构演化计算；而浸水阶段，试样发生了较大的结构破坏，根据浸水过程中的损伤演化方程计算结构演化变量。根据朱元青相关试验结果可知[55]：1 号和 4 号试样的初始结构性参数分别等于 0.84 和 0.85；初始变量 s_y 和 P_0^* 分别等于 25 和 57kPa；原状土 LC 屈服面参数 $\kappa = 0.017$、$\lambda(0) = 0.116$、$\gamma = 0.310$、$\beta = 0.019$、$p^c = 45$；原状土 SI 屈服线参数 $\kappa_s = 0.008$、$\lambda_s = 0.012$；原状土空间屈服面参数 $M^* = 1.19$、$k_c = 0.31$、$G = 1.52$MPa；其余参数与前文相同。

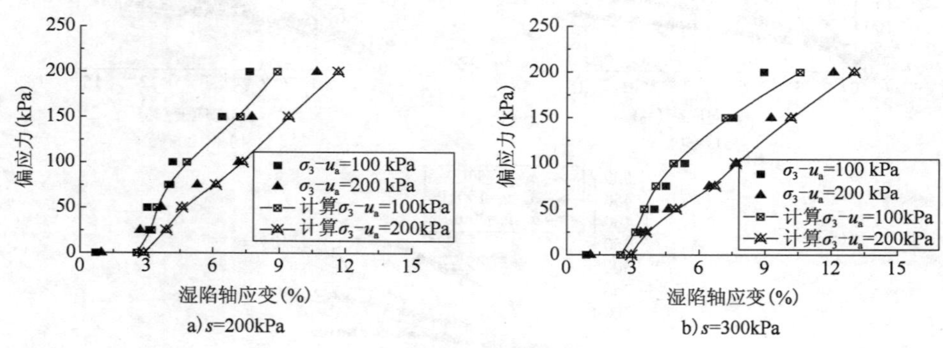

图 7.2 三轴湿陷试验结果与模型计算结果比较

Fig. 7.2 Comparison of computed results and loess collapsibility triaxial test

试样各阶段的变形其试验结果与模型计算结果对比见表 7.1（模型 Ⅰ 的计算结果），从表中数据可以看出，试验结果与模型计算结果比较接近，本文弹塑性本构模型能较好地反映结构性对非饱和 Q_3 原状黄土变形特性的影响。

各向等压浸水试验结果与模型计算结果比较 表 7.1

Comparison of computed results and test data during hydrostatic triaxial soaking test

Table 7.1

试样编号	净围压 σ_3-u_a (kPa)	偏应力 q (kPa)	吸力 s (kPa)	固结阶段		浸水阶段	
				试验	模型	试验	模型
				ε_v(%)	ε_v(%)	ε_v^{sh}(%)	ε_v^{sh}(%)
1 号	100	0	150	1.23	1.29	4.31	4.69
4 号	100	0	250	1.60	1.64	4.79	5.01

本书模型计算结果（表 7.2 中模型 Ⅰ）与文献[55]建立的考虑结构损伤的原状黄土本构模型（表 7.2 中模型 Ⅱ）进行了对比。由表 7.2 可知，固结过程中，本书所述模型计算结果与文献[55]模型基本一致，两者均采用弹性变形计算；浸水过程中的湿陷变形，两者计算结果差距不大。计算结果的吻合性说明了本书模型的合理性和可靠性。文献[55]采用非关联流动法则计算完全调整部分，而本书采用关联流动法则进行计算，从计算结果来看两者差别不大，对计算湿陷变形影响不是很大。采用关联流动法则能为弹塑性模量矩阵的推导提供一定的便利，为今后建立适宜于计算黄土湿陷变形的弹塑性固结耦合模型创造必备条件。

文献[55]第 4 章中，1 号和 4 号试样进行各向等压浸水试验，该试验分为 2 个阶段，即固结阶段和浸水阶段。固结阶段，土体扰动较小，认为土体处于相对完整状态，直接采用模型弹

性增量部分计算应变，这一部分不需要进行任何结构演化计算。而浸水阶段，试样发生了较大的结构破坏，根据浸水过程中的损伤演化方程计算结构演化变量。

各向等压浸水试验结果与模型计算结果比较　　表7.2

Comparison of computed results and test data during hydrostatic triaxial soaking test

Table 7.2

试样编号	净围压（kPa）	吸力（kPa）	固结阶段 ε_v（%）			浸水阶段 ε_v^{sh}（%）		
			试验值	模型Ⅰ	模型Ⅱ	试验值	模型Ⅰ	模型Ⅱ
1号	100	150	1.23	1.29	1.41	4.31	4.69	3.87
4号	100	250	1.60	1.64	1.68	4.79	5.01	4.17

注：模型Ⅰ代表了本书中新建模型．模型Ⅱ为文献[55]建立的模型。

算例4：主应力比三轴压缩试验

陈正汉等[20]进行了不同主应力比为常数的三轴压缩试验，研究了黄土在水和力作用下的湿陷变形，以净平均应力与湿陷体应变的关系为例进行计算，如图7.3所示。由该图可知，主应力比K为0.1或0.2时，模型计算结果与试验结果吻合较好，而且在较小的净平均应力作用下，湿陷体应变增长较快，且伴随出现较明显的软化效应，这与结构损伤的影响密切相关。当主应力比增大时，前期湿陷变形计算结果能够体现结构损伤以及湿化变形，但是随着湿陷体应变的增大，净平均应力并没有出现向上增大的趋势，而慢慢出现软化破坏现象，该阶段两者吻合度不高。

陈正汉[342]等认为K大于或等于0.4后，净平均应力使土样变得密实，即使浸水使得黄土原有结构性消失，但是新结构的生成使得抵御外部荷载的能力增强。在一定应力状态下，黄土的原有结构破坏，并能形成新的稳定结构，软硬化相伴而生。然而，定义的结构损伤因子，假定结构损伤一直在扩大，无法反映新结构生成对于抵御外部荷载能力的贡献；另外模型假定中规定含水率的增加即出现损伤，实时上含水率增大时未必出现较大的湿陷变形，因此也夸大了含水率对损伤的影响，进而造成湿陷变形增大。如果定义的结构损伤因子既体现加载和浸水的软化效应，又反映新结构生成的强化效应，无疑对解决这一问题提供了新思路，目前尚在探究中。

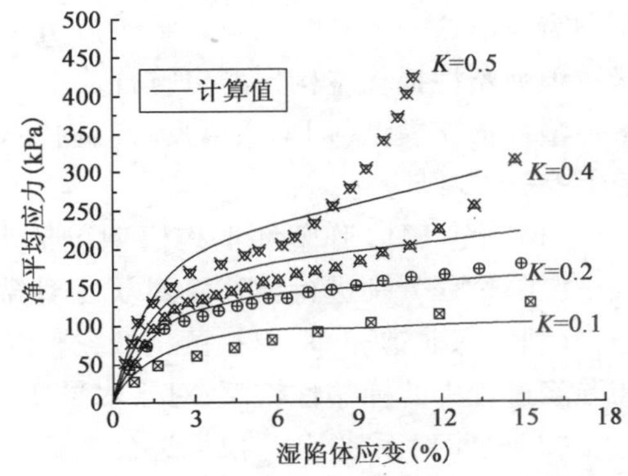

图7.3　主应力比K为常数的三轴压缩试验与模型计算结果比较

Fig. 7.3　Comparison of computed results and loess collapsibility triaxial teston condition of principal stress ratio K as a constant

将本书模型计算结果与文献[55]建立的考虑结构损伤的原状湿陷性黄土的本构模型对同一试样进行计算对比。固结过程中，本文模型计算结果与文献[55]模型基本一致，均采用弹性变形计算；浸水过程中的湿陷变形，两者计算结果差距不大，这也说明本书结果的可靠性。利用关联流动法则，可以使给定边界条件的问题求得唯一解[346]；非关联流动法则加大了计算量，诸多模型仍采用该法则进行计算[347]。本书采用关联流动法则推导得到了完全调整部分应力应变关系，而文献[55]采用非关联流动法则计算完全调整部分，从计算结果来看，两者差别不是太大，而且采用关联流动法则能为弹塑性模量矩阵的推导提供一定的便利，可见关联流动法则仍具有一定的应用性。

从以上4个算例可知，本章建立的模型对于描述非饱和 Q_3 原状黄土的力学变形特征有着较大的优势，但也存在诸多不足，突出表现在结构损伤的引入有效反映了原状黄土在加载和浸水过程中变形软化效应，对于模拟黄土的应力应变关系有着较好的贡献，但是结构损伤存在扩大软化效应的不足之处，不能有效反映加载和浸水后期由于新结构生成而对原状黄土力学变形的影响。另外，需要指出《黄土规范》将湿陷性黄土地区划分为7个区，不同区域黄土的物理化学成分存在一定的差异，尤其是其湿陷特征上存在一定区别。兰州和平镇黄土[271]和兰州兰工坪黄土[331]都位于Ⅰ区（陇西地区），宁夏固原扬黄扶贫工程黄土[55]位于Ⅱ区（陇东—陕北—晋西北地区）。从湿陷性黄土分区图上看，宁夏固原位于Ⅱ区西边缘，紧邻Ⅰ区的东边缘，所以固原黄土的性质与Ⅰ区黄土比较接近，但也存在一定差异。陈正汉等[20]研究的西安黄土与兰州黄土的工程力学性质存在一定差异，这也是导致图7.3中计算结果吻合度不高的重要因素。因此，试验参数的选取对于模型计算结果是否合理起到了重要影响作用，试验参数的选取也是研究人员需要重视的关键问题。

7.7 本 章 小 结

非饱和 Q_3 原状黄土的结构性在加载和湿陷过程会逐渐减小甚至消失，建立的相应本构模型则需考虑这一重要特征。以结构损伤为契入点，建立一个基于细观结构演化的非饱和 Q_3 原状黄土弹塑性损伤本构模型更符合黄土的固有力学特性。基于此，提出一个非饱和 Q_3 原状黄土弹塑性损伤模型（EDC），以反映结构性对非饱和原状黄土加载和湿陷过程中力学变形响应的影响，主要结论包括：

（1）新建EDC弹塑性本构模型包括土骨架变形与水量变化两个方面，对加载过程和加载—湿陷过程分别进行描述。对于土骨架方面，以修正Barcelona非饱和土弹塑性模型为基础，分别引入非饱和 Q_3 原状黄土加载和湿陷过程中的结构演化方程，得到描述土骨架在加载和湿陷过程中的弹塑性模型；对于水量变化方面用土—水特征曲线描述。

（2）初步对新建EDC模型进行了验证，模型计算结果与非饱和 Q_3 原状黄土的4种计算案例试验数据吻合度较高，说明模型一定程度上反映了结构性对 Q_3 原状黄土加载和湿陷过程中的固有力学变形特性的影响。模型中引入的结构损伤有效反映了原状黄土在加载和浸水过程中变形软化效应，对于模拟黄土的应力应变关系有着较好的贡献。然而，结构损伤存在扩大软化效应的不足之处，不能有效反映加载和浸水后期由于新结构生成而对原状黄土力学变形的影响，需要进一步的深入研究。

（3）推导了弹塑性本构模型各元素的具体表达式，根据结构性影响的加载和湿陷过程中的本构模型，可以相应得到由于结构性而引起的弹塑性模量矩阵表达式，进而考虑了结构性对弹塑性模量矩阵的影响，为下文建立非饱和 Q_3 原状黄土流固耦合模型创造了必备条件。

第8章 非饱和原状黄土的弹塑性损伤流固耦合模型及其有限元应用

自重湿陷性黄土场地上的浸水过程是一个典型的非饱和—饱和多场耦合过程,涉及黄土的湿陷变形、水分迁移、气体驱遣和结构损伤等方面,准确认识这一特殊的多场耦合效应必须将这些影响因素一一考虑。现场浸水试验对于认识湿陷变形规律有着不可替代作用,但是对于如何反映多场之间的耦合机制以及影响机理却存在不足,特别是很难深入了解黄土地基浸水湿陷变形过程中多场耦合宏观表现,无法实时了解多场耦合响应,而多场耦合数值计算对于认识该类问题却有一定的优势,但是数值试验也必须建立在黄土地基多场耦合真实面貌的基础上,因此建立一个反映黄土特殊力学变形响应的流固耦合模型具有重要的现实意义。

Jiang 等[348]、Costa 等[349]、Haeri 等[350]和 Rotisciani 等[351]对湿陷性土的水力耦合效应展开研究,但是无法反映湿陷性土浸水过程中湿陷变形突变效应,关键没有反映结构性特征。湿陷性黄土湿陷过程中伴随着显著的湿陷变形,湿陷变形与结构性密切相关,因此在计算黄土湿陷变形时,必须考虑结构性的影响[345]。

非饱和流固理论在解决地基变形问题上有着较好的应用[352],Lloret 等[236]基于非饱和流固理论对湿润锋形态以及浸水引起的湿陷/湿胀变形展开研究;Liu[353]等建立基于弹塑性本构模型的流固耦合模型对降雨/蒸发条件下的地基变形和孔隙水压力变化进行了模拟。这些研究对于解决浸水引起的黄土地基变形问题有着较好的借鉴意义,但是这些研究能否适用于湿陷性黄土地基,还需要进一步研究,主要表现在无法反映结构性对于地基变形的影响。Gvirtzman[354]等针对以色列沉积砂质黄土进行浸水试验的水分扩散规律展开监测,并通过数值计算预测了地基中水分场的运移规律。郑建国等[355]采用莫尔—库仑弹塑性模型,借助有限差分法软件对自重湿陷性黄土地基的湿陷变形展开研究,将土单元简化为湿陷性土单元和非湿陷土单元两种工况,这种简化是否可靠有待进一步探讨。

水气运移规律对非饱和土变形产生较大影响,水气之间相互制约,气体的排除直接影响着湿润锋的前进以及浸润区的形态,进而影响地基变形特征[271]。Dixon 等[356]研究表明孔隙气压力能够阻止或延缓地表水直接流入土的内部孔隙中,直接影响流固耦合结果。事实上非饱和渗透系数以及非饱和渗气系数随着含水率的变化而变化[127,357]。黄土地基的浸水试验必须兼顾非饱和水气运移对多场耦合的影响,才能真实反映浸水入渗过程的耦合响应。

考虑结构性是为了突出结构损伤对黄土地基浸水湿陷变形过程的影响,考虑水气运移是为了真实反映非饱和入渗变化规律。这些鲜明特征只有在反映非饱和原状黄土真实面貌的本构模型基础上,并建立相应的流固耦合模型及编写相应的计算程序才能较好体现。目前适宜于湿陷性黄土的流固耦合模型还未真正建立,而商业软件在解决自重湿陷性黄土浸水变形多场耦合问题上也显得力不从心,更谈不上解决黄土地区的实际工程问题。

基于此,本章在已建立的考虑结构性的非饱和黄土弹塑性本构模型(EDM)基础上,充分考虑结构性以及非饱和水气运移规律，建立考虑结构性的非饱和原状黄土弹塑性损伤流固耦合模型[Elastoplastic Damage Seepage-Consolidation Coupled Model（EDSCM）]。参考陈正汉等人编写的非饱和土非线性分析程序 CSU8、非饱和土弹塑性固结程序 USEPC 以及非饱和膨胀土弹塑性损伤固结程序 UESEPDC[358,359]，借助 Fortran 语言编写适宜于非饱和黄土地基的有限元计算程序 ULEDSC（Unsaturated Loess Elastoplastic Damage Seepage Consolidation），对兰州和平自重湿陷性黄土的现场原位试验开展多场耦合计算[271]，以期明晰湿陷变形、水气运移、结构损伤等因素的相互耦合机制及其影响机理，得到水分场、孔压场、位移场以及损伤场等变化特征。这些研究是对考虑结构性的非饱和黄土弹塑性损伤固结模型在工程应用方面的初步探索与尝试，具有较高的学术价值和实用价值，对于预测自重湿陷性黄土地区的地基湿陷变形具有较高的借鉴意义。

8.1 非饱和弹塑性损伤流固耦合模型的控制方程

为了简化问题，特做以下基本假设[360]：①不考虑相变和气在水中的溶解；②组分应力是对称的；③土是均质各向同性的，小变形，准静态，不计惯性力；④土中水与气各自连通，水、气不承受剪应力；⑤土粒和水不可压缩，但土骨架可压缩；⑥等温过程，不计热效应，气相服从理想气体的状态方程；⑦饱和—非饱和渗流服从达西定律。此外，沿用土力学惯例，以压应力和压应变为正，拉为负。

非饱和土流固模型的基本方程包括 4 类，即平衡方程、连续性方程、几何方程和本构方程，现逐一列出。

8.1.1 平衡方程

非饱和土的平衡方程包括总体平衡方程、液相平衡方程和气相平衡方程，总计 3 个部分。平衡方程均以孔隙水压力、孔隙气压力和各相运动速率为因变量建立，3 部分方程分别如下所述。

总体平衡方程：

$$\frac{\partial}{\partial x_j}(\sigma_{ij}-u_a\delta_{ij})+\frac{\partial u_a\delta_{ij}}{\partial x_j}+f_{0i}=0 \tag{8.1}$$

式中：f_{0i}——体力；

u_a——孔隙气压力；

δ_{ij}——Kroneker 记号。

液相平衡方程：

$$\theta\cdot(\vec{v}_{wi}-\vec{v}_{si})+k_w\frac{\partial}{\partial x_i}\left(\frac{u_w}{r_w}+y\right)=0 \tag{8.2}$$

式中：k_w——非饱和渗透系数，与基质吸力 s 密切相关；

θ——体积含水率，其值等于饱和度 s_r 和孔隙率 n 的乘积；

$\vec{v}_{wi}$——液相速度矢量；

$\vec{v}_{si}$——固相速度矢量；

r_w——液相重度。

气相平衡方程：

$$(n-\theta)(\vec{v}_{ai}-\vec{v}_{si})+k_a\frac{\partial}{\partial x_i}\left(\frac{u_a}{r_w}\right)=0 \tag{8.3}$$

式中：k_a——非饱和渗气系数，与基质吸力 s 密切相关；

$\vec{v}_{ai}$——气相速度矢量；

u_a——孔隙气压力。

非饱和水气运移规律是非饱和渗流计算中一项重要内容，非饱和渗透系数与渗气系数随着基质吸力的变化而变化，因此本书中 k_w 和 k_a 采用前文中的试验成果，其具体公式为：

非饱和渗透系数 k_w

$$\lg k_w=A+\frac{B\cdot(1+e)}{e}\left\{\theta_r+\frac{\theta_s-\theta_r}{[1+(\alpha s)^n]^m}\right\} \tag{8.4}$$

式中：A、B——拟合参数；

e——孔隙比；

s——基质吸力；

θ_r——残余体积含水率；

θ_s——饱和体积含水率；

α、m、n——试验参数，其中 $m=1-1/n$。具体参数可见前文。

非饱和渗气系数 k_a

$$k_a=k_{da}\exp\left\{\xi\left\{\theta_r+\frac{\theta_s-\theta_r}{[1+(\alpha)^n]^m}\right\}^{\zeta}\right\} \tag{8.5}$$

式中：ξ、ζ——无单位量纲的试验参数；

k_{da}——试样含水率完全干燥后的渗气系数；

其余参数与上式相同。

8.1.2 连续性方程

根据质量守恒方程和广义达西定律，在考虑源汇项条件下，非饱和土的固相、液相和气相3部分的连续性方程分别写为：

固相

$$\frac{\partial}{\partial t}(1-n)+\nabla\cdot[(1-n)\vec{v}_{si}]=0 \tag{8.6}$$

液相

$$\frac{\partial}{\partial t}\theta+\nabla\cdot(\theta\cdot\vec{v}_{wi})+q_w=0 \tag{8.7}$$

气相

$$\frac{\partial}{\partial t}[(n-\theta)p_g]+\nabla\cdot[(n-\theta)p_g\vec{v}_{ai}]+q_a=0 \tag{8.8}$$

式中：p_g——$p_g=u_a+p_{atm}$；

p_{atm}——大气压；

q_w、q_a——单位面积上水气的补给量；

其余符号与前文相同。

固相、液相和气相速度矢量可分别写为：

固相速度矢量

$$\nabla \cdot \vec{v}_{si} = \nabla \cdot \left(\frac{\partial \boldsymbol{X}}{\partial t}\right) = \frac{\partial}{\partial t} \nabla \cdot \left(\frac{\partial \boldsymbol{u}}{\partial x} + \frac{\partial \boldsymbol{v}}{\partial x} + \frac{\partial \boldsymbol{w}}{\partial x}\right) = -\delta_{ij} \frac{\partial \boldsymbol{\varepsilon}_{ij}}{\partial t} \tag{8.9}$$

液相速度矢量

$$\vec{v}_{wi} = -\frac{\vec{k}_w}{r_w}(\nabla u_w - r_w) \tag{8.10}$$

气相速度矢量

$$\vec{v}_a = -\frac{\vec{k}_a}{r_a}(\nabla u_a - r_a) \tag{8.11}$$

如果不考虑水气源汇项，液相和气相连续性方程左侧去掉 q_w 和 q_a。

8.1.3 几何方程

平面问题中，几何方程可采用应变张量 $\boldsymbol{\varepsilon}_{ij}$，其表达式为：

$$\boldsymbol{\varepsilon}_{ij} = -\frac{1}{2}\left(\frac{\partial u_i}{\partial x_j} + \frac{\partial u_j}{\partial x_i}\right) \tag{8.12}$$

式中，负号“-”与土力学压为正的规定相统一。

上式可以化为矩阵形式：

$$\{\varepsilon\} = \left[\frac{\partial u}{\partial x} \quad \frac{\partial v}{\partial y} \quad \frac{\partial v}{\partial x} + \frac{\partial u}{\partial y}\right]^{\mathrm{T}} \tag{8.13}$$

式中：u、v——平面坐标 x 和 y 方向的位移。

8.1.4 本构方程

本书中流固耦合模型的本构方程包括固相和液相两部分。

固相本构关系如第7章加载和湿陷过程中弹塑性模量矩阵，其具体形式：

$$\Delta \boldsymbol{\sigma}'_{ij} = \boldsymbol{D}^{\mathrm{ep}}_{ijkl} \Delta \varepsilon_{kl} + \boldsymbol{F}_{i,j} \mathrm{d}s \delta_{ij} = [D]_{\mathrm{dmg}}[\Delta \varepsilon] + [F]_{\mathrm{dmg}}[\mathrm{d}s] \tag{8.14}$$

式中：$\boldsymbol{D}^{\mathrm{ep}}_{ijkl}$——与应变相关的加载和湿陷过程中弹塑性模量矩阵，分别对应前文中的 $\boldsymbol{D}^{\mathrm{D}}_{ijkl}$ 和 $\boldsymbol{D}^{\mathrm{sh}}_{ijkl}$，统一写为矩阵形式 $[D]_{\mathrm{dmg}}$；

$\boldsymbol{F}_{i,j}$——与吸力相关的弹塑性损伤模量矩阵，统一写为 $[F]_{\mathrm{dmg}}$。

将上式写成矩阵形式：

$$\begin{pmatrix} \Delta\sigma'_x \\ \Delta\sigma'_y \\ \Delta\sigma'_z \\ \Delta\tau'_{xy} \\ \Delta\tau'_{yz} \\ \Delta\tau'_{zx} \end{pmatrix} = \begin{pmatrix} D_{11} & D_{12} & D_{13} & D_{14} & D_{15} & D_{16} \\ D_{21} & D_{22} & D_{23} & D_{24} & D_{25} & D_{26} \\ D_{31} & D_{32} & D_{33} & D_{34} & D_{35} & D_{36} \\ D_{41} & D_{42} & D_{43} & D_{44} & D_{45} & D_{46} \\ D_{51} & D_{52} & D_{53} & D_{54} & D_{55} & D_{56} \\ D_{61} & D_{62} & D_{63} & D_{64} & D_{65} & D_{66} \end{pmatrix} \begin{pmatrix} \Delta\varepsilon_x \\ \Delta\varepsilon_y \\ \Delta\varepsilon_z \\ \Delta\gamma_{xy} \\ \Delta\gamma_{yz} \\ \Delta\gamma_{zx} \end{pmatrix} + \begin{pmatrix} F_1 \\ F_2 \\ F_3 \\ F_4 \\ F_5 \\ F_6 \end{pmatrix} \begin{pmatrix} \Delta s \\ \Delta s \\ \Delta s \\ \Delta s \\ \Delta s \\ \Delta s \end{pmatrix}$$

水量变化采用广义土—水特征曲线,按文献[59]给出的公式计算,考虑净平均应力、吸力和偏应力的影响,方程如下:

$$w = w_0 - ap - b\ln\left(\frac{s + p_{\mathrm{atm}}}{p_{\mathrm{atm}}}\right) - cq \tag{5.58}$$

其中,

$$a = \beta_{\mathrm{p}} = \frac{1 + e_0}{d_{\mathrm{s}} K_{\mathrm{wpt}}} \tag{5.59}$$

$$b = \beta_{\mathrm{s}} = \frac{(1 + e_0)\lambda_{\mathrm{w}}(p)}{d_{\mathrm{s}} \ln 10} \tag{5.60}$$

$$c = \beta_{\mathrm{q}} = \frac{1 + e_0}{d_{\mathrm{s}} K_{\mathrm{wqt}}} \tag{5.61}$$

以上4式中,下标 t 表示切线的意义,H_{wpt}、H_{wt} 和 K_{wqt} 分别表示与净平均应力、吸力和偏应力相关的水的切线体积模量。3个参数获取方法具体见前文。

通过一系列推导,将广义土—水特征曲线式(5.58)化简为:

$$\mathrm{d}\varepsilon_{\mathrm{w}} = \frac{\mathrm{d}p}{K_{\mathrm{wpt}}} + \frac{\mathrm{d}s}{H_{\mathrm{wt}}} + \frac{\mathrm{d}q}{K_{\mathrm{wqt}}} \tag{8.15}$$

净平均应力增量形式为:

$$\mathrm{d}p = \frac{1}{3}\mathrm{d}\sigma_{ii} = \mathrm{d}(\sigma_{\mathrm{m}} - u_{\mathrm{a}})$$

将式(8.15)变为增量形式:

$$\Delta\varepsilon_{\mathrm{w}} = \frac{\Delta(\sigma_{\mathrm{m}} - u_{\mathrm{a}})}{K_{\mathrm{wpt}}} + \frac{\Delta(u_{\mathrm{a}} - u_{\mathrm{w}})}{H_{\mathrm{wt}}} + \frac{\Delta q}{K_{\mathrm{wqt}}} \tag{8.16}$$

偏应力具体表达式为:

$$q = \frac{1}{\sqrt{2}}\sqrt{(\sigma_x - \sigma_y)^2 + (\sigma_y - \sigma_z)^2 + (\sigma_z - \sigma_x)^2 + 6(\tau_{xy}^2 + \tau_{yz}^2 + \tau_{zx}^2)}$$

对上式求偏导,并化简:

$$\mathrm{d}q = \sqrt{\frac{2}{q}} \cdot \begin{bmatrix} 2\sigma_x - \sigma_y - \sigma_z \\ 2\sigma_y - \sigma_z - \sigma_x \\ 2\sigma_z - \sigma_x - \sigma_y \\ 6\tau_{xy} \\ 6\tau_{yz} \\ 6\tau_{zx} \end{bmatrix}^{\mathrm{T}} [\mathrm{d}\sigma] = [L][\mathrm{d}\sigma] \tag{8.17}$$

式中,$[L]$ 为方便计算引进的矩阵表达式。

将上式展开,得到:

$$\begin{aligned}\mathrm{d}q = {} & \sqrt{\frac{2}{q}} \cdot (2\sigma_x - \sigma_y - \sigma_z)\mathrm{d}\sigma_x + \sqrt{\frac{2}{q}} \cdot (2\sigma_y - \sigma_z - \sigma_x)\mathrm{d}\sigma_y + \sqrt{\frac{2}{q}} \cdot \\ & (2\sigma_z - \sigma_x - \sigma_y)\mathrm{d}\sigma_z + \sqrt{\frac{2}{q}} \cdot 6\tau_{xy}\mathrm{d}\tau_{xy} + \sqrt{\frac{2}{q}} \cdot 6\tau_{yz}\mathrm{d}\tau_{yz} + \sqrt{\frac{2}{q}} \cdot 6\tau_{zx}\mathrm{d}\tau_{zx}\end{aligned} \tag{8.18}$$

上式可以写为：

$$dq = A_1 d\sigma_x + A_2 d\sigma_y + A_3 d\sigma_z + A_4 d\tau_{xy} + A_5 d\tau_{yz} + A_6 d\tau_{zx} \tag{8.19}$$

$$\Delta q = A_1 \Delta\sigma_x + A_2 \Delta\sigma_y + A_3 \Delta\sigma_z + A_4 \Delta\tau_{xy} + A_5 \Delta\tau_{yz} + A_6 \Delta\tau_{zx} \tag{8.20}$$

其中，$A_1 = \sqrt{\frac{2}{q}} \cdot (2\sigma_x - \sigma_y - \sigma_z), A_2 = \sqrt{\frac{2}{q}} \cdot (2\sigma_y - \sigma_z - \sigma_x)$，

$$A_3 = \sqrt{\frac{2}{q}} \cdot (2\sigma_z - \sigma_x - \sigma_y), A_4 = 6\tau_{xy}\sqrt{\frac{2}{q}}, A_5 = 6\tau_{yz}\sqrt{\frac{2}{q}}, A_6 = 6\tau_{zx}\sqrt{\frac{2}{q}} \tag{8.21}$$

通过以上推导，广义土—水特征曲线转化为：

$$\Delta\varepsilon_w = \frac{\Delta(\sigma_m - u_a)}{K_{wpt}} + \frac{\Delta(u_a - u_w)}{H_{wt}} + \frac{[L][\Delta\sigma]}{K_{wqt}} \tag{8.22}$$

以上本构方程有的为全量形式，有的则为增量形式，这会给下文的有限元计算带来一定的困难，因此将固相和液相本构关系中的全量形式写为增量形式。将式(8.12)和式(8.14)代入平衡方程式(8.1)中，得到：

$$-\frac{1}{2}\left[D_{ijkl}\left(\frac{\partial u_k}{\partial x_l} + \frac{\partial u_l}{\partial x_k}\right)\right]_{,j} + [F_i(\Delta u_a - \Delta u_w)\delta_{ij}]_{,j} + \Delta u_{a,j}\delta_{ij} + f_{0i} = 0 \tag{8.23}$$

将其化简为：

$$-\frac{1}{2}\left[D_{ijkl}\left(\frac{\partial u_k}{\partial x_l} + \frac{\partial u_l}{\partial x_k}\right)\right]_{,j} + F_{i,j}(\Delta u_a - \Delta u_w)\delta_{ij} + (F_i\delta_{ij} + 1) \cdot \Delta u_{a,j} - F_i\delta_{ij}\Delta u_{w,j} + f_{0i} = 0 \tag{8.24}$$

将液相平衡方程(8.2)代入液相连续方程(8.7)，得：

$$\frac{\partial}{\partial t}\theta + \nabla \cdot \left[\theta \vec{v}_{si} - k_w \frac{\partial}{\partial x_i}\left(\frac{u_w}{r_w} + y\right)\right] + q_w = 0 \tag{8.25}$$

又因为体积含水率与水相体变呈以下关系：

$$\theta = \theta_0 - \varepsilon_w \tag{8.26}$$

将上式代入式(8.25)并求偏导：

$$-\frac{\partial\varepsilon_w}{\partial t} + \nabla \cdot \theta\overrightarrow{v_{si}} - \nabla \cdot k_w \frac{\partial}{\partial x_i}\left(\frac{u_w}{r_w} + y\right) + q_w = 0 \tag{8.27}$$

再将上式再改为增量形式：

$$-\frac{\partial\Delta\varepsilon_w}{\partial t} + \nabla \cdot (\theta\Delta \vec{v}_{si}) - \nabla \cdot k_w \frac{\partial}{\partial x_i}\left(\frac{\Delta u_w}{r_w} + y\right) + q_w = 0 \tag{8.28}$$

将液相本构方程(8.16)代入上式，结合固相本构方程(8.14)，并化简得到：

$$\frac{\partial \boldsymbol{D}_{iikl}\left(\frac{\partial u_k}{\partial x_l} + \frac{\partial u_l}{\partial x_k}\right)}{6K_{wpt}\partial t} + \frac{[L]\partial \boldsymbol{D}_{ijkl}\left(\frac{\partial u_k}{\partial x_l} + \frac{\partial u_l}{\partial x_k}\right)}{2K_{wqt}\partial t} - \left(\frac{\boldsymbol{F}_i\boldsymbol{m}_i}{3K_{wpt}\partial t} + \frac{1}{H_{wt}\partial t} + \frac{[L]\boldsymbol{F}_i\boldsymbol{m}_i}{K_{wqt}}\right) \times$$

$$\frac{\partial\Delta(u_a - u_w)}{\partial t} + \nabla \cdot \theta\Delta\overrightarrow{v_{si}} - \nabla \cdot k_w \frac{\partial}{\partial x_i}\left(\frac{\Delta u_w}{r_w} + y\right) + q_w = 0 \tag{8.29}$$

再将气相平衡方程(8.3)代入气相连续方程(8.8)中，得：

$$\frac{\partial}{\partial t}[(n-\theta)P_{g}]+P_{g}\nabla\cdot\left[(n-\theta)\vec{v}_{si}-k_{a}\frac{\partial}{\partial x_{i}}\left(\frac{u_{a}}{r_{w}}\right)\right]+q_{a}=0 \tag{8.30}$$

上式化简得到：

$$\frac{\partial n}{\partial t}-\frac{\partial\theta}{\partial t}+\frac{(n-\theta)}{P_{g}}\frac{\partial u_{a}}{\partial t}+\nabla\cdot(n-\theta)\vec{v}_{si}+q_{a}=\nabla\cdot\left[\frac{k_{a}}{r_{w}}\frac{\partial u_{a}}{\partial x_{i}}\right] \tag{8.31}$$

由固相连续方程(8.6)可知：

$$\frac{\partial n}{\partial t}=\nabla\cdot[(1-n)\overrightarrow{v_{si}}] \tag{8.32}$$

将上式和式(8.26)代入式(8.31)，并写成增量形式，得到：

$$\frac{\partial\Delta\varepsilon_{w}}{\partial t}+\nabla\cdot[(1-\theta)\Delta\vec{v}_{si}]+\frac{(n-\theta)}{P_{g}}\frac{\partial\Delta u_{a}}{\partial t}+q_{a}=\nabla\cdot\left[\frac{k_{a}}{r_{w}}\frac{\partial\Delta u_{a}}{\partial x_{i}}\right] \tag{8.33}$$

再将水相本构方程(8.16)代入上式，最终得到：

$$-\frac{\partial\left[\boldsymbol{D}_{iikl}\left(\frac{\partial u_{k}}{\partial x_{l}}+\frac{\partial u_{l}}{\partial x_{k}}\right)\right]}{6K_{wpt}\partial t}-\frac{[L]\cdot\partial\left[\boldsymbol{D}_{ijkl}\left(\frac{\partial u_{k}}{\partial x_{l}}+\frac{\partial u_{l}}{\partial x_{k}}\right)\right]}{2K_{wqt}\partial t}+\left(\frac{\boldsymbol{F}_{i}\boldsymbol{m}_{i}}{3K_{wpt}\partial t}+\frac{1}{H_{wt}\partial t}+\frac{[L]\boldsymbol{F}_{i}\boldsymbol{m}_{i}}{K_{wqt}}\right)\times$$

$$\frac{\partial\Delta(u_{a}-u_{w})}{\partial t}+\nabla\cdot[(1-\theta)\vec{v}_{si}]+\frac{(n-\theta)}{P_{g}}\frac{\partial u_{a}}{\partial t}+q_{a}=\nabla\cdot\left[\frac{k_{a}}{r_{w}}\frac{\partial u_{a}}{\partial x_{i}}\right] \tag{8.34}$$

式(8.24)、式(8.29)和式(8.34)即为非饱和流固的控制方程组。每个方程组中包含5个未知量，充分体现了应力、应变、渗水和渗气的耦合效应。将第4章中式(4.21)和式(4.58)分别代入式(8.29)和式(8.34)中(此处不再写出具体表达式)，就可以考虑入渗过程中含水率变化对非饱和渗透系数和渗气系数的影响。以上控制方程均以增量形式给出，每一次增量中材料参数视为常数，到增量的末尾根据实际的应力和变形来调整。弹塑性矩阵元素和吸力影响的矩阵元素根据当时的应力状态来调整，以反映土体所处的状态。

8.2　控制方程二维坐标中的形式及离散化

8.2.1　二维坐标形式

为了简化计算方法和模型，将复杂的三维问题化简为平面问题。本节主要将控制方程化为二维坐标形式，不考虑 z 轴方向所有元素。

联立总体平衡方程(8.1)和土骨架弹塑性本构关系的矩阵形式，并代入有效应力计算表达式，化简得到：

$$\left\{\begin{aligned}&\frac{\partial\sigma'_{x}}{\partial x}+\frac{\partial\tau_{xy}}{\partial y}+\frac{\partial\tau_{xz}}{\partial z}+f_{0x}=0 && (8.35a)\\&\frac{\partial\tau_{xy}}{\partial x}+\frac{\partial\sigma'_{y}}{\partial y}+\frac{\partial\tau_{yz}}{\partial z}+f_{0y}=0 && (8.35b)\\&\frac{\partial\tau_{zx}}{\partial x}+\frac{\partial\tau_{yz}}{\partial y}+\frac{\partial\sigma'_{z}}{\partial z}+f_{0z}=0 && (8.35c)\end{aligned}\right.$$

现将土骨架弹塑性本构关系的矩阵形式展开，得：

$$
\begin{cases}
\Delta\sigma'_x = D_{11}\Delta\varepsilon_x + D_{12}\Delta\varepsilon_y + D_{13}\Delta\varepsilon_z + D_{14}\Delta\gamma_{xy} + D_{15}\Delta\gamma_{yz} + D_{16}\Delta\gamma_{zx} + F_1\Delta s \\
\Delta\sigma'_y = D_{21}\Delta\varepsilon_x + D_{22}\Delta\varepsilon_y + D_{23}\Delta\varepsilon_z + D_{24}\Delta\gamma_{xy} + D_{25}\Delta\gamma_{yz} + D_{26}\Delta\gamma_{zx} + F_2\Delta s \\
\Delta\sigma'_z = D_{31}\Delta\varepsilon_x + D_{32}\Delta\varepsilon_y + D_{33}\Delta\varepsilon_z + D_{34}\Delta\gamma_{xy} + D_{35}\Delta\gamma_{yz} + D_{36}\Delta\gamma_{zx} + F_3\Delta s \\
\Delta\tau'_{xy} = D_{41}\Delta\varepsilon_x + D_{42}\Delta\varepsilon_y + D_{43}\Delta\varepsilon_z + D_{44}\Delta\gamma_{xy} + D_{45}\Delta\gamma_{yz} + D_{46}\Delta\gamma_{zx} + F_4\Delta s \\
\Delta\tau'_{yz} = D_{51}\Delta\varepsilon_x + D_{52}\Delta\varepsilon_y + D_{53}\Delta\varepsilon_z + D_{54}\Delta\gamma_{xy} + D_{55}\Delta\gamma_{yz} + D_{56}\Delta\gamma_{zx} + F_5\Delta s \\
\Delta\tau'_{zx} = D_{61}\Delta\varepsilon_x + D_{62}\Delta\varepsilon_y + D_{63}\Delta\varepsilon_z + D_{64}\Delta\gamma_{xy} + D_{65}\Delta\gamma_{yz} + D_{66}\Delta\gamma_{zx} + F_6\Delta s
\end{cases}
\tag{8.36}
$$

再将几何方程(8.12)代入上式,得到:

$$
\begin{cases}
\Delta\sigma'_x = -\left[D_{11}\dfrac{\partial u}{\partial x} + D_{12}\dfrac{\partial v}{\partial y} + D_{13}\dfrac{\partial w}{\partial z} + D_{14}\left(\dfrac{\partial u}{\partial y} + \dfrac{\partial v}{\partial x}\right) + D_{15}\left(\dfrac{\partial v}{\partial z} + \dfrac{\partial w}{\partial y}\right) + D_{16}\left(\dfrac{\partial u}{\partial z} + \dfrac{\partial w}{\partial x}\right)\right] + F_1\Delta s \\
\Delta\sigma'_y = -\left[D_{21}\dfrac{\partial u}{\partial x} + D_{22}\dfrac{\partial v}{\partial y} + D_{23}\dfrac{\partial w}{\partial z} + D_{24}\left(\dfrac{\partial u}{\partial y} + \dfrac{\partial v}{\partial x}\right) + D_{25}\left(\dfrac{\partial v}{\partial z} + \dfrac{\partial w}{\partial y}\right) + D_{26}\left(\dfrac{\partial u}{\partial z} + \dfrac{\partial w}{\partial x}\right)\right] + F_2\Delta s \\
\Delta\sigma'_z = -\left[D_{31}\dfrac{\partial u}{\partial x} + D_{32}\dfrac{\partial v}{\partial y} + D_{33}\dfrac{\partial w}{\partial z} + D_{34}\left(\dfrac{\partial u}{\partial y} + \dfrac{\partial v}{\partial x}\right) + D_{35}\left(\dfrac{\partial v}{\partial z} + \dfrac{\partial w}{\partial y}\right) + D_{36}\left(\dfrac{\partial u}{\partial z} + \dfrac{\partial w}{\partial x}\right)\right] + F_3\Delta s \\
\Delta\tau'_{xy} = -\left[D_{41}\dfrac{\partial u}{\partial x} + D_{42}\dfrac{\partial v}{\partial y} + D_{43}\dfrac{\partial w}{\partial z} + D_{44}\left(\dfrac{\partial u}{\partial y} + \dfrac{\partial v}{\partial x}\right) + D_{45}\left(\dfrac{\partial v}{\partial z} + \dfrac{\partial w}{\partial y}\right) + D_{46}\left(\dfrac{\partial u}{\partial z} + \dfrac{\partial w}{\partial x}\right)\right] + F_4\Delta s \\
\Delta\tau'_{yz} = -\left[D_{51}\dfrac{\partial u}{\partial x} + D_{52}\dfrac{\partial v}{\partial y} + D_{53}\dfrac{\partial w}{\partial z} + D_{54}\left(\dfrac{\partial u}{\partial y} + \dfrac{\partial v}{\partial x}\right) + D_{55}\left(\dfrac{\partial v}{\partial z} + \dfrac{\partial w}{\partial y}\right) + D_{56}\left(\dfrac{\partial u}{\partial z} + \dfrac{\partial w}{\partial x}\right)\right] + F_5\Delta s \\
\Delta\tau'_{zx} = -\left[D_{61}\dfrac{\partial u}{\partial x} + D_{62}\dfrac{\partial v}{\partial y} + D_{63}\dfrac{\partial w}{\partial z} + D_{64}\left(\dfrac{\partial u}{\partial y} + \dfrac{\partial v}{\partial x}\right) + D_{65}\left(\dfrac{\partial v}{\partial z} + \dfrac{\partial w}{\partial y}\right) + D_{66}\left(\dfrac{\partial u}{\partial z} + \dfrac{\partial w}{\partial x}\right)\right] + F_6\Delta s
\end{cases}
\tag{8.37}
$$

式(8.37)中,$\Delta\sigma'_x$、$\Delta\tau'_{xy}$和$\Delta\tau'_{zx}$分别对x、y和z求偏导,并代入式(8.35a)中,得到:

$$
\begin{aligned}
&\left[D_{11}\frac{\partial^2 u}{\partial x^2} + D_{12}\frac{\partial^2 v}{\partial x\partial y} + D_{13}\frac{\partial^2 w}{\partial x\partial z} + D_{14}\left(\frac{\partial^2 u}{\partial x\partial y} + \frac{\partial^2 v}{\partial x^2}\right) + D_{15}\left(\frac{\partial^2 v}{\partial x\partial z} + \frac{\partial^2 w}{\partial x\partial y}\right) + D_{16}\left(\frac{\partial^2 u}{\partial x\partial z} + \frac{\partial^2 w}{\partial x^2}\right)\right] \\
&\left[D_{41}\frac{\partial^2 u}{\partial x\partial y} + D_{42}\frac{\partial^2 v}{\partial y^2} + D_{43}\frac{\partial^2 w}{\partial y\partial z} + D_{44}\left(\frac{\partial^2 u}{\partial y^2} + \frac{\partial^2 v}{\partial x\partial y}\right) + D_{45}\left(\frac{\partial^2 v}{\partial y\partial z} + \frac{\partial^2 w}{\partial y^2}\right) + D_{46}\left(\frac{\partial^2 u}{\partial y\partial z} + \frac{\partial^2 w}{\partial x\partial y}\right)\right] \\
&\left[D_{61}\frac{\partial^2 u}{\partial x\partial z} + D_{62}\frac{\partial^2 v}{\partial y\partial z} + D_{63}\frac{\partial^2 w}{\partial z^2} + D_{64}\left(\frac{\partial^2 u}{\partial y\partial z} + \frac{\partial^2 v}{\partial x\partial z}\right) + D_{65}\left(\frac{\partial^2 v}{\partial z^2} + \frac{\partial^2 w}{\partial y\partial z}\right) + D_{66}\left(\frac{\partial^2 u}{\partial z^2} + \frac{\partial^2 w}{\partial x\partial z}\right)\right] \\
&\qquad - F_1\frac{\partial\Delta s}{\partial x} - F_4\frac{\partial\Delta s}{\partial y} - F_6\frac{\partial\Delta s}{\partial z} - \frac{\partial u_a}{\partial x} - f_{0x} = 0
\end{aligned}
\tag{8.38}
$$

将上式化为二维形式,消掉坐标轴z对应的元素,得到:

$$
\begin{aligned}
&D_{11}\frac{\partial^2 u}{\partial x^2} + D_{44}\frac{\partial^2 u}{\partial y^2} + D_{14}\frac{\partial^2 v}{\partial x^2} + D_{42}\frac{\partial^2 v}{\partial y^2} + (D_{12} + D_{44})\frac{\partial^2 v}{\partial x\partial y} + (D_{14} + D_{41})\frac{\partial^2 u}{\partial x\partial y} - \\
&\left[(F_1 + 1)\frac{\partial}{\partial x} + F_4\frac{\partial}{\partial y}\right]\Delta u_a + \left(F_1\frac{\partial}{\partial x} + F_4\frac{\partial}{\partial y}\right)\Delta u_w - f_{0x} = 0
\end{aligned}
\tag{8.39}
$$

同理,对式(8.37)中$\Delta\tau'_{xy}$、$\Delta\sigma'_y$和$\Delta\tau'_{yz}$分别进行x、y和z方向的偏导,代入式(8.35b),并简化为二维形式,最终得到:

$$
\begin{aligned}
&D_{41}\frac{\partial^2 u}{\partial x^2} + D_{44}\frac{\partial^2 v}{\partial x^2} + D_{24}\frac{\partial^2 u}{\partial y^2} + D_{22}\frac{\partial^2 v}{\partial y^2} + (D_{44} + D_{21})\frac{\partial^2 u}{\partial x\partial y} + (D_{42} + D_{24})\frac{\partial^2 v}{\partial x\partial y} - \\
&\left[(F_2 + 1)\frac{\partial}{\partial y} + F_4\frac{\partial}{\partial x}\right]\Delta u_a + \left(F_4\frac{\partial}{\partial x} + F_2\frac{\partial}{\partial y}\right)\Delta u_w - f_{0y} = 0
\end{aligned}
\tag{8.40}
$$

将 $\Delta(\sigma_m - u_a)$ 写为有效应力形式：

$$\Delta(\sigma_m - u_a) = (\Delta\sigma'_x + \Delta\sigma'_y + \Delta\sigma'_z)/3 \tag{8.41}$$

将式(8.37)代入上式：

$$\Delta(\sigma_m - u_a) = -\frac{1}{3}\Big[(D_{11}+D_{21}+D_{31})\frac{\partial u}{\partial x}+(D_{12}+D_{22}+D_{32})\frac{\partial v}{\partial y}+(D_{13}+D_{23}+D_{33})\frac{\partial w}{\partial z}+ (D_{14}+D_{24}+D_{34})\left(\frac{\partial u}{\partial y}+\frac{\partial v}{\partial x}\right)+(D_{15}+D_{25}+D_{35})\left(\frac{\partial v}{\partial z}+\frac{\partial w}{\partial y}\right)+ (D_{16}+D_{26}+D_{36})\left(\frac{\partial u}{\partial z}+\frac{\partial w}{\partial x}\right)\Big]+\frac{1}{3}(F_1+F_2+F_3)\Delta s \tag{8.42}$$

将上式化为平面坐标形式，消掉 z 方向的数值，得到：

$$\Delta(\sigma_m - u_a) = -\frac{1}{3}\Big[(D_{11}+D_{21}+D_{31})\frac{\partial u}{\partial x}+(D_{12}+D_{22}+D_{32})\frac{\partial v}{\partial y}+ (D_{14}+D_{24}+D_{34})\left(\frac{\partial u}{\partial y}+\frac{\partial v}{\partial x}\right)\Big]+\frac{1}{3}(F_1+F_2+F_3)\Delta s \tag{8.43}$$

根据式(8.20)和式(8.37)，将偏应力化为二维形式，得到：

$$\Delta q = -\Big[(A_1D_{11}+A_2D_{21}+A_3D_{31}+A_4D_{41}+A_5D_{51}+A_6D_{61})\frac{\partial u}{\partial x}+ (A_1D_{12}+A_2D_{22}+A_3D_{32}+A_4D_{42}+A_5D_{52}+A_6D_{62})\frac{\partial v}{\partial y}+ (A_1D_{14}+A_2D_{24}+A_3D_{34}+A_4D_{44}+A_5D_{54}+A_6D_{64})\left(\frac{\partial u}{\partial y}+\frac{\partial v}{\partial x}\right)\Big]+ (A_1F_1+A_2F_2+A_3F_3+A_4F_4+A_5F_5+A_6F_6)\Delta s \tag{8.44}$$

再将式(8.20)、式(8.37)和式(8.44)代入式(8.29)，得到：

$$\begin{aligned}&\left(\frac{D_{11}+D_{21}+D_{31}}{3K_{wpt}}+\frac{A_1D_{11}+A_2D_{21}+A_3D_{31}+A_4D_{41}+A_5D_{51}+A_6D_{61}}{K_{wqt}}+ns_r\right)\frac{\partial}{\partial t}\frac{\partial u}{\partial x}+\\&\left(\frac{D_{12}+D_{22}+D_{32}}{3K_{wpt}}+\frac{A_1D_{12}+A_2D_{22}+A_3D_{32}+A_4D_{42}+A_5D_{52}+A_6D_{62}}{K_{wqt}}+ns_r\right)\frac{\partial}{\partial t}\frac{\partial v}{\partial y}+\\&\left(\frac{D_{14}+D_{24}+D_{34}}{3K_{wpt}}+\frac{A_1D_{14}+A_2D_{24}+A_3D_{34}+A_4D_{44}+A_5D_{54}+A_6D_{64}}{K_{wqt}}\right)\frac{\partial}{\partial t}\left(\frac{\partial u}{\partial y}+\frac{\partial v}{\partial x}\right)-\\&\left(\frac{F_1+F_2+F_3}{3K_{wpt}}+\frac{1}{H_{wt}}+\frac{A_1D_{14}+A_2D_{24}+A_3D_{34}+A_4D_{44}+A_5D_{54}+A_6D_{64}}{K_{wqt}}\right)\frac{\partial\Delta u_a}{\partial t}+\\&\left(\frac{F_1+F_2+F_3}{3K_{wpt}}+\frac{1}{H_{wt}}+\frac{A_1F_1+A_2F_2+A_3F_3+A_4F_4+A_5F_5+A_6F_6}{K_{wqt}}\right)\frac{\partial\Delta u_w}{\partial t}\\&=\frac{k_w}{r_w}\left\{\frac{\partial}{\partial x}\left[\frac{\partial\Delta u_w}{\partial x}\right]+\frac{\partial}{\partial y}\left[\frac{\partial}{\partial y}(\Delta u_w+y)\right]\right\}-q_w\end{aligned} \tag{8.45}$$

上式写为全量形式，得到：

$$\begin{aligned}&a_1\frac{\partial}{\partial t}\frac{\partial u}{\partial x}+a_2\frac{\partial}{\partial t}\frac{\partial v}{\partial y}+a_3\frac{\partial}{\partial t}\left(\frac{\partial u}{\partial y}+\frac{\partial v}{\partial x}\right)+a_4\frac{\partial u_a}{\partial t}+a_5\frac{\partial u_w}{\partial t}\\&=\frac{k_w}{r_w}\left\{\frac{\partial}{\partial x}\left[\frac{\partial u_w}{\partial x}\right]+\frac{\partial}{\partial y}\left[\frac{\partial}{\partial y}(u_w+y)\right]\right\}-q_w\end{aligned} \tag{8.46}$$

式中，

$$a_1 = \frac{D_{11} + D_{21} + D_{31}}{3K_{\mathrm{wpt}}} + \frac{A_1D_{11} + A_2D_{21} + A_3D_{31} + A_4D_{41} + A_5D_{51} + A_6D_{61}}{K_{\mathrm{wqt}}} + ns_{\mathrm{r}}$$

$$a_2 = \frac{D_{12} + D_{22} + D_{32}}{3K_{\mathrm{wpt}}} + \frac{A_1D_{12} + A_2D_{22} + A_3D_{32} + A_4D_{42} + A_5D_{52} + A_6D_{62}}{K_{\mathrm{wqt}}} + ns_{\mathrm{r}}$$

$$a_3 = \frac{D_{14} + D_{24} + D_{34}}{3K_{\mathrm{wpt}}} + \frac{A_1D_{12} + A_2D_{22} + A_3D_{32} + A_4D_{42} + A_5D_{52} + A_6D_{62}}{K_{\mathrm{wqt}}}$$

$$a_4 = -a_5 = -\left(\frac{F_1 + F_2 + F_3}{3K_{\mathrm{wpt}}} + \frac{1}{H_{\mathrm{wt}}} + \frac{A_1F_1 + A_2F_2 + A_3F_3 + A_4F_4 + A_5F_5 + A_6F_6}{K_{\mathrm{wqt}}}\right) \tag{8.47}$$

再将式(8.20)、式(8.37)和式(8.44)代入式(8.34)，并将其展开，最终得到：

$$\begin{aligned}
&\left(1 - ns_{\mathrm{r}} - \frac{D_{11} + D_{21} + D_{31}}{3K_{\mathrm{wpt}}} - \frac{A_1D_{11} + A_2D_{21} + A_3D_{31} + A_4D_{41} + A_5D_{51} + A_6D_{61}}{K_{\mathrm{wqt}}}\right)\frac{\partial}{\partial t}\frac{\partial u}{\partial x} + \\
&\left(1 - ns_{\mathrm{r}} - \frac{D_{12} + D_{22} + D_{32}}{3K_{\mathrm{wpt}}} - \frac{A_1D_{12} + A_2D_{22} + A_3D_{32} + A_4D_{42} + A_5D_{52} + A_6D_{62}}{K_{\mathrm{wqt}}}\right)\frac{\partial}{\partial t}\frac{\partial v}{\partial y} - \\
&\left(\frac{D_{14} + D_{24} + D_{34}}{3K_{\mathrm{wpt}}} + \frac{A_1D_{12} + A_2D_{22} + A_3D_{32} + A_4D_{42} + A_5D_{52} + A_6D_{62}}{K_{\mathrm{wqt}}}\right)\frac{\partial}{\partial t}\left(\frac{\partial u}{\partial y} + \frac{\partial v}{\partial x}\right) + \\
&\left(\frac{F_1 + F_2 + F_3}{3K_{\mathrm{wpt}}} + \frac{1}{H_{\mathrm{wt}}} + \frac{n(1 - s_{\mathrm{r}})}{P_{\mathrm{g}}} + \frac{A_1F_1 + A_2F_2 + A_3F_3 + A_4F_4 + A_5F_5 + A_6F_6}{K_{\mathrm{wqt}}}\right)\frac{\partial \Delta u_a}{\partial t} - \\
&\left(\frac{F_1 + F_2 + F_3}{3K_{\mathrm{wpt}}} + \frac{1}{H_{\mathrm{wt}}} + \frac{A_1F_1 + A_2F_2 + A_3F_3 + A_4F_4 + A_5F_5 + A_6F_6}{K_{\mathrm{wqt}}}\right)\frac{\partial u_{\mathrm{w}}}{\partial t} \\
&= \frac{k_{\mathrm{a}}}{r_{\mathrm{w}}}\left\{\frac{\partial}{\partial x}\left[\frac{\partial \Delta u_{\mathrm{a}}}{\partial x}\right] + \frac{\partial}{\partial y}\left[\frac{\partial \Delta u_{\mathrm{a}}}{\partial y}\right]\right\} - q_{\mathrm{a}}
\end{aligned} \tag{8.48}$$

将式(8.48)进行简化，得到：

$$b_1\frac{\partial}{\partial t}\frac{\partial u}{\partial x} + b_2\frac{\partial}{\partial t}\frac{\partial v}{\partial y}b_3 + a_3\frac{\partial}{\partial t}\left(\frac{\partial u}{\partial y} + \frac{\partial v}{\partial x}\right) + b_4\frac{\partial u_{\mathrm{a}}}{\partial t} + b_5\frac{\partial u_{\mathrm{w}}}{\partial t} = \frac{k_{\mathrm{a}}}{r_{\mathrm{w}}}\left\{\frac{\partial}{\partial x}\left[\frac{\partial u_{\mathrm{a}}}{\partial x}\right] + \frac{\partial}{\partial y}\left[\frac{\partial u_{\mathrm{a}}}{\partial y}\right]\right\} - q_{\mathrm{a}} \tag{8.49}$$

式中，

$$b_1 = 1 - a_1 = 1 - \theta - \frac{D_{11} + D_{21} + D_{31}}{3K_{\mathrm{wpt}}} - \frac{A_1D_{11} + A_2D_{21} + A_3D_{31} + A_4D_{41} + A_5D_{51} + A_6D_{61}}{K_{\mathrm{wqt}}}$$

$$b_2 = 1 - a_2 = 1 - \theta - \frac{D_{12} + D_{22} + D_{32}}{3K_{\mathrm{wpt}}} - \frac{A_1D_{12} + A_2D_{22} + A_3D_{32} + A_4D_{42} + A_5D_{52} + A_6D_{62}}{K_{\mathrm{wqt}}}$$

$$b_3 = -a_3 = -\frac{D_{14} + D_{24} + D_{34}}{3K_{\mathrm{wpt}}} - \frac{A_1D_{12} + A_2D_{22} + A_3D_{32} + A_4D_{42} + A_5D_{52} + A_6D_{62}}{K_{\mathrm{wqt}}}$$

$$b_4 = a_4 + \frac{n - \theta}{P_{\mathrm{g}}} = \frac{F_1 + F_2 + F_3}{3K_{\mathrm{wpt}}} + \frac{1}{H_{\mathrm{wt}}} + \frac{n(1 - s_{\mathrm{r}})}{P_{\mathrm{g}}} + \frac{A_1F_1 + A_2F_2 + A_3F_3 + A_4F_4 + A_5F_5 + A_6F_6}{K_{\mathrm{wqt}}}$$

$$b_5 = -a_5 = -\left(\frac{F_1 + F_2 + F_3}{3K_{\text{wpt}}} + \frac{1}{H_{\text{wt}}} + \frac{A_1F_1 + A_2F_2 + A_3F_3 + A_4F_4 + A_5F_5 + A_6F_6}{K_{\text{wqt}}}\right) \tag{8.50}$$

式(8.39)、式(8.40)、式(8.45)和式(8.48)即为控制方程在平面问题中的具体形式。本书采用加权余量法中的伽辽金法离散有限元控制方程。伽辽金法规定权函数与形函数相同,根据这一规定可对各控制方程进行加权积分。

8.2.2 空间域积分

首先对式(8.39)进行加权积分,得到:

$$\iint_A N_i\left\{D_{11}\frac{\partial^2 u}{\partial x^2} + D_{44}\frac{\partial^2 u}{\partial y^2} + D_{14}\frac{\partial^2 v}{\partial x^2} + D_{42}\frac{\partial^2 v}{\partial y^2} + (D_{12} + D_{44})\frac{\partial^2 v}{\partial x\partial y} + (D_{14} + D_{41})\frac{\partial^2 u}{\partial x\partial y} - \left[(F_1 + 1)\frac{\partial}{\partial x} + F_4\frac{\partial}{\partial y}\right]\Delta u_{\text{a}} + \left(F_1\frac{\partial}{\partial x} + F_4\frac{\partial}{\partial y}\right)\Delta u_{\text{w}} - f_{0x}\right\}\text{d}x\text{d}y = 0 \tag{8.51}$$

式中:N_i——形函数。

格林公式具体表达式为:

$$\iint_A\left(\frac{\partial Q}{\partial x} - \frac{\partial P}{\partial y}\right)\text{d}x\text{d}y = \oint_l (P\text{d}x + Q\text{d}y) \tag{8.52}$$

根据式(8.52),求出式(8.51)中每一项:

$$\iint_A D_{11}N_i\frac{\partial^2 u}{\partial x^2}\text{d}x\text{d}y = D_{11}\left[\oint N_i\frac{\partial u}{\partial x}\text{d}y - \iint\frac{\partial N_i}{\partial x}\frac{\partial u}{\partial x}\text{d}x\text{d}y\right]$$

$$\iint_A D_{44}N_i\frac{\partial^2 u}{\partial y^2}\text{d}x\text{d}y = -D_{44}\left[\oint N_i\frac{\partial u}{\partial y}\text{d}x - \iint\frac{\partial N_i}{\partial y}\frac{\partial u}{\partial y}\text{d}x\text{d}y\right]$$

$$\iint_A D_{14}N_i\frac{\partial^2 v}{\partial x^2}\text{d}x\text{d}y = D_{14}\left[\oint N_i\frac{\partial v}{\partial x}\text{d}y - \iint\frac{\partial N_i}{\partial x}\frac{\partial v}{\partial x}\text{d}x\text{d}y\right]$$

$$\iint_A D_{42}N_i\frac{\partial^2 v}{\partial y^2}\text{d}x\text{d}y = -D_{42}\left[\oint N_i\frac{\partial v}{\partial y}\text{d}x - \iint\frac{\partial N_i}{\partial y}\frac{\partial v}{\partial y}\text{d}x\text{d}y\right]$$

$$\iint_A (D_{12} + D_{44})N_i\frac{\partial^2 v}{\partial x\partial y}\text{d}x\text{d}y = -(D_{12} + D_{44})\left[\oint N_i\frac{\partial v}{\partial x}\text{d}x - \iint\frac{\partial N_i}{\partial y}\frac{\partial v}{\partial x}\text{d}x\text{d}y\right]$$

$$\iint_A (D_{14} + D_{41})N_i\frac{\partial^2 u}{\partial x\partial y}\text{d}x\text{d}y = (D_{14} + D_{41})\left[\oint N_i\frac{\partial u}{\partial y}\text{d}y - \iint\frac{\partial N_i}{\partial x}\frac{\partial u}{\partial y}\text{d}x\text{d}y\right]$$

$$\iint_A\left[(F_1 + 1)\frac{\partial}{\partial x} + F_4\frac{\partial}{\partial y}\right]N_i u_{\text{a}}\text{d}x\text{d}y = \oint N_i(F_1 + 1)u_{\text{a}}\text{d}y - \oint N_i F_4 u_{\text{a}}\text{d}x - \iint\left[(F_1 + 1)u_{\text{a}}\frac{\partial N_i}{\partial x} - F_4 u_{\text{a}}\frac{\partial N_i}{\partial y}\right]\text{d}x\text{d}y$$

$$\iint_A\left[\left(F_1\frac{\partial}{\partial x} + F_4\frac{\partial}{\partial y}\right)\right]N_i u_{\text{w}}\text{d}x\text{d}y = \oint N_i F_1 u_{\text{w}}\text{d}y - \oint N_i F_4 u_{\text{w}}\text{d}x - \iint\left[F_1 u_{\text{w}}\frac{\partial N_i}{\partial x} - F_4 u_{\text{w}}\frac{\partial N_i}{\partial y}\right]\text{d}x\text{d}y \tag{8.53}$$

将式(8.53)再代回式(8.51)并化简,得到:

$$\iint_A\left[D_{11}\frac{\partial N_i}{\partial x}\frac{\partial u}{\partial x} + D_{14}\frac{\partial N_i}{\partial x}\frac{\partial u}{\partial y} + D_{41}\frac{\partial N_i}{\partial x}\frac{\partial u}{\partial y} + D_{44}\frac{\partial N_i}{\partial y}\frac{\partial u}{\partial y}\right]\text{d}x\text{d}y +$$

$$\iint_A \left[D_{12} \frac{\partial N_i}{\partial x} \frac{\partial v}{\partial y} + D_{14} \frac{\partial N_i}{\partial x} \frac{\partial v}{\partial x} + D_{42} \frac{\partial N_i}{\partial y} \frac{\partial v}{\partial y} + D_{44} \frac{\partial N_i}{\partial y} \frac{\partial v}{\partial x} \right] \mathrm{d}x\mathrm{d}y -$$

$$\iint_A \left[(F_1 + 1) \Delta u_a \frac{\partial N_i}{\partial x} - F_4 \Delta u_a \frac{\partial N_i}{\partial y} \right] \mathrm{d}x\mathrm{d}y + \iint_A \left[F_1 \Delta u_w \frac{\partial N_i}{\partial x} - F_4 \Delta u_a \frac{\partial N_i}{\partial y} \right] \mathrm{d}x\mathrm{d}y$$

$$= \oint D_{11} N_i \frac{\partial u}{\partial x} \mathrm{d}y - \oint D_{12} N_i \frac{\partial v}{\partial y} \mathrm{d}y + \oint D_{14} N_i \left(\frac{\partial v}{\partial x} + \frac{\partial u}{\partial y} \right) \mathrm{d}y + \oint D_{41} N_i \frac{\partial u}{\partial y} \mathrm{d}y -$$

$$\oint D_{42} N_i \frac{\partial v}{\partial y} \mathrm{d}x - \oint D_{44} N_i \left(\frac{\partial u}{\partial y} + \frac{\partial v}{\partial x} \right) \mathrm{d}x - \oint N_i (F_1 + 1) u_a \mathrm{d}y + \oint N_i F_4 u_a \mathrm{d}x +$$

$$\oint N_i F_1 u_w \mathrm{d}y - \oint N_i F_4 u_w \mathrm{d}x - \iint_A N_i f_{0x} \mathrm{d}x\mathrm{d}y = F_{i1} \tag{8.54}$$

规定位移和孔压的形函数相同,其单元位移和孔压可以表述为:

$$u = N_j u_j, v = N_j v_j, u_a = N_j u_{aj}, u_w = N_j u_{wj} \tag{8.55}$$

式中,N_j 为形函数,与 N_i 相同,$j=1,2,3,4$。

平面问题中四边形等参单元的形函数可写为:

$$N_i = \frac{(1 + \xi_i \xi)(1 + \eta_i \eta)}{4} \quad (i = 1,2,3,4) \tag{8.56}$$

式中,ξ 和 η 为局部坐标,规定 $\xi_1 = -1$、$\xi_2 = 1$、$\xi_3 = 1$、$\xi_4 = -1$、$\eta_1 = -1$、$\eta_2 = -1$、$\eta_3 = 1$、$\eta_4 = 1$。

将位移和孔压的表达式(8.55)代入式(8.54),该式左端变为:

$$\iint_A u_j \left[D_{11} \frac{\partial N_i}{\partial x} \frac{\partial N_j}{\partial x} + D_{14} \frac{\partial N_i}{\partial x} \frac{\partial N_j}{\partial y} + D_{41} \frac{\partial N_i}{\partial x} \frac{\partial N_j}{\partial y} + D_{44} \frac{\partial N_i}{\partial y} \frac{\partial N_j}{\partial y} \right] \mathrm{d}x\mathrm{d}y +$$

$$\iint_A v_j \left[D_{12} \frac{\partial N_i}{\partial x} \frac{\partial N_j}{\partial y} + D_{14} \frac{\partial N_i}{\partial x} \frac{\partial N_j}{\partial x} + D_{42} \frac{\partial N_i}{\partial y} \frac{\partial N_j}{\partial y} + D_{44} \frac{\partial N_i}{\partial y} \frac{\partial N_j}{\partial x} \right] \mathrm{d}x\mathrm{d}y -$$

$$\iint_A u_{aj} \left[(F_1 + 1) N_j \frac{\partial N_i}{\partial x} - F_4 N_j \frac{\partial N_i}{\partial y} \right] \mathrm{d}x\mathrm{d}y + \iint_A u_{wj} \left[F_1 N_j \frac{\partial N_i}{\partial x} - F_4 N_j \frac{\partial N_i}{\partial y} \right] \mathrm{d}x\mathrm{d}y = F_{i1} \tag{8.57}$$

同样,对式(8.40)求加权积分,得到:

$$\iint_A N_i \left[D_{41} \frac{\partial^2 u}{\partial x^2} + D_{44} \frac{\partial^2 v}{\partial x^2} + D_{24} \frac{\partial^2 u}{\partial y^2} + D_{22} \frac{\partial^2 v}{\partial y^2} + (D_{44} + D_{21}) \frac{\partial^2 u}{\partial x \partial y} + (D_{42} + D_{24}) \frac{\partial^2 v}{\partial x \partial y} - \right.$$

$$\left. \left[(F_2 + 1) \frac{\partial}{\partial y} + F_4 \frac{\partial}{\partial x} \right] \Delta u_a + \left(F_4 \frac{\partial}{\partial x} + F_2 \frac{\partial}{\partial y} \right) \Delta u_w - f_{0y} \right] \mathrm{d}x\mathrm{d}y = 0 \tag{8.58}$$

根据格林公式,可求出式(8.58)的每一项,即:

$$\iint_A N_i D_{41} \frac{\partial^2 u}{\partial x^2} \mathrm{d}x\mathrm{d}y = D_{41} \left[\oint N_i \frac{\partial u}{\partial x} \mathrm{d}y - \iint_A \frac{\partial N_i}{\partial x} \frac{\partial u}{\partial x} \mathrm{d}x\mathrm{d}y \right]$$

$$\iint_A N_i D_{44} \frac{\partial^2 v}{\partial x^2} \mathrm{d}x\mathrm{d}y = D_{44} \left[\oint N_i \frac{\partial v}{\partial x} \mathrm{d}y - \iint_A \frac{\partial N_i}{\partial x} \frac{\partial v}{\partial x} \mathrm{d}x\mathrm{d}y \right]$$

$$\iint_A N_i D_{24} \frac{\partial^2 u}{\partial y^2} \mathrm{d}x\mathrm{d}y = -D_{24} \left[\oint N_i \frac{\partial u}{\partial y} \mathrm{d}x + \iint_A \frac{\partial N_i}{\partial y} \frac{\partial u}{\partial y} \mathrm{d}x\mathrm{d}y \right]$$

$$\iint_A N_i D_{22} \frac{\partial^2 v}{\partial y^2} \mathrm{d}x\mathrm{d}y = -D_{22} \left[\oint N_i \frac{\partial v}{\partial y} \mathrm{d}x + \iint_A \frac{\partial N_i}{\partial y} \frac{\partial v}{\partial y} \mathrm{d}x\mathrm{d}y \right]$$

$$\iint_A N_i(D_{44}+D_{24})\frac{\partial^2 u}{\partial x\partial y}\mathrm{d}x\mathrm{d}y=(D_{44}+D_{21})\left[\oint N_i\frac{\partial u}{\partial y}\mathrm{d}y-\iint_A\frac{\partial N_i}{\partial x}\frac{\partial u}{\partial y}\mathrm{d}x\mathrm{d}y\right]$$

$$\iint_A N_i(D_{42}+D_{24})\frac{\partial^2 v}{\partial x\partial y}\mathrm{d}x\mathrm{d}y=-(D_{42}+D_{24})\left[\oint N_i\frac{\partial v}{\partial x}\mathrm{d}x+\iint_A\frac{\partial N_i}{\partial y}\frac{\partial v}{\partial x}\mathrm{d}x\mathrm{d}y\right]$$

$$\iint_A\left[F_4\frac{\partial}{\partial x}+(F_2+1)\frac{\partial}{\partial y}\right]N_iu_\mathrm{a}\mathrm{d}x\mathrm{d}y=\oint N_iF_4u_\mathrm{a}\mathrm{d}y-\oint N_i(F_2+1)u_\mathrm{a}\mathrm{d}x-\iint\left[F_4u_\mathrm{a}\frac{\partial N_i}{\partial x}+(F_2+1)_4u_\mathrm{a}\frac{\partial N_i}{\partial y}\right]\mathrm{d}x\mathrm{d}y$$

$$\iint_A\left[\left(F_4\frac{\partial}{\partial x}+F_2\frac{\partial}{\partial y}\right)\right]N_iu_\mathrm{w}\mathrm{d}x\mathrm{d}y=\oint N_iF_4u_\mathrm{w}\mathrm{d}y-\oint N_iF_2u_\mathrm{w}\mathrm{d}x-\iint\left[F_4u_\mathrm{w}\frac{\partial N_i}{\partial x}+F_2u_\mathrm{w}\frac{\partial N_i}{\partial y}\right]\mathrm{d}x\mathrm{d}y \tag{8.59}$$

再将式(8.59)代回式(8.58),并化简,最终得到:

$$\begin{aligned}&\iint_A\left[D_{21}\frac{\partial N_i}{\partial x}\frac{\partial u}{\partial y}+D_{24}\frac{\partial N_i}{\partial y}\frac{\partial u}{\partial y}+D_{41}\frac{\partial N_i}{\partial x}\frac{\partial u}{\partial x}+D_{44}\frac{\partial N_i}{\partial x}\frac{\partial u}{\partial y}\right]\mathrm{d}x\mathrm{d}y+\\&\iint_A\left[D_{22}\frac{\partial N_i}{\partial y}\frac{\partial v}{\partial y}+D_{24}\frac{\partial N_i}{\partial y}\frac{\partial v}{\partial x}+D_{42}\frac{\partial N_i}{\partial y}\frac{\partial v}{\partial x}+D_{44}\frac{\partial N_i}{\partial x}\frac{\partial v}{\partial x}\right]\mathrm{d}x\mathrm{d}y-\\&\iint_A\left[F_4u_\mathrm{a}\frac{\partial N_i}{\partial x}+(F_2+1)_4u_\mathrm{a}\frac{\partial N_i}{\partial y}\right]\mathrm{d}x\mathrm{d}y+\iint_A\left[F_4u_\mathrm{w}\frac{\partial N_i}{\partial x}+F_2u_\mathrm{w}\frac{\partial N_i}{\partial y}\right]\mathrm{d}x\mathrm{d}y\\=&D_{41}\oint N_i\frac{\partial u}{\partial x}\mathrm{d}y-D_{42}\oint N_i\frac{\partial v}{\partial x}\mathrm{d}x+D_{44}\oint N_i\left(\frac{\partial v}{\partial x}+\frac{\partial u}{\partial y}\right)\mathrm{d}y+\\&D_{21}\oint N_i\frac{\partial u}{\partial y}\mathrm{d}y-D_{22}\oint N_i\frac{\partial v}{\partial y}\mathrm{d}x-D_{24}\oint N_i\left(\frac{\partial v}{\partial x}+\frac{\partial u}{\partial y}\right)\mathrm{d}x-\oint N_iF_4u_\mathrm{a}\mathrm{d}y+\\&\oint N_i(F_2+1)u_\mathrm{a}\mathrm{d}x+\oint N_iF_4u_\mathrm{w}\mathrm{d}y-\oint N_iF_2u_\mathrm{w}\mathrm{d}x-\iint_A N_if_{0y}\mathrm{d}x\mathrm{d}y\end{aligned} \tag{8.60}$$

将位移和孔压的表达式(8.55)代入式(8.60),该式左端变为:

$$\begin{aligned}&\iint_A u_j\left[D_{21}\frac{\partial N_i}{\partial x}\frac{\partial N_j}{\partial y}+D_{24}\frac{\partial N_i}{\partial y}\frac{\partial N_j}{\partial y}+D_{41}\frac{\partial N_i}{\partial x}\frac{\partial N_j}{\partial x}+D_{44}\frac{\partial N_i}{\partial x}\frac{\partial N_j}{\partial y}\right]\mathrm{d}x\mathrm{d}y+\\&\iint_A v_j\left[D_{22}\frac{\partial N_i}{\partial y}\frac{\partial N_j}{\partial y}+D_{24}\frac{\partial N_i}{\partial y}\frac{\partial N_j}{\partial x}+D_{42}\frac{\partial N_i}{\partial y}\frac{\partial N_j}{\partial x}+D_{44}\frac{\partial N_i}{\partial x}\frac{\partial N_j}{\partial x}\right]\mathrm{d}x\mathrm{d}y-\\&\iint_A u_{aj}\left[F_4N_j\frac{\partial N_i}{\partial x}+(F_2+1)_4N_j\frac{\partial N_i}{\partial y}\right]\mathrm{d}x\mathrm{d}y+\iint_A u_{wj}\left[F_4N_j\frac{\partial N_i}{\partial x}+F_2N_j\frac{\partial N_i}{\partial y}\right]\mathrm{d}x\mathrm{d}y=F_{i2}\end{aligned} \tag{8.61}$$

同样,对式(8.46)求加权积分,得到:

$$\begin{aligned}&\iint_A N_i\left[a_1\frac{\partial}{\partial t}\frac{\partial u}{\partial x}+a_2\frac{\partial}{\partial t}\frac{\partial v}{\partial y}+a_3\frac{\partial}{\partial t}\left(\frac{\partial u}{\partial y}+\frac{\partial v}{\partial x}\right)+a_4\frac{\partial u_\mathrm{a}}{\partial t}+a_5\frac{\partial u_\mathrm{w}}{\partial t}\right]\mathrm{d}x\mathrm{d}y\\=&\frac{k_\mathrm{w}}{r_\mathrm{w}}\iint_A N_i\left\{\frac{\partial}{\partial x}\frac{\partial u_\mathrm{w}}{\partial x}+\frac{\partial}{\partial y}\left[\frac{\partial}{\partial y}(u_\mathrm{w}+y)\right]\right\}\mathrm{d}x\mathrm{d}y-\iint_A N_iq_\mathrm{w}\mathrm{d}x\mathrm{d}y\end{aligned} \tag{8.62}$$

根据格林公式,将式(8.62)进行化简,得到:

$$\iint_A N_i\left[a_1\frac{\partial}{\partial t}\frac{\partial u}{\partial x}+a_2\frac{\partial}{\partial t}\frac{\partial v}{\partial y}+a_3\frac{\partial}{\partial t}\left(\frac{\partial u}{\partial y}+\frac{\partial v}{\partial x}\right)+a_4\frac{\partial u_\mathrm{a}}{\partial t}+a_5\frac{\partial u_\mathrm{w}}{\partial t}\right]\mathrm{d}x\mathrm{d}y$$

$$= \frac{k_w}{r_w}\left(\oint N_i \frac{\partial u_w}{\partial x}dy - \oint N_i \frac{\partial u_w}{\partial y}dx\right) - \frac{k_w}{r_w}\iint_A \left(\frac{\partial N_i}{\partial x}\frac{\partial u_w}{\partial x} + \frac{\partial N_i}{\partial y}\frac{\partial u_w}{\partial y}\right)dxdy - \frac{k_w}{r_w}\left(\oint N_i dx + \iint_A \frac{\partial N_i}{\partial y}dxdy\right) -$$

$$\iint_A N_i q_w dxdy = \frac{k_w}{r_w}\left(\oint N_i \frac{\partial u_w}{\partial x}dy - \oint N_i \frac{\partial u_w}{\partial y}dx\right) - \frac{k_w}{r_w}\iint_A \left(\frac{\partial N_i}{\partial x}\frac{\partial u_w}{\partial x} + \frac{\partial N_i}{\partial y}\frac{\partial u_w}{\partial y}\right)dxdy -$$

$$\frac{k_w}{r_w}\iint_A \frac{\partial N_i}{\partial y}dxdy + q_w\iint_A \frac{\partial N_i}{\partial y}dxdy \tag{8.63}$$

将式(8.63)的积分次序进行变化,得到:

$$\iint_A N_i\left[a_1 \frac{\partial}{\partial t}\frac{\partial u}{\partial x} + a_2 \frac{\partial}{\partial t}\frac{\partial v}{\partial y} + a_3 \frac{\partial}{\partial t}\left(\frac{\partial u}{\partial y} + \frac{\partial v}{\partial x}\right) + a_4 \frac{\partial u_a}{\partial t} + a_5 \frac{\partial u_w}{\partial t}\right]dxdy$$

$$= \frac{k_w}{r_w}\left(\oint N_i \frac{\partial u_w}{\partial x}dy - \oint N_i \frac{\partial u_w}{\partial y}dx\right) - \frac{k_w}{r_w}\iint_A \left(\frac{\partial N_i}{\partial x}\frac{\partial u_w}{\partial x} + \frac{\partial N_i}{\partial y}\frac{\partial u_w}{\partial y}\right)dxdy - \frac{k_w}{r_w}\left(\oint N_i dx + \iint_A \frac{\partial N_i}{\partial y}dxdy\right) -$$

$$\iint_A N_i q_w dxdy = \frac{k_w}{r_w}\left(\oint N_i \frac{\partial u_w}{\partial x}dy - \oint N_i \frac{\partial u_w}{\partial y}dx\right) - \frac{k_w}{r_w}\iint_A \left(\frac{\partial N_i}{\partial x}\frac{\partial u_w}{\partial x} + \frac{\partial N_i}{\partial y}\frac{\partial u_w}{\partial y}\right)dxdy -$$

$$\frac{k_w}{r_w}\iint_A \frac{\partial N_i}{\partial y}dxdy + q_w\iint_A \frac{\partial N_i}{\partial y}dxdy \tag{8.64}$$

将位移和孔压的表达式(8.55)代入式(8.64),得到:

$$\iint_A N_i\left\{\left[a_1 \frac{\partial N_j}{\partial x}\frac{\partial u_j}{\partial t} + a_2 \frac{\partial N_j}{\partial y}\frac{\partial v_j}{\partial t} + a_3\left(\frac{\partial N_j}{\partial y}\frac{\partial u_j}{\partial t} + \frac{\partial N_j}{\partial x}\frac{\partial v_j}{\partial t}\right) + a_4 N_j \frac{\partial u_{aj}}{\partial t} + a_5 N_j \frac{\partial u_{wj}}{\partial t}\right] + \frac{k_w u_{wj}}{r_w}\left(\frac{\partial N_i}{\partial x}\frac{\partial N_j}{\partial x} + \frac{\partial N_i}{\partial y}\frac{\partial N_j}{\partial y}\right)\right\}dxdy = F'_{i3} \tag{8.65}$$

8.2.3 时间域积分

参考陈正汉[360]和杨代泉[239]相关著作、文章中的关于时间域积分方法,引入 t 和 $t+\Delta t$ 区间的积分方程:

$$\int_t^{t+\Delta t} f(t)\,dt = \xi f(t+\Delta t) + (1-\xi)f(t) \tag{8.66}$$

式中: Δt——时间步长;

ξ——时间积分参数;

$f(t+\Delta t)$、$f(t)$——分别是与时间 $t+\Delta t$ 和 t 有关的函数。利用上式可对时间域进行离散。根据以往经验,当 $\xi \geqslant 1/2$,解是无条件稳定的,本书取 $\xi = 2/3$。

式(8.65)左端对时间 $t(t_1 \leqslant t \leqslant t_2)$ 求积分:

$$\iint_A N_i\left\{a_1 \frac{\partial N_j}{\partial x}(u_j^{(2)} - u_j^{(1)}) + a_2 \frac{\partial N_j}{\partial y}(v_j^{(2)} - v_j^{(1)}) + a_3\left[\frac{\partial N_j}{\partial y}(u_j^{(2)} - u_j^{(1)}) + \frac{\partial N_j}{\partial x}(v_j^{(2)} - v_j^{(1)})\right] + a_4 N_j(u_{aj}^{(2)} - u_{aj}^{(1)}) + a_5 N_j(u_{wj}^{(2)} - u_{wj}^{(1)}) + \frac{k_w}{r_w}\left(\frac{\partial N_i}{\partial x}\frac{\partial N_j}{\partial x} + \frac{\partial N_i}{\partial y}\frac{\partial N_j}{\partial y}\right)\cdot\left[(\xi u_{wj}^{(2)} + (1-\xi)u_{wj}^{(1)})\Delta t\right]\right\}dxdy \tag{8.67}$$

上式中 t_1 时刻的各项均视为已知,移到方程式右边,并合并同类项,得到:

$$\iint_A N_i\left\{\left(a_1 \frac{\partial N_j}{\partial x} + a_3 \frac{\partial N_j}{\partial y}\right)u_j^{(2)} + \left(a_2 \frac{\partial N_j}{\partial y} + a_3 \frac{\partial N_j}{\partial x}\right)v_j^{(2)} + a_4 N_j u_{aj}^{(2)} + \left[a_5 N_j + \frac{k_w}{r_w}\left(\frac{\partial N_i}{\partial x}\frac{\partial N_j}{\partial x} + \frac{\partial N_i}{\partial y}\frac{\partial N_j}{\partial y}\right)\xi\Delta t\right]u_{wj}^{(2)}\right\}dxdy = F_{i3} \tag{8.68}$$

同样,对式(8.49)两边进行加权积分,再利用格林公式展开,则:

$$\iint_A N_i\left[b_1\frac{\partial}{\partial t}\frac{\partial u}{\partial x}+b_2\frac{\partial}{\partial t}\frac{\partial v}{\partial y}+b_3\frac{\partial}{\partial t}\left(\frac{\partial u}{\partial y}+\frac{\partial v}{\partial x}\right)+b_4\frac{\partial u_a}{\partial t}+b_5\frac{\partial u_w}{\partial t}\right]\mathrm{d}x\mathrm{d}y$$
$$=\iint_A N_i\frac{k_a}{r_w}\left[\frac{\partial}{\partial x}\frac{\partial u_a}{\partial x}+\frac{\partial}{\partial y}\frac{\partial u_a}{\partial y}\right]\mathrm{d}x\mathrm{d}y=\frac{k_a}{r_w}\left[\oint N_i\frac{\partial u_a}{\partial x}\mathrm{d}x-\oint N_i\frac{\partial u_a}{\partial y}\mathrm{d}y-\right.$$
$$\left.\iint_A\frac{\partial N_i}{\partial x}\frac{\partial u_a}{\partial x}\mathrm{d}x\mathrm{d}y-\iint_A\frac{\partial N_i}{\partial y}\frac{\partial u_a}{\partial y}\mathrm{d}x\mathrm{d}y\right]+q_a\iint_A\frac{\partial N_i}{\partial y}\mathrm{d}x\mathrm{d}y \tag{8.69}$$

将上式左端进行积分次序调换,再代入位移和孔压的表达式(8.55),得:

$$\iint_A\left\{N_i\left[b_1\frac{\partial N_j}{\partial x}\frac{\partial u_j}{\partial t}+b_2\frac{\partial N_j}{\partial y}\frac{\partial v_j}{\partial t}+b_3\left(\frac{\partial N_j}{\partial y}\frac{\partial u_j}{\partial t}+\frac{\partial N_j}{\partial x}\frac{\partial v_j}{\partial t}\right)+b_4N_j\frac{\partial u_{aj}}{\partial t}+b_5N_j\frac{\partial u_{wj}}{\partial t}\right]+\frac{k_a}{r_w}\times\right.$$
$$\left.\left(N_j\frac{\partial N_i}{\partial x}\frac{\partial u_{aj}}{\partial x}+N_j\frac{\partial N_i}{\partial y}\frac{\partial u_{aj}}{\partial y}\right)\right\}\mathrm{d}x\mathrm{d}y=\frac{k_a}{r_w}\left[\oint N_iN_j\frac{\partial u_{aj}}{\partial x}\mathrm{d}x-\oint N_iN_j\frac{\partial u_{aj}}{\partial y}\mathrm{d}y\right]+q_a\iint_A\frac{\partial N_i}{\partial y}\mathrm{d}x\mathrm{d}y$$
$$\tag{8.70}$$

上式两边对时间 $t(t_1\leqslant t\leqslant t_2)$ 求积分,并将 t_1 时刻的各项移到方程式右边,合并同类项,得:

$$\iint_A N_i\left\{\left(b_1\frac{\partial N_j}{\partial x}+b_3\frac{\partial N_j}{\partial y}\right)u_j^{(2)}+\left(b_2\frac{\partial N_j}{\partial y}+b_3\frac{\partial N_j}{\partial x}\right)v_j^{(2)}+b_5N_ju_{wj}^{(2)}+\right.$$
$$\left.\left[b_4N_iN_j+\frac{k_a}{r_w}\left(\frac{\partial N_i}{\partial x}\frac{\partial N_j}{\partial x}+\frac{\partial N_i}{\partial y}\frac{\partial N_j}{\partial y}\right)\xi\Delta t\right]u_{aj}^{(2)}\right\}\mathrm{d}x\mathrm{d}y=F_{i4} \tag{8.71}$$

8.2.4　单元模量矩阵元素具体表达式

由控制方程在平面问题的具体形式[式(8.39)、式(8.40)、式(8.45)和式(8.48)],可导出求解平面问题的有限元方程:

$$\sum_{e=1}^{\mathrm{MELES}}\sum_{j=1}^{\mathrm{NNODE}}[K_{ij}]_e^{t+\Delta t}\{X_i\}_e^{t+\Delta t}=\sum_{e=1}^{\mathrm{MELES}}\{R_i\}_e^{t+\Delta t} \tag{8.72}$$

式中,MELES 为结构单元总数,$i=1,2,3\cdots$MELES;NNODE 为单元结点数,本书采用 4 结点等参单元,所以 NNODE =4。

相比饱和土,非饱和土中每个节点要多出孔隙气压力和孔隙水压力 2 个自由度,因此本书中每个结点包括 x 方向位移 u、y 方向位移 v、孔隙气压力 u_a 和孔隙水压力 u_w 共 4 个自由度,即:

$$\{X_i\}_e^{t+\Delta t}=\begin{bmatrix}u_i\\v_i\\u_{ai}\\u_{wi}\end{bmatrix}_e^{t+\Delta t} \tag{8.73}$$

单元模量矩阵为 16×16 的矩阵,每一个单刚子块 $[K_{ij}]_e^{t+\Delta t}$ 为 4×4 矩阵,总共包含 16 个元素,即:

$$[K_{ij}]_e^{t+\Delta t}=\begin{bmatrix}K_{ij}^{11}&K_{ij}^{12}&K_{ij}^{13}&K_{ij}^{14}\\K_{ij}^{21}&K_{ij}^{22}&K_{ij}^{23}&K_{ij}^{24}\\K_{ij}^{31}&K_{ij}^{32}&K_{ij}^{33}&K_{ij}^{34}\\K_{ij}^{41}&K_{ij}^{42}&K_{ij}^{43}&K_{ij}^{44}\end{bmatrix}_e^{t+\Delta t} \tag{8.74}$$

而式(8.72)右端写成矩阵形式：

$$\{R_i\}_e^{t+\Delta t}=\begin{bmatrix}F_{1i}\\F_{2i}\\F_{3i}\\F_{4i}\end{bmatrix}_e^{t+\Delta t}\tag{8.75}$$

由式(8.72)~式(8.75)并结合式(8.57)、式(8.61)、式(8.68)和式(8.71)，可以得到单元模量矩阵各元素的具体表达式：

$$\begin{aligned}
K_{ij}^{11}&=\iint_A\left[D_{11}\frac{\partial N_i}{\partial x}\frac{\partial N_j}{\partial x}+D_{14}\frac{\partial N_i}{\partial x}\frac{\partial N_j}{\partial y}+D_{41}\frac{\partial N_i}{\partial x}\frac{\partial N_j}{\partial y}+D_{44}\frac{\partial N_i}{\partial y}\frac{\partial N_j}{\partial y}\right]\mathrm{d}x\mathrm{d}y\\
K_{ij}^{12}&=\iint_A\left[D_{12}\frac{\partial N_i}{\partial x}\frac{\partial N_j}{\partial y}+D_{14}\frac{\partial N_i}{\partial x}\frac{\partial N_j}{\partial x}+D_{42}\frac{\partial N_i}{\partial y}\frac{\partial N_j}{\partial y}+D_{44}\frac{\partial N_i}{\partial y}\frac{\partial N_j}{\partial x}\right]\mathrm{d}x\mathrm{d}y\\
K_{ij}^{13}&=-\iint_A\left[(F_1+1)N_j\frac{\partial N_i}{\partial x}-F_4N_j\frac{\partial N_i}{\partial y}\right]\mathrm{d}x\mathrm{d}y\\
K_{ij}^{14}&=\iint_A\left[F_1N_j\frac{\partial N_i}{\partial x}-F_4N_j\frac{\partial N_i}{\partial y}\right]\mathrm{d}x\mathrm{d}y\\
K_{ij}^{21}&=\iint_A\left[D_{21}\frac{\partial N_i}{\partial x}\frac{\partial N_j}{\partial y}+D_{24}\frac{\partial N_i}{\partial y}\frac{\partial N_j}{\partial y}+D_{41}\frac{\partial N_i}{\partial x}\frac{\partial N_j}{\partial x}+D_{44}\frac{\partial N_i}{\partial x}\frac{\partial N_j}{\partial y}\right]\mathrm{d}x\mathrm{d}y\\
K_{ij}^{22}&=\iint_A\left[D_{22}\frac{\partial N_i}{\partial y}\frac{\partial N_j}{\partial y}+D_{24}\frac{\partial N_i}{\partial y}\frac{\partial N_j}{\partial x}+D_{42}\frac{\partial N_i}{\partial y}\frac{\partial N_j}{\partial x}+D_{44}\frac{\partial N_i}{\partial x}\frac{\partial N_j}{\partial x}\right]\mathrm{d}x\mathrm{d}y\\
K_{ij}^{23}&=-\iint_A u_{aj}\left[F_4N_j\frac{\partial N_i}{\partial x}+(F_2+1)N_j\frac{\partial N_i}{\partial y}\right]\mathrm{d}x\mathrm{d}y\\
K_{ij}^{24}&=\iint_A u_{wj}\left[F_4N_j\frac{\partial N_i}{\partial x}+F_2N_j\frac{\partial N_i}{\partial y}\right]\mathrm{d}x\mathrm{d}y\\
K_{ij}^{31}&=\iint_A N_i\left(a_1\frac{\partial N_j}{\partial x}+a_3\frac{\partial N_j}{\partial y}\right)\mathrm{d}x\mathrm{d}y\\
K_{ij}^{32}&=\iint_A N_i\left(a_2\frac{\partial N_j}{\partial y}+a_3\frac{\partial N_j}{\partial x}\right)\mathrm{d}x\mathrm{d}y\\
K_{ij}^{33}&=\iint_A N_ia_4N_j\mathrm{d}x\mathrm{d}y\\
K_{ij}^{34}&=\iint_A\left[a_5N_iN_j+\frac{k_{\mathrm{w}}}{r_{\mathrm{w}}}\left(\frac{\partial N_i}{\partial x}\frac{\partial N_j}{\partial x}+\frac{\partial N_i}{\partial y}\frac{\partial N_j}{\partial y}\right)\xi\Delta t\right]\mathrm{d}x\mathrm{d}y\\
K_{ij}^{41}&=\iint_A N_i\left(b_1\frac{\partial N_j}{\partial x}+b_3\frac{\partial N_j}{\partial y}\right)\mathrm{d}x\mathrm{d}y\\
K_{ij}^{42}&=\iint_A N_i\left(b_2\frac{\partial N_j}{\partial y}+b_3\frac{\partial N_j}{\partial x}\right)\mathrm{d}x\mathrm{d}y\\
K_{ij}^{43}&=\iint_A\left[b_4N_iN_j+\frac{k_{\mathrm{a}}}{r_{\mathrm{w}}}\left(\frac{\partial N_i}{\partial x}\frac{\partial N_j}{\partial x}+\frac{\partial N_i}{\partial y}\frac{\partial N_j}{\partial y}\right)\xi\Delta t\right]\mathrm{d}x\mathrm{d}y\\
K_{ij}^{44}&=\iint_A N_ib_5N_j\mathrm{d}x\mathrm{d}y
\end{aligned}\tag{8.76}$$

由前文可知$\{R_i\}_e^{t+\Delta t}$各元素的值，利用式(8.57)、式(8.61)、式(8.68)和式(8.71)对时间求积分，可得到荷载项表达式：

$$
\begin{aligned}
F_{i1} =& \oint D_{11}N_i\frac{\partial u}{\partial x}\mathrm{d}y - \oint D_{12}N_i\frac{\partial v}{\partial y}\mathrm{d}y + \oint D_{14}N_i\left(\frac{\partial v}{\partial x}+\frac{\partial u}{\partial y}\right)\mathrm{d}y + \oint D_{41}N_i\frac{\partial u}{\partial y}\mathrm{d}y - \\
& \oint D_{42}N_i\frac{\partial v}{\partial y}\mathrm{d}x - \oint D_{44}N_i\left(\frac{\partial u}{\partial y}+\frac{\partial v}{\partial x}\right)\mathrm{d}x - \oint N_i(F_1+1)u_{\mathrm{a}}\mathrm{d}y + \oint N_iF_4u_{\mathrm{a}}\mathrm{d}x + \\
& \oint N_iF_1u_{\mathrm{w}}\mathrm{d}y - \oint N_iF_4u_{\mathrm{w}}\mathrm{d}x - \iint_A N_if_{0x}\mathrm{d}x\mathrm{d}y \\
F_{i2} =& D_{41}\oint N_i\frac{\partial u}{\partial x}\mathrm{d}y - D_{42}\oint N_i\frac{\partial v}{\partial x}\mathrm{d}x + D_{44}\oint N_i\left(\frac{\partial v}{\partial x}+\frac{\partial u}{\partial y}\right)\mathrm{d}y + \\
& D_{21}\oint N_i\frac{\partial u}{\partial y}\mathrm{d}y - D_{22}\oint N_i\frac{\partial v}{\partial y}\mathrm{d}x - D_{24}\oint N_i\left(\frac{\partial v}{\partial x}+\frac{\partial u}{\partial y}\right)\mathrm{d}x - \oint N_iF_4u_{\mathrm{a}}\mathrm{d}y + \\
& \oint N_i(F_2+1)u_{\mathrm{a}}\mathrm{d}x + \oint N_iF_4u_{\mathrm{w}}\mathrm{d}y - \oint N_iF_2u_{\mathrm{w}}\mathrm{d}x - \iint_A N_if_{0y}\mathrm{d}x\mathrm{d}y \\
F_{i3} =& \int_t^{\Delta t}\frac{k_{\mathrm{w}}}{r_{\mathrm{w}}}\left(\oint N_i\frac{\partial u_{\mathrm{w}}}{\partial x}\mathrm{d}y - \oint N_i\frac{\partial u_{\mathrm{w}}}{\partial y}\mathrm{d}x\right)\mathrm{d}t - \frac{k_{\mathrm{w}}\Delta t}{r_{\mathrm{w}}}\iint_A\frac{\partial N_i}{\partial y}\mathrm{d}x\mathrm{d}y + \\
& \sum_{j=1}^{4}\Bigg\{\left(K_{ij}^{31}u_j^t + K_{ij}^{32}v_j^t + K_{ij}^{33}u_{\mathrm{a}j}^t\right) + \\
& \left[K_{ij}^{34} - \iint_A\frac{k_{\mathrm{w}}\Delta t}{r_{\mathrm{w}}}\left(\frac{\partial N_i}{\partial x}\frac{\partial N_j}{\partial x}+\frac{\partial N_i}{\partial y}\frac{\partial N_j}{\partial y}\right)\mathrm{d}x\mathrm{d}y\right]\cdot u_{\mathrm{w}j}^t\Bigg\} + q_{\mathrm{w}}\Delta t\iint_A\frac{\partial N_i}{\partial y}\mathrm{d}x\mathrm{d}y \\
F_{i4} =& \frac{k_{\mathrm{a}}}{r_{\mathrm{w}}}\left[\oint N_i\frac{\partial N_ju_{\mathrm{a}j}}{\partial x}\mathrm{d}x - \oint N_i\frac{\partial N_ju_{\mathrm{a}j}}{\partial y}\mathrm{d}y\right] + \sum_{j=1}^{4}\Bigg\{\left(K_{ij}^{41}u_j^t + K_{ij}^{42}v_j^t + K_{ij}^{44}u_{\mathrm{w}j}^t\right) + \\
& \left[K_{ij}^{43} - \iint_A\frac{k_a\Delta t}{r_{\mathrm{w}}}\left(\frac{\partial N_i}{\partial x}\frac{\partial N_j}{\partial x}+\frac{\partial N_i}{\partial y}\frac{\partial N_j}{\partial y}\right)\mathrm{d}x\mathrm{d}y\right]\cdot u_{\mathrm{a}j}^t\Bigg\} + q_{\mathrm{a}}\Delta t\iint_A\frac{\partial N_i}{\partial y}\mathrm{d}x\mathrm{d}y
\end{aligned}
\tag{8.77}
$$

至此，通过以上时间和空间域离散，最终得到固结控制方程离散后的形式。从离散过程可知，只要获得各节点在t时刻的位移和孔压，即可以得到$t+\Delta t$相应的位移和孔压。然而矩阵元素$\boldsymbol{K}_{ij}^{33}$和$\boldsymbol{K}_{ij}^{44}$必须重新计算，按照式(8.77)进行修正以获得新的荷载向量。本文采用完全高斯消元法将总刚矩阵转化为仅剩下主对角线的新矩阵。根据式(8.77)中荷载项F_{i1}和F_{i2}及边界面流量F_{i3}和F_{i4}，就可以对荷载和渗流作用下的流固耦合问题进行有限元分析。

直角坐标系(x,y)可在整个结构中所有等参单元中共同使用，称为整体坐标；曲线坐标系(ξ,η)只适应于单个单元，该坐标系称为局部坐标。整体分析采用整体坐标系，单元分析则采用局部坐标系。整体坐标和局部坐标两者存在一一对应关系。如果给定(ξ,η)的值则可以得到(x,y)，反之亦然。

根据复合函数求导法则，整体坐标与局部坐标之间满足下式：

$$
\begin{Bmatrix}\dfrac{\partial}{\partial\xi}\\[2mm] \dfrac{\partial}{\partial\eta}\end{Bmatrix} = [J]\begin{Bmatrix}\dfrac{\partial}{\partial x}\\[2mm] \dfrac{\partial}{\partial y}\end{Bmatrix}
\tag{8.78}
$$

式中：$[J]$——雅克比矩阵。

对于四节点四边形等参单元，可根据式(8.55)可求得雅克比矩阵$[J]$、行列式$|J|$和逆矩阵$[J]^{-1}$，即：

$$\begin{cases}\dfrac{\partial x}{\partial \xi}=a_1+a_3\eta \\ \dfrac{\partial y}{\partial \xi}=b_1+b_3\eta \\ \dfrac{\partial x}{\partial \eta}=a_2+a_3\xi \\ \dfrac{\partial y}{\partial \eta}=b_2+b_3\xi\end{cases} \tag{8.79}$$

其中，

$$\begin{cases}a_1=\dfrac{1}{4}(-x_1+x_2+x_3-x_4)=\dfrac{1}{4}\sum\limits_{i=1}^{4}\xi_i x_i \\ a_2=\dfrac{1}{4}(-x_1-x_2+x_3+x_4)=\dfrac{1}{4}\sum\limits_{i=1}^{4}\eta_i x_i \\ a_3=\dfrac{1}{4}(x_1-x_2+x_3-x_4)=\dfrac{1}{4}\sum\limits_{i=1}^{4}\xi_i\eta_i x_i \\ b_1=\dfrac{1}{4}(-y_1+y_2+y_3-y_4)=\dfrac{1}{4}\sum\limits_{i=1}^{4}\xi_i y_i \\ b_2=\dfrac{1}{4}(-y_1-y_2+y_3+y_4)=\dfrac{1}{4}\sum\limits_{i=1}^{4}\eta_i y_i \\ b_3=\dfrac{1}{4}(y_1-y_2+y_3-y_4)=\dfrac{1}{4}\sum\limits_{i=1}^{4}\xi_i\eta_i y_i\end{cases} \tag{8.80}$$

根据以上公式推导可知，四节点、四边形、等参元的雅克比矩阵$[J]$为：

$$[J]=\begin{bmatrix}a_1+a_3\eta & b_1+b_3\eta \\ a_2+a_3\xi & b_2+b_3\xi\end{bmatrix} \tag{8.81}$$

行列式$|J|$可写为：

$$|J|=(a_1+a_3\eta)(b_2+b_3\xi)-(b_1+b_3\eta)(a_2+a_3\xi) \tag{8.82}$$

逆矩阵$[J]^{-1}$可写为：

$$[J]^{-1}=\frac{1}{[J]}\begin{bmatrix}b_2+b_3\xi & -b_1-b_3\eta \\ -a_2-a_3\xi & a_1+a_3\eta\end{bmatrix} \tag{8.83}$$

明确整体坐标和局部坐标之间的关系以及雅克比矩阵的求法后，结合前文时间域和空间域的离散方程，可进行有限元计算程序的编写。

8.3 非饱和原状黄土弹塑性损伤流固耦合模型有限元程序

8.3.1 程序基本框架组成

基于前文的非饱和原状黄土流固耦合模型的控制方程有限元形式，在非饱和土弹性固结程序 CSU8[359]、非饱和土弹塑性固结程序 USEPC[246]和非饱和膨胀土弹塑性损伤固结程序 UESEPDC[209]基础上,并参考相关有限元程序编写著作[361,362],借助 Compaq Visual Fortran 6.6 汇编平台,利用 Fortran95 语言[363]编写相应流固有限元程序 ULEDSC（Unsaturated Loess Elastoplastic Damage Seepage Consolidation）。程序采用 4 节点等参单元,包括 2 个主程序、26 个子程序以及 3 个输入文件。现分别介绍如下:

QJ1:主要计算子程序,根据时间控制计算过程;

QJ2:负责调用子程序;

QRN:边界约束条件处理,有约束为 0,无约束为 1,并计算系统自由度;

DT1:建立单元局部编号和整体编号的对应关系;

QKK:形成总体模量矩阵;

JFC:利用高斯—约当(Gauss-Jordan)消元法解方程,得出位移和孔压等基本变量;

QHJE:形成荷载增量比例;

QYL:计算单元应力,进行屈服判断,形成附加荷载;

MAT2:形成单元刚度阵;

MAT21:计算单元矩阵元素;

MAT21S:计算形成单元模量矩阵所需参数;

DDSA:计算湿陷和未湿陷部分弹性模量矩阵参数;

DDSB:计算湿陷部分弹塑性模量矩阵参数;

DA:形成弹性模量矩阵;

DSA:形成弹性吸力模量矩阵;

DSA1:计算弹性吸力模量矩阵各元素;

QDDMAT:形成湿陷过程中结构参数增量模量矩阵;

QDB:形成湿陷过程中的总体弹塑性模量矩阵;

QDSB:形成湿陷过程中的总体弹塑性损伤吸力模量矩阵;

QDSB1:计算湿陷过程中总体弹塑性损伤吸力模量矩阵各元素;

QB:计算雅克比矩阵、形函数和形函数对整体坐标的导数;

MK:计算屈服条件所需的所有变量和参数;

WA:形成非饱和渗透系数和非饱和渗气系数;

MODIFY:根据已知位移进行修正得到新的荷载向量;

MODIFY1:根据已知孔压进行修正得到新的荷载向量;

VRHARD:根据体变增量计算硬化参数;

LOAD:输入外荷载及流量荷载;

SGM:输出计算结果,并采用 SigmaPlot 11.0 绘制等值线图;

输入数据:主要分为 3 个部分,包括初始物理指标及参数、力学指标及单元和节点坐标文件。

初始物理指标及参数包括单元总数、节点总数、分级加载次数、迭代次数、约束节点总数、各节点的水平和竖向位移约束、孔隙气压力和水压力约束以及 34 个参数值,力学指标程序输入包括各单元的初始吸力、比容、含水率、屈服吸力、屈服应力、孔隙气压力,各节点的初始净平均应力等,单元和节点坐标主要输入单元节点编号和节点坐标。

8.3.2 非线性方程求解的迭代计算方法

程序的求解采用迭代法中的变刚度初应力法,该方法是变刚度法和初应力法的结合。每一步根据真实应力和弹塑性应力之差来决定初应力,然后进行一次调整,使位移进一步逼近实际值;第一步计算完成后,用新的模量矩阵代替初始模量矩阵,采取以上措施可有效加快计算收敛速度[360]。程序具体计算步骤如下:

(1)对于每一荷载增量,无损部分和完全损伤部分均按线弹性进行分析,由总体弹性损伤模量矩阵求得单元应力增量以及应变增量。

(2)将应力增量与前次迭代结束时的单元应力叠加得到本次迭代的无损部分、完全损伤部分以及单元总体应力。

(3)按照塑性条件判断单元是否屈服,若单元屈服则应力增量改为塑性应力增量,再重新计算单元应力。

(4)对于已屈服的单元,根据各节点的基本未知量计算弹性等效节点力和塑性等效节点力,重新分配的等效节点力为两者之差,对所有单元按节点迭加求得整体结构的等效附加荷载。

(5)对等效附加荷载重复以上步骤进行迭代计算,直至所有单元收敛为止,然后施加下一级荷载增量。固结计算时根据某一个时刻的位移和孔压,计算修正荷载,从而形成新的荷载向量,以计算下一时刻的位移和孔压。

程序计算流程如图 8.1 所示。

程序 USEPC 仅针对弹塑性平面应变问题,程序 UESEPDC 重点解决膨胀土的弹塑性损伤流固耦合问题。本书编写的有限元程序 ULEDSC 是在 USEPC 和 UESEPDC 基础上进行了改进,考虑了黄土的湿陷变形损伤演化规律、广义土—水特曲线以及非饱和渗透、渗气系数等因素,解决了黄土湿陷变形过程中的弹塑性损伤流固耦合问题。通过计算文献[358]和[359]中的算例,在忽略结构损伤情况下,本书编制的程序 ULEDSC 与程序 USEPC 计算结果一致。另外程序 USEPC 和 UESEPDC 已经与陈正汉的非饱和土弹性固结程序 CSU8 和殷宗泽的饱和土弹塑性 Biot 固结程序 BCF 进行了有效对比,4 个程序计算结果吻合度较高,并且 4 个程序均取得了较好的应用,这也说明本书编写的有限元程序 ULEDSC 计算结果的合理性。

本书编写的非饱和原状黄土流固程序 ULEDSC 与程序 USEPC 和 UESEPDC 不同之处主要体现在:

①非饱和渗透系数和渗气系数不再简化为一常量,而是随着基质吸力的变化而变化,这一改动更能切合非饱和固结实际情况;

②含水率与吸力之间关系采用广义土—水特征曲线,能反映湿陷过程中黄土的持水特性;

③基于黄土湿陷和加载损伤演化规律,利用弹塑性损伤结构性本构模型体现黄土在外荷载和浸水条件下的湿陷变形。

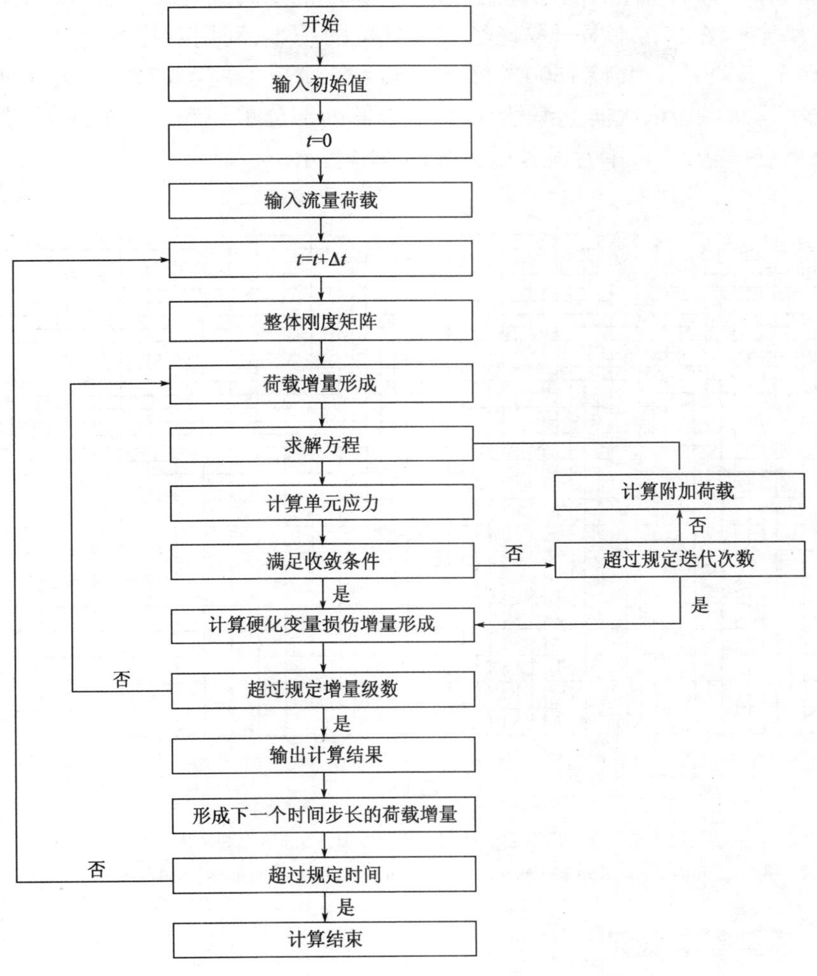

图 8.1　程序计算流程图

Fig. 8.1　Flow chart of finite element program calculation

8.4　程序算例分析

本书拟对第 2 章中兰州和平大厚度自重湿陷性黄土浸水试验进行有限元计算，分析试坑在浸水过程中的土、水、气多相耦合变化情况，描述大厚度自重湿陷性黄土浸水情况下的湿陷变形、水气运移和损伤演化等规律。

8.4.1　有限元模型离散化

首先将现场浸水试验进行简化，将复杂的浸水试坑转变为二维平面问题，将其简单化处理。采用 4 边形单元对场地进行离散。试坑底部 20m 及试坑边缘向外 20m 区域，单元较密，尺寸为 1×1m；其余部位单元变得稀疏，单元尺寸分别由 1×2m、2×1m、2×2m 组成。试坑半径与现场试验相同为20m,左右断面高度分别是36m和38m;试坑高度为2m;试坑外边界长度为50m,具体尺寸见图8.2,本书只取现场试验试坑的一半,利用对称性对其进行计算。有限元网格划分如图8.2所示,共计1500个单元,1584个节点。单元和节点从左下角依次向上编号,至顶后再次返回底边依次向上编号,图8.2中罗列部分单元和节点的编号,其余单元以此类推,为区分节点编号,特将单元编号用上横杠数字表示。

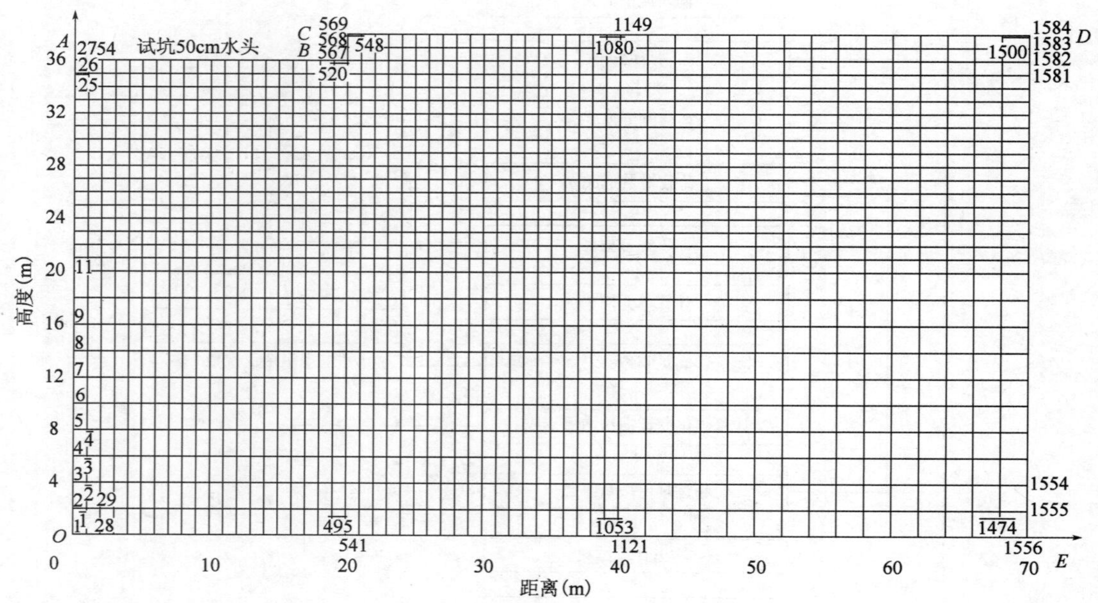

图8.2 离散后的有限元模型及其单元、节点和边界

Fig. 8.2 Finite element discretization of model and numbering of units, nodes and boundaries

8.4.2 模型基本概况

1)边界条件

非饱和土边界条件共分为5类,主要包括力、位移、孔隙水压力和孔隙气压力以及流量等。

(1)力和位移

力和位移按照一般弹塑性力学方法处理。场地初始地应力计算采用土力学中常规算法。场地除水头压力外,再无其他外部荷载。

位移规定:*OA*和*DE*边界无x方向位移增量,*OE*边界无x和y方向位移。

(2)孔隙水压力和孔隙气压力

OA、*OE*和*DE*边界不透水、不透气,其余节点的气压和水压均自由变化;浸水阶段*AB*边界不透气,停水阶段*AB*、*BC*和*CD*边界透水透气,水压力和气压力自由变化。试验场地规定初始孔隙气压力为0kPa,初始孔隙水压力为-250kPa。浸水和停水阶段孔隙气压力和水压力与吸力联系紧密。

(3)流量

单位面积入渗量对应连续性方程中的源汇项,流入为正。实际渗入到土体的流量,直接在迭代过程中获得，流量随着浸水时间的变化而发生变化，见第2章相关内容。规定渗入土体中水的流量与排出气体的体积相同。现场试验浸水阶段共计140d，耗水25292m^3（见附录），平均每天耗水180.66m^3；试坑直径为40m，面积为1256.64m^2，则浸水伊始单位面积通量应为20.12m/d，随着时间而变化。

CD和BC边界为临空面，不考虑蒸发降雨等因素，在$t>0$情况下，源汇项：$q_w=q_a=0$；体积含水率：$\theta=\theta_o=0.20cm^3/cm^3$；

OA、OE和DE边界分别为左边界、底边界和右边界，压力水头为：$h=h_0=u_w/r_w$；体积含水率：$\theta=\theta_o=0.20cm^3/cm^3$；

AB边界为水分入渗面，规定试坑中水头始终为50cm，在$t=0$情况下，不发生入渗，且试坑中心20个节点饱和度为1，即体积含水率为$\theta=\theta_{sat}=0.52cm^3/cm^3$，$h_{AB}=50cm$。

2）初始条件

整个场地初始干密度、初始吸力、初始体积含水率、孔隙比、屈服吸力、屈服应力和初始孔隙气压力分别是1.35g/cm^3、250kPa、0.20、1.01、120kPa、140kPa、0kPa。没有加载和浸水时，整个场地没有损伤，损伤值即为0。

3）模型计算参数

有限元计算参数参见第4章式(4.21)和式(4.58)、第5章的表5.13～表5.15和第7章7.71节。

4）计算规定

计算中，位移和孔压约束的规定为：有约束为1，无约束为0。如：左侧边OA和右侧边DE水平位移、竖向位移、孔隙水压力和孔隙气压力的约束规定为1、0、1、1。底边OE的水平和竖向位移及孔压均有约束，其约束条件为1、1、1、1；试坑顶边水平、竖向位移和孔压均无约束，约束条件即为0、0、0、0。

8.5　数值模拟结果分析

本书数值计算主要分为两部分：浸水阶段和停水阶段。分析两个阶段中不同时间段对应的浸润区体积含水率、孔隙水压力、孔隙气压力、水平位移、竖向位移以及损伤演化过程，并对非饱和渗气系数和渗透系数变化对非饱和黄土入渗规律的影响进行研究。每个阶段根据需要设置不同的时间步长，其计算记结果分析如下。湿润锋的位置按照$(\theta-\theta_0)/\theta\leqslant0.05$的标准判断[364]。

8.5.1　浸水阶段分析

为了与实际浸水天数相符，又考虑时间步长划分的方便性，浸水阶段设置150d，除第1d外，以15d为一个计算步长。文中计算部分始终从第1d开始累加，共计算10次。

1）体积含水率

图8.3是浸水阶段不同时间步长对应的体积含水率等值线变化示意图。由该图可知，湿润锋形态基本类似于一个椭圆状，这与现场试坑中通过TDR水分计测得的湿润锋形态较为相似。如果为对称模型，可知浸润区形态基本呈现“南瓜”状，说明程序能够一定程度上反映黄土

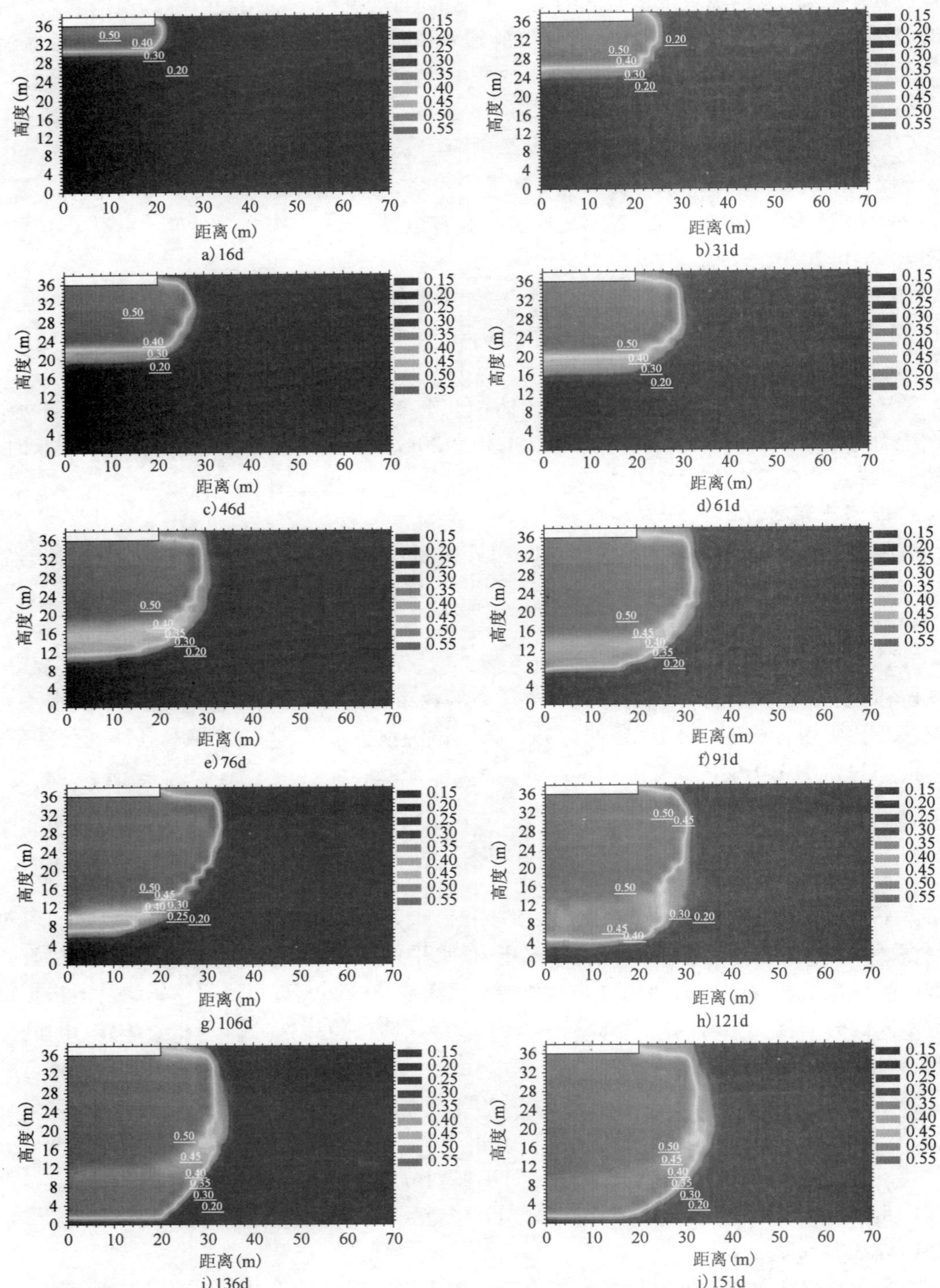

图 8.3 浸水阶段浸润区模型体积含水率变化等值线图

Fig. 8.3 Contour maps of volumetric water content in infiltration zone during soaking stage

浸水过程中的水分运移场。浸润区可以清晰地分为饱和区、传导区和湿润区，传导区和湿润区均为非饱和区。饱和区占浸润区面积最大，传导区和湿润区在浸水中期较为明显，如61d、76d和91d等，而浸水后期，饱和区再次占据浸润区绝大部分面积。

现场试验中通过TDR水分计可以精确记录121d范围内湿润锋运移位置，进而得到该时间条件下湿润锋运移的入渗率。图8.3f)中91d湿润锋水平向运移13m(距试坑边)，竖向运移30m(距试坑中心点)；而实际93d中水平向运移13m，竖向运移27.5m。图8.3h)中121d湿润锋水平向达到14m，竖向最大运移34m；而实际浸水试验中湿润锋121d水平向13m，竖向到达32.5m。由以上实际浸水情况和数值模拟结果对比可知，程序基本上模拟了水分入渗规律。图8.3i)、图8.3j)分别是136d和151d时浸润区形态，对比前文实际浸水情况可知，竖向浸润速度稍快一些而水平向浸润速度则稍慢一些，现场试验水分运移较深时，黄土密度较大，影响了水分继续前进，而模型假定密度相同，显然较深处现场密度要大于模型，这可能是造成模型在较深范围内水分运移速度较快的一个原因。

为了准确对比湿润锋运移实测值和计算值，将两者汇于图8.4a)、图8.4b)中，由该图可知在浸水时间较短范围内，实测值与计算值吻合较好，而浸水时间较长时，计算值要大于实测值，这与模型假定有关，现场试验较深处黄土干密度已经大于计算中1.35g/cm^3，其他原因有待进一步研究。

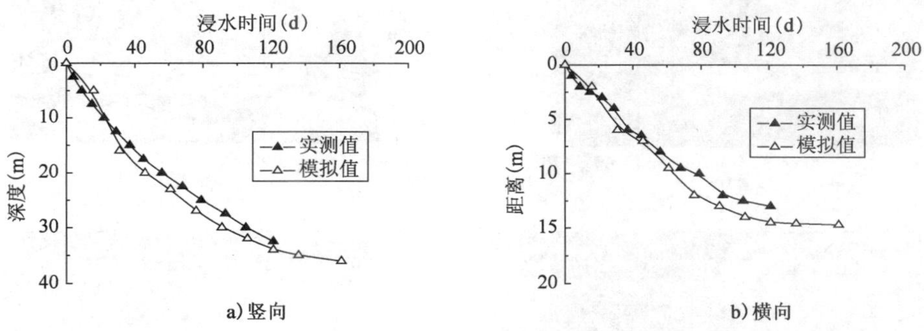

图8.4　湿润锋横竖向运移实测值与计算结果对比

Fig. 8.4　Comparision of measured and computed velocity of horizontal and vertical wetting front

2)孔隙水压力

图8.5是试坑浸水过程中孔隙水压力变化等值线图。孔隙水压力变化形态与图8.3中湿润锋形态保持较高的一致性。整个场地初始状态孔隙水压力等于-250kPa，当水分入渗时，浸润区孔隙水压力变化较大；湿润锋未到达的区域，孔隙水压力仍等于-250kPa。由图8.5可知，试坑底部和边缘以及湿润锋周边孔隙水压力接近0kPa，湿润锋是孔隙水压力急剧变化分界点。水分入渗至黄土中，孔隙水压力急剧增大，从负孔隙水压力变为正孔隙水压力，湿润锋附近的孔隙水压力变化幅度更为明显。

体积含水率增大时，负孔隙水压力向0kPa转变；当土达到饱和时，孔隙水压力变为0kPa。浸润区孔隙水压力自试坑底部0kPa向下逐渐增大，再到湿润锋附近减小，最终变为负孔隙水压力。浸润区孔隙水压力与重力有关，离试坑底部越远，水头越大，孔隙水压力越大。饱和区边界上孔隙水压力又陡降至0kPa，在传导区和湿润区中变为负值。浸润区域越大，孔隙水压力这种变化越加剧烈。

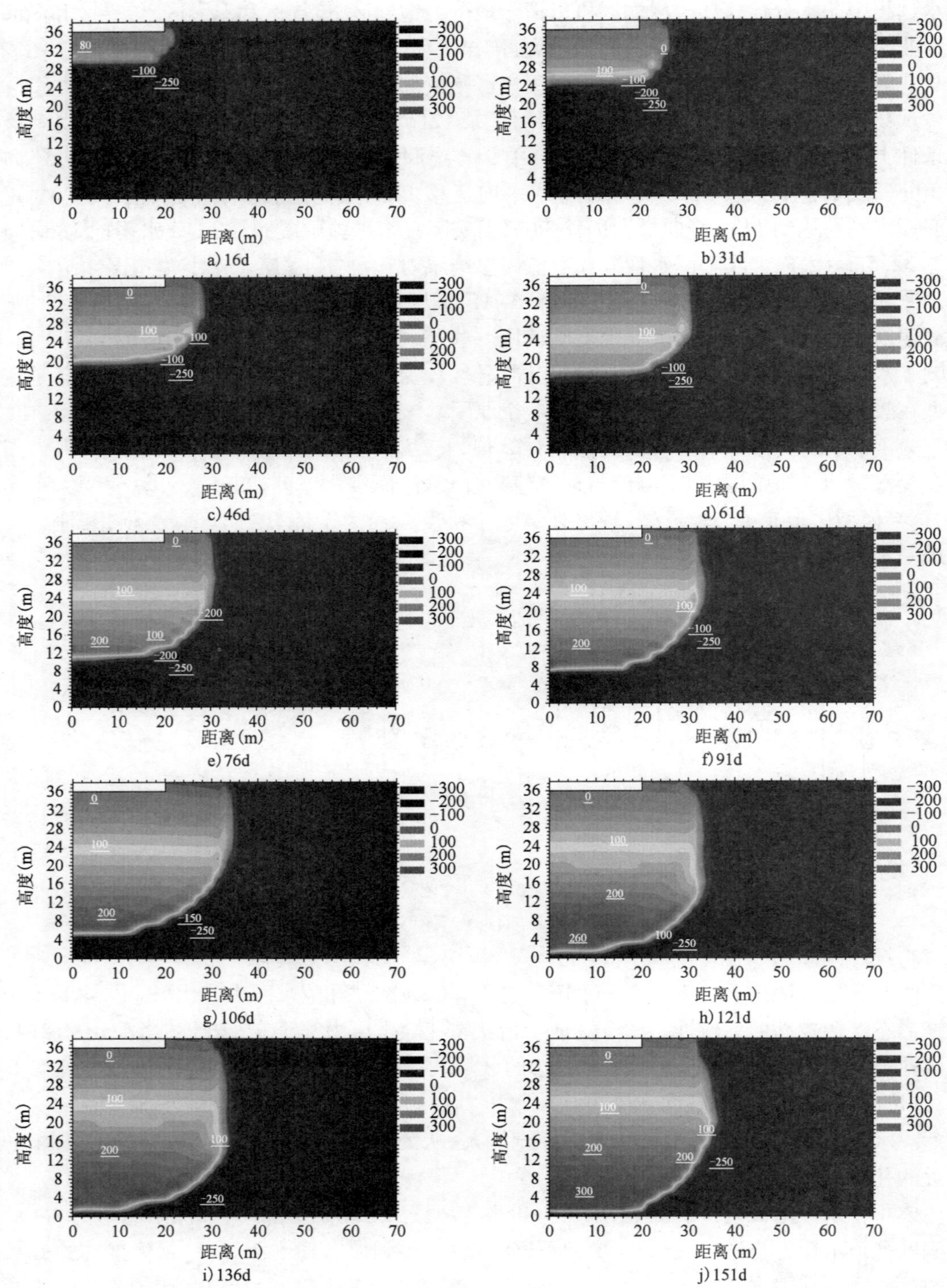

图 8.5　浸水阶段浸润区孔隙水压力等值线图

Fig. 8.5　Contour maps of pore water pressure in infiltration zone during soaking stage

3)孔隙气压力

图8.6是浸水阶段模型孔隙气压力变化等值线图。场地上部与大气相通,初始状态整个场地气压等于0kPa。随着浸水的实施,孔隙中气体逐渐向外排出,而气体只有从模型试坑外的上部边界排出,排气过程势必造成部分气体短时间内不能顺畅排出,进而导致孔隙气压力变大,这在图8.6得到较好反映。随着浸水时间的持续,气体会被逐渐排出,这也是图8.6中孔隙气压力较小的原因。

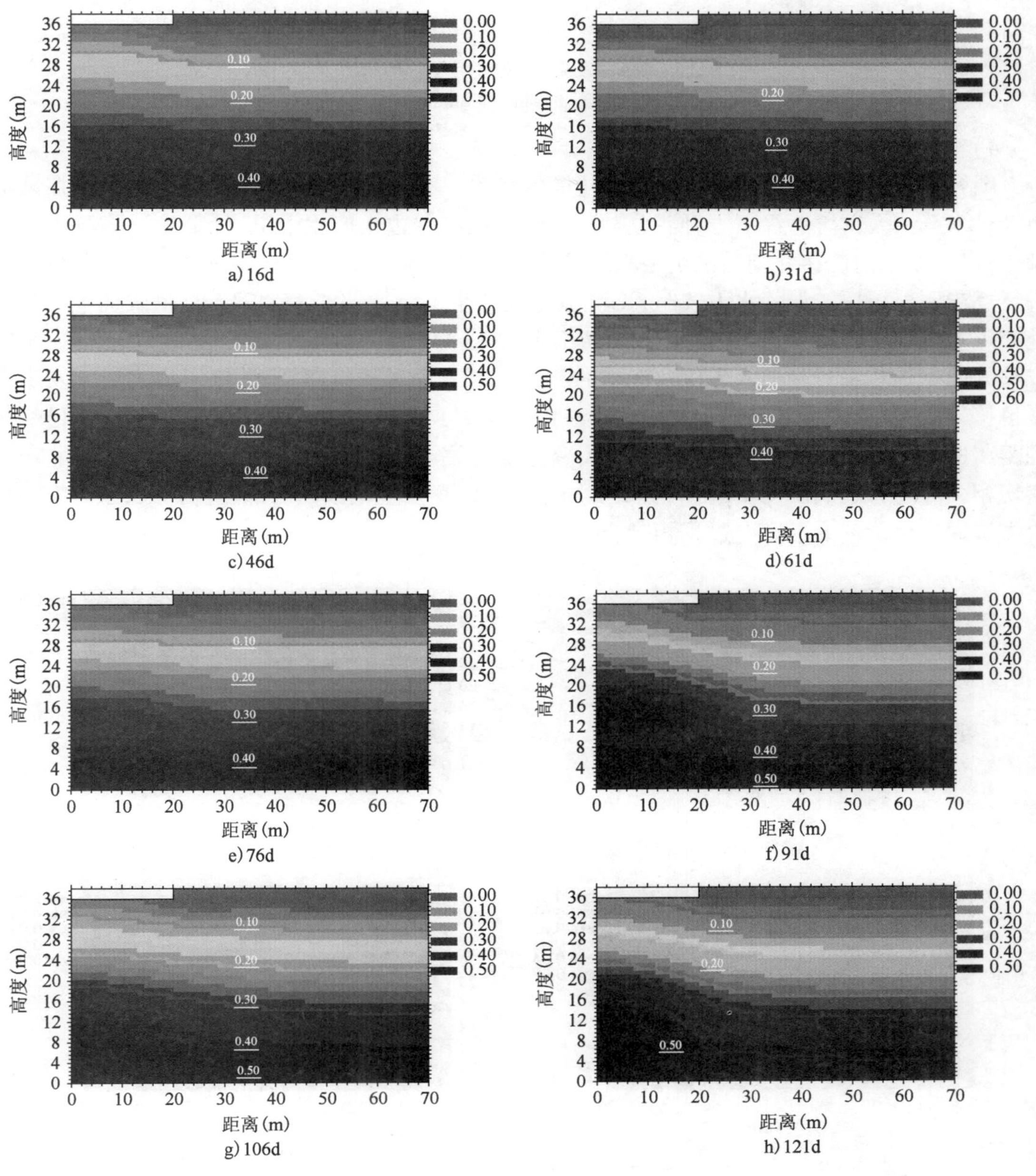

图 8.6

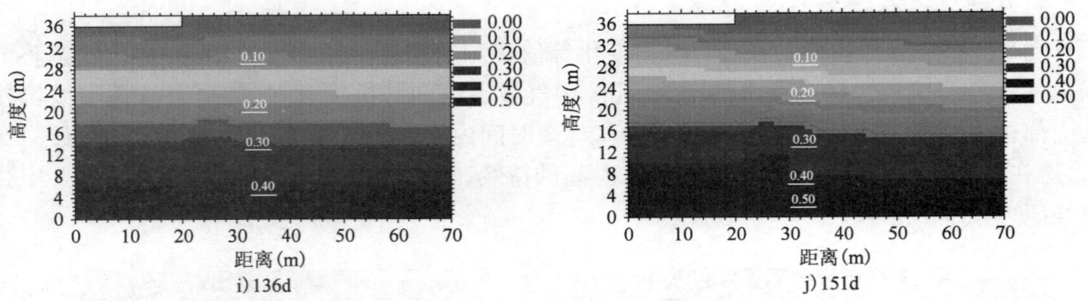

图 8.6　浸水阶段模型孔隙气压力变化等值线图

Fig. 8.6　Contour maps of pore air pressure in infiltration zone during soaking stage

4) 水平位移

图 8.7 为浸水阶段模型水平位移变化等值线图。由该图可知水平向位移主要发生在试坑边缘。水分渗入试坑边缘下方，使黄土发生湿陷，试坑周边土产生下沉，外部未湿陷黄土向内倾移，产生水平向位移并朝向试坑中心。随着浸水时间的增长，水平向最大位移也随着浸水的进行逐步向外扩展。如浸水 16d 时，试坑边缘仅产生 1cm 水平位移；121d 时距试坑中心 30m 处产生累计水平向位移为 20cm，151d 时距试坑中心 34m 处产生累计水平位移为 35cm。水平位移的发生随着水分逐渐入渗以及湿陷的产生而由浅至深逐步发展，试坑周边表层土发生水平位移较大，较深的区域水平位移则较小。由图 8.7i)、j) 可知，水平位移最大影响范围已经达到距离试坑底部 32m 的深度，这与水分入渗范围有关，同时也反映了水平位移与湿陷的产生密切相关。随着浸润区的不断扩大，试坑周边水平位移发生范围向外部逐步扩大，这与第 2 章浸水坑周边台阶形变形产生过程相吻合。

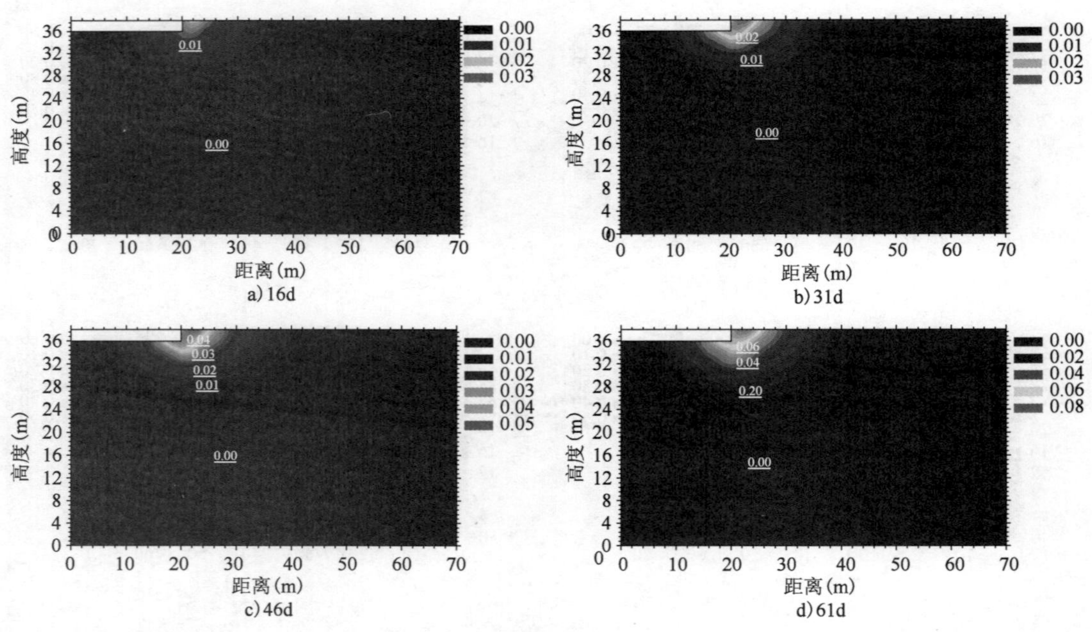

图　8.7

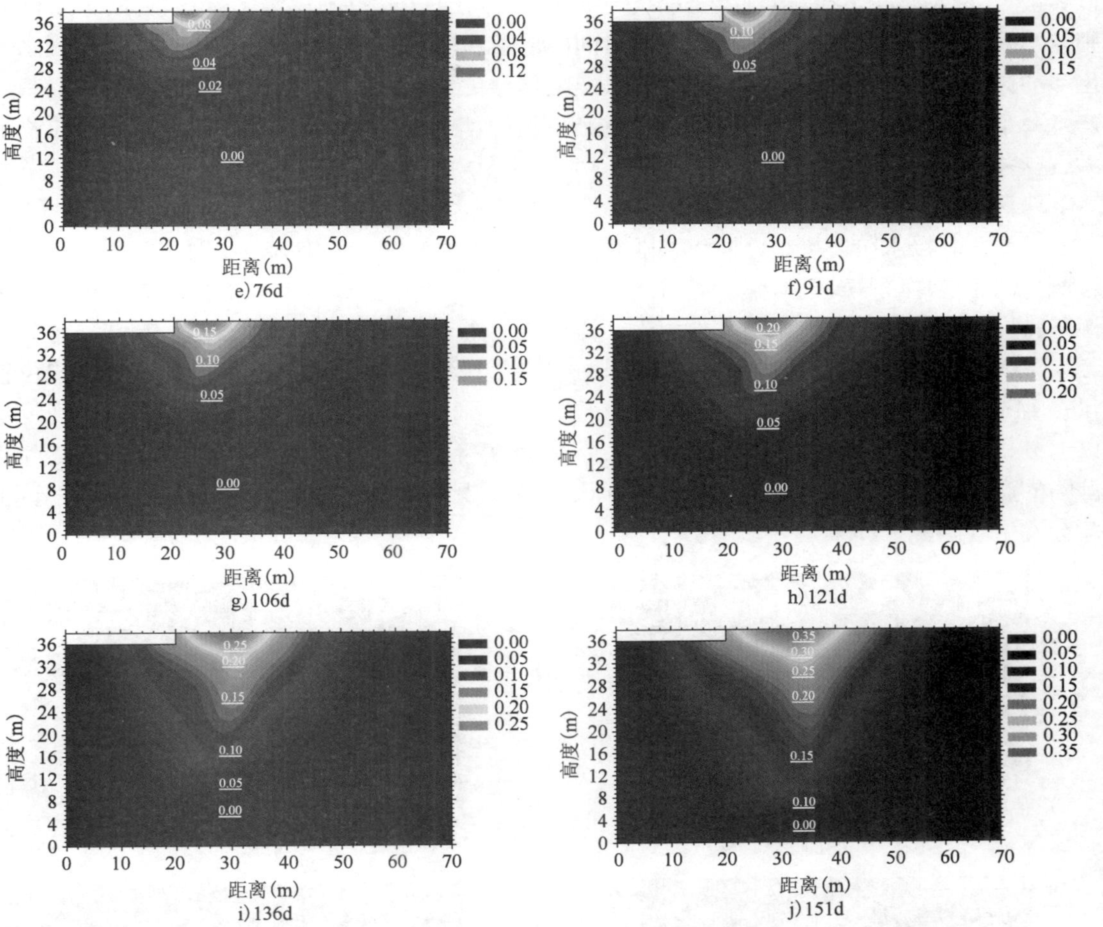

e) 76d　　f) 91d

g) 106d　　h) 121d

i) 136d　　j) 151d

图 8.7　浸水阶段模型水平位移变化等值线图

Fig. 8.7　Contour maps of lateral displacement in infiltration zone during soaking stage

图 8.8 表示了部分节点水平位移随浸水时间的变化曲线。坐标点(10,36)位于试坑中，坐标点(20,38)为试坑边缘,其余坐标点均在试坑外。由图 8.8 可知坐标点(30,38)发生水平

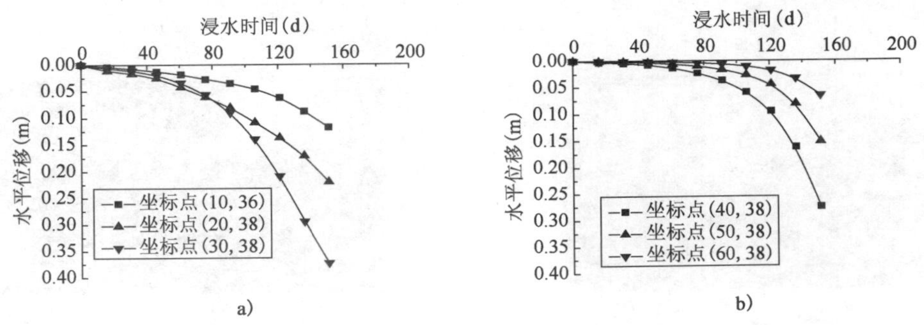

图 8.8　部分节点水平位移示意图

Fig. 8.8　The value of horizontal displacement of partial nodes

位移最大，模型上边界坐标点(20,38)与(40,38)之间的20m范围内水平位移较大，其余部分则较小。水平位移的影响范围随着浸水时间的增加和浸水区域的扩大而逐渐增大。出现水平位移的原因应该是：随着试坑大面积湿陷，湿陷部分黄土大面积塌陷，未湿陷黄土向内倾斜，并产生一个向内的水平推力，进而使试坑边缘出现应力集中现象，致使试坑边缘发生水平位移最大，这些结果也与前文现场试验结果吻合。

5）竖向位移

图8.9是浸水阶段模型竖向位移随时间变化的等值线图。非饱和黄土浸水过程中竖向位移产生的主要原因是黄土湿陷。随着水分逐步入渗，黄土在上部自重和水分共同作用下发生湿陷，进而产生竖向位移，这与其他土不一样。对比图8.3和图8.9可知，浸水16d时，水分已经向下入渗了6m，而竖向位移仅在3m范围内出现；浸水76d时，水分入渗了24m，而竖向位移仅在14m范围内出现；浸水136d时，水分入渗了35m，而竖向位移仅在30m范围内出现。从以上分析来看，竖向位移的产生滞后于水分入渗，并不是水分入渗到黄土中，立即产生湿陷。湿陷的产生有其滞后性，这与产生湿陷的原因有关。只有含水率达到湿陷起始含水率时，黄土才会发生湿陷。

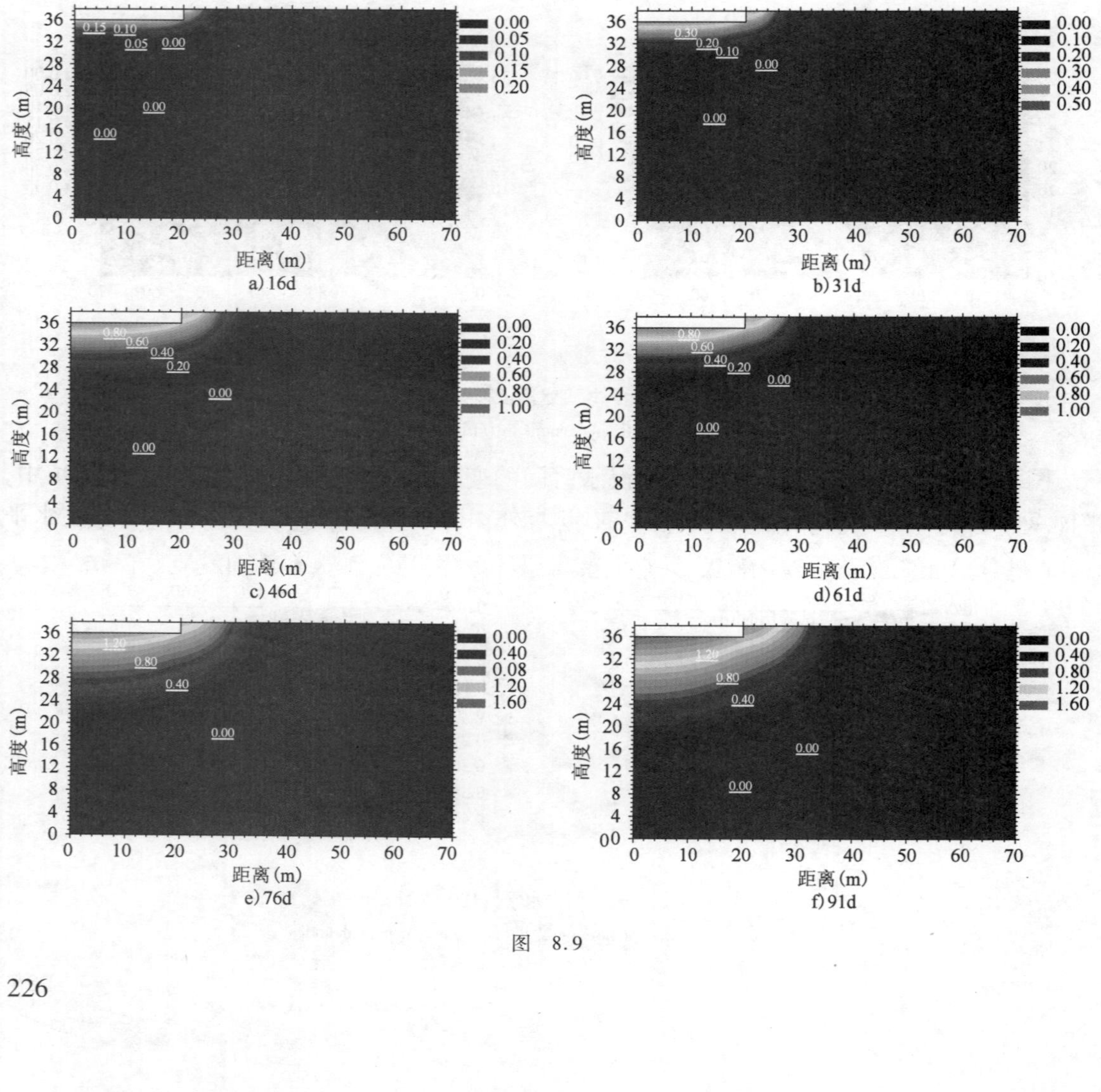

a）16d

b）31d

c）46d

d）61d

e）76d

f）91d

图 8.9

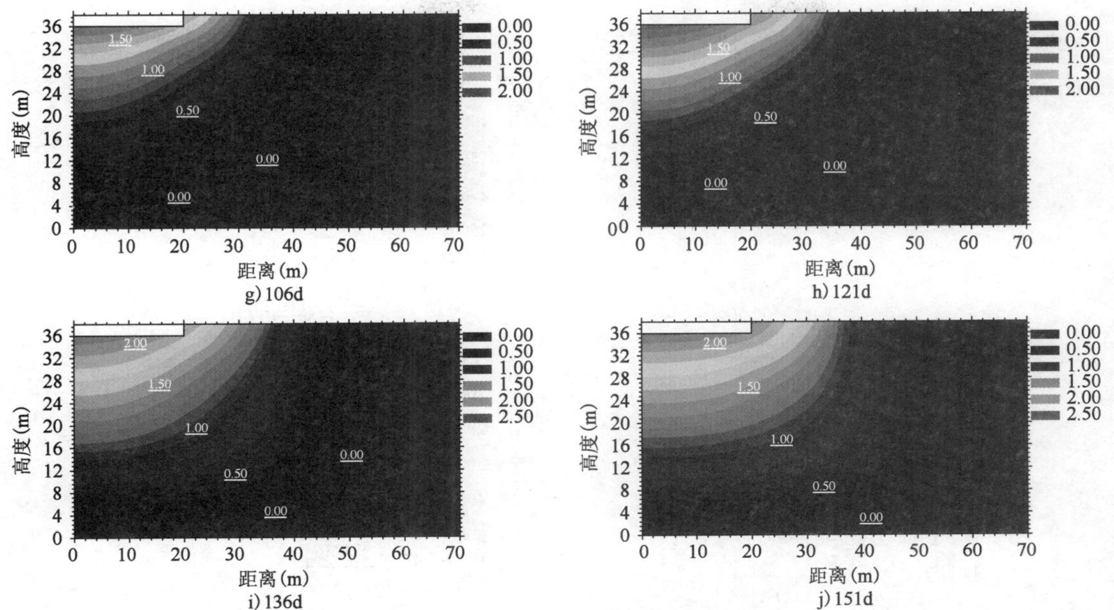

图 8.9 浸水阶段模型竖向位移随时间变化等值线图

Fig. 8.9 Contour maps of vertical displacement in infiltration zone during soaking stage

分析图 8.9 每个时间段竖向位移变化情况可知,竖向位移等值线图与体积含水率等值线图较为相似,其水平向和竖向影响范围分别要大于和小于体积含水率等值线图。136d 时,竖向位移最深达到 32m,而水平向位移影响范围最大距离试坑边缘 40m。实际浸水坑裂缝东向最大达到 39m,裂缝的出现与竖向位移的出现密切相关,可以推断实际浸水坑竖向位移应稍大于 39m,可见有限元计算结果与实际情况吻合较好。

分析试坑中每个节点的累计竖向位移,可将其与实际试坑中地表沉降观测点进行对比。挑选坐标点(0,36)、(5,36)、(10,36)、(20,36)、(25,38)和(35,38)共计 6 个节点(图 8.2)与实际试坑中的轴 1 上的 6 个地表沉降观测点进行比较,其实测值与计算值对比见图 8.10。由该图可知:A1-1、A1-2 和 A1-3 实测值与计算值吻合度较高;A1-5 实测值要略大于计算值;A1-7 和 A1-9 浸水前期实测值和计算值吻合较好。总体而言,程序计算结果与实测值较好吻合,至于部分节点竖向位移计算值出现偏差可能与现场地质结构有关,计算模型忽略了较多制约因素。

通过分析同一横坐标、不同纵坐标下的节点累计沉降量,即可得到不同深度竖向位移,与

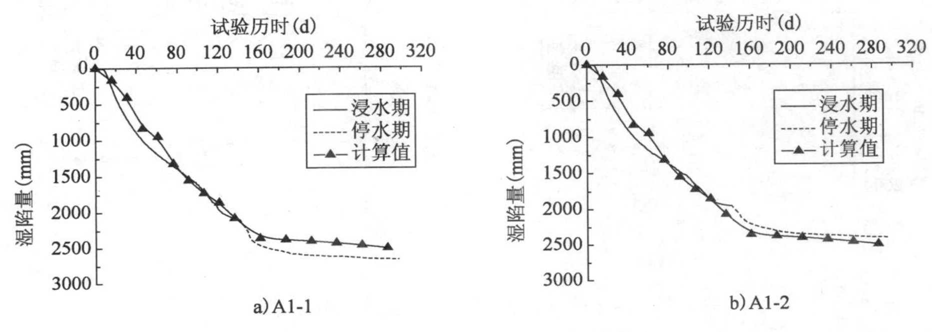

图 8.10

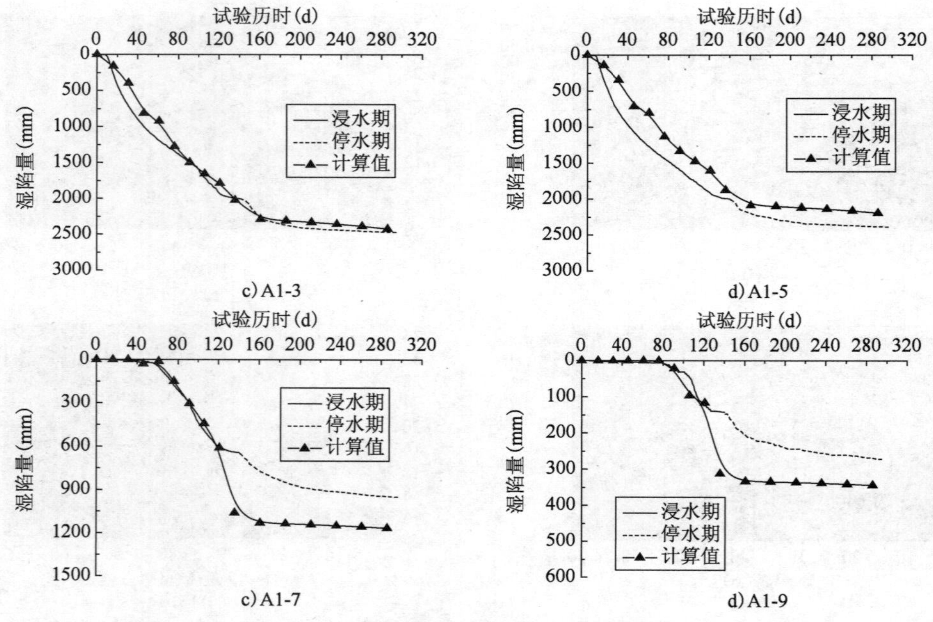

图 8.10 部分地表沉降观测点湿陷量实测值与计算值比较

Fig. 8.10 Comparision of measured and computed total collapse of partial surface settlement observations

深层沉降观测点进行对比。选取(0,31)、(0,28)、(0,22)和(0,18)这4个节点(图8.2)作为分析对象,选取现场试验中与之对应的4个深层沉降观测点的竖向位移实测值和计算值进行对比,其结果列于图8.11中。总体而言,较浅的深层沉降观测点如S-5和S-8计算值和实测值

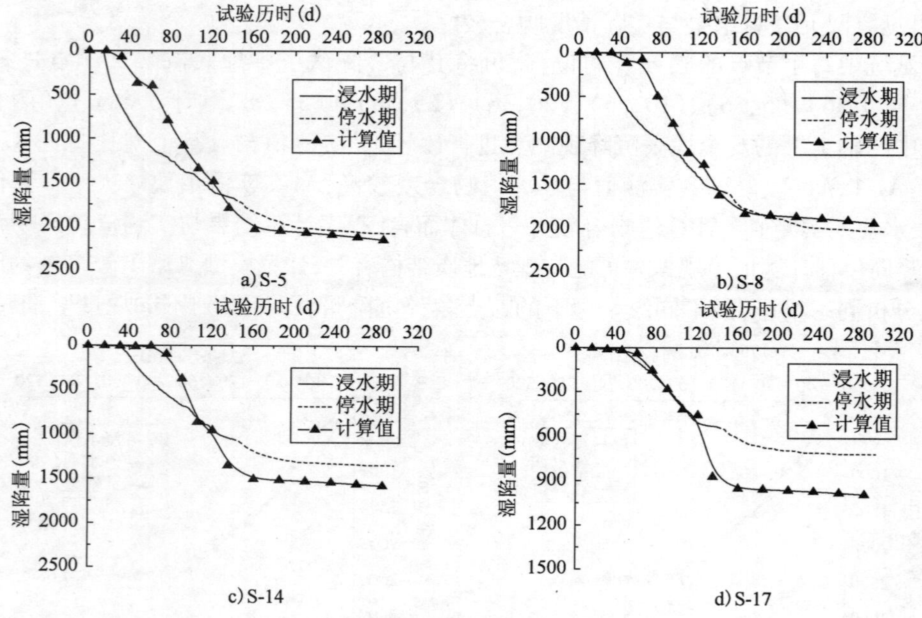

图 8.11 部分深层沉降观测点湿陷量实测值与计算值

Fig. 8.11 Comparision of measured and computed total collapse of partial deep settlement observations

吻合较好,而较深的观测点如 S-14 和 S-17 的计算值和实测值存在一定的偏差,这与试坑外的地表沉降观测点预测结果相似,这与计算时假定地基均质有关。

6)损伤演化规律

根据计算得到的位移增量,可以得到湿陷体应变和湿陷偏应变,利用湿陷过程中的结构损伤演化方程可以得到每个节点的损伤值。图 8.12 是浸水阶段 151d 范围内的损伤演化等值线图。随着时间步长的增大,损伤区域逐渐增大。损伤区域与湿润锋范围基本相同,这也反映了浸水对损伤的影响较大。图 8.12j) 中第 151d 时,整个浸润区损伤发育较大,损伤范围与图 8.3j) 体积含水率变化图较为相似。

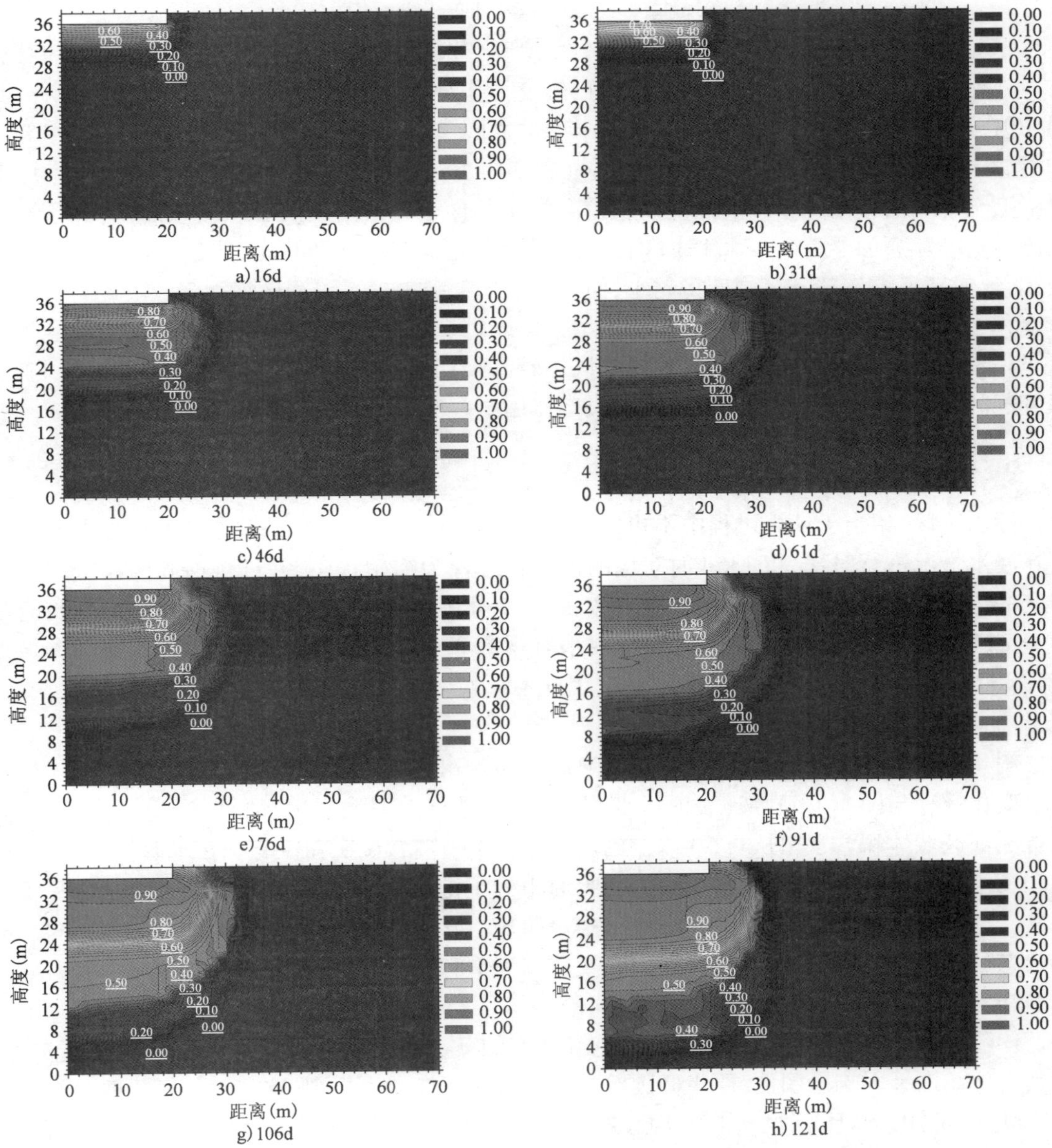
高度(m)
距离(m)
0.00
0.10
0.20
0.30
0.40
0.50
0.60
0.70
0.80
0.90
1.00
a) 16d
b) 31d
c) 46d
d) 61d
e) 76d
f) 91d
g) 106d
h) 121d

图　8.12

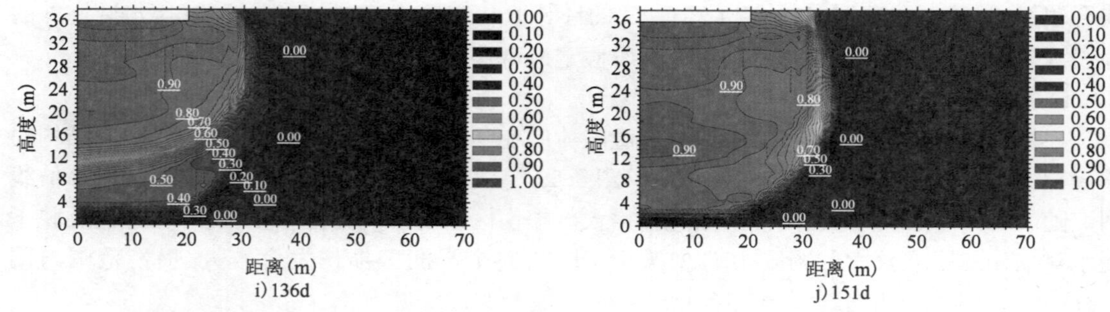

图 8.12 浸水阶段模型损伤演化等值线图

Fig. 8.12 Contour maps of damage evolution in infiltration zone during soaking stage

损伤等值线图基本上可以分为3部分:轻度损伤部分、中度损伤部分和严重损伤部分,其损伤值分别对应在0~0.3、0.3~0.7和0.7~1之间。这与浸润区的3部分(饱和区、传导区和湿润区)有些相似,另外,黄土湿陷从试坑底部向下逐渐减小,其湿陷体应变和湿陷偏应变也由上至下逐渐减小。较大的体变以及较高的体积含水率共同决定了该区域的损伤值较大,土体结构破坏愈加严重。浸水151d时,浸润区较大范围变成饱和状态,非饱和区域面积已经较小,致使轻度损伤部分范围变得越小,而严重损伤部分占据了浸润区绝大多数。此时黄土变为饱和土,较高的体积含水率致使损伤值增大。靠近试坑底部损伤部分主要由较高的体积含水率和较大湿陷变形共同决定;靠近模型底边较高损伤值的出现则主要依赖较高的体积含水率,该部位变形较小,对损伤的发展不起决定作用。

8.5.2 停水阶段分析

停水阶段,相当于计算过程中不再继续考虑源汇项。现场试验共浸水140d,为了便于与实际浸水情况进行对比,将136d时对应的模型状态视为初始状态,并进行饱和向非饱和状态转变的流固变形计算。计算一次初始参数,并以25d为一个时间步长,共计算10次,仅将时间为287d时以前的计算结果列出,与实际浸水坑观测290d进行对比。模型初始运行的参数规定为137d,各部分变化与136d几乎相同,因此不再列出。

1)体积含水率

图8.13时停水阶段不同时间步长对应的体积含水率变化等值线图。图8.13a)中体积含水率变化情况与图8.13i)相比浸润区变得稍大些,且靠近模型底边部分已经充分饱和,然而试坑底部区域体积含水率从0.50以上已经降至0.45左右,说明在没有外在水源供给条件下,饱和黄土中的水分逐步向下缓慢运移,使得原来处于饱和状态的黄土逐渐开始向非饱和状态过渡。这种趋势在图8.13b)和图8.13c)中更明显。随着停水时间的增长,饱和土逐渐向非饱和状态过渡,原有浸水阶段浸润区非饱和土转变为饱和土,靠近模型底边饱和区域也逐渐变为非饱和状态,体积含水率减小,出现脱湿现象。

伴随着饱和—非饱和以及非饱和—饱和状态的互变过程,停水阶段的浸润区在不断扩大,尤其表现在水平影响范围上,原来椭圆状的浸润区逐渐变得不规则,这一点与实际情况不太一致,其原因可能与基质吸力未能真实反映实际情况有关,模型中吸力较大时会吸水。然而实际情况中浸润区发展受重力、吸力以及密度等因素制约。根据实测结果,试坑右侧一定范围内没有水分,但计算中这一部分始终有水向上发展,较大的吸力将水吸到这个部位,显然计算结果与实际测量结果有一定的误差,有待对程序进一步研究。

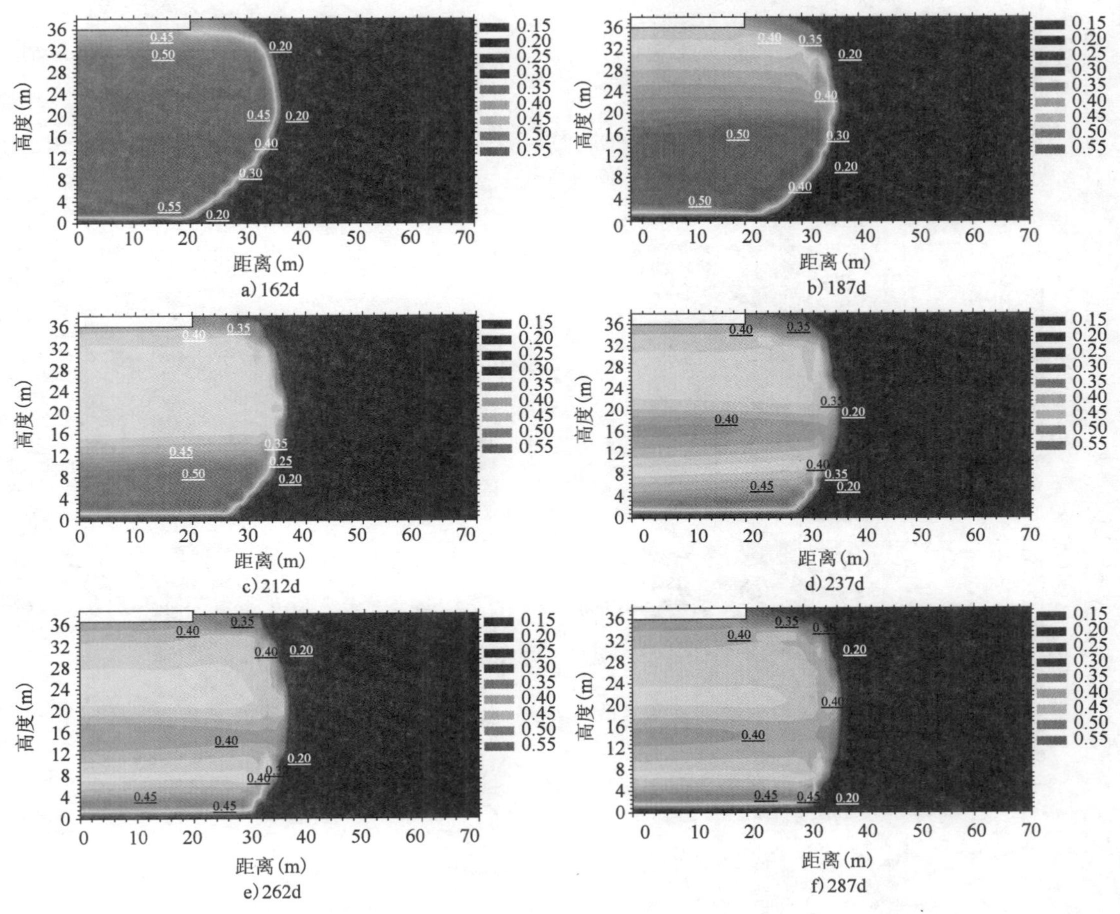

图 8.13 停水阶段体模型体积含水率变化等值线图

Fig. 8.13 Contour maps of volumetric water content in infiltration zone during drying stage

2)孔隙水压力

图 8.14 是停水阶段浸润区各时间步长对应的孔隙水压力变化等值线图。孔隙水压力等值线图形态与体积含水率变化形态接近相同,其变化规律与体积含水率变化密切相关。停水阶段,没有外在水源补给,原有饱和土过渡到非饱和土,孔隙水压力从正值变为负值。图 8.14 中靠近模型底边部位出现大于 0kPa 的孔隙水压力,意味着该部位还处于饱和状态,而且饱和状态区域随着时间的增加而缩小。靠近试坑底部的浸润区域孔隙水压力变为负值,且浸润区域的负孔压范围逐渐扩大,这也意味着非饱和区域逐渐扩大。237d、262d 和 287d 三个图中孔压为 0kPa 的区域仅限于靠近模型底边部位,其余浸润区域已变为负孔压。总体而言,正孔压范围在逐步缩小,负孔压范围在逐步扩大。模型底边定义为不透水,实际情况这部分是透水的,因此计算中浸润区多余的水没有其他地方可去,只能向外不断扩散,致使浸润区不断扩大,且孔压不能更大范围地降低,这也是本次计算中浸润区负孔压较低的原因。

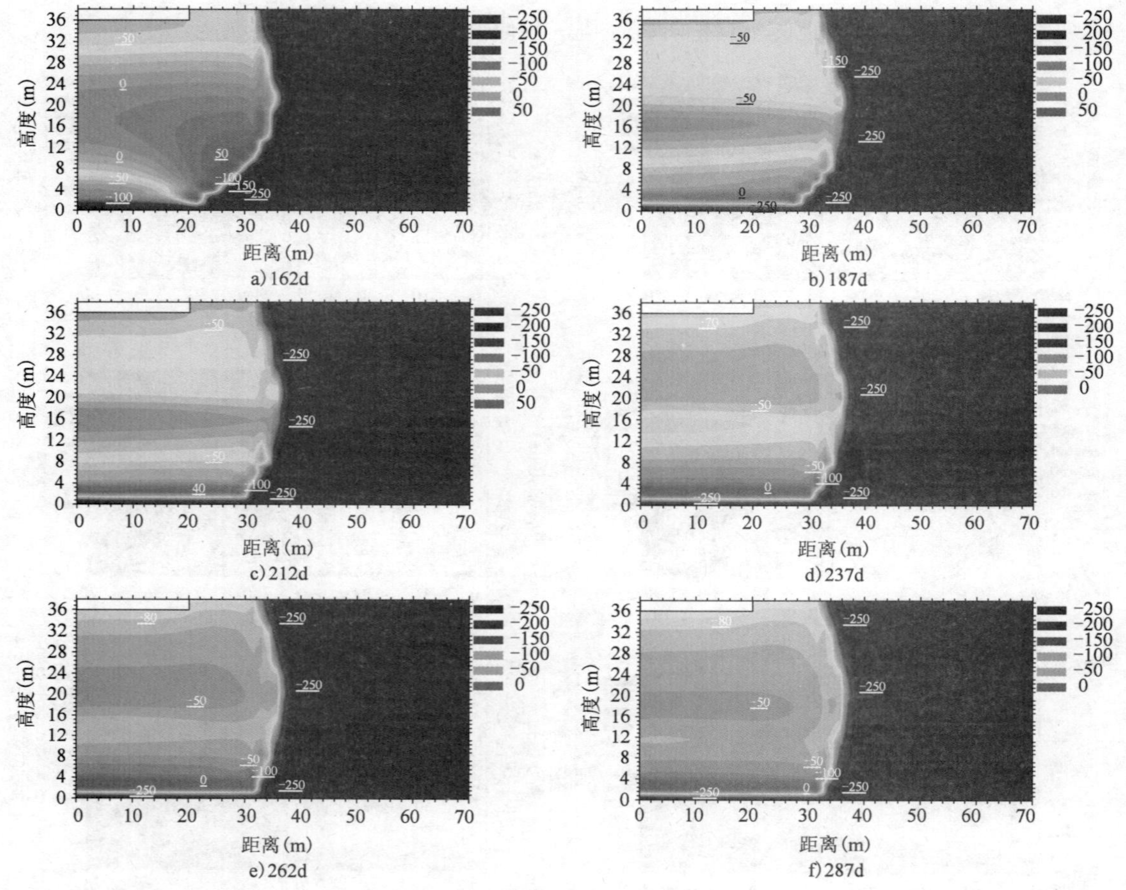

图 8.14 停水阶段浸润区孔隙水压力等值线图

Fig. 8.14 Contour maps of pore water pressure in infiltration zone during drying stage

3)孔隙气压力

图 8.15 是停水阶段各时间步长对应的孔隙气压力变化等值线图。停水阶段浸润区孔隙气压力变化较为突出,162d、187d 和 212d 三个时间段上气压变为负值。162d 时浸润区气压最大达到 -7kPa,随着深度的增加,气压值由负值过渡到正值;187d 时浸润区负气压减小至 -2.5kPa,然而负气压范围深度达到 30 m,宽度也离模型左端 30m;212d 时负气压范围继续扩大,负气压中心区域向下移动,靠近试坑底部负气压接近 0kPa。从以上分析可知,负气压从停水开始产生;随着浸润区从饱和向非饱和状态转变,负压较大值区域逐渐下移,且逐渐增大,直至变为 0kPa。试坑底部发生了大范围的湿陷,致使原有土结构破坏,孔隙减小,在停水开始时,试坑底部还处于饱和状态,该区域中孔隙未能与大气相通,饱和区域水分在重力作用下快速向下移动时,使得孔隙中产生了一定的负气压,随着水分持续往下移动,负气压影响区域变的越大;当停水时间较长时,试坑底部出现干燥收缩,地表发生龟裂,这使得原本密实的试坑底部有了透气的可能,致使负气压有了向正气压转变的趋势,进而试坑底部负气压增大,直至与大气相通,变为 0kPa。

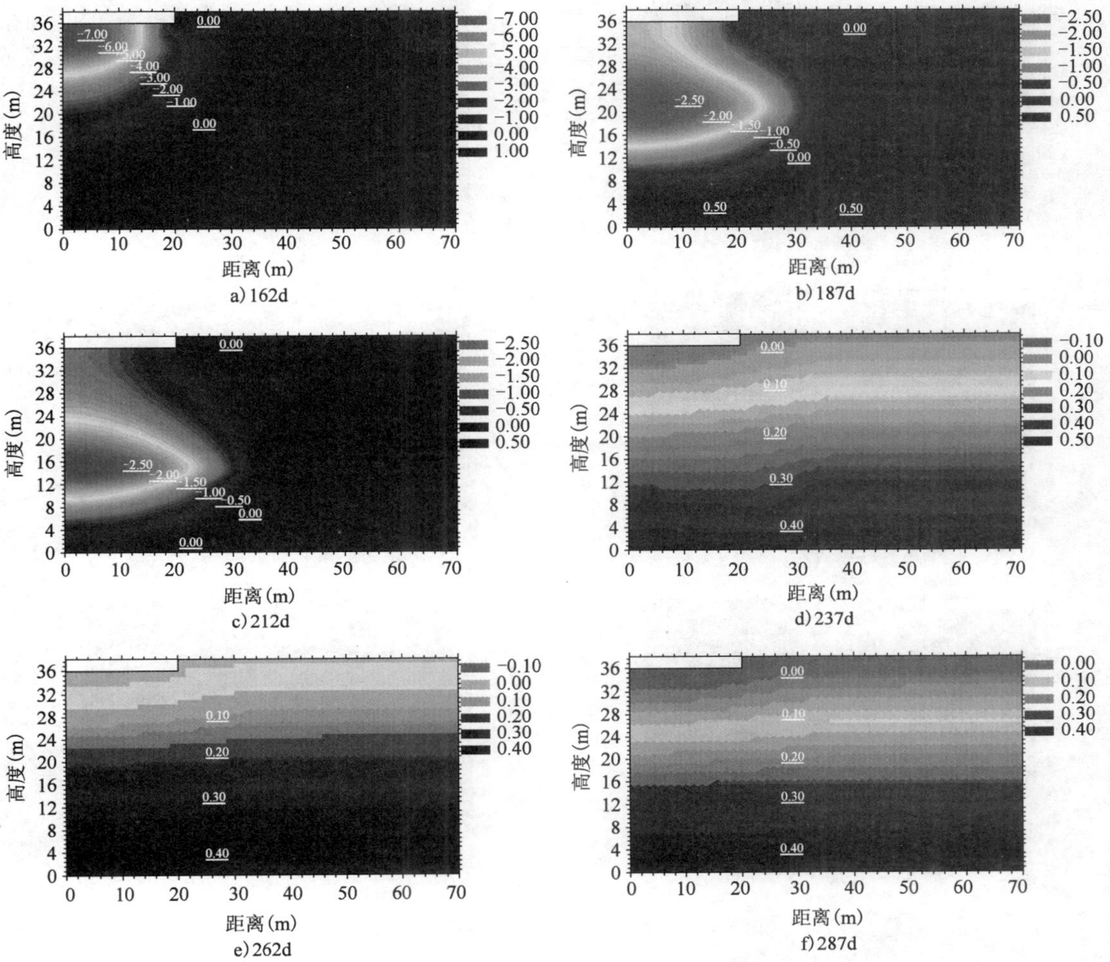

a) 162d

b) 187d

c) 212d

d) 237d

e) 262d

f) 287d

图 8.15　停水阶段模型孔隙气压力变化等值线图

Fig. 8.15　Contour maps of pore air pressure in infiltration zone during drying stage

237d 后整个模型中气压均变为正值,说明试坑底部基本上与大气相通。靠近模型底部出现 0.4kPa 的气压,这与浸水阶段气压分布等值线图变化规律相似,模型底部有一定的气体不能被完全排除,致使孔隙中的气压值增长。

4)水平位移

图 8.16 是停水阶段模型水平位移等值线图。停水后,试坑变形主要体现在试坑底部饱和土固结沉降以及埋深较大黄土的湿陷。试坑中没有外在补给水源,试坑底部饱和土逐渐变为非饱和土,试坑周边出现干燥收缩现象;试坑下方黄土逐渐固结沉降以及较深土层发生湿陷变形进而诱发未湿陷黄土向试坑方向倾斜。然而停水阶段固结沉降和湿陷变形量已经大幅度减小,并且因干燥产生的收缩效应引起的位移也显得较小,因此停水阶段,朝向试坑方向的水平位移变得较小。表现在图 8.16 中,水平位移停水阶段在较长时间段内影响范围变化不大。最大水平位移发生在节点(34,38)上,即距离试坑边缘 14m 处,累计产生 39cm。

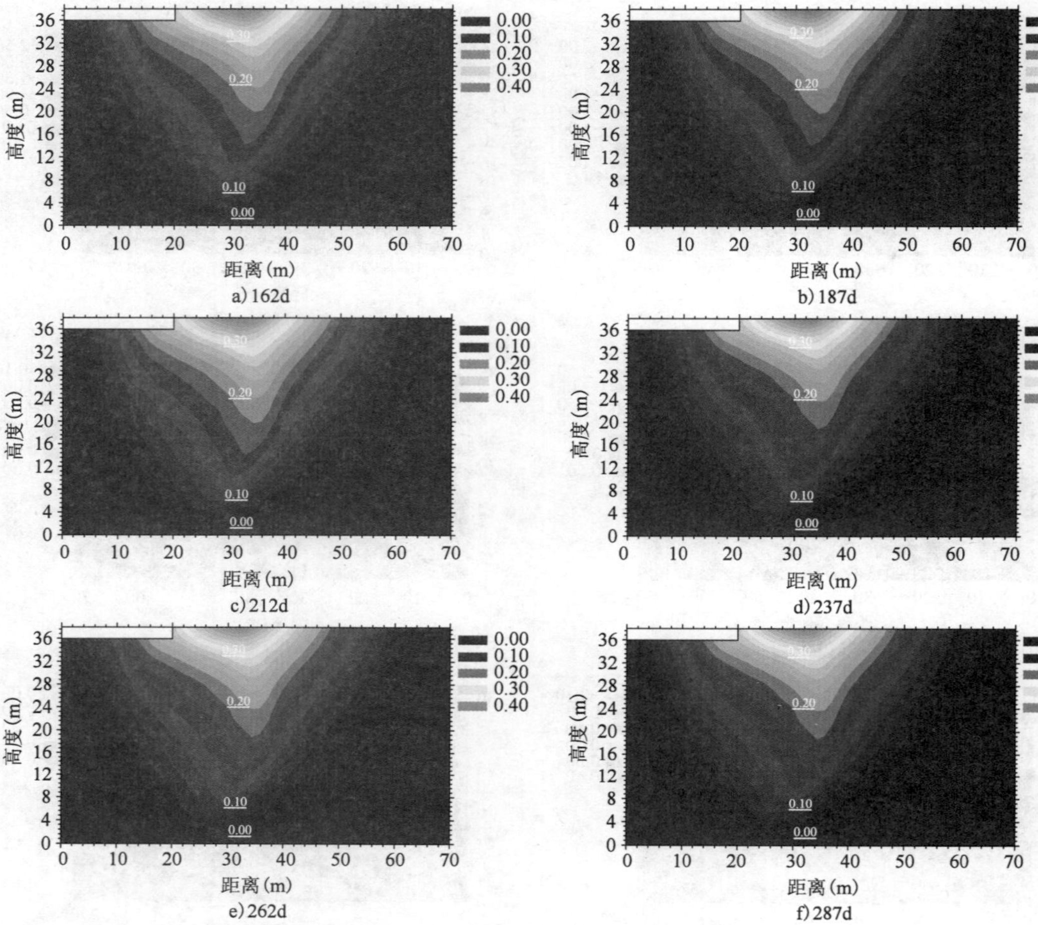

0.00
0.10
0.20
0.30
0.40
高度(m)
距离(m)
a)162d
b)187d
c)212d
d)237d
e)262d
f)287d

图 8.16 停水阶段模型水平位移变化等值线图

Fig. 8.16 Contour maps of lateral displacement in infiltration zone during drying stage

5)竖向位移

图 8.17 是停水阶段模型竖向位移变化等值线图。停水阶段竖向位移变化较小,150d 竖向位移仅发生了 45cm。停水阶段竖向位移以固结沉降和湿陷变形两部分构成,固结沉降主要发生在试坑底部饱和土区域,而湿陷变形主要发生在试坑以下较深部位,这部分由非饱和转变为饱和状态时发生了一定的湿陷,然而深层土发生的湿陷量已经较小,该阶段竖向位移的发生主要是试坑底部较浅土层的固结沉降起主导作用。

参照前文中浸水阶段计算结果,仍然选用坐标点(0,36)、(5,36)、(10,36)、(20,36)、(25,38)、(35,38)、(0,31)、(0,28)、(0,22)和(0,18),共计 10 个节点,对其停水阶段的竖向位移进行分析,如图 8.11 和图 8.12 所示。靠近试坑中地表沉降观测点和较浅的深层沉降观测点,其停水阶段的竖向位移实测值和计算值相差不大,而远离试坑的地表沉降观测点和较深的深层沉降观测点,其停水阶段的竖向位移计算值要大于实测值。总体而言,程序在一定程度上能反映停水阶段饱和黄土的固结和湿陷变形特性,但还不够理想,可能与模型和现场初始条件的差异有关,今后需要进一步深入研究。

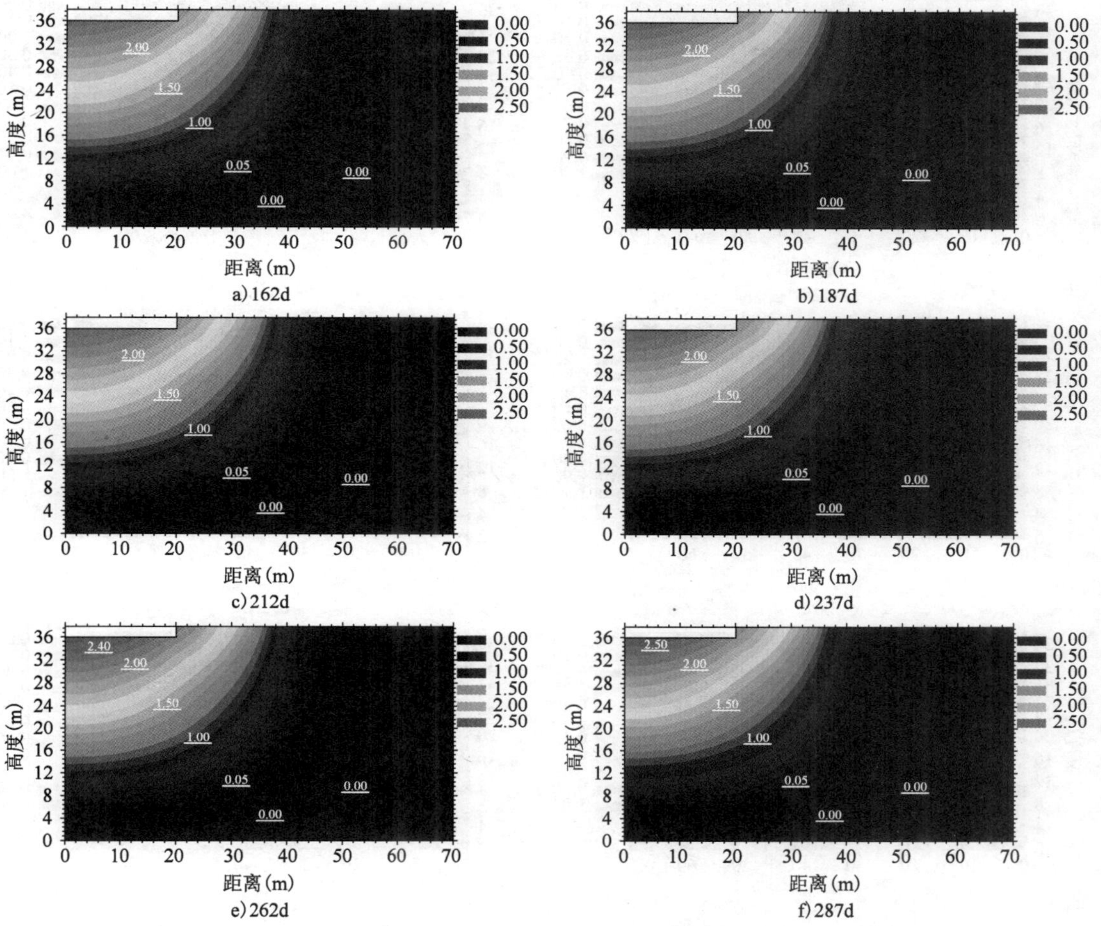
高度(m)
距离(m)
0.00
0.50
1.00
1.50
2.00
2.50
2.40
2.50
0.05
a)162d
b)187d
c)212d
d)237d
e)262d
f)287d

图 8.17　停水阶段模型竖向位移变化等值线图

Fig. 8.17　Contour maps of vertical displacement in infiltration zone during drying stage

6)损伤演化规律

图 8.18 是停水阶段损伤演化等值线图。由该图可知损伤值在停水阶段不同程度的降低。停水阶段土体变形继续发展,体积含水率也在减小。损伤值的减小意味着体积含水率对损伤值影响要大于土体变形对损伤的影响。

停水阶段,没有外部水源持续供给,原有饱和土中的水分在重力作用下逐渐向下迁移,土体又从饱和状态逐渐过渡到非饱和状态。随着体积含水率的降低,原本浸水和外力共同作用下较大的损伤值开始减小,这也预示着黄土结构性又一次发生改变,新的结构随即产生。

由图 8.18 可知,停水阶段,靠近试坑底部和模型下边界的浸润区损伤值较大,浸润区中间以及外侧损伤值较小。停水后,试坑底部体积含水率减小,但变形却在增大;模型底边变形较小但体积含水率近似饱和,因此变形和体积含水率共同决定了这两部分损伤值较大。浸润区中间部位和靠近湿润锋区域由于体积含水率和变形均较小,因此其损伤值也较小。这种变化规律有别于浸水过程中损伤演化。

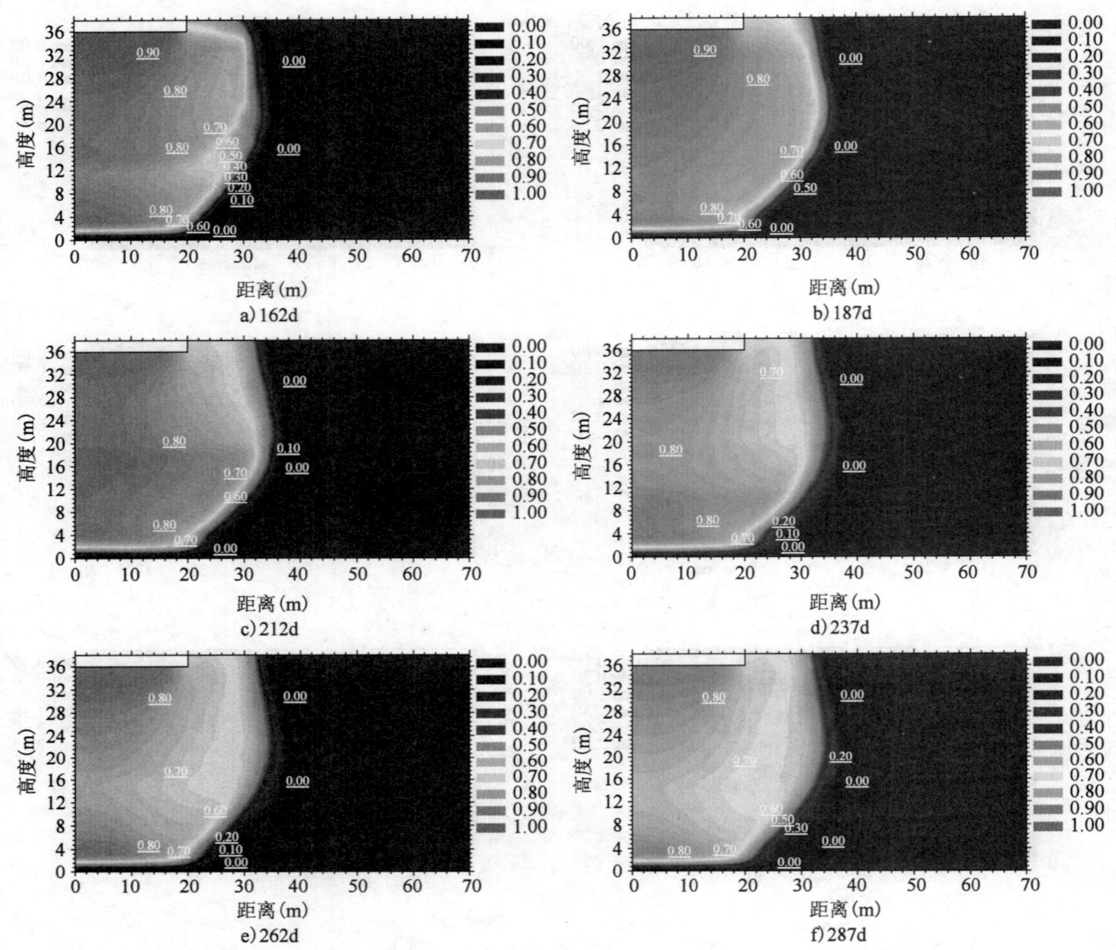

图 8.18 停水阶段模型损伤演化等值线图

Fig. 8.18 Contour maps of damage evolution in infiltration zone during drying stage

8.6 讨 论

8.6.1 湿润锋的形态

由文献[271]浸水试验实测以及数值计算(图 8.3)发现,湿润锋的形态类似于椭圆状入渗。有些研究成果中显示自重湿陷性黄土场地的水分运移形态类似倒扣的碗形,这在郑西高铁沿线的浸水试验较为突出[355]。尚银生等[365]采用注水孔通过 TDR 水分计监测到水分扩散存在自下而上、自上而下、由试坑中心向两侧扩散的特点,湿润锋扩散形态比较复杂。也有一些研究与本书计算结果较为一致,青海川大高速公路自重湿陷性黄土浸水试验场地中未有预注水孔[366],通过大量 TDR 水分计的观测发现水分的形态与现场监测[271]相似,类似于椭圆状态。黄雪峰等[41,269]在边坡浸水试验中发现水分在整个土层浸润形态类似椭圆形。而 Gvirtzman 等[354]通过 2 个含砂黄土场地的浸水试验,用 TDR 水分计实时监测到浸水形态(一个呈现

椭圆状,另一个呈现洋葱状),并通过数值计算得到湿润锋形态呈椭圆状,这也与本文数值试验结果相似。浸水的最终形态与所处的地质环境相关,十分复杂,有待进一步研究。

由前文的计算结果可知,自重湿陷性黄土地区水分运移基本先期呈椭圆状形态入渗,后期椭圆变为不规则。上部黄土已经产生较大湿陷变形,一方面,密度增大阻碍了水分的进一步迁移,水分进入过程中多余气体无法排除形成的气阻效应影响水分迁移;另一方面非饱和土较低的渗透系数也对入渗产生影响,非饱和渗透系数随着饱和度的增大而逐渐增大,通过第4章中实测发现饱和度在0.4~0.6之间,饱和度0.4对应的非饱和渗透系数比0.6对应的低2个数量级,因此当原场地处于非饱和状态时,较低的非饱和渗透系数进一步阻碍水分的迁移,Gvirtzman等[354]通过监测及计算得到类似结论。

8.6.2 结构损伤对湿陷变形的影响

以坐标点(20,36)为计算对象,对应的文献[271]中的观测点A1-5,对不考虑结构损伤以及考虑结果损伤的2种工况的竖向位移进行计算。不考虑结构损伤的模型在程序中将不予以调用结构损伤子程序,不考虑结构损伤对湿陷性的影响。计算结果如图8.19所示,由该图可知,考虑结构损伤的竖向位移基本符合实际情况;而不考虑结构损伤的竖向位移值较小,这与结构损伤可以增大变形值有关,而且这种增大效果具有累计效应,在计算后期越加明显。可以说结构损伤能够反映结构在浸水时的软化现象,能够加大湿陷变形,对于模拟湿陷变形有着较好的贡献。不考虑结构损伤,很难预测浸水对黄土结构的破坏,不能有效模拟变形结果,而且没有考虑结构损伤,湿陷变形结构较小,不利于解决工程实际问题。

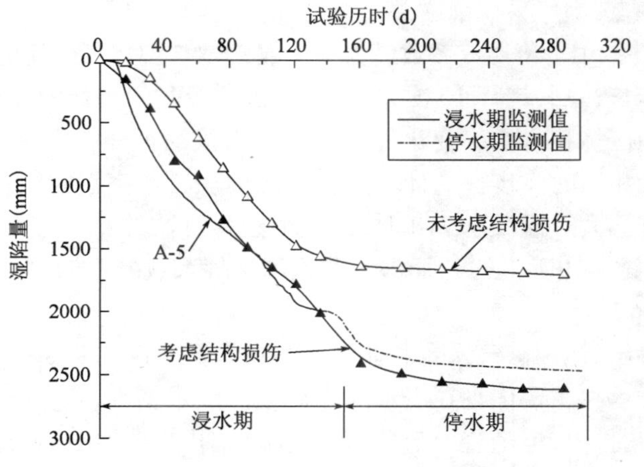

图8.19 结构损伤对湿陷变形的影响曲线

Fig. 8.19 Influence of structural damage on collapsible deformation

另外需要注意一点,图8.10和图8.19中湿陷变形计算后期要大于实测值,这可能与定义的损伤加大变形量有关。事实上后期湿陷变形已经较小,而水分继续扩散加大了损伤程度,同时影响了湿陷变形的增大,停水阶段是以固结变形为主的特征,而且已有研究表明自重湿陷性黄土湿陷存在着一个湿陷临界深度[284],临界深度以下黄土湿陷已经明显减小,而数值计算中过高估计了水分对湿陷的影响。另外由图8.12c)和图8.12d)可知损伤已经较大,而且损伤值多为0.7~1之间的严重损伤段,而根据已有研究[367]表明原状黄土在加载和浸水后发生湿陷变形,但新的结构也重新生成。当新结构与正在湿陷的结构相互交织影响时,出现软化和硬化在湿陷中相伴而生现象,湿陷变形也会逐渐减小,而单纯的考虑损伤势必造成后期过高估计结构损伤对湿陷的贡献,所以对于弹塑性损伤模型以及程序还需进一步优化设计。

8.6.3 湿陷变形的滞后特征

对比图 8.3 和图 8.9 可知,浸水 16d 时,水分已经向下入渗 6m,而竖向位移仅在 3m 范围内出现;浸水 76d 时,水分入渗 24m,而竖向位移仅在 14m 范围内出现,其他计算结果也出现类似结果。可以看出,竖向位移的产生滞后于水分入渗,并不是水分入渗到黄土中立即产生湿陷,随着时间的推移,湿陷的产生有其滞后特征。

原状黄土一般存在架空结构,这种架空的结构也组成了微结构[368],微结构的失稳、破坏与结构刚度和受力状态密切相关[369],水分的入渗导致微结构逐渐破坏,而且这种破坏是渐进的。众所周知,原状黄土的湿陷与其结构性密切相关,结构性存在使得原状黄土有着抵御外部荷载的能力,这种能力对抵御湿陷变形也有积极的影响。通过浸水过程中的 CT 细观扫描发现原状黄土原始结构的破坏取决于浸湿程度[55,333]。另外,黄土浸水湿陷过程中,只有含水率达到湿陷起始含水率时,黄土才会发生湿陷[367]。可以说这些因素共同决定了浸水以后湿陷变形的滞后现象。影响湿陷变形滞后效应的因素较多,还需要进一步探讨。

8.6.4 非饱和渗气及渗透系数对水分运移的影响

非饱和渗流计算最大的特点就是渗透系数和渗气系数随着饱和度的不同而变化,本次设计的程序考虑了这一点,程序采用前文关于非饱和黄土的渗透系数及渗气系数的研究成果。

作为比较,模型计算中可将渗气系数设为一常数,不随吸力变化,其值等于 1.5×10^{-5}cm/s。仍设置 15d 为一个步长,总共计算 10 次,本书仅列出 4 个时间步长的计算结果。图 8.20 即渗气系数为常数时浸润区体积含水率变化等值线图。由该图可知在浸水 16d、31d 和 46d 时,浸润区范围与图 8.3 中相同时间步长的计算的浸润区体积含水率接近相同,说明渗气系数在浸水初期对湿润锋影响不大。而浸水 76d 时,渗气系数为常数的算例中湿润锋向下和向右运移了 32m 和 12m(距离试坑边垂直线),而涉及非饱和渗气系数的算例中(图 8.3),76d 向下和向右分别运移了 26m 和 12m。

从该算例可以看出,饱和渗气系数和非饱和渗气系数对浸水初期的计算结果影响不大,非饱和渗气系数对水分运移主要体现在浸水的中后期。浸水初期,水分在重力和吸力作用下向下扩散,气体能够正常排出,但随着上部黄土发生湿陷,孔隙结构破坏,孔隙中的气体被排出变得困难,而且在浸润区中的非饱和区域,随着饱和度的增加,非饱和渗气系数也随之减小,进而使气体流动变得困难,这种现象在浸水中后期显得越加明显。然而当设置渗气系数为一常数时,气体流动不再受吸力因素制约,对阻碍水分运移的作用也显得不太明显。饱和度越高,气体流动越慢;当设置渗气系数为常数时,较高饱和度的土中,气体流动速度与低饱和度时相同,气体流动加快,水分流动自然加快。这也是图 8.20 中 76d 时入渗深度大于图 8.3 的原因。

计算中也可将渗水、渗气系数同时设为一常数,两者均不随吸力变化而改变,其值分别等于 1.5×10^{-5}cm/s 和 6.0×10^{-5}cm/s。模型初始条件不变,仍处于非饱和状态,仅将渗水和渗气系数变为常数。图 8.21 即为渗水和渗气系数均为常数的算例部分时段的浸润区体积含水率

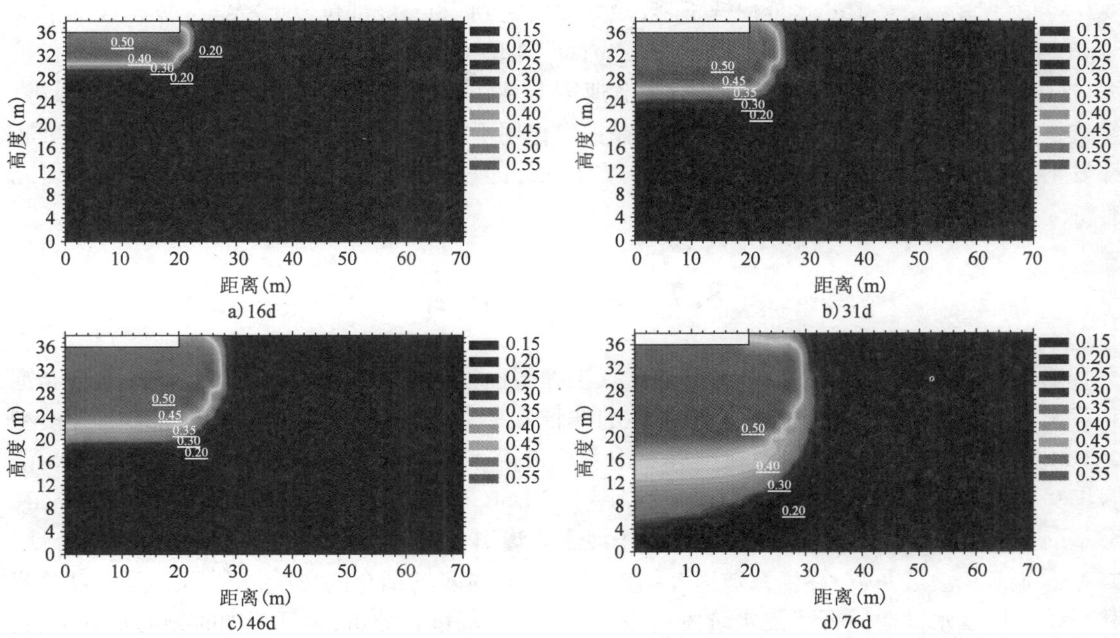

图 8.20 渗气系数为常数时浸润区体积含水率变化等值线图

Fig. 8.20 Contour maps of volumetric water content in infiltration zone during soaking stage considering unsaturated gas permeability as a constant

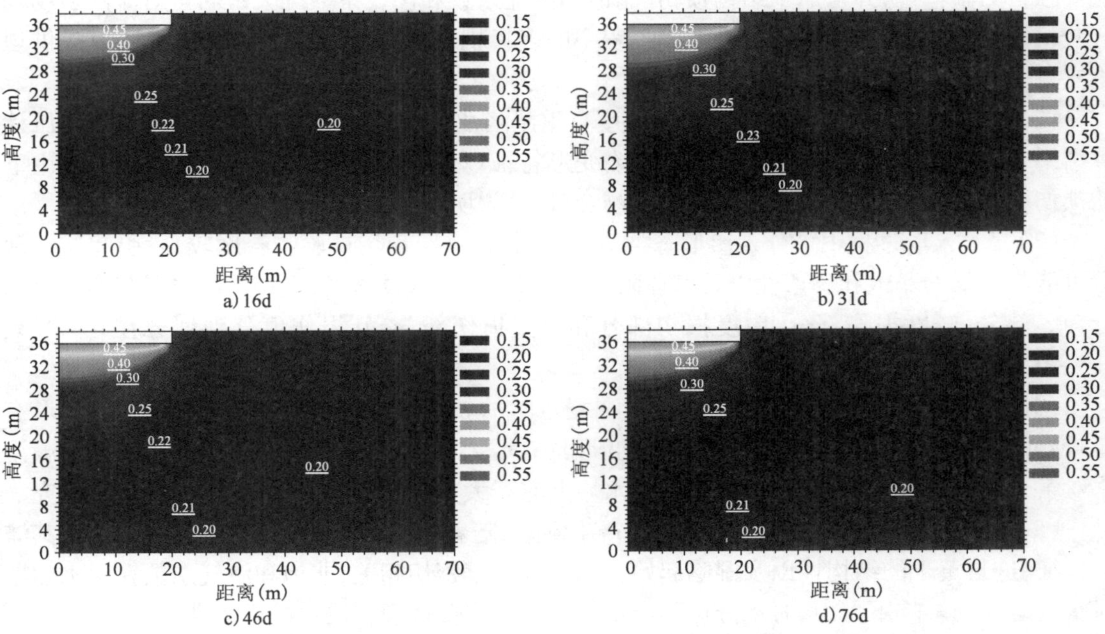

图 8.21 渗水和渗气系数均为常数时浸润区体积含水率变化等值线图

Fig. 8.21 Contour maps of volumetric water content in infiltration zone during soaking stage considering unsaturated gas permeability and hydraulic conductivity as a constant

变化等值线图。浸水 16d 水分快速下移，最大深度达到 28m，该部位以上浸润区体积含水率大于 $0.20cm^3/cm^3$，浸润区宽度超过试坑边 4m；而 31d、46d 和 76d 浸水时，浸润区范围稍有扩大，这些现象意味着浸水开始时，水分扩散速度非常快，而在中后期水分扩散变得异常艰难。渗透系数不受基质吸力的制约，短时间内在重力作用下水分快速向下扩散，然而伴随着试坑底部发生湿陷变形，黄土变得密实，阻碍了试坑中水分的进一步扩散。这一问题更深层次的研究有待今后进一步展开。

8.7 本章小结

以已建立的考虑结构性的非饱和原状黄土弹塑性损伤本构模型（EDM）为基础，结合非饱和黄土的水气运移规律，建立考虑结构性的非饱和原状黄土弹塑性损伤渗流固结耦合模型（EDSCM）。基于 EDSCM 模型，在已有非饱和土流固多场耦合程序基础上，利用 Fortran95 语言编写非饱和黄土渗流—固结的有限元程序 ULEDSC（Unsaturated Loess Elastoplastic Damage Seepage Consolidation）。程序能够反映由于浸水入渗引起的黄土湿陷变形这一独特力学特性，并考虑非饱和渗透系数、渗气系数以及结构损伤对流固多场耦合的影响。利用该程序对兰州和平镇现场浸水试验进行了浸水阶段和停水阶段的多场耦合分析，得到不同时刻的水分场、变形场、孔压场以及损伤场。主要结论包括：

（1）将非饱和黄土加载和湿陷过程中的弹塑性损伤模量矩阵引入非饱和土流固理论，建立了非饱和 Q_3 黄土的流固耦合模型，所建立的 EDSCM 流固耦合模型能够反映黄土湿陷变形这一独特力学特性，并考虑了结构损伤、非饱和渗透系数和渗气系数等关键因素对流固多场耦合分析的影响，可为深入研究黄土湿陷过程中的多场耦合问题和黄土地区的工程建设提供理论支持。

（2）程序 ULEDSC 较好地模拟了大厚度自重湿陷性黄土场地水分入渗规律；位移、孔压计算结果基本上反映了非饱和 Q_3 黄土的湿陷变形特征以及原状黄土在外力和湿陷共同作用下的损伤演化规律，且与现场试验所得结果吻合较好，说明程序的合理性和可靠性。

（3）浸水入渗过程中水分入渗形态类似于椭圆状，这与现场试验吻合度较高，引起这一现象可能与较低的非饱和渗透性以及气体阻碍作用有关；浸水过程中，损伤等值线图基本上可以分为 3 部分：轻度损伤部分、中度损伤部分和严重损伤部分，其损伤值分别划分在 0～0.3、0.3～0.7 和 0.7～1 之间。

（4）考虑结构损伤能够反映原状黄土在浸水时的软化现象，在数值计算中对湿陷变形有着较好的贡献，结构损伤变量的增加使得变形具有增大效应，而不考虑结构损伤，很难预测浸水对黄土结构的破坏，但是结构损伤在浸水后期有夸大变形的趋势，这一点需要进一步研究。

（5）水分入渗到黄土地基中并不立即产生湿陷，随着时间的推移，湿陷变形的产生有其滞后特征，这与黄土的结构性以及湿陷起始含水率等因素密切相关；非饱和渗气系数在浸水初期对水分运移的影响不大，其对水分运移产生气阻效应主要体现在浸水的中后期。

编写的有限元程序是对非饱和原状黄土弹塑性损伤固结模型在工程应用方面的初步尝试，为解决中西部黄土地区的工程建设中遇到的湿陷变形问题提供一定借鉴。

附　　录

附录A:各探井体积含水率变化情况

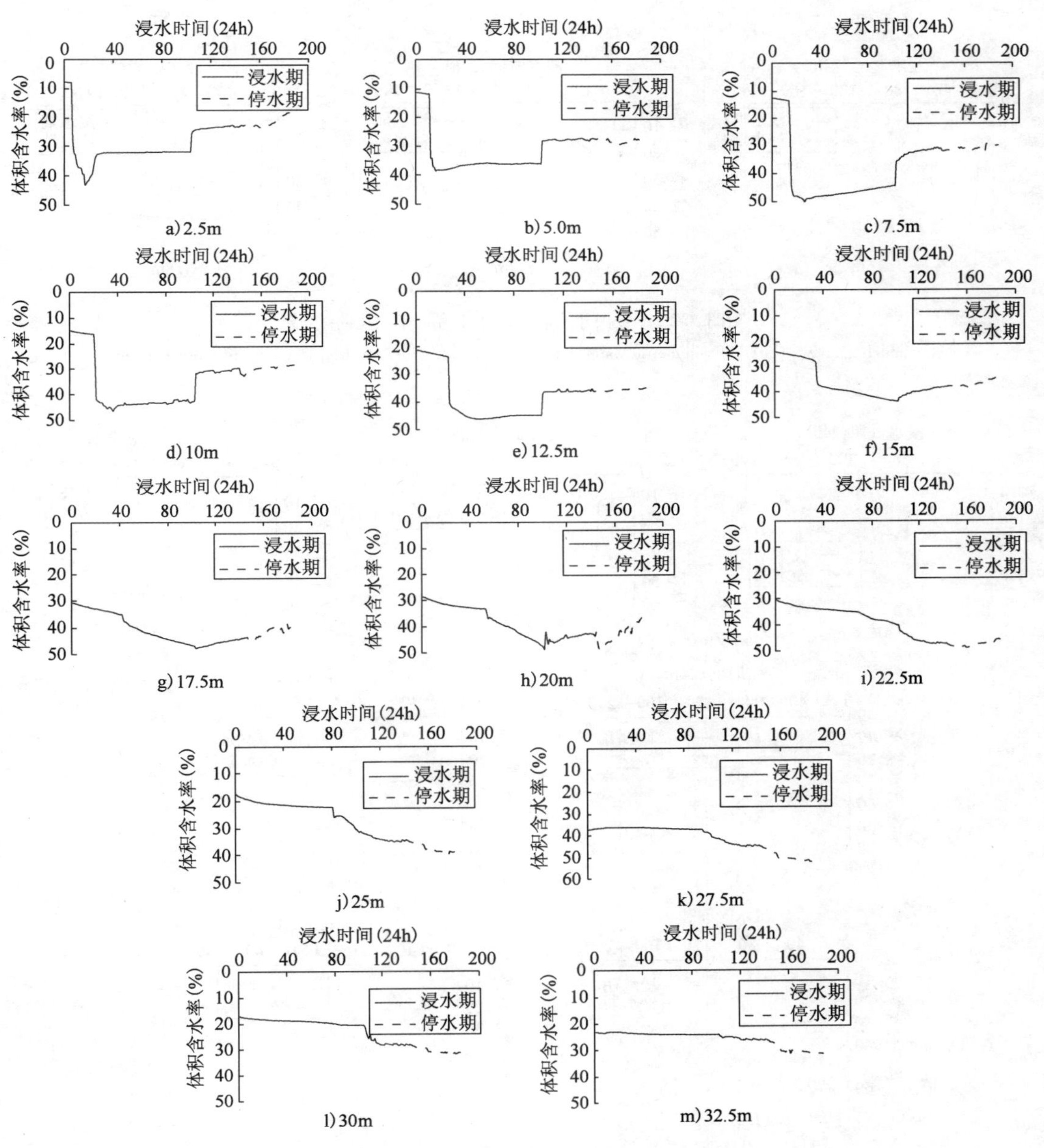

附图A-1　1号探井不同深度体积含水率变化曲线

Attached Fig. A-1　Curve of volumetric water content in exploratory excavation No. 1 in different position

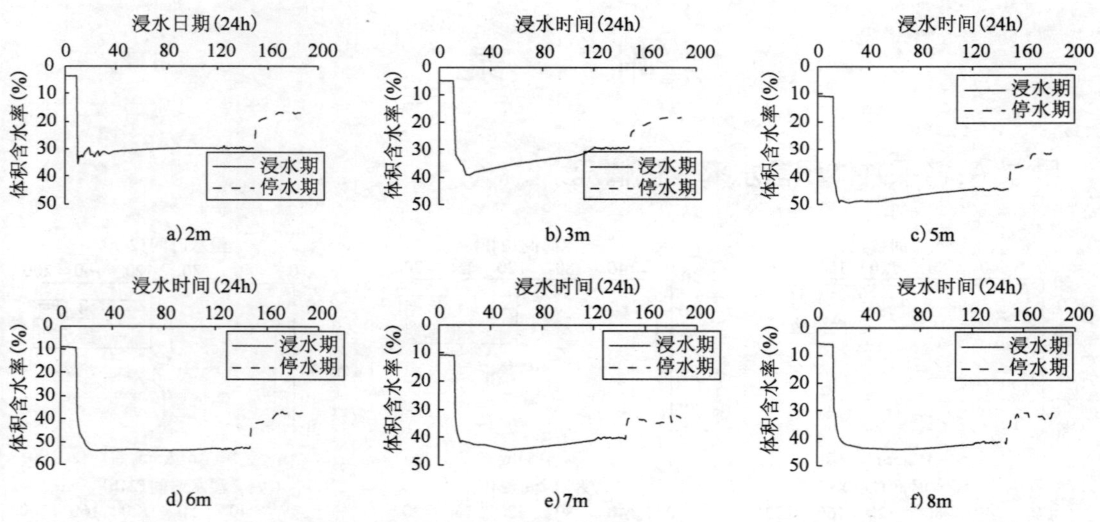

附图 A-2　3 号探井不同深度体积含水率变化曲线

Attached Fig. A-2　Curve of volumetric water content in exploratory excavation No. 3 in different position

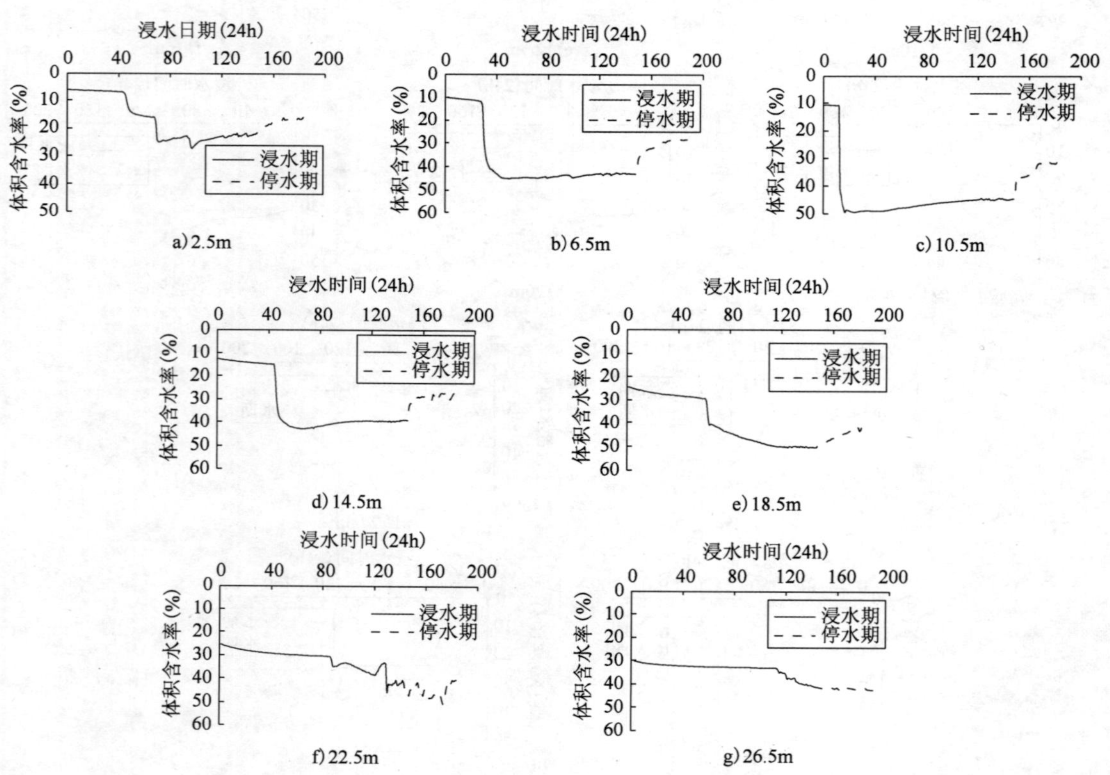

附图 A-3　4 号探井不同深度体积含水率变化曲线

Attached Fig. A-3　Curve of volumetric water content in exploratory excavation No. 4 in different position

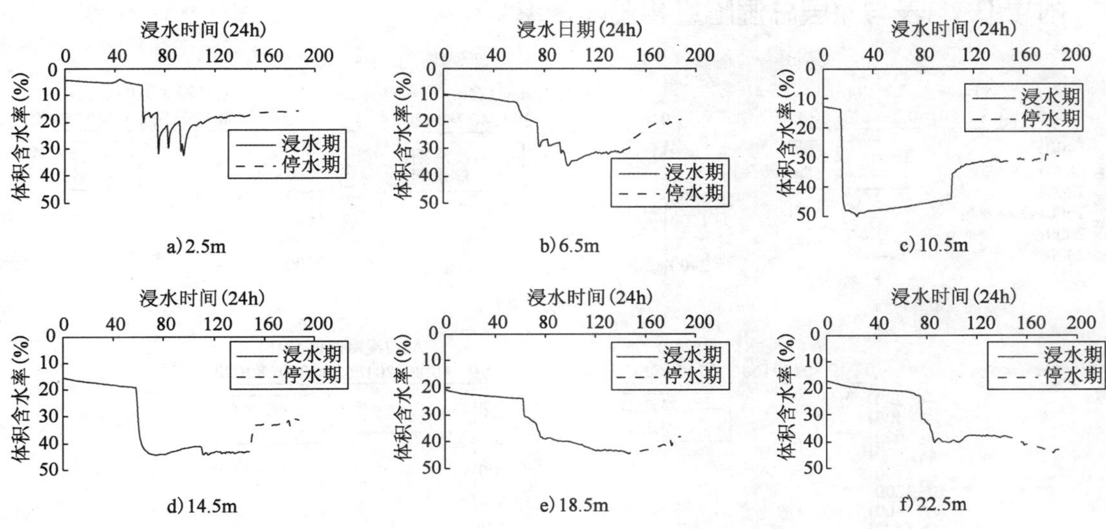

附图 A-4　5 号探井不同深度体积含水率变化曲线

Attached Fig. A-4　Curve of volumetric water content in exploratory excavation No. 5 in different position

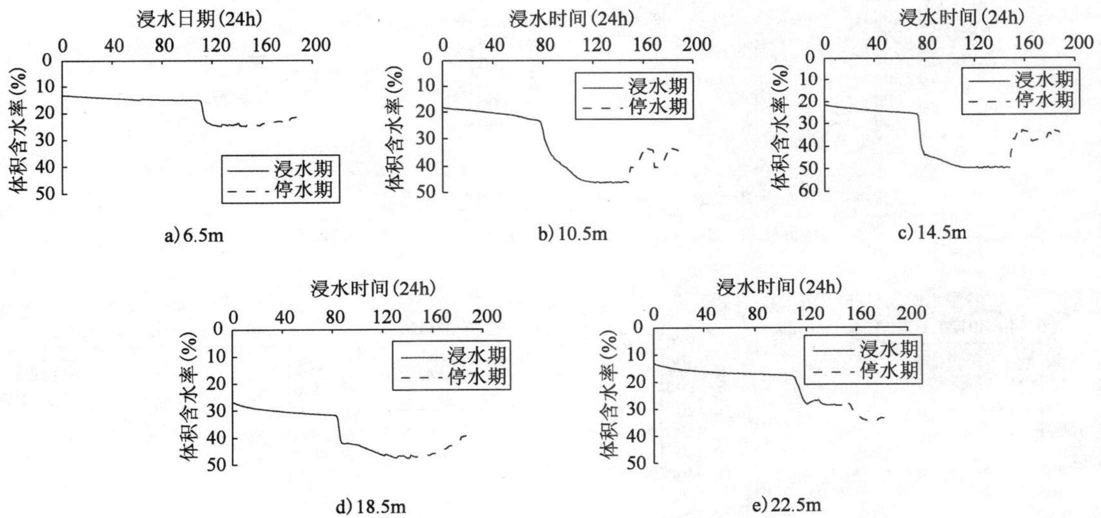

附图 A-5　6 号探井不同深度体积含水率变化曲线

Attached Fig. A-5　Curve of volumetric water content in exploratory excavation No. 6 in different position

附录 B:地表与深层总湿陷量和湿陷速率

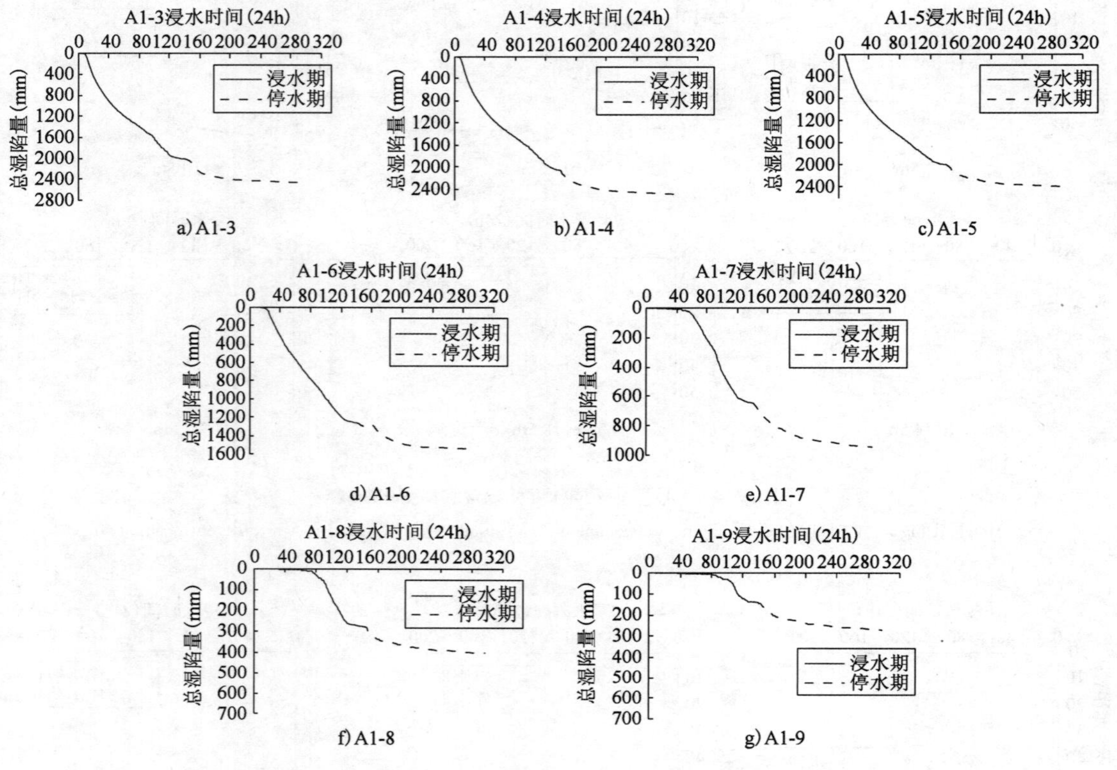

附图 B-1　轴 1 各地表沉降观测点湿陷量

Attached Fig. B-1　Curve of total collapse of the axial number 1

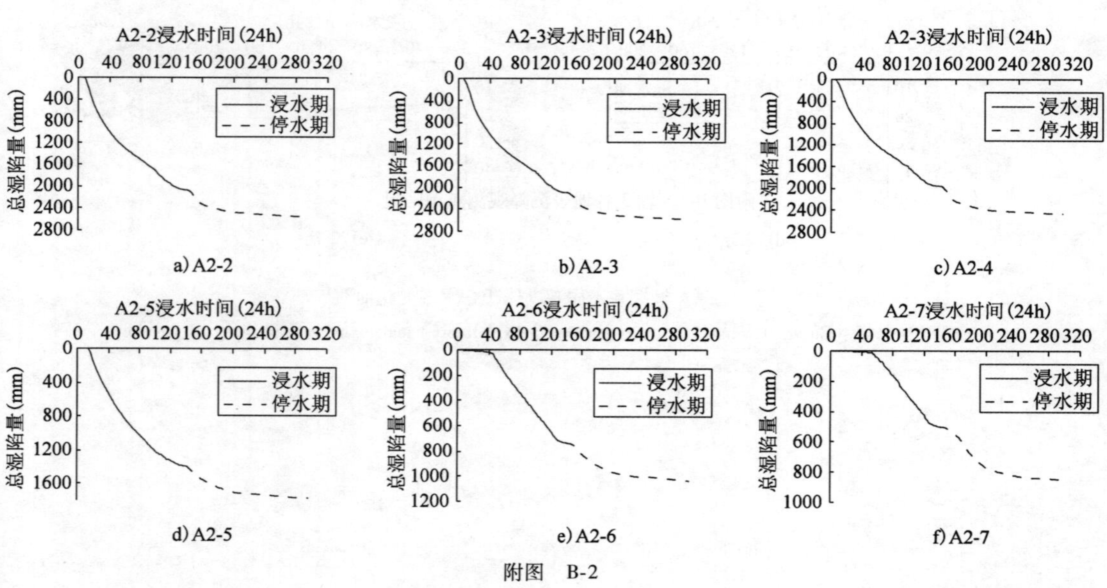

附图　B-2

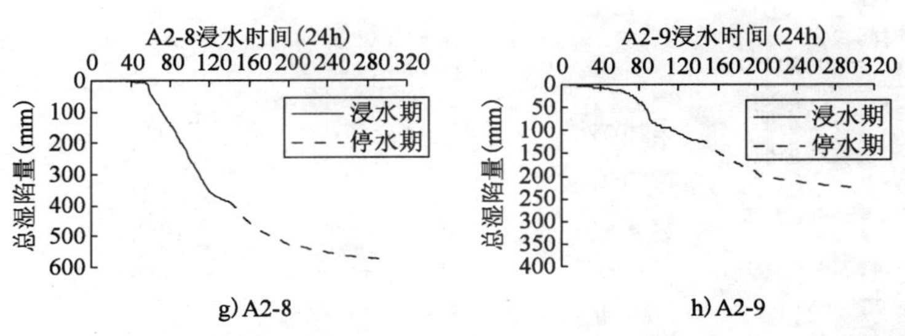

g) A2-8　　h) A2-9

附图 B-2　轴 2 各地表沉降观测点湿陷量

Attached Fig. B-2　Curve of total collapse of the axial number 2

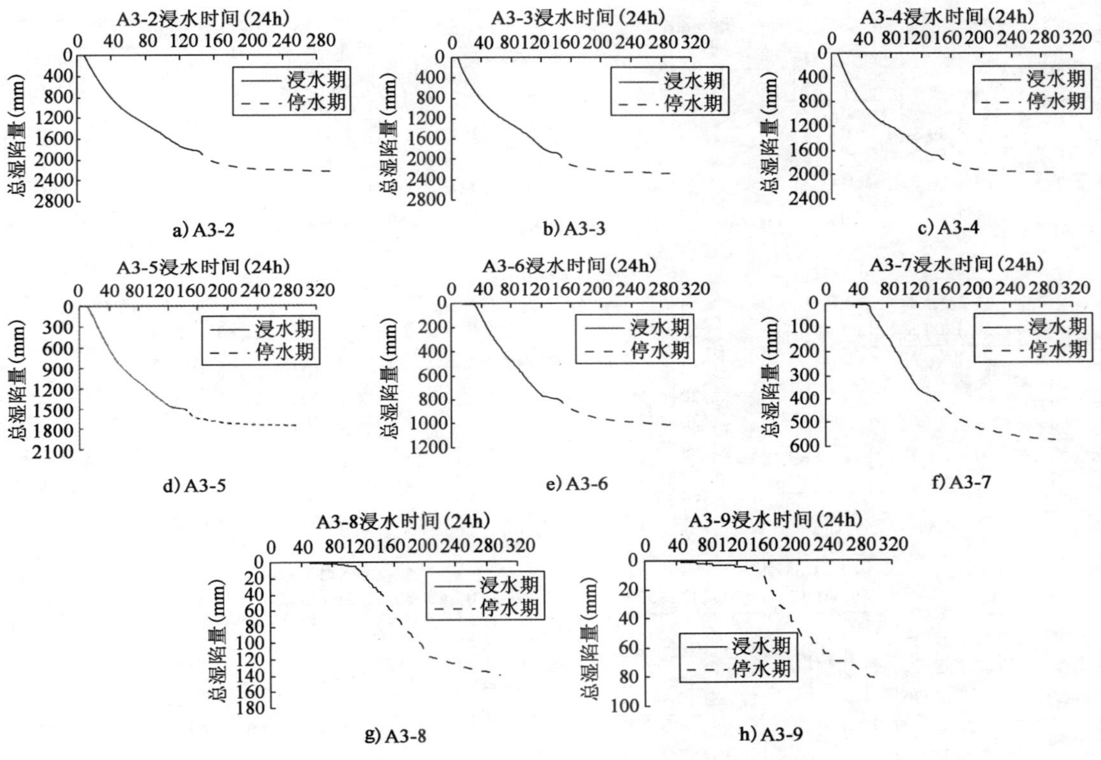

a) A3-2　　b) A3-3　　c) A3-4

d) A3-5　　e) A3-6　　f) A3-7

g) A3-8　　h) A3-9

附图 B-3　轴 3 各地表沉降观测点湿陷量

Attached Fig. B-3　Curve of total collapse of the axial number 3

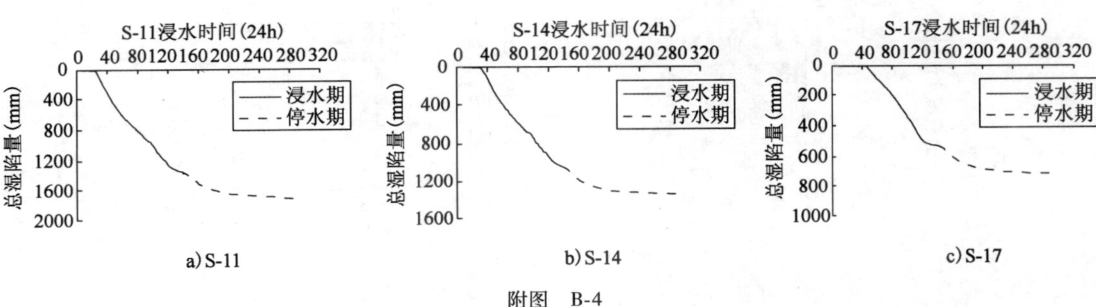

a) S-11　　b) S-14　　c) S-17

附图　B-4

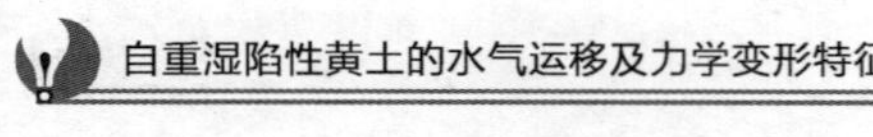

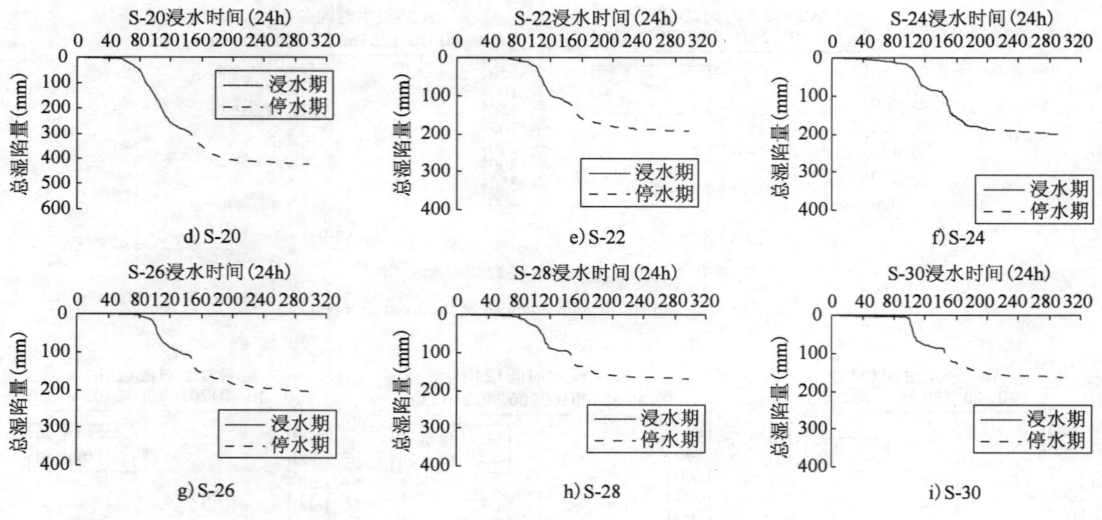

S-20浸水时间(24h)
总湿陷量(mm)
浸水期
停水期
d) S-20
S-22浸水时间(24h)
e) S-22
S-24浸水时间(24h)
f) S-24
S-26浸水时间(24h)
g) S-26
S-28浸水时间(24h)
h) S-28
S-30浸水时间(24h)
i) S-30

附图 B-4 深层沉降观测点总湿陷量

Attached Fig. B-4 Curve of total collapse of deep level observing point

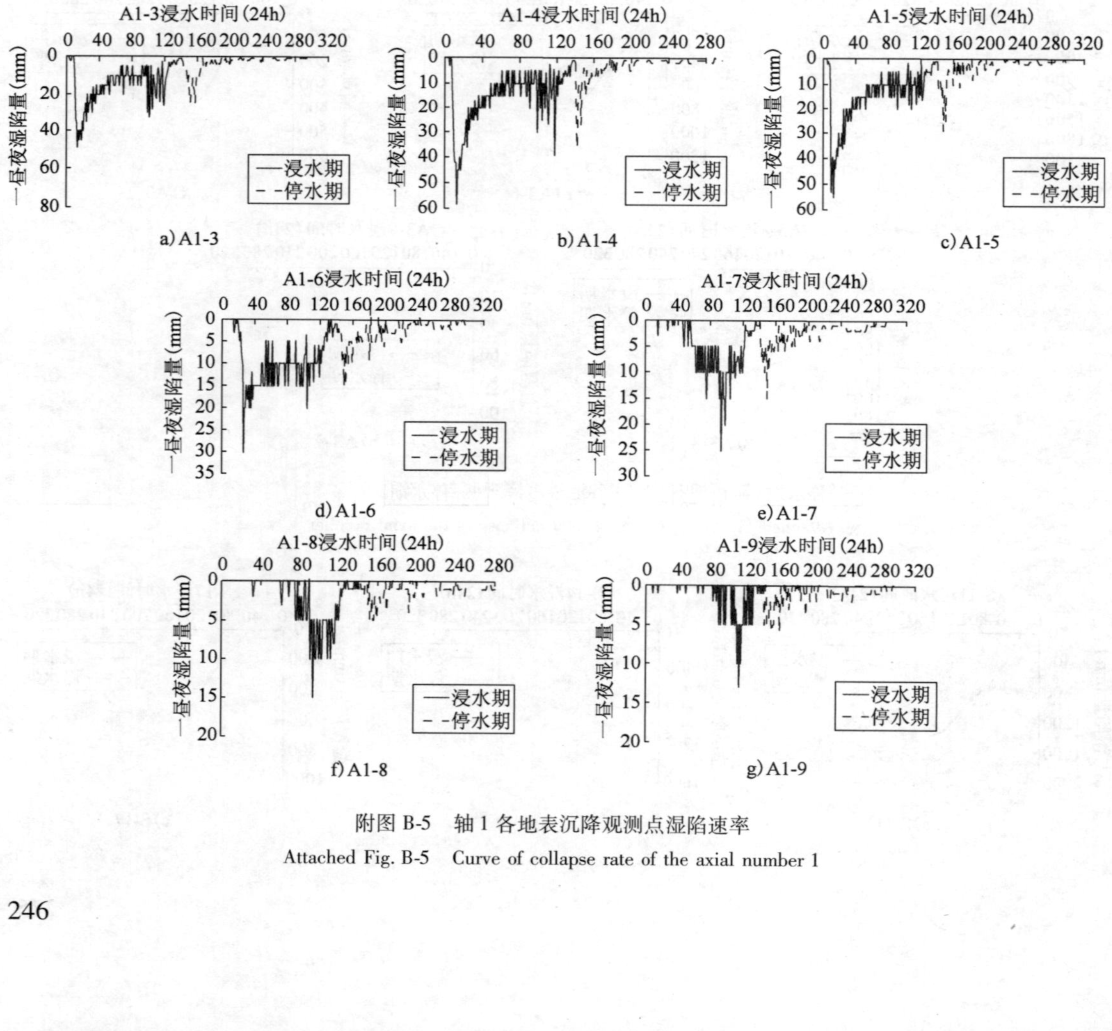

A1-3浸水时间(24h)
一昼夜湿陷量(mm)
浸水期
停水期
a) A1-3
A1-4浸水时间(24h)
b) A1-4
A1-5浸水时间(24h)
c) A1-5
A1-6浸水时间(24h)
d) A1-6
A1-7浸水时间(24h)
e) A1-7
A1-8浸水时间(24h)
f) A1-8
A1-9浸水时间(24h)
g) A1-9

附图 B-5 轴 1 各地表沉降观测点湿陷速率

Attached Fig. B-5 Curve of collapse rate of the axial number 1

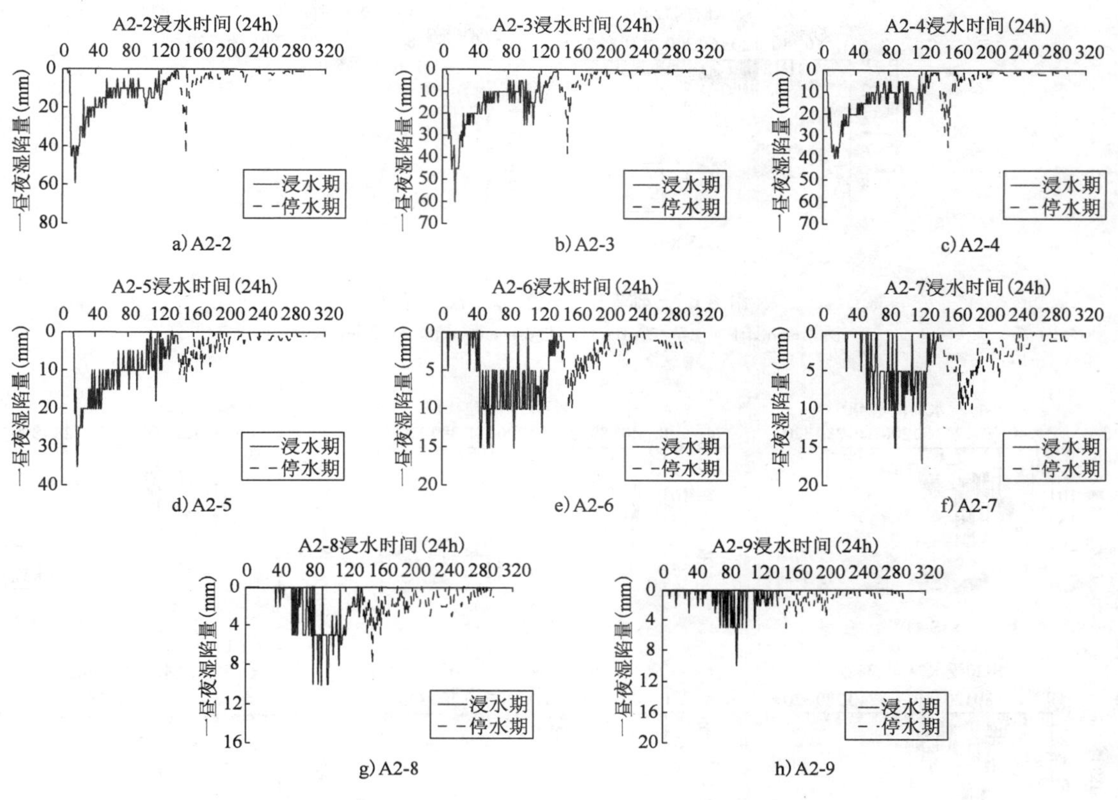

a) A2-2　b) A2-3　c) A2-4

d) A2-5　e) A2-6　f) A2-7

g) A2-8　h) A2-9

附图 B-6　轴 2 各地表沉降观测点湿陷速率

Attached Fig. B-6　Curve of collapse rate of the axial number 2

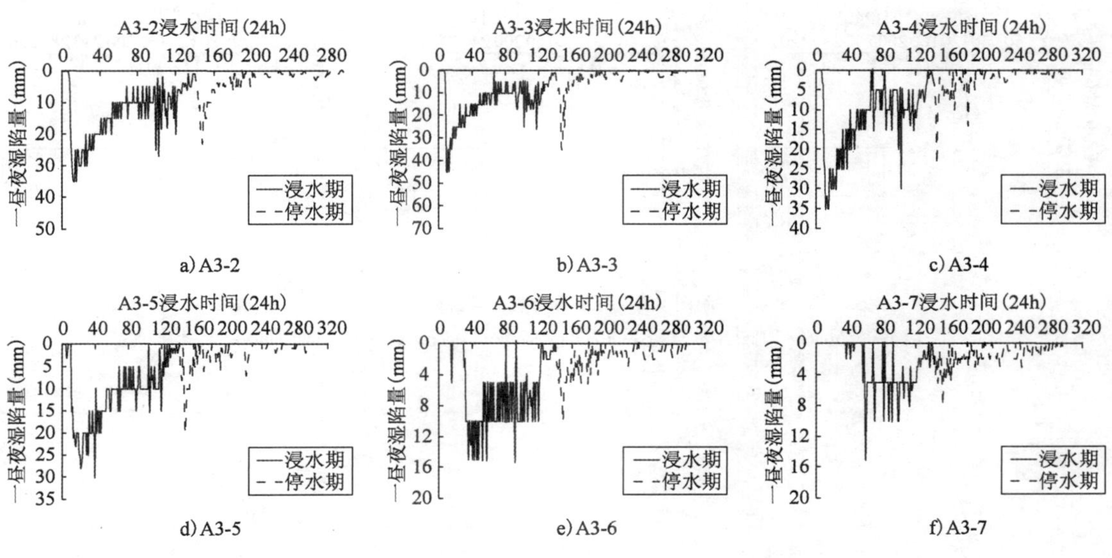

a) A3-2　b) A3-3　c) A3-4

d) A3-5　e) A3-6　f) A3-7

附图　B-7

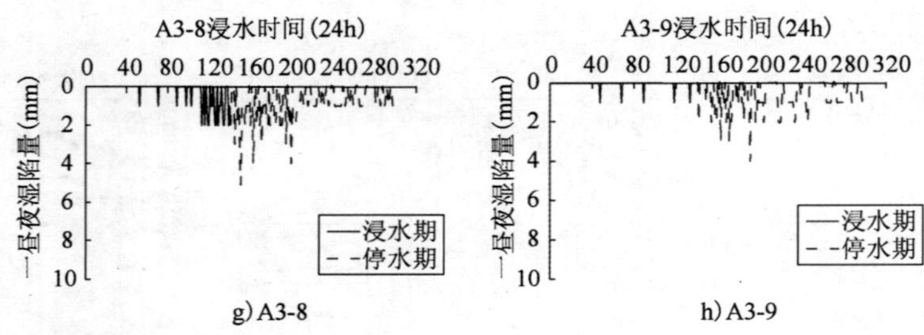

g) A3-8　　h) A3-9

附图 B-7　轴 3 各地表沉降观测点湿陷速率

Attached Fig. B-7　Curve of collapse rate of the axial number 3

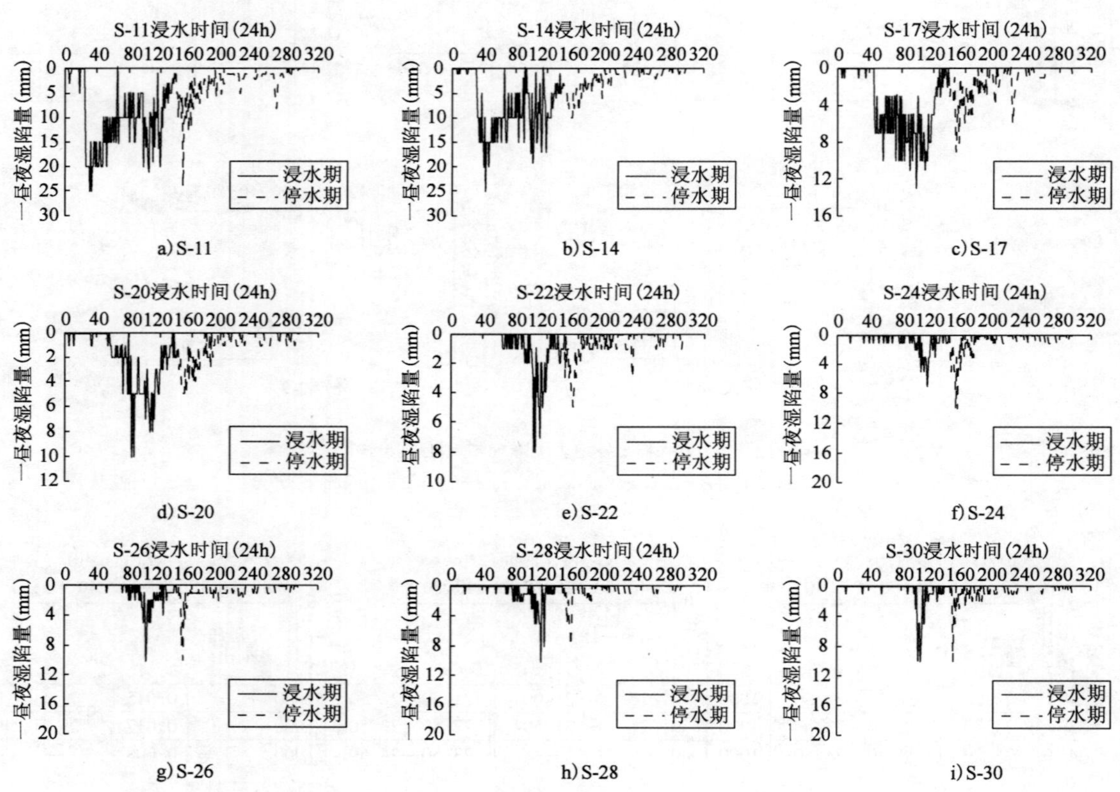

a) S-11　　b) S-14　　c) S-17

d) S-20　　e) S-22　　f) S-24

g) S-26　　h) S-28　　i) S-30

附图 B-8　深层沉降观测点湿陷速率

Attached Fig. B-8　Curve of collapse rate of deep level observing point

附录C:室内压缩试验测试结果

T1 探井湿陷性判定计算表 附表 C-1

Collapsibility computation of exploratory shafts T1 Attached table C-1

取样地点	兰州市和平镇		湿陷性分区		陇西地区①区				
勘探点 编号	T1	湿陷类型	$\beta_0=1.5$		湿陷等级	β	地面下 1.50～5m $\beta=1.5$		
							地面下 5～10m $\beta=1.0$		
							地面 10m 以下 $\beta=1.5$		
勘探点 深度(m)	36.8		自重湿陷量计算 $\Delta_{zs}=1824.25$mm			总湿陷量计算值 $\Delta_s=1740.50$mm			
			自重			Ⅳ级(很严重)			
取样深度(m)	自重湿陷量				总湿陷量				
	代表深度(m)	h_i(mm)	δ_{zsi}	$\delta_{zs}\times h_i\times\beta_0$(mm)	代表深度(m)	h_i(mm)	δ_s/0.2	δ_s/0.3	$\delta_s\times h_i\times\beta_0$(mm)
1.00～1.20	0.00～1.50	1500	0.021	47.25	1.50		0.093		
2.00～2.20	1.50～2.50	1000	0.023	34.50	1.50～2.50	1000	0.081		121.50
3.00～3.20	2.50～3.50	1000	0.028	42.00	2.50～3.50	1000	0.084		126.00
4.00～4.20	3.50～4.50	1000	0.019	28.50	3.50～4.50	1000	0.045		67.50
5.00～5.20	4.50～5.50	1000	0.077	115.00	4.50～5.50	1000	0.068		102.00
6.00～6.20	5.50～6.50	1000	0.034	51.00	5.50～6.50	1000	0.049		49.00
7.00～7.20	6.50～7.50	1000	0.068	102.00	6.50～7.50	1000	0.078		78.00
8.00～8.20	7.50～8.50	1000	0.082	123.00	7.50～8.50	1000	0.074		74.00
9.00～9.20	8.50～9.50	1000	0.051	76.50	8.50～9.50	1000	0.057		57.00
10.00～10.20	9.50～10.50	1000	0.035	52.50	9.50～10.50	1000	0.032		32.00
11.00～11.20	10.50～11.50	1000	0.072	108.00	10.50～11.50	1000		0.052	78.00
12.00～12.20	11.50～12.50	1000	0.063	94.50	11.50～12.50	1000		0.057	85.50
13.00～13.20	12.50～13.50	1000	0.069	103.50	12.50～13.50	1000		0.049	73.50
14.00～14.20	13.50～14.50	1000	0.065	97.50	13.50～14.50	1000		0.055	82.50
15.00～15.20	14.50～15.50	1000	0.062	93.00	14.50～15.50	1000		0.051	76.50
16.00～16.20	15.50～16.50	1000	0.059	88.50	15.50～16.50	1000		0.054	81.00
17.00～17.20	16.50～17.50	1000	0.051	76.50	16.50～17.50	1000		0.052	78.00
18.00～18.20	17.50～18.50	1000	0.030	45.00	17.50～18.50	1000		0.040	60.00
19.00～19.20	18.50～19.50	1000	0.027	40.50	18.50～19.50	1000		0.037	55.50
20.00～20.20	19.50～20.50	1000	0.015	22.50	19.50～20.50	1000		0.016	24.00
21.00～21.20	20.50～21.50	1000	0.025	37.50	20.50～21.50	1000		0.036	54.00
22.00～22.20	21.50～22.50	1000	0.016	24.00	21.50～22.50	1000		0.015	22.50
23.00～23.20	22.50～23.50	1000	0.021	31.50	22.50～23.50	1000		0.017	25.50
24.00～24.20	23.50～24.50	1000	0.010	—	23.50～24.50	1000		0.008	—
25.00～25.20	24.50～25.50	1000	0.028	42.00	24.50～25.50	1000		0.023	34.50
26.00～26.20	25.50～26.50	1000	0.048	72.00	25.50～26.50	1000		0.043	64.50
27.00～27.20	26.50～27.50	1000	0.022	33.00	26.50～27.50	1000		0.019	28.50
28.00～28.20	27.50～28.50	1000	0.015	22.50	27.50～28.50	1000		0.013	—
29.00～29.20	28.50～29.50	1000	0.008	—	28.50～29.50	1000		0.006	—
30.00～30.20	29.50～30.50	1000	0.010	—	29.50～30.50	1000		0.008	—
31.00～31.20	30.50～31.50	1000	0.032	48.00	30.50～31.50	1000		0.029	43.50
32.00～32.20	31.50～32.50	1000	0.008	—	31.50～32.50	1000		0.006	—
33.00～33.20	32.50～33.50	1000	0.023	34.50	32.50～33.50	1000		0.021	31.50
34.00～34.20	33.50～34.50	1000	0.025	37.50	33.50～34.50	1000		0.023	34.50
35.00～35.20	34.50～35.50	1000	0.010	—	34.50～35.50	1000		0.008	—
36.00～36.20	35.50～36.50	1000	0.007	—	35.50～36.50	1000		0.005	—
场地湿陷性评价				Ⅳ级(很严重)自重湿陷					

T2 探井湿陷性判定计算表 附表 C-2

Collapsibility computation of exploratory shafts T2 Attached table C-2

取样地点		兰州市和平镇		湿陷性分区		陇西地区①区			
勘探点	编号	T2	湿陷类型	$\beta_0=1.5$	湿陷等级	β	地面下 1.50~5m $\beta=1.5$		
							地面下 5~10m $\beta=1.0$		
							地面 10m 以下 $\beta=1.5$		
	深度(m)	36.5		自重湿陷量计算 $\Delta_{zs}=1216.50$mm		总湿陷量计算值 $\Delta_s=1452.50$mm			
				自重		Ⅳ级(很严重)			
取样深度(m)	自重湿陷量				总湿陷量				
	代表深度(m)	h_i(mm)	δ_{zsi}	$\delta_{zs}\times h_i\times\beta_0$(mm)	代表深度(m)	h_i(mm)	$\delta_s/0.2$	$\delta_s/0.3$	$\delta_s\times h_i\times\beta_0$(mm)
1.00~1.20	0.00~1.50	1500	0.004	—	1.50		0.040		
2.00~2.20	1.50~2.50	1000	0.027	40.50	1.50~2.50	1000	0.125		187.50
3.00~3.20	2.50~3.50	1000	0.020	30.00	2.50~3.50	1000	0.057		85.50
4.00~4.20	3.50~4.50	1000	0.022	33.00	3.50~4.50	1000	0.055		82.50
5.00~5.20	4.50~5.50	1000	0.015	22.50	4.50~5.50	1000	0.027		40.50
6.00~6.20	5.50~6.50	1000	0.062	93.00	5.50~6.50	1000	0.061		61.00
7.00~7.20	6.50~7.50	1000	0.021	31.50	6.50~7.50	1000	0.037		37.00
8.00~8.20	7.50~8.50	1000	0.030	45.00	7.50~8.50	1000	0.039		39.00
9.00~9.20	8.50~9.50	1000	0.039	58.50	8.50~9.50	1000	0.044		44.00
10.00~10.20	9.50~10.50	1000	0.048	72.00	9.50~10.50	1000	0.047		47.00
11.00~11.20	10.50~11.50	1000	0.054	81.00	10.50~11.50	1000		0.048	72.00
12.00~12.20	11.50~12.50	1000	0.046	69.00	11.50~12.50	1000		0.042	63.00
13.00~13.20	12.50~13.50	1000	0.061	91.50	12.50~13.50	1000		0.058	87.00
14.00~14.20	13.50~14.50	1000	0.034	51.00	13.50~14.50	1000		0.029	43.50
15.00~15.20	14.50~15.50	1000	0.064	96.00	14.50~15.50	1000		0.054	81.00
16.00~16.20	15.50~16.50	1000	0.038	57.00	15.50~16.50	1000		0.036	54.00
17.00~17.20	16.50~17.50	1000	0.059	88.50	16.50~17.50	1000		0.062	93.00
18.00~18.20	17.50~18.50	1000	0.036	54.00	17.50~18.50	1000		0.040	60.00
19.00~19.20	18.50~19.50	1000	0.005	—	18.50~19.50	1000		0.007	—
20.00~20.20	19.50~20.50	2500	0.040	60.00	19.50~20.50	1000		0.047	70.50
21.00~21.20	20.50~21.50	1000	0.026	39.00	20.50~21.50	1000		0.031	46.50
22.00~22.20	21.50~22.50	1000	0.025	37.50	21.50~22.50	1000		0.031	46.50
23.00~23.20	22.50~23.50	1000	0.027	40.50	22.50~23.50	1000		0.034	51.00
24.00~24.20	23.50~24.50	1000	0.006	—	23.50~24.50	1000		0.012	—
25.00~25.20	24.50~25.50	1000	0.008	—	24.50~25.50	1000		0.016	24.00
26.00~26.20	25.50~26.50	1000	0.017	25.50	25.50~26.50	1000		0.024	36.00
27.00~27.20	26.50~27.50	1000	0.008	—	26.50~27.50	1000		0.012	—
28.00~28.20	27.50~28.50	1000	0.000	—	27.50~28.50	1000		0.000	—
29.00~29.20	28.50~29.50	1000	0.003	—	28.50~29.50	1000		0.007	—
30.00~30.20	29.50~30.50	1000	0.007	—	29.50~30.50	1000		0.012	—
31.00~31.20	30.50~31.50	1000	0.000	—	30.50~31.50	1000		0.003	—
32.00~32.20	31.50~32.50	1000	0.000	—	31.50~32.50	1000		0.001	—
33.00~33.20	32.50~33.50	1000	0.000	—	32.50~33.50	1000		0.000	—
34.00~34.20	33.50~34.50	1000	0.000	—	33.50~34.50	1000		0.000	—
35.00~35.20	34.50~35.50	1000	0.000	—	34.50~35.50	1000		0.000	—
36.00~36.20	35.50~36.50	1000	0.000	—	35.50~36.50	1000		0.000	—
场地湿陷性评价				Ⅳ级(很严重)自重湿陷					

T3 探井湿陷性判定计算表 附表 C-3

Collapsibility computation of exploratory shafts T3 Attached table C-3

<table>
<tr><td colspan="2">取样地点</td><td colspan="2">兰州市和平镇</td><td colspan="2">湿陷性分区</td><td colspan="4">陇西地区①区</td></tr>
<tr><td rowspan="3">勘探点</td><td>编号</td><td>T3</td><td rowspan="3">湿陷类型</td><td colspan="2">$\beta_0=1.5$</td><td rowspan="3">湿陷等级</td><td rowspan="1">β</td><td colspan="2">地面下 1.50~5m $\beta=1.5$
地面下 5~10m $\beta=1.0$
地面 10m 以下 $\beta=1.5$</td></tr>
<tr><td rowspan="2">深度(m)</td><td rowspan="2">36.6</td><td colspan="2">自重湿陷量计算
$\Delta_{zs}=1577.25$mm</td><td colspan="3">总湿陷量计算值 $\Delta_s=1656.00$mm</td></tr>
<tr><td colspan="2">自重</td><td colspan="3">Ⅳ级(很严重)</td></tr>
</table>

取样深度 (m)	自重湿陷量				总湿陷量				
	代表深度 (m)	h_i (mm)	δ_{zsi}	$\delta_{zs}\times h_i\times\beta_0$ (mm)	代表深度 (m)	h_i (mm)	$\delta_s/0.2$	$\delta_s/0.3$	$\delta_s\times h_i\times\beta_0$ (mm)
1.00~1.20	0.00~1.50	1500	0.029	65.25	1.50		0.171		
2.00~2.20	1.50~2.50	1000	0.031	46.50	1.50~2.50	1000	0.135		202.50
3.00~3.20	2.50~3.50	1000	0.025	37.50	2.50~3.50	1000	0.074		111.00
4.00~4.20	3.50~4.50	1000	0.050	75.00	3.50~4.50	1000	0.077		115.50
5.00~5.20	4.50~5.50	1000	0.094	141.00	4.50~5.50	1000	0.101		151.50
6.00~6.20	5.50~6.50	1000	0.063	94.50	5.50~6.50	1000	0.078		78.00
7.00~7.20	6.50~7.50	1000	0.058	87.00	6.50~7.50	1000	0.069		69.00
8.00~8.20	7.50~8.50	1000	0.084	126.00	7.50~8.50	1000	0.076		76.00
9.00~9.20	8.50~9.50	1000	0.049	73.50	8.50~9.50	1000	0.054		54.00
10.00~10.20	9.50~10.50	1000	0.058	87.00	9.50~10.50	1000	0.056		56.00
11.00~11.20	10.50~11.50	1000	0.027	40.50	10.50~11.50	1000		0.023	34.50
12.00~12.20	11.50~12.50	1000	0.051	76.50	11.50~12.50	1000		0.048	72.00
13.00~13.20	12.50~13.50	1000	0.065	97.50	12.50~13.50	1000		0.058	87.00
14.00~14.20	13.50~14.50	1000	0.064	96.00	13.50~14.50	1000		0.057	85.50
15.00~15.20	14.50~15.50	1000	0.058	87.00	14.50~15.50	1000		0.050	75.00
16.00~16.20	15.50~16.50	1000	0.051	76.50	15.50~16.50	1000		0.048	72.00
17.00~17.20	16.50~17.50	1000	0.032	48.00	16.50~17.50	1000		0.034	51.00
18.00~18.20	17.50~18.50	1000	0.030	45.00	17.50~18.50	1000		0.039	58.50
19.00~19.20	18.50~19.50	1000	0.026	39.00	18.50~19.50	1000		0.030	45.00
20.00~20.20	19.50~20.50	1000	0.016	24.00	19.50~20.50	1000		0.019	28.50
21.00~21.20	20.50~21.50	1000	0.015	22.50	20.50~21.50	1000		0.025	37.50
22.00~22.20	21.50~22.50	1000	0.021	31.50	21.50~22.50	1000		0.020	30.00
23.00~23.20	22.50~23.50	1000	0.023	34.50	22.50~23.50	1000		0.022	33.00
24.00~24.20	23.50~24.50	1000	0.000	—	23.50~24.50	1000		0.000	—
25.00~25.20	24.50~25.50	1000	0.012	—	24.50~25.50	1000		0.014	—
26.00~26.20	25.50~26.50	1000	0.010	—	25.50~26.50	1000		0.008	—
27.00~27.20	26.50~27.50	1000	0.008	—	26.50~27.50	1000		0.009	—
28.00~28.20	27.50~28.50	1000	0.010	—	27.50~28.50	1000		0.012	—
29.00~29.20	28.50~29.50	1000	0.011	—	28.50~29.50	1000		0.014	—
30.00~30.20	29.50~30.50	1000	0.003	—	29.50~30.50	1000		0.004	—
31.00~31.20	30.50~31.50	1000	0.004	—	30.50~31.50	1000		0.006	—
32.00~32.20	31.50~32.50	1000	0.009	—	31.50~32.50	1000		0.014	—
33.00~33.20	32.50~33.50	1000	0.017	25.50	32.50~33.50	1000		0.022	33.00
34.00~34.20	33.50~34.50	1000	0.006	—	33.50~34.50	1000		0.013	—
35.00~35.20	34.50~35.50	1000	0.000	—	34.50~35.50	1000		0.000	—
36.00~36.20	35.50~36.50	1000	0.000	—	35.50~36.50	1000		0.001	—
场地湿陷性评价				Ⅳ级(很严重)自重湿陷					

T4 探井湿陷性判定计算表 附表 C-4

Collapsibility computation of exploratory shafts T4 Attached table C-4

取样地点		兰州市和平镇	湿陷性分区		陇西地区①区		
勘探点	编号	T4	湿陷类型	$\beta_0 = 1.5$	湿陷等级	β	地面下 1.50 ~ 5m $\beta = 1.5$
							地面下 5 ~ 10m $\beta = 1.0$
							地面 10m 以下 $\beta = 1.5$
	深度(m)	36.8		自重湿陷量计算 $\Delta_{zs} = 1506.75$mm		总湿陷量计算值 $\Delta_s = 1738.00$mm	
				自重		Ⅳ级(很严重)	

取样深度(m)	自重湿陷量				总湿陷量				
	代表深度(m)	h_i(mm)	δ_{zsi}	$\delta_{zs} \times h_i \times \beta_0$(mm)	代表深度(m)	h_i(mm)	δ_s/0.2	δ_s/0.3	$\delta_s \times h_i \times \beta_0$(mm)
1.00 ~ 1.20	0.00 ~ 1.50	1500	0.033	74.25	1.50		0.199		
2.00 ~ 2.20	1.50 ~ 2.50	1000	0.041	61.50	1.50 ~ 2.50	1000	0.196		294.00
3.00 ~ 3.20	2.50 ~ 3.50	1000	0.040	60.00	2.50 ~ 3.50	1000	0.118		177.00
4.00 ~ 4.20	3.50 ~ 4.50	1000	0.061	91.50	3.50 ~ 4.50	1000	0.065		97.50
5.00 ~ 5.20	4.50 ~ 5.50	1000	0.032	48.00	4.50 ~ 5.50	1000	0.029		43.50
6.00 ~ 6.20	5.50 ~ 6.50	1000	0.039	58.50	5.50 ~ 6.50	1000	0.037		37.00
7.00 ~ 7.20	6.50 ~ 7.50	1000	0.040	60.00	6.50 ~ 7.50	1000	0.043		43.00
8.00 ~ 8.20	7.50 ~ 8.50	1000	0.027	40.50	7.50 ~ 8.50	1000	0.026		26.00
9.00 ~ 9.20	8.50 ~ 9.50	1000	0.037	55.50	8.50 ~ 9.50	1000	0.035		35.00
10.00 ~ 10.20	9.50 ~ 10.50	1000	0.028	42.00	9.50 ~ 10.50	1000	0.025		25.00
11.00 ~ 11.20	10.50 ~ 11.50	1000	0.057	85.50	10.50 ~ 11.50	1000		0.054	81.00
12.00 ~ 12.20	11.50 ~ 12.50	1000	0.048	72.00	11.50 ~ 12.50	1000		0.046	69.00
13.00 ~ 13.20	12.50 ~ 13.50	1000	0.070	105.00	12.50 ~ 13.50	1000		0.067	100.50
14.00 ~ 14.20	13.50 ~ 14.50	1000	0.055	82.50	13.50 ~ 14.50	1000		0.048	72.00
15.00 ~ 15.20	14.50 ~ 15.50	1000	0.036	54.00	14.50 ~ 15.50	1000		0.033	49.50
16.00 ~ 16.20	15.50 ~ 16.50	1000	0.058	87.00	15.50 ~ 16.50	1000		0.053	79.50
17.00 ~ 17.20	16.50 ~ 17.50	1000	0.046	69.00	16.50 ~ 17.50	1000		0.041	61.50
18.00 ~ 18.20	17.50 ~ 18.50	1000	0.050	75.00	17.50 ~ 18.50	1000		0.047	70.50
19.00 ~ 19.20	18.50 ~ 19.50	1000	0.042	63.00	18.50 ~ 19.50	1000		0.045	67.50
20.00 ~ 20.20	19.50 ~ 20.50	1000	0.034	51.00	19.50 ~ 20.50	1000		0.041	61.50
21.00 ~ 21.20	20.50 ~ 21.50	1000	0.028	42.00	20.50 ~ 21.50	1000		0.030	45.00
22.00 ~ 22.20	21.50 ~ 22.50	1000	0.022	33.00	21.50 ~ 22.50	1000		0.025	37.50
23.00 ~ 23.20	22.50 ~ 23.50	1000	0.026	39.00	22.50 ~ 23.50	1000		0.031	46.50
24.00 ~ 24.20	23.50 ~ 24.50	1000	0.020	30.00	23.50 ~ 24.50	1000		0.025	37.50
25.00 ~ 25.20	24.50 ~ 25.50	1000	0.011	—	24.50 ~ 25.50	1000		0.015	22.50
26.00 ~ 26.20	25.50 ~ 26.50	1000	0.018	27.00	25.50 ~ 26.50	1000		0.021	31.50
27.00 ~ 27.20	26.50 ~ 27.50	1000	0.000	—	26.50 ~ 27.50	1000		0.000	—
28.00 ~ 28.20	27.50 ~ 28.50	1000	0.004	—	27.50 ~ 28.50	1000		0.007	—
29.00 ~ 29.20	28.50 ~ 29.50	1000	0.006	—	28.50 ~ 29.50	1000		0.011	—
30.00 ~ 30.20	29.50 ~ 30.50	1000	0.003	—	29.50 ~ 30.50	1000		0.005	—
31.00 ~ 31.20	30.50 ~ 31.50	1000	0.011	—	30.50 ~ 31.50	1000		0.018	27.00
32.00 ~ 32.20	31.50 ~ 32.50	1000	0.002	—	31.50 ~ 32.50	1000		0.006	—
33.00 ~ 33.20	32.50 ~ 33.50	1000	0.001	—	32.50 ~ 33.50	1000		0.004	—
34.00 ~ 34.20	33.50 ~ 34.50	1000	0.001	—	33.50 ~ 34.50	1000		0.003	—
35.00 ~ 35.20	34.50 ~ 35.50	1000	0.000	—	34.50 ~ 35.50	1000		0.003	—
36.00 ~ 36.20	35.50 ~ 36.50	1000	0.001	—	35.50 ~ 36.50	1000		0.004	—
场地湿陷性评价				Ⅳ级(很严重)自重湿陷					

T5 探井湿陷性判定计算表 附表 C-5

Collapsibility computation of exploratory shafts T5 Attached table C-5

取样地点	兰州市和平镇			湿陷性分区		陇西地区①区			
勘探点	编号	T5	湿陷类型	$\beta_0=1.5$		湿陷等级	β	地面下 1.50~5m $\beta=1.5$	
								地面下 5~10m $\beta=1.0$	
								地面 10m 以下 $\beta=1.5$	
	深度(m)	36.8		自重湿陷量计算 $\Delta_{zs}=2048.25$mm			总湿陷量计算值 $\Delta_s=2233.50$mm		
				自重			Ⅳ级(很严重)		
取样深度(m)	自重湿陷量				总湿陷量				
	代表深度(m)	h_i(mm)	δ_{zsi}	$\delta_{zs}\times h_i\times\beta_0$(mm)	代表深度(m)	h_i(mm)	δ_s/0.2	δ_s/0.3	$\delta_s\times h_i\times\beta_0$(mm)
1.00~1.20	0.00~1.50	1500	0.025	56.25	1.50		0.148		
2.00~2.20	1.50~2.50	1000	0.032	48.00	1.50~2.50	1000	0.142		213.00
3.00~3.20	2.50~3.50	1000	0.036	54.00	2.50~3.50	1000	0.125		187.50
4.00~4.20	3.50~4.50	1000	0.047	70.50	3.50~4.50	1000	0.108		162.00
5.00~5.20	4.50~5.50	1000	0.046	69.00	4.50~5.50	1000	0.051		76.50
6.00~6.20	5.50~6.50	1000	0.068	102.00	5.50~6.50	1000	0.077		77.00
7.00~7.20	6.50~7.50	1000	0.077	115.50	6.50~7.50	1000	0.081		81.00
8.00~8.20	7.50~8.50	1000	0.080	120.00	7.50~8.50	1000	0.074		74.00
9.00~9.20	8.50~9.50	1000	0.071	106.50	8.50~9.50	1000	0.062		62.00
10.00~10.20	9.50~10.50	1000	0.064	96.00	9.50~10.50	1000	0.055		55.00
11.00~11.20	10.50~11.50	1000	0.085	127.50	10.50~11.50	1000		0.081	121.50
12.00~12.20	11.50~12.50	1000	0.056	84.00	11.50~12.50	1000		0.048	72.00
13.00~13.20	12.50~13.50	1000	0.062	93.00	12.50~13.50	1000		0.058	87.00
14.00~14.20	13.50~14.50	1000	0.070	105.00	13.50~14.50	1000		0.066	99.00
15.00~15.20	14.50~15.50	1000	0.031	46.50	14.50~15.50	1000		0.032	48.00
16.00~16.20	15.50~16.50	1000	0.053	79.50	15.50~16.50	1000		0.051	76.50
17.00~17.20	16.50~17.50	1000	0.039	58.50	16.50~17.50	1000		0.037	55.50
18.00~18.20	17.50~18.50	1000	0.040	60.00	17.50~18.50	1000		0.042	63.00
19.00~19.20	18.50~19.50	1000	0.054	81.00	18.50~19.50	1000		0.056	84.00
20.00~20.20	19.50~20.50	1000	0.041	61.50	19.50~20.50	1000		0.044	66.00
21.00~21.20	20.50~21.50	1000	0.037	55.50	20.50~21.50	1000		0.040	60.00
22.00~22.20	21.50~22.50	1000	0.033	49.50	21.50~22.50	1000		0.037	55.50
23.00~23.20	22.50~23.50	1000	0.027	40.50	22.50~23.50	1000		0.029	43.50
24.00~24.20	23.50~24.50	1000	0.048	72.00	23.50~24.50	1000		0.045	67.50
25.00~25.20	24.50~25.50	1000	0.020	30.00	24.50~25.50	1000		0.021	31.50
26.00~26.20	25.50~26.50	1000	0.006	—	25.50~26.50	1000		0.009	—
27.00~27.20	26.50~27.50	1000	0.015	22.50	26.50~27.50	1000		0.016	24.00
28.00~28.20	27.50~28.50	1000	0.012	—	27.50~28.50	1000		0.014	—
29.00~29.20	28.50~29.50	1000	0.033	49.50	28.50~29.50	1000		0.032	48.00
30.00~30.20	29.50~30.50	1000	0.020	30.00	29.50~30.50	1000		0.024	36.00
31.00~31.20	30.50~31.50	1000	0.019	28.50	30.50~31.50	1000		0.022	33.00
32.00~32.20	31.50~32.50	1000	0.024	36.00	31.50~32.50	1000		0.029	43.50
33.00~33.20	32.50~33.50	1000	0.010	—	32.50~33.50	1000		0.013	—
34.00~34.20	33.50~34.50	1000	0.005	—	33.50~34.50	1000		0.008	—
35.00~35.20	34.50~35.50	1000	0.003	—	34.50~35.50	1000		0.007	—
36.00~36.20	35.50~36.50	1000	0.012	—	35.50~36.50	1000		0.020	30.00
场地湿陷性评价					Ⅳ级(很严重)自重湿陷				

T6 探井湿陷性判定计算表 附表 C-6

Collapsibility computation of exploratory shafts T6 Attached table C-6

<table>
<tr><td colspan="2">取样地点</td><td>兰州市和平镇</td><td colspan="2">湿陷性分区</td><td colspan="4">陇西地区①区</td></tr>
<tr><td rowspan="4">勘探点</td><td rowspan="3">编号</td><td rowspan="3">T6</td><td rowspan="4">湿陷类型</td><td rowspan="2">$\beta_0=1.5$</td><td rowspan="4">湿陷等级</td><td rowspan="3">β</td><td>地面下 1.50～5m $\beta=1.5$</td></tr>
<tr><td>地面下 5～10m $\beta=1.0$</td></tr>
<tr><td rowspan="2">自重湿陷量计算 $\Delta_{zs}=1996.50$mm</td><td>地面 10m 以下 $\beta=1.5$</td></tr>
<tr><td>深度(m)</td><td>36.5</td><td colspan="2">总湿陷量计算值 $\Delta_s=2233.50$mm</td></tr>
<tr><td colspan="4"></td><td>自重</td><td></td><td colspan="2">Ⅳ级(很严重)</td></tr>
</table>

取样深度(m)	自重湿陷量 代表深度(m)	h_i(mm)	δ_{zsi}	$\delta_{zs}\times h_i\times\beta_0$(mm)	总湿陷量 代表深度(m)	h_i(mm)	δ_s/0.2	δ_s/0.3	$\delta_s\times h_i\times\beta_0$(mm)
1.00～1.20	0.00～1.50	1500	0.022	49.50	1.50		0.104		
2.00～2.20	1.50～2.50	1000	0.028	42.00	1.50～2.50	1000	0.121		181.50
3.00～3.20	2.50～3.50	1000	0.044	66.00	2.50～3.50	1000	0.157		235.50
4.00～4.20	3.50～4.50	1000	0.043	64.50	3.50～4.50	1000	0.096		144.00
5.00～5.20	4.50～5.50	1000	0.059	88.50	4.50～5.50	1000	0.098		147.00
6.00～6.20	5.50～6.50	1000	0.081	121.50	5.50～6.50	1000	0.079		79.00
7.00～7.20	6.50～7.50	1000	0.088	132.00	6.50～7.50	1000	0.087		87.00
8.00～8.20	7.50～8.50	1000	0.079	118.50	7.50～8.50	1000	0.074		74.00
9.00～9.20	8.50～9.50	1000	0.065	97.50	8.50～9.50	1000	0.068		68.00
10.00～10.20	9.50～10.50	1000	0.070	105.00	9.50～10.50	1000	0.073		73.00
11.00～11.20	10.50～11.50	1000	0.090	135.00	10.50～11.50	1000		0.088	132.00
12.00～12.20	11.50～12.50	1000	0.069	103.50	11.50～12.50	1000		0.064	96.00
13.00～13.20	12.50～13.50	1000	0.077	115.50	12.50～13.50	1000		0.075	112.50
14.00～14.20	13.50～14.50	1000	0.063	94.50	13.50～14.50	1000		0.060	90.00
15.00～15.20	14.50～15.50	1000	0.035	52.50	14.50～15.50	1000		0.033	49.50
16.00～16.20	15.50～16.50	1000	0.030	45.00	15.50～16.50	1000		0.032	48.00
17.00～17.20	16.50～17.50	1000	0.037	55.50	16.50～17.50	1000		0.036	54.00
18.00～18.20	17.50～18.50	1000	0.043	64.50	17.50～18.50	1000		0.041	61.50
19.00～19.20	18.50～19.50	1000	0.032	48.00	18.50～19.50	1000		0.033	49.50
20.00～20.20	19.50～20.50	1000	0.024	36.00	19.50～20.50	1000		0.026	39.00
21.00～21.20	20.50～21.50	1000	0.022	33.00	20.50～21.50	1000		0.025	37.50
22.00～22.20	21.50～22.50	1000	0.028	42.00	21.50～22.50	1000		0.032	48.00
23.00～23.20	22.50～23.50	1000	0.017	25.50	22.50～23.50	1000		0.021	31.50
24.00～24.20	23.50～24.50	1000	0.019	28.50	23.50～24.50	1000		0.020	30.00
25.00～25.20	24.50～25.50	1000	0.016	24.00	24.50～25.50	1000		0.018	27.00
26.00～26.20	25.50～26.50	1000	0.022	33.00	25.50～26.50	1000		0.026	39.00
27.00～27.20	26.50～27.50	1000	0.010	—	26.50～27.50	1000		0.013	—
28.00～28.20	27.50～28.50	1000	0.023	34.50	27.50～28.50	1000		0.025	37.50
29.00～29.20	28.50～29.50	1000	0.055	82.50	28.50～29.50	1000		0.061	91.50
30.00～30.20	29.50～30.50	1000	0.023	34.50	29.50～30.50	1000		0.027	40.50
31.00～31.20	30.50～31.50	1000	0.016	24.00	30.50～31.50	1000		0.020	30.00
32.00～32.20	31.50～32.50	1000	0.009	—	31.50～32.50	1000		0.013	—
33.00～33.20	32.50～33.50	1000	0.008	—	32.50～33.50	1000		0.014	—
34.00～34.20	33.50～34.50	1000	0.003	—	33.50～34.50	1000		0.006	—
35.00～35.20	34.50～35.50	1000	0.000	—	34.50～35.50	1000		0.003	—
36.00～36.20	35.50～36.50	1000	0.001	—	35.50～36.50	1000		0.005	—
场地湿陷性评价					Ⅳ级(很严重)自重湿陷				

附录D:室内渗透试验测试结果

T5 和 T6 探井室内常水头渗透试验结果 附表 D-1

Results of constant head permeability test of exploratory shafts T5 and T6

Attached table D-1

T5 探井						T6 探井					
试样编号	取土深度(m)	干密度ρ_d (g/cm^3)	塑性指数I_p	渗透系数(k_{20}) 水平(cm/s)	渗透系数(k_{20}) 竖直(cm/s)	试样编号	取土深度(m)	干密度ρ_d (g/cm^3)	塑性指数I_p	渗透系数(k_{20}) 水平(cm/s)	渗透系数(k_{20}) 竖直(cm/s)
T5 -1	1	1.23 1.2	10.4	5.22×10^{-4}	5.73×10^{-4}	T6-1	1	1.28 1.3	9.5	6.42×10^{-4}	5.64×10^{-4}
T5-2	2	1.28 1.28	10.6	3.27×10^{-4}	2.76×10^{-4}	T6-2	2	1.24 1.25	9.7	5.21×10^{-4}	4.70×10^{-4}
T5-3	3	1.27 1.25	10.8	3.76×10^{-4}	4.82×10^{-4}	T6-3	3	1.19 1.25	10.7	2.57×10^{-4}	1.80×10^{-4}
T5-4	4	1.25 1.24	11.1	4.17×10^{-4}	4.42×10^{-4}	T6-4	4	1.27 1.3	10	4.48×10^{-4}	2.54×10^{-4}
T5-5	5	1.31 1.29	11.1	3.03×10^{-4}	3.16×10^{-4}	T6-5	5	1.26 1.24	10	5.07×10^{-4}	5.51×10^{-4}
T5-6	6	1.3 1.31	9.1	2.76×10^{-4}	2.51×10^{-4}	T6-6	6	1.25 1.25	10.2	4.28×10^{-4}	4.10×10^{-4}
T5-7	7	1.29 1.27	9.6	3.99×10^{-4}	4.42×10^{-4}	T6-7	7	1.29 1.28	9.9	3.71×10^{-4}	3.86×10^{-4}
T5-8	8	1.27 1.26	10	2.47×10^{-4}	3.30×10^{-4}	T6-8	8	1.28 1.28	10.2	3.50×10^{-4}	3.40×10^{-4}
T5-9	9	1.34 1.33	9.5	2.29×10^{-4}	2.46×10^{-4}	T6-9	9	1.29 1.31	10.3	3.21×10^{-4}	2.96×10^{-4}
T5-10	10	1.27 1.26	11.2	2.88×10^{-4}	2.46×10^{-4}	T6-10	10	1.26 1.27	10.2	4.59×10^{-4}	4.28×10^{-4}
T5-11	11	1.26 1.28	11	1.99×10^{-4}	1.91×10^{-4}	T6-11	11	1.28 1.26	10.2	3.71×10^{-4}	4.10×10^{-4}
T5-12	12	1.34 1.3	11.1	9.32×10^{-5}	1.52×10^{-4}	T6-12	12	1.26 1.24	11.9	4.02×10^{-4}	4.28×10^{-4}
T5-13	13	1.34 1.36	11.3	1.85×10^{-4}	1.42×10^{-4}	T6-13	13	1.27 1.27	11.6	4.28×10^{-4}	4.28×10^{-4}
T5-14	14	1.2 1.2	10.9	1.93×10^{-4}	1.91×10^{-4}	T6-14	14	1.27 1.25	10.6	4.59×10^{-4}	5.07×10^{-4}
T5-15	15	1.34 1.32	11.4	8.47×10^{-5}	1.00×10^{-4}	T6-15	15	1.34 1.32	12.1	1.10×10^{-4}	3.21×10^{-4}
T5-16	16	1.35 1.38	10.8	2.21×10^{-4}	9.08×10^{-5}	T6-16	16	1.37 1.38	10.1	1.45×10^{-4}	9.42×10^{-5}
T5-17	17	1.34 1.32	11.4	6.53×10^{-5}	7.48×10^{-5}	T6-17	17	1.31 1.37	10.6	8.32×10^{-5}	5.93×10^{-5}
T5-18	18	1.37 1.34	10.7	6.29×10^{-5}	7.36×10^{-5}	T6-18	18	1.39 1.39	10.2	7.01×10^{-5}	5.51×10^{-5}

T5 和 T6 探井室内常水头渗透试验结果 附表 D-2

Results of constant head permeability test of exploratory shafts T5 and T6

Attached table D-2

T5 探 井						T6 探 井					
试样编号	取土深度（m）	干密度 ρ_d（g/cm^3）	塑性指数 I_p	渗透系数（k_{20}）		试样编号	取土深度（m）	干密度 ρ_d（g/cm^3）	塑性指数 I_p	渗透系数（k_{20}）	
				水平（cm/s）	竖直（cm/s）					水平（cm/s）	竖直（cm/s）
T5-19		1.31 1.31	11.1	1.06×10^{-4}	1.19×10^{-4}	T6-19	19	1.36 1.38	12	9.23×10^{-5}	6.76×10^{-5}
T5-20	20	1.34 1.34	10.9	6.22×10^{-5}	6.22×10^{-5}	T6-20	20	1.38 1.38	10.1	7.21×10^{-5}	8.90×10^{-5}
T5-21	21	1.34 1.38	10.5	1.54×10^{-4}	7.59×10^{-5}	T6-21	21	1.36 1.35	10.8	2.61×10^{-5}	2.52×10^{-4}
T5-22	22	1.34 1.37	10.2	1.40×10^{-4}	1.54×10^{-4}	T6-22	22	1.36 1.39	10.8	5.64×10^{-5}	5.40×10^{-5}
T5-23	23	1.39 1.36	10.2	1.10×10^{-4}	9.29×10^{-4}	T6-23	23	1.38 1.36	10.9	2.29×10^{-5}	1.10×10^{-4}
T5-24	24	1.39 1.38	10.8	9.49×10^{-5}	1.54×10^{-4}	T6-24	24	1.37 1.37	10.8	1.51×10^{-4}	1.30×10^{-4}
T5-25	25	1.39 1.4	9.9	1.10×10^{-4}	1.10×10^{-4}	T6-25	25	1.35 1.37	10.7	1.61×10^{-4}	1.46×10^{-4}
T5-26	26	1.39 1.38	10.5	4.32×10^{-5}	4.70×10^{-5}	T6-26	26	1.36 1.36	10.4	1.80×10^{-4}	1.80×10^{-4}
T5-27	27	1.46 1.48	10.5	9.17×10^{-5}	7.80×10^{-5}	T6-27	27	1.36 1.41	9.5	1.04×10^{-4}	1.02×10^{-4}
T5-28	28	1.43 1.42	10.3	5.37×10^{-5}	4.88×10^{-5}	T6-28	28	1.4 1.42	10.8	1.42×10^{-4}	7.97×10^{-5}
T5-29	29	1.34 1.35	12.6	5.64×10^{-5}	5.98×10^{-5}	T6-29	29	1.46 1.46	10.5	4.73×10^{-5}	2.78×10^{-5}
T5-30	30	1.41 1.41	11.9	3.82×10^{-5}	2.45×10^{-5}	T6-30	30	1.38 1.38	10.6	4.73×10^{-5}	5.09×10^{-5}
T5-31	31	1.38 1.39	11.5	2.31×10^{-5}	1.13×10^{-5}	T6-31	31	1.41 1.39	10.4	3.07×10^{-5}	4.98×10^{-5}
T5-32	32	1.32 1.37	12.6	2.47×10^{-5}	2.19×10^{-5}	T6-32	32	1.46 1.47	10.3	1.12×10^{-5}	1.32×10^{-5}
T5-33	33	1.38 1.36	13.2	2.14×10^{-5}	1.71×10^{-5}	T6-33	33	1.42 1.41	10.4	2.70×10^{-5}	1.17×10^{-5}
T5-34	34	1.41 1.43	10.6	1.12×10^{-5}	8.90×10^{-6}	T6-34	34	1.43 1.44	11.4	4.45×10^{-5}	1.98×10^{-5}
T5-35	35	1.44 1.42	12.7	9.33×10^{-6}	6.32×10^{-5}	T6-35	35	1.47 1.49	10.4	9.18×10^{-6}	5.35×10^{-6}
T5-36	36	1.47 1.48	10	7.95×10^{-5}	6.92×10^{-5}	T6-36	36	1.55 1.56	10	1.70×10^{-5}	7.92×10^{-6}

参 考 文 献

[1] 刘东生. 黄土与环境[M]. 北京：科学出版社，1985.

[2] 关文章. 湿陷性黄土工程性能新篇[M]. 西安：西安交通大学出版社，1990.

[3] 罗宇生. 湿陷性黄土地基处理[M]. 北京：中国建筑工业出版社，2008.

[4] 孙广忠. 西北黄土的工程地质力学特征及地质工程问题研究[M]. 兰州：兰州大学出版社，1989.

[5] 刘祖典. 黄土力学与工程[M]. 西安：陕西科技出版社，1996.

[6] 王永焱，林在贯. 中国黄土的结构与物理力学性质[M]. 北京：科学出版社，1990.

[7] 王先秦，张倬元. 黄土滑坡灾害研究[M]. 兰州：兰州大学出版社，2005.

[8] 张宗祜，张之一，王芸生. 中国黄土[M]. 北京：地质出版社，1989.

[9] 甘肃省地方标准. DB62/T25-3060—2012 大厚度湿陷性黄土场地工程处理技术规程[S]. 兰州：甘肃建筑标准图发行站，2012.

[10] 中华人民共和国国家标准. GB 50025—2004 湿陷性黄土地区建筑规范[S]. 北京：中国建筑工业出版社，2004.

[11] 西北水科科学研究所. 西北黄土的性质[M]. 西安：陕西人民出版社，1957：126.

[12] 中华人民共和国国家标准. GB 50007—2011 建筑地基基础设计规范[S]. 北京：中国建筑工业出版社，2001.

[13] 郑宴武. 中国黄土的湿陷性[M]. 北京：地质出版社，1982.

[14] 高国瑞. 中国黄土微结构[J]. 科学通报，1980,25(20)：945-948.

[15] Dudley J. H. Review of Collapsing Soils[J]. J. Soil Mech. And Found. Div. ASCE, 1970, 96(3)：925-947.

[16] 朱海之. 黄河中游马兰黄土颗粒及结构的若干特征[J]. 地质科学，1963，(2)：23-32.

[17] 捷尼索夫. 黄土与黄土状亚粘土的建筑性质[M]. 中国科学院土木建筑研究所，译. 北京：地质出版社，1956.

[18] 高国瑞. 黄土湿陷变形的结构理论[J]. 岩土工程学报，1990，12(4)：1-10.

[19] 汤连生. 湿吸力及非饱和土的有效应力原理探讨[J]. 岩土工程学报，2000，22(1)：83-88.

[20] 陈正汉，刘祖典. 黄土湿陷变形机理[J]. 岩土工程学报，1986，8(2)：1-12.

[21] 谢定义. 试论我国黄土力学研究中的若干新趋向[J]. 岩土工程学报，2001，23(1)：3-13.

[22] 刘明振. 湿陷性黄土间歇性浸水试验[J]. 岩土工程学报，1985，7(1)：47-54.

[23] 孙建中，刘健民. 黄土的未饱和湿陷、剩余湿陷和多次湿陷[J]. 岩土工程学报，2000，22(3)：365-367.

[24] 张茂花，谢永利，刘保健. 增(减)湿时黄土的湿陷系数曲线特征[J]. 岩土力学，2005，26(9)：1363-1368.

[25] 张苏民，张炜. 减湿和增湿时黄土的湿陷性[J]. 岩土工程学报，1992，14(1)：57-61.

[26] 张原丁. 论黄土的湿陷敏感性[J]. 岩土工程学报，1996，18(5)：79-83.

[27] 胡再强. 黄土结构性模型及黄土渠道的浸水变形试验与数值分析[D]. 西安：西安理工大学，2000.

[28] 蒲毅彬. 陇东黄土湿陷过程的 CT 结构变化研究[J]. 岩土工程学报，2000，22(1)：49-54.

[29] 雷胜友，唐文栋. 黄土在受力和湿陷过程中微结构变化的 CT 扫描分析[J]. 岩石力学与工程学报，2004，23(24)：4166-4169.

[30] 朱元青，陈正汉. 研究黄土湿陷性的新方法[J]. 岩土工程学报，2008，30(4)：524-528.

[31] 李加贵，陈正汉，黄雪峰，等. 原状 Q_3 黄土湿陷特性的 CT-三轴试验[J]. 岩石力学与工程学报，2010，29(6)：1288-1296.

[32] 钱鸿缙，王继唐，罗宇生，等. 湿陷性黄土地基[M]. 北京：中国建筑工业出版社，1985.

[33] 汪国烈，等. 自重湿陷性黄土的试验研究(试坑浸水试验报告)[R]. 兰州：甘肃省建筑科学研究院，1975.

[34] 涂光祉，等. 陕西省焦化厂自重湿陷黄土地基的试验研究[R]. 西安：西安冶金建筑学院，1977.

[35] 涂光祉，等. 渭北张桥自重湿陷黄土的试验研究[R]. 西安：西安冶金建筑学院，1977.

[36] 李大展，何颐华，隋国秀. Q_2 黄土大面积浸水试验研究[J]. 岩土工程学报，1993，15(2)：1-11.

[37] 西北电力设计院. 宝鸡第二发电厂大面积试坑浸水试验报告[R]. 西安：西北电力设计院，1994.

[38] 钱鸿缙，朱梅，谢爽. 河津黄土地基湿陷变形试验研究[J]. 岩土工程学报，1992，14(6)：1-9.

[39] 黄雪峰，陈正汉，哈双，等. 大厚度自重湿陷性黄土场地湿陷变形特征的大型现场浸水试验研究[J]. 岩土工程学报，2006，28(3)：382-389.

[40] 甘肃省建筑科学研究院. 宁夏扶贫扬黄灌溉工程 11#泵站预浸水法处理地基施工、沉降观测及效果检验报告[R]. 兰州：甘肃省建筑科学研究院，2002.

[41] 黄雪峰，李佳. 渗透对非饱和原状黄土高边坡土压力和水平位移影响的试验研究[J]. 岩石力学与工程学报，2011，30(3)：635-642.

[42] 李佳，高广运，黄雪峰. 非饱和原状黄土边坡浸水试验研究[J]. 岩石力学与工程学报，2011，30(5)：1043-1048.

[43] 李辉山，腾文川，赵卿，等. 预浸水法处理湿陷性黄土地基的试验与应用研究[J]. 建筑科学，2011，27(5)：36-40.

[44] 杨庆义. 湿陷性黄土现场浸水试验研究[J]. 水电能源科学，2011，29(6)：58-60.

[45] 曾保刚，井原华. 采用预浸水法处理自重湿陷性黄土地基[J]. 陕西建筑，2007,6：40-41.

[46] 任海波. 某黄土场地试坑浸水试验[J]. 陕西建筑，2008,8：29-30.

[47] 马侃彦，张继文，刘争宏，等. 自重湿陷性黄土场地的试坑浸水试验[J]. 勘察科学技术，2009，5：33-35.

[48] 陈克峰. 三电工程西干五泵站湿陷性黄土基础预浸水试验分析[J]. 甘肃水利水电技术，2011，47(6)：42-43.

[49] 陈雯龙. 预浸水法在渠道非自重湿陷性黄土基础处理中的应用[J]. 水利科技与经济，2011，17(1)：89-91.

[50] 陈正汉，孙树国，方祥位，等. 非饱和土与特殊土测试技术新进展[J]. 岩土工程学报，2006，28(2)：147-169.

[51] 陈正汉，卢再华，蒲毅彬. 非饱和土三轴仪的CT机配套及其应用[J]. 岩土工程学报，2001，23(4)：387-392.

[52] 陈正汉，扈胜霞，孙树国，等. 非饱和土固结仪和直剪仪的研制与应用[J]. 岩土工程学报，2004，26(2)：161-166.

[53] 孙树国，陈正汉，朱元青，等. 压力板仪配套及SWCC试验的若干问题探讨[J]. 后勤工程学院学报，2006，22(4)：1-5.

[54] 陈正汉，孙树国，方祥位，等. 多功能土工三轴仪的研制及其应用[J]. 后勤工程学院学报，2007，23(4)：1-5.

[55] 朱元青. 基于细观结构变化的非饱和原状湿陷性黄土的本构模型研究[D]. 重庆：后勤工程学院，2008.

[56] 骆亚生. 非饱和原状黄土抗剪试验研究[C]. 全国黄土学术论文集. 乌鲁木齐：新疆科技出版社，1994.

[57] 陈正汉. 重塑非饱和黄土的变形、强度、屈服和水量变化特性[J]. 岩土工程学报，1999，21(1)：82-90.

[58] 邢义川，谢定义，汪小刚，等. 非饱和黄土的三维有效应力[J]. 岩土工程学报，2003，25(3)：288-293.

[59] 方祥位，陈正汉，申春妮，等. 剪切对非饱和土土—水特征曲线影响的探讨[J]. 岩土力学，2004，25(9)：1451-1454.

[60] 李保雄，苗天德. 黄土抗剪强度的水敏感性特征研究[J]. 岩石力学与工程学报，2006，25(5)：1003-1008.

[61] 刘海松，倪万魁，颜斌，等. 黄土结构强度与湿陷性的关系初探[J]. 岩土力学，2008，29(3)：722-726.

[62] 张炜，张苏民. 非饱和黄土的结构强度特性[J]. 水文地质工程地质，1990，(4)：22-25.

[63] 郭敏霞，张少宏，邢义川. 非饱和原状黄土湿陷变形及孔隙压力特性[J]. 岩石力学与工程学报，2000，19(6)：785-788.

[64] 湿陷性黄土地区建筑规范编委会. GB 50025—20×× 湿陷性黄土地区建筑规范[S].

西安：陕西建筑科学研究院，2015.
[65] 罗宇生. 湿陷性黄土场地湿陷类型的判定[J]. 陕西建筑，2006，(4)：33-36.
[66] 陈正汉. 非饱和土与特殊土力学的理论与实践[J]. 后勤工程学院学报，2011，27(4)：1-7.
[67] Frudlund D G, Rahardjo H. Soils Mechanics for Unsaturated Soils[M]. John Wiley & Sons, Ins. 1993.
[68] Vachaud, G., Dane. J. H.. Instantaneous profile[C]. In J. H. Dane and G. C. Topp (ed.) Methods of Soil Analysis. Part 4. Physical Methods. SSSA Book Ser. 5. SSSA, Madison, WI. 2002: 937-945.
[69] Arya, L. M., Farrel, D. A., Blake. G. R.. A field study of soil water depletion patterns in presence of growing soybean roots. I. Determination of hydraulic properties of the soil[J]. Soil Sci. Soc. Am. J, 1975, 45: 1023-1034.
[70] 徐永福，兰守奇，孙德安，等. 一种能测量应力状态对非饱和土渗透系数影响的新型试验装置[J]. 岩石力学与工程学报，2005，24(1)：160-164.
[71] Cui Y. J., Tang A. M., Loiseau C., et al. Determining the unsaturated hydraulic conductivity of a compacted sand-bentonite mixture under constant-volume and free-swell conditions [J]. Physics and Chemistry of the Earth, 2008, 33: 462-471.
[72] Bruce, K. K., Klute. A. The measurement of soil-water diffusivity[J]. Soil Sci. Soc. Am. Proc. 1956, 20:458-562.
[73] Corey, A. T. Long column. In J. H. Dane, et al. Methods of Soil Analysis[C]. Part 4. Physical Methods. Book Ser. 5. SSSA, Madison, WI. 2002, 899-903.
[74] Scanlon, M. R. Evaluation of evapotranspirative covers for waste containment in arid and semiarid regions in the southwestern USA[J]. Vadose Zone J., 2005, 4: 55-71.
[75] 王文焰，张建丰. 在一个水平土柱上同时测定非饱和土壤水各运动参数的试验研究[J]. 水利学报，1990，21(7)：26-32.
[76] 陈正汉，谢定义，王永胜. 非饱和土的水气运动规律及其工程性质研究[J]. 岩土工程学报，1993，15(3)：9-20.
[77] 张建丰. 黄土区层状土入渗特性及其指流的试验研究[D]. 西安：西北农林科技大学，2004.
[78] 马娟娟，孙西欢，李占斌. 入渗水头对土壤水平一维入渗影响初探[J]. 水土保持通报，2004，25(2)：20-22.
[79] Mbonimpa M., Bedard C., Aubertin M, et al. A model to predict the unsaturated hydraulic conductivity from basic soil properties[C]. 57th Canadian Geotechnical Conference/ 5th Joint CGS/IAH-CNC Conference. 2004, Quebec, Canada, Session 3A: 16-23.
[80] 苗强强，陈正汉，田卿燕，等. 非饱和含黏砂土毛细水上升试验研究[J]. 岩土力学，2011，32(S1)：327-334.
[81] 戴经梁，伍石生，盛安连. 压实黄土路基积水入渗规律研究[J]. 西安公路交通大学学报，1998，18(3)：154-158.

[82] 高永宝，刘奉银，李宁. 确定非饱和土渗透特性的一种新方法[J]. 岩石力学与工程学报，2005，24(18)：3258-3261.

[83] 刘奉银，张昭. 增湿路径对非饱和土水气渗透系数的影响研究[J]. 水利学报，2008，39(8)：934-939.

[84] Van Genuchten M T, Leij F J, Lund L J.. Indirect methods for estimating the hydraulic properties of unsaturated soils [C]//Proceedings of the International Workshop on Indirect Methods for Estimating the Hydraulic Properties of Unsaturated Soils. University of California, Riverside, 1992: 11-13.

[85] Van Genuchtten M. A closed form equation for prediction the hydraulic conductivity of unsaturated soils[J]. Soil Sci Am J, 1980, 44: 892-898.

[86] Khaleel R, Relyea J F. Evaluation of van Genuchten-Mualem relationships to estimate unsaturated hydraulic conductivity at low water contents[J]. Water Resources Res., 1995, 31: 2659-2668.

[87] Wagner B., Tarnawski V. R., Hennings V. et al. Evaluation of pedo-transfer functions for unsaturated soil hydraulic conductivity using an independent data set[J]. Geoderma, 2001, 102: 275-297.

[88] Gardner, W. R. Some steady-state solutions of the unsaturated moisture flow equation with application to evaporation from a water table[J]. Soil Sci, 1958, 85(4): 228-232.

[89] Arbhabhirama A, Kridakorn C. Steady downward flow to a water stable[J]. Water Research, 1968, 4: 1249-1257

[90] Shouse P. J., Mohanty B. P.. Scaling of near-saturated hydraulic conductivity measured using disc infiltrometer[J]. Water Resources Research, 1998, 34(5): 1195-1205.

[91] Leong E C, Rahardjo H. Permeability functions for unsaturated soil[J]. Geotech. Geoenvir. Eng. J., 1997, 123(12): 1118-1126.

[92] Zhuang, J., Nakayama K., Yu G. R. R, et al. Predicting unsaturated hydraulic conductivity of soil based on some basic soil properties [J]. Soil & Tillage Research, 2001, 59: 143-154.

[93] Brooks, R. H., Corey A. T.. Properties of porous media affecting flow[J]. J. Irr. Drain. Div., ASCE, 1966, 92: 61-87.

[94] Miyazaki, T. Bulk density dependence of air entry suctions and saturated hydraulic conductivities of soils[J]. Soil Sci., 1996, 161: 484-490.

[95] 刘海宁，姜彤，刘汉东. 非饱和土渗透函数方程的间接确定[J]. 岩土力学，2004，25(11)：1796-1799.

[96] Li X., Zhang L. M. & Fredlund, D. C. Wetting front advancing column test for measuring unsaturated hydraulic conductivity[J]. Candian Geotechnical Journal, 2009, 46(12): 1431-1445.

[97] Salloom B. Salim. Extended Analysi of Unsaturated Hydraulic Functions Using The RETC Code[J]. Journal of Babylon University/Pure and Applied Sciences, 2011, 19 (1):

270-283.

[98] Mualem, Y. A new model for predicting the hydraulic conductivity of unsaturated porous media[J]. Water Resources Research, 1976, 12(3): 513-522.

[99] Burdine, N. T. Relative permeability calculations from pore-size distribution data[J]. Petrol. Trans., Am. Inst. Min. Eng, 1953, 198: 71-77.

[100] Assouline S., Tartakovsky D. M.. Unsaturated hydraulic conductivity function based on a soilfragmentation process[J]. Water Resources Research, 2001, 37(5): 1309-1312.

[101] Dexter A. R.. Soil physical quality Part III: Unsaturated hydraulic conductivity and general conclusions about S-theory[J]. Geoderma, 2004, 120: 227-239.

[102] Poulsen T. G., Moldrup P., Iversen B. V., et al. Three-region Campbell Model for Unsaturated Hydraulic Conductivity in Undisturbed Soils[J]. Soil Sci. Soc. Am. J, 2002, 66: 744-752.

[103] Eching S. O., Hopmans J. W., Wendroth O.. Unsaturated Hydraulic Conductivity from Transient Multistep Outflow and Soil Water Pressure Data[J]. Soil Sci. Soc. Am. J, 1994, 58: 687-695.

[104] Li X Y, Contreras S, Solé-Benet A. Unsaturated hydraulic conductivity in limestone dolines: Influence of vegetation and rock fragments[J]. Geoderma, 2008, 145(3-4): 288-294.

[105] Fujimaki H., Inoue M.. Reevaluation of the Multistep Outflow Method for Determining Unsaturated Hydraulic Conductivity[J]. Vadose Zone Journal ,2003, 2: 409-415.

[106] Rieu M, Sposito G. Fractal fragmentation, soil porosity and soil water properties: II[J]. Applications. Soil Sci Soc Am J, 1991, 55: 1239-1244.

[107] Crawford, J. W. The relationship between structure and hydraulic conductivity of soil[J]. Eur. J. Soil Sci., 1994, 45: 493-501.

[108] Xu Yongfu. Calculation of unsaturated hydraulic conductivity using a fractal model for the pore-size distribution [J]. Computers and Geotechnics, 2004, 31: 549-547.

[109] Millington R J, Quirk J P. Permeability of porous soilds [J]. Trans. Faraday Soc, 1961, 57(10): 1200-1207.

[110] Marshall T J. A relation between permeability and size distribution of pores[J]. Soil Sci, 1958, 9(1): 1-8.

[111] Toledo P G, Novy R A, Davis H T, et al. Hydraulic conductivity of porous media at low water content[J]. Soil Sci Soc Am J, 1990, 54: 673-679.

[112] 孙大松，刘鹏，夏小和，等. 非饱和土的渗透系数[J]. 水利学报，2004，35(3): 71-75.

[113] 张学礼，初士立. 非饱和土壤导水率分形模型研究[J]. 灌溉排水学报，2004，23(1): 26-29.

[114] Fredlund D G, Xing A. Q., Huang S. Y.. Predicting the permeability function for unsaturated soils using the soil-water characteristic curve[J]. Canadian Geotechnical Journal,

1994, 31(4): 533-546.

[115] Asus, S. S., Leong, E. C. and Schanz, T. Assessment of statistical models for indirect determination of permeability functions from soil-water characteristic curves[J]. Geotechnique, 2003, 53(2): 279-282.

[116] 叶为民,钱丽鑫,白云,等. 由土-水特征曲线预测上海非饱和软土渗透系数[J]. 岩土力学, 2005, 27(11): 1261-1265.

[117] Rattan Lal. Encyclopedia of Soil Science[M]. Second Edition. CRC Press, 2005: 60.

[118] Corey A. T.. Measurment of water and air permeability in unsaturated soil[J]. Proc. Soil Sci. SOC. Amer, 1957, 21(1): 7-10.

[119] Mayas E. L.. Air and water permeability of compacted soils, in permeability and capillary of soils[S]. ASTM STP 417 American Society, Testing and Materials, 1967: 160-175.

[120] Juca, J. F. T., Maciel, F. J.. Gas permeability of a compacted soil used in a landfill cover layer[J]. Geotech. Spec. Publ. , 2006, 147 (2): 1535-1546.

[121] Sanchez-Giron, V., Andreu, E., Hernanz, J. L.. Response of five types of soil to simulated compaction in the form of confined uniaxial compression tests[J]. Soil Till. Res, 1998, 48: 37-50.

[122] Moldrup, P., S. Yoshikawa, T. Olesen, et al. Gas diffusivity in undisturbed volcanic ash soils: Test of soil- water-characteristic based prediction models[J]. Soil Sci. Soc. Am. J, 2003. 67: 41-51.

[123] Samingan, A. S., Leong, E. C., Rahardjo, H.. A flexible wall permeameter for measurements of water and air coefficients of permeability of residual soils[J]. Can. Geotech. J, 2003, 40: 559-574.

[124] Kamiya, K., Bakrie, R., Honjo, Y.. A new method for the measurement of air permeability coefficient of unsaturated soil[J]. Geotech. Spec. Publ, 2006, 147 (2): 1741-1752.

[125] Dexter, A. R.. Soil physical quality. Part I. Theory, effects of soil texture, density and organic matter, and effects on root growth[J]. Geoderma, 2004, 120: 210-214.

[126] Dexter, A. R.. Soil physical quality. Part II. Unsaturated hydraulic conductivity and general conclusions about S-theory[J]. Geoderma, 2004, 120: 227-239.

[127] Moon, S., Nam, K., Kim, J. K., et al. Effectiveness of compacted soil liner as a gas barrier layer in the landfill final cover system[J]. Waste Manage. 2008, 28: 1909-1914.

[128] Li Hailong, Jiao Jiu Jimmy, Luk Mario. A falling-pressure method for measuring air permeability of asphalt in laboratory[J]. Journal of Hydrology, 2004, 286: 69-77.

[129] Springer, D. S., Loaiciga, H. A., Cullen, S. J., et al. Air permeability of porous materials under controlled laboratory conditions[J]. Ground Water, 1998, 36 (4): 558-565.

[130] Stonestrom, D. A., Rubin J.. Air permeability and trapped-air content in two soils[J]. Water Resour. Res., 25(9): 1959-1969.

[131] 王永胜,谢定义,郭庆国. 非饱和土中气体的运动特性与渗气系数的测定[J]. 西北水电, 1993, 1: 43-49.

[132] Olson M. S., Tillman Jr. F. D., Choi J. W.. Comparison of three techniques to measure unsaturated-zone air permeability at Picatinny Arsenal, NJ[J]. Journal of Contaminant Hydrology, 2001, 53: 1-19.

[133] Bouazza A., Vangpaisal T.. An apparatus to measure gas permeability of geosynthetic clay liners[J]. Geotextiles and Geomembranes, 2003, 21: 85-101.

[134] 王卫华, 王全九, 樊军. 原状土与扰动土导气率、导水率与含水率的关系[J]. 农业工程学报, 2008, 24(8): 25-29.

[135] 王卫华, 王全九, 李淑芹. 长武地区土壤导气率及其与导水率的关系[J]. 农业工程学报, 2009, 25(11): 120-127.

[136] 王勇, 孔令伟, 郭爱国, 等. 杭州地铁储气砂土的渗气性试验研究[J]. 岩土力学, 2009, 30(3): 815-819.

[137] Kamitani, K., Inoue, M.. Functional models to predict air permeability coefficient from water characteristic curve of unsaturated soils[J]. Doboku Gakkai Ronbunshuu C, 2008, 64: 650-661.

[138] Millington, R. J., Quirk J. M.. Formation factor and permeability equations[J]. Nature (London), 1964, 202: 143-145.

[139] Campbell, G. S. A simple method for determining unsaturated conductivity from moisture retention data[J]. Soil Sci, 1974, 117: 311-314.

[140] Grover, B. L.. Simplified air permeameters for soil in place[C]. In Soil Science Society Proceedings, 1955, 19: 414-418.

[141] Boedicker, J. J. A moving air source probe for measuring air permeability[D]. Ph. D. diss., North Carolina State Univ., Raleigh, 1972.

[142] Liang P., Bowers C. G. J., Bowen H. D.. Finite element model to determine the shape factor for soil air permeability measurements[J]. Transactions of the ASAE, 1995, 38(4): 997-1003.

[143] Iversen, B. V., P. Schjønning, T. G. Poulsen, et al. In situ, on-site and laboratory measurements of soil air permeability: Boundary conditions and measurement scale[J]. Soil Sci. 2001, 166: 97-106.

[144] Jalbert, M., Dane, J. H. A handheld device for intrusive and nonintrusive field measurements of air permeability[J]. Vadose Zone J, 2003, (2): 611-617.

[145] Kawamoto K, Moldrup P, Schjønning P, et al. Gas transport parameters in the vadose zone: Development and tests of power-law models for air permeability [J]. Vadose Zone Journal, 2006, 5: 1205-1215.

[146] Parker J C, LenhArd J. C., Kuppusam Y. T. A parametric model for constitutive properties governing multiphase flow in porous media [J]. Water Resource Research, 1987, 23(4): 618-624.

[147] 张丙印, 朱京义, 王昆泰. 非饱和土水气两相渗流有限元数值模型[J]. 岩土工程学报, 2002, 24(6): 701-705.

[148] Poulsen T. G. ,Moldrup P. ,Yamaguchi T. ,et al. Predicting soil-water and soil-air transport properties and their effects on soil-vapor extraction efficiency[J]. Groundwater Monitoring & Remediation,2010,19(3):61-70.

[149] Iversen, B. V. , P. Moldrup, P. Schjønning,et al. Air and water permeability in differently textured soils at two measurement scales[J]. Soil Sci, 2001, 166: 643-659.

[150] Blackwell, P. S. , A. J. Ringrose-Voase, N. S. Jayawardane, et al. The use of air-filled porosity and intrinsic permeability to air to characterize structure of macropore space and saturated hydraulic conductivity of clay soils[J]. J. Soil Sci, 1990, 41: 215-228.

[151] Loll P, Schjønning PRH. Predicting saturated hydraulic conductivity from air permeability: Application in stochastic water infiltration modeling[J]. Water Resources Research, 1999 35: 2387-2400.

[152] Seyfried M. S. , Murdock M. D. . Use of air permeability to estimate infiltrability of frozen soil[J]. Journal of Hydrology, 1997, 202: 95-107.

[153] 刘奉银, 张昭, 周冬. 湿度和密度双变化条件下的非饱和黄土渗透函数[J]. 水利学报, 2010, 41(9): 1054 -1060.

[154] Schjønning P. Soil permeability by air and water as influenced by soil type and incorporation of straw (in Danish with English summary) [J]. Tidsskrift for Plaintival, 1986, 90: 227-240.

[155] Neyshabouri M. R. , R Rafiee Alavi S. A. , Rezaei H. , et al. Estimating unsaturated hydraulic conductivity from air permeability[C]//19th World Congress of Soil Science. 2010, Brisbane, Australia.

[156] Jennings J E B, Burland J B. Limitations to the use of effective stresses in partly saturated soils[J]. Geotechnique, 1962,12: 125-144.

[157] Bishop A. W. , Blight G. E. . Some aspects of effective stress in saturated and partly saturated soils[J]. Geotechnique,1963, 13: 177-197.

[158] Matyas, E. L. , Radhakrishna H. S. . Volume Change Characteristics of Partially Saturated Soils[J]. Géotechnique, 1968, 18(4): 432-448.

[159] Fredlund D G, Morgenstern N R. Stress state variables and unsaturated soils[J]. J. Geotech. Eng. Div. ASCE , 1977, 103: 447-466.

[160] Fredlund D G. Second Canadian geotechnical colloquium: Appropriate concepts and technology for unsaturated soils[J]. Canadian Geotechnical Journal, 1979, 16(1): 121-1398.

[161] Lloret, A. , Alonso E. E. . State surfaces for partially saturated soils [C]//Proc. 11 th Int. Conf. Soil. Mech. Found. Eng, San Francisco, 1985, 2: 557-562.

[162] Lloret, A. , Gens A. , Batlle F. ,et al. Flow and deformation analysis of partially saturated soils[C]//Proc. 9 th Eur. Conf. Soil Mech. Found. Eng, 1987, 2: 565-568.

[163] Fredlund D G, Morgenstern N R. Constitutive relations for volume change in unsaturated soils[J]. Can Geotech J, 1976, 13(1): 261-276.

[164] Fredlund D G. Appropiate concepts and technology for unsaturated soils[J]. Can Geotech

J, 1979, 16(2): 121-139.

[165] 陈正汉，周海清，Fredlund, D G. 非饱和土的非线性模型及其应用[J]. 岩土工程学报, 1999, 21(5): 603-608.

[166] Yang D. Q. , Shen Z. J. . Generalized nonlinear constitutive theory of unsaturated soils [C]//Proc. 7th Int. Conf. on expansive soils. Dallas Texas, 1992.

[167] Devillers P. , Youssoufi M. S. El , Saix C. . A framework for the construction of state surfaces of unsaturated soils in the elastic domain [J]. Water Resources Research, 2008, 44: W00C08. 10.1029/2007WR006573.

[168] Alonso, E. E. , Gens A. , Hight D. W. . Special Problem Soils [C]//General Report, Proc. 9 th ECSMFE. Dublin, 1987.

[169] Alonso, E. E. , Gens A. , Josa A. . A constitutive model for partially saturated soils[J]. Géotechnique, 1990, 40(3): 405-430.

[170] Alonso E. E. , Vaunat J. , Gens A. . Modelling the mechanical behavior of expansive clays [J]. Engineering Geology, 1999, 54(2): 173-183.

[171] Kohgo, Y. , Nakano, M. Miyazaki, T. Theoretical aspects of constitutive modeling for unsaturated soils[J]. Soils and Found. , 1993, 33(4): 49-63.

[172] Wheeler S. J. , Sivakumar V. . An Elasto-plasticity critical state framework for unsaturated silt soil[J]. Géotechnique, 1995, 45(1): 35-53.

[173] Bolzon G, Schrefler B A & Zienkiewicz O C. Elastoplastic soil constitutive laws generalized to partially saturated states[J]. Géotechnique, 1996, 46(2): 279-289.

[174] Pastor M, Zienkiewicz O C, Chan A H C. Generalized plasticity and the modeling of soil behavior[J]. Int. J. Numer. Anal. Methods Geomech, 1990, 14: 151-190.

[175] 黄海，陈正汉，李刚. 非饱和土在 *p-s* 平面上屈服轨迹及土-水特征曲线的探讨[J]. 岩土力学, 2000, 21(4): 316-321.

[176] Chiu C F, Ng C W W. A state-dependent elasto-plastic model for saturated and unsaturated soils[J]. Géotechnique, 2003, 53(9): 809-829.

[177] Kohler R. , Hofstetter G. . A cap model for partially saturated soils[J]. Int. J. Numer. Anal. Meth. Geomech, 2008, 32: 981-1004.

[178] 胡再强，张腾，朱轶韵，等. 非饱和黄土的弹塑性软化本构模型[J]. 岩土力学, 2006, 27(S2): 1103-1106.

[179] 李广信，司韦，张其光. 非饱和土的清华弹塑性模型[J]. 岩土力学, 2008, 29(8): 2032-2036.

[180] 刘新荣，钟祖良，张永兴，等. 以塑性功为硬化参数的 Q_2 原状黄土弹塑性模拟[J]. 岩土力学, 2009, 30(5): 1215-1220.

[181] 姚仰平，牛雷，崔文杰，等. 超固结非饱和土的本构关系[J]. 岩土工程学报, 2011, 33(6): 833-839.

[182] Yao Y. P. , Hou W. , Zhou A. N. . UH model: three-dimensional unified hardening model for overconsolidated clays[J]. Géotechnique, 2009, 59(5): 451-469.

[183] Vaunat J. , Romero E. &Jommi C. An elastoplastic hydro-mechanical model for unsaturated soils[C]. Proceedings of the international workshop on unsaturated soils, Trento, 2000, 121-138.

[184] Wheeler S J, Sharma R J, Buisson M S. Coupling of hydraulic hysteresis and stress-strain behaviour in unsaturated soils[J]. Géotechnique, 2003, 53(1): 51-54.

[185] Geiser F. Laloui, Vulliet L. Modelling the behavior of unsaturated soil[C]//Proc of an Int Workshop on Unsaturated Soils. Trento, 2000, 155-175.

[186] Jommi C. Remarks on the constitutivemodeling of unsaturated soils[C]//Proceedings of the international workshop on unsaturated soils. Trento, 2000, 139-153.

[187] Gallipoli D, Gens A, Sharma R. et al. An elasto-plastic model for unsaturated soil incorporating the effects of suction and degree of saturation on mechanical behaviour [J]. Géotechnique, 2003, 53(1): 123-135.

[188] Georgiadis K, Potts D M, Zdravkovic L. Three-demensional constitutive model for partially and fully saturated soils[J]. Int. J. Geomechanics. , 2005, 5(3): 244-255.

[189] Lagiois R, Przrin A M, Potts D M. A new versatile expression for yield and plastic potential surfaces[J]. Computers & Geotechnics , 1996, 19(3): 171-191.

[190] Tamagnini R. An extended Cam-clay model for unsaturated soils with hydraulic hyteresis [J]. Géotechnique, 2004, 54(3): 223-228.

[191] Sheng D. C. , Gens A. , Fredlund D. G. , et al. Unsaturated soils: From constitutive modelling to numerical algorithms[J]. Computers & Geotechnics, 2008, 35: 810-824.

[192] Wang Q. , Pufahl D. E. , Fredlund D. G. . A study of critical state on an unsaturated silty soil[J]. Can. Geotech. J, 2002, 39: 213-218 .

[193] Hueckel T, Baldi G. Thermoplasticity of saturated clays: experimental constitutive study [J]. J Geotech Engrg, ASCE, 1990, 116(12): 1778-1796.

[194] Hunter K, Laloui L, Vulliet L. Thermodynamically based mixture models of saturated and unsaturated soils[J]. Mech Cohes-Frict Mater, 1999, 4: 295-338.

[195] Romero E. Characterisation and thermo-hydro-mechanical behavior of unsaturated Boom clay: an experimental study [D]. Barcelona, Spain: Technical University of Catalonia (UPC) ,1999.

[196] 谢云. 非饱和膨胀土的热力学特性、三向胀缩特性及膨胀土边坡在复杂条件下的渗流分析[D]. 重庆: 后勤工程学院, 2005.

[197] Sheng, D. , Fredlund, D. G. & Gens, A. A new modelling approach for unsaturated soils using independent stress variables[J]. Canadian Geotechnical Journal. , 2008, 45(4): 511-534.

[198] Jussila P, Ruokolainen J. . Thermomechanics of porous media Ⅱ: Thermo-hydro-mechanical model for compacted bentonite[J]. Transport in Porous Media, 2007, 67: 275-296.

[199] Chen Weizhong, Tan Xianjun, Yu Hongdan, et al. A fully coupled thermo-hydro-mechanical model for unsaturated porous media[J]. Journal of Rock Mechanics and Geotechnical

Engineering, 2009, 1(1): 31-40.

[200] Li X. S.. Thermodynamics-based constitutive framework for unsaturated soils. 2: A basic triaxial model[J]. Géotechnique, 2007, 57: 423-435.

[201] Thomas H R, He Y. Analysis of coupled heat, moisture and air transfer in a deform able unsaturated soil[J]. Geotechnique, 1995, 45(4): 677-689.

[202] Navarro V, Alonso E E. Modeling swelling soils for disposal barriers[J]. Computers & Geotechnics, 2000, 27(1): 19-43.

[203] 武文华，李锡夔. 非饱和土的热—水力—力学术构模型及数值模拟[J]. 岩土工程学报, 2002, 24(4): 411-416.

[204] 张玉军. 核废料处置概念库工程屏障中热—水—应力耦合过程数值分析[J]. 工程力学, 2007, 24(5): 186-192.

[205] 沈珠江. 土体结构性的数学模型[J]. 岩土工程学报, 1996, 18(1): 95-97.

[206] Desai C S, Ma Y. Modeling of joints and interfaces using the disturbed-state concept[J]. International Journal for Numerical & Analytical Methods in Geomechanics, 1992, 16(9): 623-653.

[207] Desai C. S., Toth J. Disturbed state constitutive modeling based on stress-strain and nondestructive behavior[J]. Int. J. Solids Structures, 1996, 33(11): 1619-1650.

[208] 沈珠江，陈铁林. 岩土破损力学：结构类型与荷载分担[J]. 岩石力学与工程学报, 2004, 23(13): 2137-2142.

[209] 卢再华. 非饱和膨胀土的弹塑性损伤本构模型及其在土坡多场耦合分析中的应用[D]. 重庆：后勤工程学院, 2001.

[210] Gens A., Alonso E E. A framework for the behavior of unsaturated expansive clays[J]. Canadian Geotechnical Journal, 1992, 29(6): 1013-1032.

[211] 胡再强，沈珠江，谢定义. 结构性黄土的本构模型[J]. 岩石力学与工程学报, 2005, 24(4): 565-569.

[212] 方祥位. Q_2 黄土的微细观结构和力学特性研究[D]. 重庆：后勤工程学院, 2008.

[213] 姚志华，陈正汉，黄雪峰，等. 结构损伤对膨胀土屈服特性的影响[J]. 岩石力学与工程学报, 2010, 29(7): 1503-1502.

[214] Wang Jianguo. A micromechanical structural analysis of collapse deformation of loess[C]. The 7th International Conference on Expansive Soils. 1992.

[215] 苗天德. 湿陷性黄土的变形机理与本构关系[J]. 岩土工程学报, 1999, 21(4): 383-387.

[216] Terzaghi K.. Theoretical soil mechanics[M]. New York: Wiley, 1943.

[217] Biot M A. General theorem of three-dimensional consolidation[J]. J. Appl. Phys, 1940, 12: 155-164.

[218] Mikasa M. The Consolidation of Soft Clay[J]. Civil Engineering in Japan, JSCE, 1965: 21-26.

[219] Gibson R E, England G L, Hussey M J L. The Theory of One-Dimensional Consolidation of Saturated Clays Ⅰ, Finite Nonlinear Consolidation of Thin Homogeneous Layers[J].

Géotechnique, 1967, 17(2): 261-273.

[220] Cater J P, Small J C, Booker J R. A Theory of Finite Elastic Consolidation[J]. International Journal of Solids & Structures, 1977, 13(5): 467-478.

[221] 谢永利. 大变形固结理论及其有限元法[D]. 杭州: 浙江大学, 1994.

[222] Nie X. Y.. Consolidation of soft clay treated with vertical drain[D]. PhD thesis, Nanyang Technological University, 1999.

[223] Ing T C, Nie X. Coupled consolidation theory with non-Darcian flow[J]. Computers & Geotechnics, 2002, 29(3): 169-209.

[224] 谢海澜, 武强, 赵增敏, 等. 考虑非达西流的弱透水层固结计算[J]. 岩土力学, 2007, 28(5): 1061-1065.

[225] 鄂建, 陈刚, 孙爱荣. 考虑低速非 Darcy 渗流的饱和黏性土一维固结分析[J]. 岩土工程学报, 2009, 31(7): 1115-1119.

[226] 刘忠玉, 孙丽云, 乐金朝, 等. 基于非 Darcy 渗流的饱和黏土一维固结理论[J]. 岩石力学与工程学报, 2009, 28(5): 973-979.

[227] Biot M. A. General solutions of the equations of elasticity and consolidation for a porous material[J]. J. Appl. Mech., 1956, 23: 91-96.

[228] Cheng A. H. D., Detournay E. A. A direct boundary element method for plane strain poroelasticity[J]. International Journal for Numerical and Analytical in Geomechanics, 1988, 12(5):551-572.

[229] Senjuntichai T.. Green's functions for multi-layered poroelastic media and an indirect boundary element method[D]. Ph. D. Thesis, University of Manitoba, Winnipeg., 1994.

[230] 吴瑞潜. 饱和土一维热固结解析理论研究[D]. 杭州: 浙江大学, 2008.

[231] Blight G E. Strength and consolidation characteristics of compacted soils[D]. Phd dissertation. University of London, England; 1961.

[232] Scott R F. Principles of soil mechanics[M]. USA: Addison Wesley Publishing Company; 1963.

[233] Barden L, Berry PL. Consolidation of normally consolidated clay[J]. Journal of Soil Mechanics and Foundation Division, ASCE 1965, 91: 15-35.

[234] Fredlund D G, Hasan J U. One-dimensional consolidation theory of unsaturated clay[J]. Geotechnique, 1979, 17(3): 521-531.

[235] Dakshanamurthy, V., Fredlund, D. G., and Rahardjo, H.. Coupled three-dimensional consolidation theory of unsaturated porous media[C]. In Proceedings of the 5th International Conference on Expansive Soils. Adelaide, Australia, 1984: 99-103.

[236] Lloret, A., Alonso E. E.. Consolidation of unsaturated soils including swelling and collapse behavior[J]. Géotechnique, 1980, 30(4): 449-477.

[237] Chang C S, Duncan J M. Consolidation analysis for partly saturated clay by using an elastic-plastic effective stress-stating model[J]. International Journal for Numerical and Analytical Methods in Geomechanics, 1983, 17(7): 39-55.

[238] 杨代泉. 非饱和土广义固结理论及其数值模拟与试验研究[D]. 南京：南京水科院，1990.

[239] 杨代泉. 非饱和土二维广义固结非线性数值模型[J]. 岩土工程学报，1992，14(S1)：2-12.

[240] 陈正汉，谢定义，刘祖典. 非饱和土固结的混合物理论(Ⅰ)[J]. 应用数学和力学，1993,14(2)：127-137.

[241] 陈正汉. 非饱和土固结的混合物理论(Ⅱ)[J]. 应用数学和力学，1993,14(8)：687-698.

[242] Loret，B，Khalili，N. A three-phase model for unsaturated soils[J]. International Journal for Numerical & Analytical Methods in Geomechanics，2015，24(11)：893-927.

[243] 张引科. 非饱和土混合物理论及其应用[D]. 西安：西安建筑科技大学，2001.

[244] Wong T. T.，Fredlund D. G.，Krahn John. Numerical study of coupled consolidation in unsaturated soils[J]. Canadian Geotechnical Journal，1998，35(6)：926-937.

[245] 陈正汉，黄海，卢再华. 非饱和土的非线性固结模型和弹塑性固结模型及其应用[J]. 应用数学和力学，2001，22(1)：93-103.

[246] 黄海. 非饱和的土屈服特性及弹塑性固结的有限元分析[D]. 重庆：后勤工程学院，1998.

[247] Conte E. Plane Strain and Axially Symmetric Consolidation in Unsaturated Soils[J]. International Journal of Geomechanics，2006，6(2)：131-135.

[248] 周桂云，李同春. 基于非饱和土固结理论的有限元强度折减法[J]. 岩土力学，2008，29(4)：1133-1137.

[249] Qin A，Sun D，Tan Y.. Analytical solution to one-dimensional consolidation in unsaturated soils under loading varying exponentially with time[J]. Computers & Geotechnics，2010，37(1)：233-238.

[250] Zhou W H，Tu S. Unsaturated Consolidation in a Sand Drain Foundation by Differential Quadrature Method[J]. Procedia Earth & Planetary Science，2012，5(8)：52-57.

[251] Zhang Xiong. Consolidation Theories for Saturated-Unsaturated Soils and Numerical Simulation of Residential Buildings on Expansive Soils[D]. Phd dissertation. USA：Texas A&M University，2004.

[252] Liu C N，Chen R H，Chen K S. Unsaturated consolidation theory for the prediction of long-term municipal solid waste landfill settlement[J]. Waste Management & Research the Journal of the International Solid Wastes & Public Cleansing Association Iswa，2006，24(1)：80-91.

[253] 杨代泉，沈珠江. 非饱和土的一维固结简化计算[J]. 岩土工程学报，1991，13(5)：70-78.

[254] 沈珠江. 非饱和土简化固结理论及其运用[J]. 水利水运工程学报，2003，(4)：1-6.

[255] 魏海云，詹良通，陈云敏. 高饱和度非饱和土的压缩和固结特性及其运用[J]. 岩土工程学报，2006，28(2)：264-269.

[256] 殷宗泽，凌华. 非饱和土一维固结简化计算[J]. 岩土工程学报，2007，29(5)：633-637.

[257] 曹雪山. 非饱和土固结及土石坝心墙水力劈裂的有效应力分析[D]. 南京：河海大学，2008.

[258] 苏万鑫，谢康和. 土—水特征曲线为直线的非饱和土一维固结计算[J]. 浙江大学学报，2010，44(1)：150-155.

[259] 罗宇生. 湿陷性黄土地基评价[J]. 岩土工程学报，1998，20(4)：87-91.

[260] 马闫，王家鼎，彭淑君. 大厚度黄土自重湿陷性场地浸水湿陷变形特征研究[J]. 岩土工程学报，2013，36(3)：537-546.

[261] 武小鹏，熊志文，王小军，等. 郑西高速铁路豫西段黄土现场浸水自重湿陷特征研究[J]. 岩土力学，2012，32(6)：1769-1773.

[262] 王小军，米维军，熊志文，等. 郑西客运专线黄土地基湿陷性现场浸水试验研究[J]. 铁道学报，2012，34(1)：83-90.

[263] 王文焰，张建丰. 田间土壤入渗试验装置的研究[J]. 水土保持学报，1991，5(4)：38-44.

[264] 孙西欢. 蓄水坑灌法及其水土保持作用[J]. 水土保持学报，2002，16(1)：130-131.

[265] 李明思，康绍忠，孙海燕. 点源滴灌滴头流量与湿润体关系研究[J]. 农业工程学报，2006，22(4)：32-35.

[266] 汪志荣，王文焰，王全九. 点源入渗土壤水分运动规律实验研究[J]. 水利学报，2000，6(6)：39-44.

[267] 赵伟霞，蔡焕杰，陈新明，等. 无压灌溉土壤湿润体含水率分布规律与模拟模型研究[J]. 农业工程学报，2007，23(3)：7-12.

[268] 张振华，蔡焕杰，杨润亚，等. 地表积水条件下滴灌入渗特性研究[J]. 灌溉排水学报，2004，23(6)：1-4.

[269] 黄雪峰，李佳，崔红，等 非饱和原状黄土垂直高边坡潜在土压力原位测试试验研究[J]. 岩土工程学报，2010，32(4)：500-506.

[270] 刘保健，谢永利，于友成. 黄土非饱和入渗规律原位试验研究[J]. 岩石力学与工程学报，2004，23(24)：4156-4160.

[271] 姚志华，黄雪峰，陈正汉，等. 兰州地区大厚度自重湿陷性黄土场地浸水试验综合观测研究[J]. 岩土工程学报，2012，34(1)：65-74.

[272] 李保雄，李永进. 兰州马兰黄土的工程地质特性[J]. 甘肃科学学报，2003，15(3)：25-28.

[273] 李保雄，牛永红，苗天德. 兰州马兰黄土的水敏感性特征[J]. 岩土工程学报，2007，29(2)：294-298.

[274] 刘东生，孙继敏，吴文祥. 中国黄土研究的历史、现状和未来—— 一次事实与故事相结合的讨论[J]. 第四纪研究，2001，21(3)：185-207.

[275] 黄雪峰，刘长玲，姚志华，等. 采用 TDR 水分计研究非饱和黄土入渗及自重湿陷变形规律[J]. 岩石力学与工程学报，2012，31(S1)：3231-3238.

[276] 罗晓锋，孟海东，王艳艳．晋南地区大厚度湿陷性黄土场地现场浸水试验研究[J]．科学技术与工程，2014,14(24)：134-140.

[277] 廖盛修．湿陷性黄土地基预浸水[J]．有色冶金建筑，1983，2：1-13.

[278] 黄雪峰．大厚度自重湿陷性黄土的湿陷变形特征、地基处理方法和桩基承载性状研究[D]．重庆：后勤工程学院，2006.

[279] 甘肃省建工局建筑科学研究所．自重湿陷性黄土土桩挤密地基的试验研究[R]．兰州：甘肃省建工局建筑科学研究所，1979.

[280] 罗宇生，刘航校．湿陷性黄土地基处理后的剩余湿陷量对建筑物的损坏情况[J]．陕西建筑，2006，5(3)：32-33.

[281] 张豫川，赵伟，熊靖辉．大厚度湿陷性黄土场地地基处理合理深度[J]．兰州大学学报(自然科学版)，2009，45(2)：32-35.

[282] 黄雪峰，陈正汉，方祥位，等．大厚度自重湿陷性黄土地基处理厚度与处理方法探讨[J]．岩石力学与工程学报，2007，26(S2)：4332-4338.

[283] 姚志华，黄雪峰，陈正汉，等．控制剩余湿陷量的黄土地基深层浸水试验研究[J]．岩石力学与工程学报，2013,32(S2)：4010-4018.

[284] 姚志华，黄雪峰，陈正汉，等．关于黄土湿陷性评价和剩余湿陷量的新认识[J]．岩土力学，2014，35(4)：998-1006.

[285] 甘肃省电力设计院．大厚度自重湿陷性黄土湿陷变形特性评价方法和地基处理合理方法研究[R]．兰州：甘肃省电力设计院，2010.

[286] 刘志伟，等．兰州地区湿陷性黄土工程特性综合评价与地基处理试验研究[R]．西安：西北电力设计院，2009.

[287] 郑建国，等．新建铁路郑州至西安客运专线湿陷性黄土区桥梁桩基试验研究总报告[R]．西安：机械工业勘察设计研究院，2007.

[288] 黄雪峰，陈正汉，哈双，等．大厚度自重湿陷性黄土中灌注桩承载性状与负摩阻力的试验研究[J]．岩土工程学报学报，2007，29(3)：338-349.

[289] 甘肃省建筑科学研究院．宁夏扶贫扬黄灌溉工程11#泵站试坑浸水试验报告[R]．兰州:甘肃省建筑科学研究院，2001.

[290] 雷志栋，杨诗秀，谢森传．土壤水动力学[M]．北京：清华大学出版社，1988：21，92-94.

[291] Hamamoto，S.，Moldrup P.，Kawamoto K. et al. Effect of particle size and soil compaction on gas transport parameters invariably-saturated sandy soils[J]. Vadose Zone J，2009，8(8)：986-995.

[292] Tuli A.，Hopmans J. W.，Rolston D. E.，et al. Comparison of air and water permeability between disturbed and undisturbed soils[J]. Soil Sci. Soc. Am. J.，2005，69(5)：1361-1371.

[293] Delage P.，Cui Y. J.，De Laure E.. Air flow through an unsaturated compacted silt[C]. Proceedings of the 2nd International Conference on Unsaturated Soils，Beijing，1998：563-568.

[294] 姚志华，陈正汉，黄雪峰，等. 非饱和原状和重塑 Q_3 黄土渗水特性研究[J]. 岩土工程学报，2012，34(6)：1020-1027.

[295] 姚志华，陈正汉，黄雪峰，等. 非饱和黄土 Q_3 渗气特性试验研究[J]. 岩石力学与工程学报，2012，31(6)：1264-1273.

[296] D，G 弗雷德隆德，H 拉哈尔佐. 非饱和土力学[M]. 陈仲颐，张在明，等译. 北京：中国建筑工业出版社，1997：114-124.

[297] Fredlund D G，Shuai F.，Feng M.. Use of a new thermal conductivity sensor for laboratory suction measurement[C]. Unsaturated soils for Asia. Rahardjo，Toil & Leong(eds)，Balkema. Rotterdam. 2000，275-280.

[298] 独仲德，赵英杰，程金茹. 黄土非饱和渗流试验[J]. 水文地质工程地质，1997，(2)：50-52.

[299] 王铁行，卢靖，张建锋. 考虑干密度影响的人工压实非饱和黄土渗透系数的试验研究[J]. 岩石力学与工程学报，2006，25(11)：2364-2368.

[300] 王铁行，卢靖，岳彩坤. 考虑温度和密度影响的非饱和黄土土—水特征曲线研究[J]. 岩土力学，2008，29(1)：1-5.

[301] 苗强强，陈正汉，张磊，等. 非饱和黏土质砂的渗气规律试验研究[J]. 岩土力学，2010，32(12)：3746-3750.

[302] Goggin D.J.，Thrasher R.L.，Lake，L.W. A theoretical and experimental analysis of minipermeameter response including gas slippage and high velocity flow effects[J]. In Situ，1988，12:1-2(1-2)79-116.

[303] Thaveesak V.，Abdelmalek B. Gas permeability of partially hydrated geosynthetic clay liners[J]. Journal of Geotechnical And Geoenvironmental Engineering，2004，130(1)：93-103.

[304] Lu Ning，William J L. Unsaturated soil mechanics[M]. America：John Wiley & Sons INC，2004，330-331.

[305] Tang A. M.，Cui Y. J.，Richard G. y，et al. A study on the air permeability as affected by compression of three French soils[J]. Geoderma，2011，162(1-2)：171-181.

[306] Moldrup，P.，Olesen，T.，Komatsu，T.，et al. Tortuosity，diffusivity，and permeability in the soil liquid and gaseous phases[J]. Soil Sci. Soc. Am. J，2001，65(3)：613-623.

[307] Fredlund D G，Morgenstern N R，Widger R A. Shear strength of unsaturated soils[J]. Canadian Geotechnical Journal，1978，31：521-532.

[308] 李加贵. 侧向卸荷条件下考虑细观结构演化的非饱和原状 Q_3 黄土的主动土压力研究[D]. 重庆：后勤工程学院，2010.

[309] Leong，E. C.，Rahardjo，H. Review of soil-water characteristic curve equations[J]. Journal of Geotechnical and Geoenvironmental Engineering，1997，123(12)：1106-1117.

[310] Fredlund，D. G. Xing，Anqing & Fredlund，M. D. Relationship of the unsaturated soil shear strength to the soil-water characteristic curve[J]. Canadian Geotechnical Journal，1996，33(3)：440-448.

[311] Sillers W S, Fredlund D G. Statistical assessment of soil-water characteristic curve models for geotechnical engineering [J]. Canadian Geotechnical Journal, 2001, 38 (6): 1297-1313.

[312] 中华人民共和国国家标准. GB/T 50123—1999 土工试验方法标准[S]. 北京: 中国计划出版社, 1999.

[313] 李广信. 高等土力学[M]. 北京: 清华大学出版社, 2004: 55.

[314] 谢定义, 齐吉琳. 土结构性及其定量化参数研究的新途径[J]. 岩土工程学报, 1999, 21(6): 651-656.

[315] Li X S, Dafalias Y F. A constitutive framework for anisotropic sand including nonproportional loading[J]. Géotechnique, 2004, 54(1): 41-55.

[316] 骆亚生. 非饱和黄土在动、静复杂应力条件下的结构变化特性及结构性本构关系研究[D]. 西安: 西安理工大学, 2003.

[317] 邵生俊, 周飞飞, 龙吉勇. 原状黄土结构性及其定量化参数研究[J]. 岩土工程学报, 2004, 26(4): 531-536.

[318] 陈存礼, 胡再强, 高鹏. 原状黄土的结构性及其与变形特性关系研究[J]. 岩土力学, 2006, 27(11): 1891-1896.

[319] 王金满, 郭凌俐, 白中科, 等. 基于CT分析露天煤矿复垦年限对土壤有效孔隙数量和孔隙度的影响[J]. 农业工程学报, 2016, 32(12):229-236.

[320] 赵冬, 许明祥, 刘国彬, 等. 用显微CT研究不同植被恢复模式的土壤团聚体微结构特征[J]. 农业工程学报, 2016, 32(9): 123-129.

[321] 姚志华, 陈正汉, 朱元青, 等. 膨胀土在湿干循环和三轴浸水过程中细观结构变化的试验研究[J]. 岩土工程学报, 2010, 32(1): 68-76.

[322] 王朝阳, 许强, 倪万魁. 原状黄土CT试验中应力—应变关系的研究[J]. 岩土力学, 2010, 31(2): 387-391.

[323] 雷胜友, 唐文栋. 原状黄土硬化屈服的损伤试验研究[J]. 土木工程学报, 2006, 39(2): 73-77.

[324] 姚志华, 陈正汉, 李加贵, 等. 基于CT技术的原状黄土细观结构动态演化特征[J]. 农业工程学报, 2017, 33(13): 134-142.

[325] 曹丹庆, 蔡祖农. 全身CT诊断学[M]. 北京: 人民军医出版社, 1996.

[326] Rogasik H, Onasch I, Brunotte J, et al. Assessment of soil structure using X-ray computed tomography[J]. Geological Society London Special Publications, 2003, 215(1):151-165.

[327] Delage P, Graham J. Mechanical behaviour of unsaturated soils: Understanding the behavior of unsaturated soils requires reliable conceptual model[C]//Proceedings of the First international Conference on Unsaturated Soils. Paris: Balkema A A. 1995, 3: 1223-1256.

[328] 李加贵, 陈正汉, 黄雪峰. 原状Q_3黄土湿陷特性的CT-三轴试验[J]. 岩石力学与工程学报, 2010, 29(6):1288-1296.

[329] 王晓燕, 姚志华, 党发宁, 等. 裂隙膨胀土细观结构演化试验[J]. 农业工程学报, 2016, 32(3): 92-100.

[330] 汪时机，陈正汉，李贤，等. 土体孔洞损伤结构演化及其力学特性的CT-三轴试验研究[J]. 农业工程学报，2012，28(7)：150-154.

[331] 李加贵，陈正汉，黄雪峰，等. Q_3 黄土侧向卸荷时的细观结构演化及强度特性[J]. 岩土力学，2010，31(4)：1084-1091.

[332] 方祥位，申春妮，陈正汉，等. 原状 Q_2 黄土三轴剪切细观结构演化定量研究[J]. 岩土力学，2010，31(1)：27-31.

[333] 朱元青，陈正汉. 原状 Q_3 黄土在加载和湿陷过程中细观结构动态演化的CT-三轴试验研究[J]. 岩土工程学报，2009，31(8)：1219-1228.

[334] Liu M D, Carter J P. A structured Cam Clay model[J]. Can Geotech J., 2002, 36(9): 1313-1332.

[335] Roscoe K. H., Burland J. B. On the generalized stress-strain behavior of wet caly[C]. Heymon & Leckie(ed), Engineering Plasticity, Cambridge Univ. press, 1968: P535-609.

[336] Suebsuk J, Horpibulsuk S, Liu M D. Modified structured Cam Clay: ageneralizedcritical state model for destructured, naturally structured and artificiallystructured clays[J]. Computers & Geotechnics, 2010, 37(7-8): 956-68.

[337] Zhu E Y, Yao Y P. Structured UH model for clays[J]. Transportation Geotechnics, 2015, 3: 68-79.

[338] Habibagahi G, Mokhberi M. A hyperbolic model for volume change behavior of collapsible soils[J]. Canadian Geotechnical Journal, 1998, 35(2): 264-272.

[339] 邓国华，邵生俊，佘芳涛. 结构性黄土的修正剑桥模型[J]. 岩土工程学报，2012，34(5)：834-841.

[340] 金旭，赵成刚，陈铁林. 非饱和结构性黄土本构模型的研究[J]. 工程地质学报，2010，18(4)：548-553.

[341] 夏旺民，郭新民，郭增玉，等. 黄土弹塑性损伤本构模型[J]. 岩石力学与工程学报，2009，28(S1)：3239-3243.

[342] 陈正汉. 非饱和土与特殊土力学的基本理论研究[J]. 岩土工程学报，2014，36(2)：201-272.

[343] Lu Z. H., Chen Z. H., Fang X. W., et al. Structural damage model of unsaturated expansive soil and its application in multi-field couple analysis on expansive soil slope[J]. Applied Mathematics & Mechanics, 2006, 27(7): 891-900.

[344] 谢定义. 21世纪土力学的思考[J]. 岩土工程学报，1997，19(4)：111-114.

[345] 姚志华，陈正汉，朱元青，等. 考虑细观结构演化的非饱和 Q_3 原状黄土弹塑性本构模型[J]. 岩土力学.

[346] 陈惠发，A. F. 萨里普. 弹性与塑性力学[M]. 余天庆，王勋文，刘再华，编译. 北京：中国建筑工业出版社，2014.

[347] 钱家欢，殷宗泽. 土工原理与计算[M]. 2版. 北京：水利电力出版社，1996.

[348] Jiang M. J., Li T., Hu H. J, et al. DEM analyses of one-dimensional compression and collapse behaviour of unsaturated structural loess[J]. Computers & Geotechnics, 2014,

60(1): 47-60.

[349] Costa L M, Pontes I D S, Guimarães L J N, et al. Numerical modelling of hydro-mechanical behaviour of collapsible soils[J]. International Journal for Numerical Methods in Biomedical Engineering, 2008, 24(12): 1839-1852.

[350] Haeri S M. Hydro-mechanical behavior of collapsible soils in unsaturated soil mechanics context[J]. Japanese Geotechnical Society Special Publication, 2016, 2(1): 25-40.

[351] Rotisciani G M, Sciarra G, Casini F, et al. Hydro-mechanical response of collapsible soils under different infiltration events[J]. International Journal for Numerical and Analytical Methods in Geomechanics, 2015, 39(11): 1212-1234.

[352] Li X, Zienkiewicz O C. Multiphase flow in deforming porous media and finite element solutions[J]. Computers & Structures, 1992, 45(2): 211-227.

[353] Liu E., Yu H. S., Deng G., et al. Numerical analysis of seepage-deformation in unsaturated soils[J]. Acta Geotechnica, 2014, 9(6):1045-1058.

[354] Gvirtzman H, Shalev E, Dahan O, et al. Large-scale infiltration experiments into unsaturated stratified loess sediments: Monitoring and modeling[J]. Journal of Hydrology, 2008, 349(1): 214-229.

[355] 郑建国, 邓国华, 刘争宏, 等. 黄土湿陷性分布不连续对湿陷变形的影响研究[J]. 岩土工程学报, 2015, 37(1): 165-170.

[356] Dixon R M, Linden D R. Soil Air Pressure and Water Infiltration Under Border Irrigation1 [J]. Soil Science Society of America Journal, 1972, 36(6):948-953.

[357] Wang W, Neuman S P, Yao T, et al. Simulation of Large-Scale Field Infiltration Experiments Using a Hierarchy of Models Based on Public, Generic and Site Data[J]. Vadose Zone Journal, 2003, 2(3):297-312.

[358] Chen Z. H. . Consolidation theory of unsaturated soil based on the theory of mixture(Ⅱ) [J]. Applied Mathematics and Mechanics, 1993, 14(8): 137-150.

[359] Chen Z. H. , Huang H. , Lu Z. H. . Nonlinear and elasto-plasticity consolidation models of unsaturated soil and applications[J]. Applied Mathematics and Mechanic, 2001, 22(1): 105-117.

[360] 陈正汉. 非饱和土固结的混合物理论—数学模型、试验研究、边值问题[D]. 西安: 陕西机械学院, 1991.

[361] 朱百里, 沈珠江. 计算土力学[M]. 上海: 上海科学技术出版社, 1990.

[362] 王勖成. 有限单元法[M]. 北京: 清华大学出版社, 2003.

[363] 宋叶志, 茅永兴, 赵秀杰, 等. Fortran95/2003 科学计算与工程[M]. 北京: 清华大学出版社, 2011.

[364] 缴锡云. 膜孔灌溉理论与技术要素的实验研究[D]. 西安: 西安理工大学, 1999.

[365] 尚银生, 胡孟卿, 闫金忠, 等. 设注水孔条件下湿陷性黄土试坑水分入渗规律[J]. 河海大学学报(自然科学版), 2015, 43(2):144-149.

[366] 于雪飞. 基于大型试坑浸水试验的黄土场地入渗规律研究[D]. 北京: 中国铁道科学

研究院，2016.

[367] 陈正汉，许镇鸿，刘祖典. 关于黄土湿陷的若干问题[J]. 土木工程学报，1986，19(3)：62-69.

[368] Gao G. Formation and development of the structure of collapsing loess in China[J]. Engineering Geology，1988，25(2-4)：235-245.

[369] Miao T，Liu Z，Niu Y. Unified Catastrophic Model for Collapsible Loess[J]. Journal of Engineering Mechanics，2002，128(5)：595-598.